21世纪本科院校土木建筑类创新型应用人才培养规划教材

民用建筑场地设计

主　编　杨希文　宁　艳
副主编　庄文靓

内容简介

本书主要内容分为两大部分：第一部分为场地布局阶段，是概念性和原则性的工作，偏重于设计原则、分析及设计方法，内容包括场地设计概述、场地设计条件、场地规划、场地总体布局；第二部分为场地详细设计阶段，是具体性和实用性的工作，偏重于技术性和规定性，学习借鉴典型场地设计的思路与手法，内容包括道路及停车场设计、竖向设计及管线设计、场地景观设计、典型公共建筑场地设计及案例分析。同时，为了使场地设计工作有计划、有效率及更好地完成，本书强化了场地规划、基地分析，提出了设计的系统性、整体性及综合性的分析方法及设计理念。

本书内容全面翔实、理论结合实践、重点突出、图文并茂、综合性及实用性强，可作为建筑学、城乡规划、环境艺术、风景园林、房地产等相关专业师生的教材及教学参考书，对从事相关建筑设计、城市规划的建筑师、工程技术人员及工程管理人员也具有参考价值。

图书在版编目(CIP)数据

民用建筑场地设计/杨希文，宁艳主编．—北京：北京大学出版社，2018.2

(21世纪本科院校土木建筑类创新型应用人才培养规划教材)

ISBN 978-7-301-29105-4

Ⅰ．①民… Ⅱ．①杨… ②宁… Ⅲ．①民用建筑—建筑设计—高等学校—教材 Ⅳ．①TU24

中国版本图书馆CIP数据核字(2017)第328883号

书　　名 民用建筑场地设计
MINYONG JIANZHU CHANGDI SHEJI

著作责任者 杨希文　宁　艳　主编

责 任 编 辑 吴　迪

标 准 书 号 ISBN 978-7-301-29105-4

出 版 发 行 北京大学出版社

地　　址 北京市海淀区成府路205号　100871

网　　址 http://www.pup.cn　新浪微博：@北京大学出版社

电 子 信 箱 编辑部：pup6@pup.cn　总编室：zpup@pup.cn

电　　话 邮购部 010-62752015　发行部 010-62750672　编辑部 010-62750667

印 刷 者 河北滦县鑫华书刊印刷厂

经 销 者 新华书店

787毫米×1092毫米　16开本　17.75印张　426千字

2018年2月第1版　2023年8月第4次印刷

定　　价 46.00元

前　言

场地设计作为建筑学、城乡规划及风景园林等专业的专业课程，自 20 世纪 90 年代开始已陆续在我国各高校相关专业设立，它使学生能较全面、系统及科学地学习场地设计理论基础及实践技能。

随着我国建筑业的快速发展和规章制度的完善，高等教育已逐步向培养应用型人才、复合型人才转变，更加注重培养高校相关专业学生的应用能力和实践能力。场地设计教育的目标是通过学习使学生树立全局、整体的设计理念，激发设计灵感，明确场地设计的工作内容、特点及条件等基础知识，了解场地规划程序、分析方法，熟悉有关规范、规定在场地设计中的运用，掌握场地设计的基本方法，提高实际操作能力，为学生今后工作及执业奠定专业基础。同时，为当代建筑行业设计人员和管理人员的培养奠定场地设计思想、方法的理论基础。

本书为适应应用型人才和复合型人才的培养目标，实现课程教学与实际工程设计人才的接轨，使学生对场地设计基本理论及实际应用进行系统学习，本书从可读性和实用性方面入手，在内容中突出特点，力争在理论层面有分析与归纳，在技术实操层面上有实训及案例剖析。同时，本书通过相关知识的系统导则引领学生尽快进入专业领域的学习；针对学生的学习兴趣和特点，编写时注重遵循课程教学规律，深入浅出、循序渐进，理论联系实际，每章节设定知识目标，在章节后面提出思考题，让学生能够对本书的基本概念、相关知识点、能力培养等有一个更深入的理解，使场地设计教材具有理论性强、综合性及实用性强的特点。

本书共分 8 章，具体的编写分工为：第 1、2、3、8 章由杨希文编写；第 5、6、7 章由宁艳编写；第 4 章由杨希文、庄文靓编写。全书由杨希文统稿。本书在编写过程中，参考和引用了国内外大量文献资料，在此谨向相关作者表示衷心的感谢！本书得到北京大学出版社相关编辑的厚爱和大力支持，写作中还受到广州大学建筑与城市规划学院同仁们的诸多帮助，此外，建筑学院刘子洋、钟步青、陈婷、徐欣、曾舒雅、杨森、吴非凡、谭翀、易振宗、张博等同学帮忙绘制插图，在此一并致以衷心的谢意。

鉴于作者水平和能力有限，加之编写时间仓促，书中疏漏和不足之处在所难免，恳请广大读者批评指正。

编　者

2017 年 9 月

目　　录

第1章

场地设计概述

教学目标

理解场地和场地设计的概念，熟悉场地设计的主要内容，了解场地设计的程序及场地设计阶段。通过本章学习，应达到以下目标：

（1）理解场地及场地设计概念、场地设计研究的意义及目的；

（2）了解场地设计的工作内容及特点、场地设计的阶段、场地设计的相关领域；

（3）掌握场地设计的基本原则和设计依据。

教学要求

知识要点	能力要求	相关知识
场地及场地设计概念	（1）理解场地的概念 （2）理解场地设计的概念 （3）熟悉场地设计的基本内容	（1）明确场地与场地设计的概念界定 （2）掌握场地的构成要素 （3）熟悉场地设计的内容
场地设计的工作特点及目的，场地设计的现实意义	（1）掌握场地设计的工作特点 （2）理解场地设计的工作目的 （3）理解场地设计的现实意义	（1）掌握场地设计的工作特点、内容 （2）理解场地设计的工作目的及现实意义
场地设计的相关领域	（1）场地设计与建筑设计的关系 （2）场地设计与城市规划的关系 （3）可持续发展的场地设计	（1）理解场地设计与建筑设计、城市规划及生态环境的相互关系 （2）理解场地设计的可持续发展理念
场地设计阶段划分及意义	（1）掌握场地的两个设计阶段及其特点 （2）理解场地设计阶段划分的意义	（1）掌握场地布局阶段工作内容及特点 （2）理解场地详细设计阶段的工作内容及特点
场地设计的设计依据及原则	（1）掌握场地设计的依据 （2）熟悉场地设计的基本原则及要求	（1）掌握场地设计的设计原则 （2）熟悉场地设计的相关规范

基本概念

场地及场地设计概念；场地设计工作内容及目的；场地设计现实意义；场地设计阶段划分；场地设计的基本原则及设计依据。

引言

在这一章中所要讨论的核心问题就是场地设计的基本概念，鉴于问题本身的层次，首先要对场地这一概念加以明确，这有利于使讨论能够更有条理地展开，揭示场地设计的内涵，明确场地设计研究的意义及目的，充分认识场地设计的两个阶段，理解场地设计与建筑设计、城市规划及生态环境的相互关系，掌握场地设计的基本原则和依据等。

1.1 场地、场地设计的概念

1.1.1 场地

1. 场地的概念

"场地"（site）是相对于"建筑物"而存在的，所以此意义经常被明确为"室外场地"，以示其对象为建筑物之外的部分。场地狭义上指的是基地内建筑物之外的广场、停车场、室外活动场、室外展览场、室外绿地等内容；广义上指的是基地内一个整体的系统，包含场地中的全部内容所组成的整体，如建筑物、构筑物、交通设施、绿化及环境景观、工程系统及室外活动设施等。

2. 场地的构成要素

1）建筑物、构筑物

建筑物、构筑物是工程项目的最主要的内容，一般来说是场地的核心要素，对场地起着控制作用，其设计的变化会改变场地的使用与其他内容的布置。

2）交通设施

交通设施指由道路、停车场和广场组成的交通系统，可分为人流交通、车流交通、物流交通，主要解决建设场地内各建筑物之间及场地与城市之间的联系，是场地的重要组成部分。

3）室外活动设施

室外活动设施是适应人们室外活动的需要，供休憩、娱乐交往的场所；是建筑室内活动的延续及扩展。对于教育和体育建筑来说，室外活动设施是项目必不可少的组成部分。

4）绿化与环境景观设施

绿化与环境景观设施对场地的生态环境、绿化环境起着重要作用，能给场地增加自然的氛围，体现场地的气质，营造优良的景观效果。

5）工程系统

工程系统是指工程管线和场地的工程构筑物。前者保证建设项目的正常使用，后者如挡土墙、边坡等，在场地有显著高差时能保证场地的稳定和安全。

1.1.2 场地设计

1. 场地设计的概念

美国学者詹姆斯·安布罗斯对场地设计的认识是："场地设计是在所关注的全部范围内为达到某个计划而对一块场地进行的开发或重新开发。"而另一位学者雷特·爱克特对场地设计的解释是："由土地未来的所有者对整个场地和空间的组织，以使所有者对其达到最佳利益。这意味着一个整合的概念：建筑物、工程结构、开放空间以及自然材料一起进行规划……"

我国学者对场地设计的理解是，场地设计（site design）是针对场地内建设项目的总体设计，是依据建设项目的使用功能要求和规划设计条件，在场地内外的现状条件和有关法规、规范的基础上，人为地组织与安排场地中各构成要素之间关系的活动。场地设计既提高场地利用的科学性，又使场地中的各要素，尤其是建筑物与其他要素形成一个有机整体，保证建设项目能合理有序地使用，发挥出经济效益和社会效益。同时，使建设项目与场地周围环境有机结合，产生良好的环境效益。

由各方观点可见，场地设计是一个整合的概念，需要对场地内的各个设施进行主次分明、去留有度的统一筹划、统一设计。场地设计是建筑设计的先行环节，是建筑设计成败的关键和必要条件。与建筑设计相比，场地设计更具有地域性、综合性、预见性和政策性。

2. 场地设计的内容

1）现状分析

在现场踏勘、调研的基础上，分析场地及其周围的自然条件、建设条件和城市规划要求等，明确影响场地设计的各种因素及问题，并提出初步解决方案。

2）场地布局

明确功能分区，合理确定场地内建筑物、构筑物，结合场地的现状条件，分析研究建设项目的各种使用功能要求，明确功能分区，合理确定场地内建筑物、构筑物及其他工程设施相互间的空间关系，并具体地进行平面布置。

3）交通组织

合理组织场地内的交通布局及各种交通流线，避免各种人流、车流之间的相互交叉干扰，并进行道路、停车场地、出入口等交通设施的具体布置。

4）竖向布置

确定建筑平面设计标高，组织地面排水，核定土石方工程量，结合地形，拟定场地的竖向布置方案，有效组织地面排水，核定土石方工程量，确定场地各部分的设计标高和建筑室内地坪的设计高程，合理进行场地的竖向设计。

5）管线综合

布置各种管线在地上和地下的走向以及相互关系，协调各种室外管线的敷设，合理进行场地的管线综合布置，并具体确定各种管线在地上和地下的走向、平行敷设顺序、管线间距、架设高度或埋设深度等，避免其相互干扰。

6）环境设计与保护

控制噪声和美化环境，合理组织场地内的室外环境空间，综合布置各种环境设施，控制噪声等环境污染，创造优美宜人的室外环境。

7）技术经济分析

核定场地设计方案的各项技术经济指标，满足有关城市规划等控制要求；核算场地的室外工程量及造价，进行必要的技术经济分析与论证。

1.2 场地设计的工作特点及目的

1. 场地设计的工作特点

1）综合性

场地设计涉及社会、经济、环境心理学、环境美学、园林、生态学、城市规划、环境保护等学科内容，各方面的知识相互包容、相互联系，形成一个综合知识体系。场地设计工作与建设项目的性质、规模、使用功能、场地自然条件等多种因素相关，而道路设计、竖向设计、管线综合等又涉及许多工程技术内容，所以，场地设计是一项综合性的工作，要综合解决各种矛盾和问题，才能取得较好的场地设计成果。

2）政策性

场地设计是对场地内各种工程建设的综合布置，涉及建设项目的使用效果、建设费用和建设速度等，涉及政府的计划、土地与城市规划、市政工程等有关部门；关系到建设项目的性质、规模、建设标准及建设用地指标等。场地设计不仅仅取决于技术和经济因素，而且一些原则问题的解决都必须以国家有关方针政策为依据。

3）地方性

每一块场地都具有特定的地理位置，场地设计除受场地特定的自然条件和建设条件制约外，与场地所处的纬度、地区、城市等密切联系，并应适应周围建筑环境特点、地方风俗等。设计上注意把握特色及风貌，有助于形成有地方特色的场地设计。

4）预见性与阶段性

场地设计实施后，建筑实体一般具有相对的长期性，要求设计者必须充分估计社会经济发展、技术进步可能对场地未来使用的影响，保持场地一定的灵活性，要为场地的发展或使用功能的变化留有余地，设计者应具有可持续发展的思想。

5）整体性

整体性的一个基本准则是整体利益大于局部利益。场地设计是关于整体的设想，实际工作中，常有只重视建筑单体，其他构成要素后加到场地里的倾向，这就不可能形成一个有机整体。场地设计的重点是要把握全局及整体利益。

6）技术性与艺术性

场地中的工程设施技术性强，设计中必须符合相应的设计规范，需要科学分析、推敲和计算；而场地总体布局形态、绿化景观设计，则要求有较高的艺术性，需要通过形象思维构思，用美学观点及各种形式美的方式表达设计方案，设计中既要把握好技术性又要注意其艺术性。

2. 场地设计的工作目的

1）达到场地各构成要素之间关系的正确组织

提高场地利用的科学性，使场地中的各要素形成一个有机整体，创造良好的社会、经济、环境效益。场地设计要求设计者在构思最初就有一个整体的设想并且综合考虑经济、技术等的可行性，在设计过程中以求达到整体的空间关系、功能组织及风格特色。

2）使场地中的各项内容与场地形成良好的关系，提高场地利用的科学性，充分发挥用地的效益

（1）整体考虑建筑环境：场地设计是对建筑和环境的整体考虑，建筑与周边场地功能、景观环境应有良好结合。

（2）合理布置流线：在场地设计中对不同功能流线应有清晰的组织，将场地车流、人流以及后勤服务等流线有效地布置在场地上。

（3）使用者引导：通过不同的空间环境，营造与建筑功能相适应的良好的环境氛围，对使用者进行引导。

1.3 场地设计的现实意义

1.3.1 建筑学学科发展的背景

21世纪以来，社会经济快速发展，科学技术日新月异，现代建筑学在深度和广度两个方面都有了显著的发展，它的内涵越来越庞杂，所涉及的领域也越来越多样化。

1. 建筑学是一门综合性很强的交叉学科

建筑学与社会、文化、经济、信息、资源、环境、生态、技术等领域的关系日益密切，房屋建造的概念早已被突破，建筑学的领域不断向综合化和专业化方向发展，工程建设活动愈来愈系统化、组织化、专业化和科学化，建筑设计活动也在不断向大规模化方向发展，建筑设计与环境问题、城市问题、技术问题的结合日益紧密。因而，建筑设计活动中的各个环节都要涉及诸多方面的问题，需要对这些新问题做出积极的探索。

2. 建筑学学科涉及领域的扩大

建筑学学科领域的扩展的同时，其研究也在不断深化。建筑学领域的扩展，不同学科的跨学科交融，促进了建筑学科内部不断向精细化、专业化、科学化、逻辑化的方向发展，原有的学科理论和体系已不能适应这种分化的趋势，难以确切地描述各部分内容逐步专业化和系统化的状态，场地设计就是在这种背景下独立出来的。

1.3.2 建筑市场及建筑工程实践的需求

1. 建筑市场的现状

改革开放以来，中国建筑业行业经历了一个高速发展的过程，建筑业全行业始终处于持续扩张状态。同时，由于相应的建筑法规和制度尚不完善，许多方面还不能很快适应这种高速发展的需求，这些问题的产生固然有其多方面的原因，其中，在设计工作程序上的不足是主要的因素之一，如项目任务书制定前的建筑策划程序不足，对场地设计重视不够，对场地问题研究不够深入，在实践中缺少必要的完善手段等。

在经济快速发展、建设规模不断扩大的宏观趋势下，从城市建设时常出现盲目过热倾向，一方面不能合理利用土地资源，根据土地的具体特点开发场地；另一方面表现为用地强度过大，超出了合理的土地使用强度范围，容积率和覆盖率过高，给场地带来过大的压力，从而造成使用中的各种问题，在场地设计上也显露出几方面的明显不足。

(1) 不重视场地规划设计，不合理的功能内容配置及用地强度。

(2) 不重视场地中各要素之间的相互协调和平衡，如建筑物受到了过多的重视，处理得宏伟高大，凌驾于整个场地层面环境之上，而场地其他内容却极为简陋，建筑与场地不能互相匹配，如绿化面积不足，停车空间缺乏，景观环境简单。

(3) 不重视城市整体环境的协调与统一，由于场地设计对整体重视不够，干扰了城市功能的均衡运转，使得建成后的场地周围人流拥挤，车辆堵塞，给城市交通带来巨大压力，也破坏了城市环境和景观。

为改善建筑设计市场的现状，适应市场经济体制的要求，国家有关部门正在进一步规范建筑市场，制定相关的更完善的规章、制度来约束，使设计工作向更系统、更规范和更完善的方向发展。强化场地设计的概念具有十分紧迫的现实意义。场地设计重视用地的合理性和有效性，因而认真研究场地设计规律，有利于提高对设计领域和土地使用问题的重视，增加其科学性，提高土地使用的效益，减少因使用上不合理而造成的浪费。场地设计重视场地各项内容配置的合理性，重视场地各构成要素的相互协调关系。因而认真研究场地设计方法，有助于避免设计中各要素组织关系失衡，有助于各项内容的合理搭配，从而保障场地最终能有良好的使用和景观效果。

2. 建筑工程实践的需求

在工程实践中，场地设计始终贯穿全过程，可以划分为场地规划布局阶段及场地详细设计阶段。场地规划布局主要包括用地划分、建筑物布局、交通流线组织、绿化系统配置等各项内容，这些工作决定于场地的宏观形态，体现在因建筑物的建造而形成与场地整体及环境宏观上的关联形式，因此，场地规划布局是影响建筑与环境关系的内在决定性因素，是场地设计工作的切入点，在设计中应高度重视。场地详细设计阶段处于设计工作的末期，主要包括道路、广场、停车场、场地竖向、管线设施、景园设施的详细设计等内容。这部分工作决定了场地微观上的效果，体现的是场地与环境微观上的交融与契合，是建筑与环境具体的、感性层次上关系的体现。在设计实践中，场地详细设计阶段工作的成果影响着建筑与环境关系的完善程度。

3. 注册制度的推行

国家注册建筑师制度是我国适应市场经济条件下规范建筑业管理，适应国际化趋势而采取的重大举措，建立注册制度的目的是强化建筑师的法律责任，提高工程设计质量，场地设计概念的引入明确了场地设计的内容和任务，明确建筑师在工程设计的各个阶段中的责任、权利和义务，是未来职业建筑师教育的必然选择。随着建筑工程设计中各部分之间的分工越来越精细、明确，有专门为业主服务的顾问建筑师，专职负责项目的前期策划工作，如可行性分析，选址、确定项目的性质、规模、内容配置，制定详细的设计任务书等。

在全国一级注册建筑师资格考试考试大纲（2017 年）里，考试分成九个部分：设计前期与场地设计（知识题），建筑设计（知识题），建筑结构，建筑物理与建筑设备，建筑材料与构造，建筑经济、施工与设计业务管理，建筑方案设计（作图题），建筑技术设计（作图题）及场地设计（作图题）。可以看出，注册建筑师考试制度对场地设计方面是非常重视的。

为适应我国建筑市场的转变，配合注册建筑师制度的推行，加强对场地设计这一概念的理解，认真研究场地设计问题，具有十分重要的现实意义。

1.3.3 可持续发展的场地设计

场地中的建筑及建筑所处的环境，都不是孤立存在的，必须考虑它们之间的相互关系以及与生态环境的关系。可持续发展思想使人们重新审视人与自然、人居环境与自然环境的关系。“可持续场地”的概念即是将可持续发展思想引入场地领域的结果。“可持续场地”依然是一种人为的环境，是人类建设后的结果；同时它又存在于自然生态环境之中，是自然界的一部分。可持续场地的设计更关注到场地、人、环境的关系，更注重场地将来对人和环境的影响，其内容更为丰富。

可持续场地的设计是与场地内外的自然生态环境、场地对环境的负荷、场地设计的人性化联系在一起的，核心工作是在不破坏或尽量少破坏自然环境的条件下，科学处理场地环境和组织场地中的各项内容，考虑材料的性质和能量与材料的循环流程。可持续场地的设计目的是通过修改场地和建筑来使设计和施工策略统一起来，从而使人们获得更大的舒适和更大的使用效率。场地设计对于工程项目建设应该具有指导意义和战略性，可持续场地的设计工作能将建筑活动对场地的破坏降低到最小，并且建设费用和建筑资源消耗达到最少，从而创造一个更加健康、有序、生机勃勃的环境。

1.4 场地设计的两个阶段

在项目整体的设计进程之中，场地设计的一部分内容是处于开始阶段，另一部分则处于结束的阶段。在设计的时序和宏观与微观层次上，这两部分内容之间存在着显著的差异，场地设计的全部工作有必要做适当的阶段划分。

1.4.1 场地设计的阶段

1. 场地设计的阶段划分

按照设计程序上的先后次序以及考虑问题在广度和精度侧重点上的不同，我们将场地设计的全部工作划分成为场地规划布局和场地详细设计两个阶段。这两个阶段分别处于建筑设计整体进程的首尾两端，具有不同的重要性。

(1) 场地规划布局阶段，是场地设计的第一阶段工作，主要包括用地的基本划分，建筑物、交通系统、绿化系统以及其他特殊内容的基本布局安排，也包括前期的用地分析选择和项目内容的详细配置。

(2) 场地详细设计阶段，是场地设计的第二阶段工作，主要包括交通体系及道路、广场、停车场等交通系统的详细设计，绿化种植、景园设施及小品等的详细设计，以及工程管线系统的综合布置和场地竖向的详细设计等。简而言之，即是场地中除建筑物单体之外的所有内容的详细设计，而且还包括建筑物在场地中的平面与竖向上的工程定位。

2. 场地设计阶段划分的意义

场地设计面临问题多种多样，在设计中将所有问题都一并考虑、一并解决是难以做到的。如果不分主次条理，往往会造成顾此失彼的混乱、考虑问题不够全面的局面，又会造成某些方面问题的遗忘，最终不能彻底完善地解决问题，这往往也使设计的最终结果会存在缺陷。所以设计应遵循一定的步骤，有层次、有计划地逐步进行，先整体后局部，先主要后次要，这样工作才能有效地展开。在此过程中虽然也不可避免地会出现反复和调整的情况，但这一般只是局部的和可以控制的，不会造成全盘的推倒重来。按照这样的步骤有层次地展开设计，也能使设计进行得更深入、更全面，最终的设计成果也能够比较完善，这也就是进行阶段划分的意义所在。

1.4.2 场地规划布局阶段与场地详细设计阶段的主要内容

1. 场地规划布局阶段的主要内容

场地布局是指对场地进行基本的组织和大体的安排。场地布局要确定场地的基本形态，建立起各组成要素之间的基本关系。这一阶段是场地设计的起始阶段，也是整个建筑设计的起始阶段，它决定着整个设计的理念，也决定着设计的方向和目标，它的成功与否关系到整个设计的成败。一般而言，最终能否有一个合适的设计，在很大的程度上依赖于这一阶段设计工作的质量。如果一开始就选错了方向，那么发展下去也不会产生良好的结果。因此这一阶段的工作重点是要抓住基本的和关键的问题，控制整体的关系，把握设计的基本思路和大方向，为下一步的详细设计提供一个良好的基本框架。这时的设计应具有一定的宏观性，应是粗线条的，而不能过多地深入细部问题被细节拖住思路。也就是说，布局阶段所负担的是宏观控制上的任务，不能把不是同一层次上的问题一并考虑。相对来说，在这一阶段更强调考虑问题的广度。

2. 场地详细设计阶段的主要内容

场地详细设计主要是落实各项场地内容的具体设计要求，使它们能够得以成立，完成各自在场地中所担负的任务。详细设计阶段是设计的发展和完善阶段。相对于场地布局而言，详细设计的内容从具体的功能组织到形式细节的推敲，都是具体的、复杂的，甚至是琐碎的。但这些工作也同样不可缺少，任何设计构想必须要落到实处才能检验其成败，显现其价值，详细设计所做的即是“落实”的工作。详细设计所担负的任务是对设计的发展、完善和丰富，详细设计阶段工作进行的好坏，关系到设计的现实可行性和完善程度，因此详细设计阶段的工作重点是要细致、深入地分析和解决各方面的问题，要做到全面、具体、切实可行。相对而言，详细设计阶段更强调考虑问题的深度和精度。

场地设计的这两个阶段各自担负着不同的任务，各有侧重点，因而将它们较明确地划分开来是很必要的。这将使每一阶段的任务和目标更加明确化，利于它们各有分工、各司其职。使设计更具条理性，更加系统化，增加设计进程的有序性，便于对设计进程的控制和掌握。这样对于设计问题也能够做到有阶段、有步骤、有重点地逐一解决，可保证对设计成果在宏观和微观两个层次上都能有所控制，使这两个层次的效果更加均衡，使设计成果更全面、更完善，避免因主次不分而造成各部分的轻重不一。而且促使设计工作更系统化和条理化，也是将场地设计明确划分出来的一个基本目的，把场地设计划分成两个阶段与这一目的是相统一的。

需要注意的是，将场地设计划分成两个阶段，并非是要把这两部分的设计内容截然地割裂开来。实际上，这两个阶段的工作又是相互依存、不可分离的。布局阶段所确立的框架使详细设计有所遵循，目标更明确。反过来，详细设计工作又使布局阶段的框架得以充实和完善。如果说布局是主干和框架，那么详细设计则是枝叶和内容。布局保证了设计整体上的合理性，详细设计则使设计更完善、充实，这两个阶段是统一于设计的整体进程之中的。

1.5 场地设计的相关领域

1.5.1 场地设计与建筑设计

1. 场地设计贯穿于建筑设计全过程

与建筑设计相比，场地设计也分为初步设计和施工图设计两个阶段，它配合建筑设计完成各阶段的设计任务。

1）初步设计阶段

主要进行设计方案或重大工程措施的综合技术经济分析，论证技术上的适用性、可靠性和经济上的合理性，并明确土地使用计划、确定主要工程方案、提供工程设计概算，作为审定批准项目建设、设计编制施工图并进行有关施工准备的依据；其工作主要着重于场地条件及有关要求的分析、场地总平面布局、竖向布置方案、场地空间景观设计等。

2）场地的施工图设计阶段

是根据已批准的初步设计编制具体的实施方案，据以编制工程预算、订购材料和设备、进行施工安装及工程验收等。其工作主要包括：场地内各项工程设施的定位、场地竖向设计、管线综合、绿化布置及有关室外工程的设计详图等。

在上述两设计阶段中，都包含着一个从场地布局到单体建筑设计、再配以各种环境设施和室外工程的设计过程；在其中很多技术环节上，场地设计与建筑设计工作都是密不可分的。

2. 场地设计对单体建筑设计有合理的制约

场地设计既是对场地内的建筑群、道路、绿化等的全面合理布置，并综合利用环境条件使之成为有机的整体，则建筑群中的单体建筑在功能布局、平面形式、层数及建筑造型等方面都要受到场地设计的合理制约。

在场地设计过程中，首先要对场地条件及建设项目进行全面分析，充分结合场地条件扬长避短，在此基础上进行合理的功能分区与用地布局，使各功能区之间既保持便捷的联系，具有相对的独立性，做到动静分开、洁污分开、内外分开等；其次，合理布置各种交通流线及出入口，减少相互交叉与干扰；同时，明确建筑群的主从关系，完善空间布置，并根据用地特点及功能要求合理安排场地内各种绿化及环境设施。这样的场地设计结果，对其中单体建筑设计的制约性很大，其位置、朝向、室内外交通联系、建筑出入口布置、建筑造型的设计处理等都应贯彻场地设计的意图。同时，由于单体建筑设计还受到建筑物的使用功能、材料与工程技术、用地条件及周围环境等因素的制约，场地设计在一定程度上也取决于单体建筑的平面形式、建筑层数、形态尺度等；单体建筑设计若能妥善处理好这些关系，便会使设计更加经济、合理。

可见，场地设计与单体建筑设计是相互影响、相互依存的。其中，场地设计是对场地总体布置和安排，属于全局性的工作；而建筑群中的单体建筑设计，应按照局部服从整体的设计原则贯彻场地设计的意图，否则将破坏建筑群体和场地环境及设施的统一性、完整性。

1.5.2 场地设计与城市规划

场地设计应落实城市规划的指导思想和建设计划，城市规划是根据一定时期城市及地区的经济和社会发展计划与目标，结合当地的具体条件，确定城市性质、规模和发展方向，合理利用城市土地、协调城市空间与功能布局，进行各项用地及其建设的综合部署与全面安排。

1. 控制性详细规划明确规定了对场地设计的具体要求

根据《中华人民共和国城乡规划法》的规定，城乡规划工作包括城镇体系规划、城市总体规划、分区规划和详细规划等阶段，而详细规划又分为控制性详细规划和修建性详细规划。其中，控制性详细规划对场地设计的控制最为具体，它以总体规划或分区规划为依据，详细规定建设用地的各项控制指标和其他规划管理要求，或者直接对项目建设做出指导性的具体安排和规划设计。

2. 场地设计应服从城市规划

城市规划对场地设计的要求：首先，体现在城市总体规划对于城市用地的发展方向和布局结构的控制上；其次，体现在控制性详细规划中，因控制性详细规划的要求是具体性的，对场地设计有更直接的影响，场地设计对控制性详细规划之中的土地使用和建筑布置等各项细则必须做出恰当的切实反应。这些要求一般包括："对用地性质和用地范围的控制，对于容积率、建筑覆盖率、绿化覆盖率、建筑高度、建筑后退红线距离等方面的控制，以及对交通出入口的方位规定等。"它们会对场地设计中尤其是布局形态的确定构成决定性的影响，分析如下。

(1) 对用地性质的规划。在具体建设项目的选址上，控制性详细规划限定这一项目只能在某一允许区域内选择场地地块；对用地进行开发的场地设计，控制性详细规划限定该地只能做一定性质的使用。

(2) 对用地范围的控制。规划是由建筑红线与道路红线共同完成的。

(3) 对用地强度的控制。是通过容积率、建筑覆盖率、绿化覆盖率等指标来实现的，通过对容积率、建筑覆盖率最大值及绿化覆盖率最小值来限定，可将场地使用强度控制在一个合适的范围之内。

(4) 对建筑用地范围的控制。由建筑范围控制线来限定，即场地允许建造建筑物的区域。规划中一般都要求建筑范围控制线从红线退后一定距离。

(5) 要求规划中对建筑高度、交通出入口的方位、建筑主要朝向、主入口方位等方面的要求，在场地设计中也应同时予以满足。

1.5.3 场地设计与生态

生态发展是通过将生态原则用于发展任何工程，探索控制人类活动对自然环境的冲击。每个生态限定的区域，如河谷和山区，都要经过严格检查，研究场地建设在自然和人类资源方面的影响与评价。

场地设计应基于生态的土地使用方式，力求对所处地区的生态系统产生最少的破坏和影响。并结合有当地特色的植物动物种群，提高地段的生态价值，通过地段规划和景观设计可以实现微观气候改善。

影响人的主要因素有舒适度、日光辐射、气温、空气流动、温度或降水。在生理上人体对外界的适应程度更与日常生活接近。这也就是说，人体与外部环境取得平衡与协调。当这些要素的综合效果不对人产生不适的压力时，条件就达到了人的舒适范围。更重要的是室外气候越接近这一范围，创造室内气候所需要的能量就越少。景观形式能够对建筑的能量消耗起到有益的作用，因而能减少费用，改善微观气候。

场地内景观设计应当以改善建筑周围空间的微观气候为目的，为使用这个空间的人们提供更舒适的环境，使设计系统与景观植物的结合，使当地生态系统得以发展并具有弹性；利用竖向景观和植物等改善地域环境。

1.6 场地设计的基本原则和依据

1.6.1 场地设计的基本原则

1. 合理地利用土地和切实保护耕地

场地设计应体现国家的基本国策，在场地选址中不占耕地或少占耕地，尽量采用先进技术和有效措施，达到充分合理地利用土地与资源。坚持“适用、经济”的原则，贯彻勤俭建国的方针政策，正确处理各种关系，力求发挥投资的最大经济效益。

2. 符合城市规划的要求

场地的总体布置，如出入口的位置、建筑红线、交通线路的走向、建筑高度或层数、朝向、布置、群体空间组合、绿化布置等，以及有关建筑间距、用地和环境控制指标，均应满足城市规划的要求，并与周围环境协调统一。

3. 满足工作、生活的使用功能要求

场地总体布局应按各建筑物、构筑物及设施相互之间的功能关系、性质特点进行布置，做到功能分区合理、建筑布置疏密有序、使用联系方便、交通流线清晰，并避免各部分之间的相互干扰，满足使用者的心理及行为规律。

4. 技术经济合理

场地设计必须结合基地自然条件和建设条件，因地制宜地进行。特别是在确定工程项目规模、选定建设标准、拟定场地重大工程技术措施时，一定要从实际出发，深入进行调查研究和技术经济论证，在满足功能的前提下，努力降低造价，缩短施工周期；减少工程投资和运营成本，力求技术上经济合理。

5. 满足卫生、安全等技术规范和规定的要求

建（构）筑物之间的间距，应按日照、通风、防火、防震等要求与节约用地的原则综合考虑。建筑物的朝向应合理选择，如寒冷地区应避免西北方向风雪和风沙的侵袭，炎热地区应避免西晒，并有利于自然通风。散发烟尘和有害气体的建（构）筑物，应位于场地主导风向的下风向；主导风向不明确时，应位于最小风频的上风向，并采取措施，避免污染场地环境。

6. 满足交通组织要求

场地交通线路的布置要便捷、通畅，避免重复交叉，合理组织人流、车流，减少相互干扰与交通折返，内部交通组织与周围道路交通状况相适应，尽量减少场地人员、货物出入对城市道路交通的影响，避免与场地无关的交通流线在场地内穿行。

7. 竖向布置合理

充分结合场地的地形、地质、水文等条件，进行建（构）筑物及道路等的竖向布置，合理确定空间位置和设计标高，做好场地的整平工作，尽量减少土石方量，做到填、挖方基本平衡，有效组织场地地面排水，满足场地防、排洪要求。

8. 管线综合合理

合理配置场地内各种地上、地下管线，管线之间的间距应满足有关技术要求；便于施工和日常维护，解决好管线交叉的矛盾，力求布置紧凑，占地面积最少。

9. 合理进行绿化景观设施布置与环境保护

场地的景观环境要与建（构）筑物及道路、管线的布置一起考虑，统筹安排，充分发挥植物绿化在改善小气候、净化空气、防灾、降尘、美化环境方面的作用。场地设计应本着与环境的建设与保护相结合的原则，按照有关环境保护的规定，采取有效措施，防止环境污染，通过适当的设计手法和工程措施，把建设开发和保护环境有机结合起来，力求取得经济效益、社会效益和环境效益的统一，创造舒适、优美、洁净的工作和生活环境。

10. 考虑可持续发展的问题

考虑场地未来的建设与发展，应本着近远期结合，近期为主，近期集中，远期外围，自近及远的原则，合理安排近远期建设，做到近期紧凑，远期合理。在适当为远期发展留有余地的同时，避免过多、过早占用土地，并注意减少远期废弃工程。

对于已建成项目的改建、扩建，首先要在原有基础上合理挖潜，适当填空补缺，正确处理好新建工程与原有工程之间的协调关系，本着“充分利用，逐步改造”的原则，统一考虑，做出经济合理的远期规划布置和分期改建、扩建计划。

1.6.2 场地设计的依据

1. 工程项目的依据

1）在建设项目选址阶段

依据是批准的建设项目建议书或其他上报计划文件，标明选址意向用地位置的选址地点地形图（已有选址意向时）。

2）在建设项目的用地规划阶段

依据是选址报告及建设项目选址意见书，经有关土地、规划部门核准的使用土地范围，计划部门批准的建设工程可行性研究报告或其他有关批准文件、地形图、设计单位中标通知书和专家评审意见书。

3）在建设工程规划阶段

（1）建筑工程方案设计的依据是计划部门批准的建设工程可行性研究报告或其他有关批准文件、建设基地的土地使用权属证件或国有土地使用权出让合同及附件、选址报告及建设项目选址意见书、设计委托任务书、建设基地的地形图、建设工程规划设计条件和规划设计要求、建设用地规划许可证、规划设计方案评审会议纪要和建设工程设计合同。

（2）初步设计的依据是规划或建筑设计的方案设计的评审会议纪要、设计委托任务书、建设工程设计合同、地形图和地质勘察报告。

（3）施工图设计的依据是已批准的初步设计文件及设计要求。

2. 有关法律、法规和规范

1）有关法律

（1）《中华人民共和国城乡规划法》（由中华人民共和国第十届全国人民代表大会常务委员会第三十次会议于 2007 年 10 月 28 日通过，自 2008 年 1 月 1 日起施行）；

（2）《中华人民共和国建筑法》（2011 年修正版）（根据 2011 年 4 月 22 日第十一届全国人民代表大会常务委员会第二十次会议《关于修改〈中华人民共和国建筑法〉的决定》修正）；

（3）《中华人民共和国城市房地产管理法》（2009 年 8 月 27 日第十一届全国人民代表大会常务委员会第十次会议《全国人民代表大会常务委员会关于修改部分法律的决定》第二次修正）；

（4）《中华人民共和国环境保护法》（2014 年 4 月 24 日第十二届全国人民代表大会常务委员会第八次会议修订）；

（5）《中华人民共和国土地管理法》（根据 2004 年 8 月 28 日第十届全国人民代表大会常务委员会第十一次会议《关于修改〈中华人民共和国土地管理法〉的决定》第二次修正）；

（6）《中华人民共和国文物保护法》（2015 年 4 月 24 日第十二届全国人民代表大会常务委员会第十四次会议通过全国人民代表大会常务委员会《关于修改〈中华人民共和国文物保护法〉的决定》修正，自 2015 年 4 月 24 日起施行）；

（7）《中华人民共和国水法》（《中华人民共和国水法》已由中华人民共和国第九届全国人民代表大会常务委员会第二十九次会议于 2002 年 8 月 29 日修订通过，现将修订后的《中华人民共和国水法》公布，自 2002 年 10 月 1 日起施行）；

（8）《中华人民共和国军事设施保护法》（根据 2014 年 6 月 27 日第十二届全国人民代表大会常务委员会第九次会议《全国人民代表大会常务委员会关于修改〈中华人民共和国军事设施保护法〉的决定》第二次修正）；

（9）《基本农田保护条例》（根据 2011 年 1 月 8 日《国务院关于废止和修改部分行政法规的决定》修订）。

2）有关法规

（1）《设计文件的编制和审批办法》（1978 年 9 月 15 日国务院批准、原国家建委颁发）；

（2）《建筑工程设计文件编制深度规定》（住建部，2016 年版，2017 年 1 月 1 日施行）；

（3）《基本建设设计工作管理暂行办法》（1983 年 10 月 4 日国家计委颁发）；

（4）《建设项目环境保护设计规定》（1987 年 3 月 20 日国家计划委员会，国务院保护委员会发布）；

（5）《停车场建设和管理暂行规定》和《停车场规划设计规则（试行）的通知》（公安部、建设部 1988 年 10 月发布）。

3）有关设计规范

中华人民共和国行业标准中的各类型建筑设计规范中，有关基地、总平面和站前广场的规定：

(1)《总图制图标准》(GBT 50103—2011)；

(2)《民用建筑设计通则》(GB 50352—2005)；

(3)《城市居住区规划设计规范（2016年版）》(GB 50180—1993)；

(4)《工业企业总平面设计规范》(GB 50187—2012)；

(5)《城市土地分类与规划建设用地标准》(GB 50137—2011)；

(6)《城市道路交通规划设计规范（2007年版）》(GB 50220—1995)；

(7)《城市道路工程设计规范（2016年版）》(CJJ 37—2012)；

(8)《城市道路和建筑物无障碍设计规范》(GB 50763—2012)；

(9)《城市公共交通站、场、厂设计规范》(CJJ/T 15—2011)；

(10)《城市道路路线设计规范》(CJJ 193—2012)；

(11)《建筑设计防火规范》(GB 50016—2014)；

(12)《汽车库建筑设计规范》(JGJ 100—2015)；

(13)《城市道路绿化规划与设计规范》(CJJ75—1997)；

(14)《城市防洪工程设计规范》(GB/T 50805—2012)；

(15)《防洪标准》(GB 50201—2012)；

(16)《地形图图式》(GB/T 20257.1—2007)；

(17)《城市工程管线综合规划规范（2016年版）》(GB 50289—1998)；

(18)《城市用地竖向规划规范》(CJJ 83—1999)；

(19)《风景名胜区规划规范》(GB 50298—1999)；

(20)《人民防空工程设计防火规范》(GB 50098—2009)；

(21)《厂矿道路设计规范》(GBJ 22—2007)；

(22)《城市规划制图标准》(CJJ/T 97—2003)；

(23)《城市防洪工程设计规范》(GB/T—50805—2012)；

(24)《汽车库、修车库、停车场设计防火规范》(GB 5006—2014)；

(25)《无障碍设计规范》(GB 50763—2012)；

(26)《公共建筑节能设计标准》(GB 50189—2005)；

此外，还包括其他各类型建筑设计规范中有关场地的规定。

本章小结

通过本章学习，掌握场地及场地设计的基本概念，理解场地设计的内涵和目的，熟悉其主要内容、场地设计的两阶段以及每个阶段的主要任务，了解场地设计与建筑设计、场地设计与城市规划、场地与生态等相关领域的关系，通过学习，对场地设计研究的意义，场地设计的工作特点及方法有清晰的认识，掌握及遵循场地设计的基本原则及设计依据。

思 考 题

1. 什么是场地？场地的构成要素有哪些？

2. 场地设计的概念是什么？场地设计的基本内容有哪些？

3. 场地设计的基本原则和依据是什么？

4. 场地设计与建筑设计关系是什么？场地设计与城市设计关系是什么？场地设计对建筑设计有哪些制约？

5. 场地设计阶段如何划分？每个场地设计阶段的主要工作重点是什么？

6. 《民用建筑设计通则》（GB 50352—2005）中对哪些建筑有日照要求？日照时间分别是多少？

7. 分析一两例优秀建筑的场地设计。

第2章

场地设计条件

教学目标

本章主要讲述场地的各种设计条件，学习如何依据场地的环境及场地的自然条件、建设条件等，做出科学的综合性分析与评价，掌握场地的公共制约的有关规定、规范。通过本章学习，应达到以下目标：

（1）掌握及了解场地的自然条件、建设条件和场地的公共限制；

（2）培养学生对现场调查与观察的能力，掌握场地环境及场地分析的方法；

（3）通过场地的案例分析，掌握场地条件分析的程序、内容和手段。

教学要求

知识要点	能力要求	相关知识
场地的自然条件	（1）理解场地的地形地貌、气象、水文、地质等情况 （2）掌握对场地自然条件的搜集、整理、分析和研究 （3）培养学生对现场调查与观察的能力	（1）理解场地的各种地形地貌的特点及形式 （2）熟悉地形图、地形地貌、等高线等相关知识 （3）理解场地的气象、水文、地质等情况
场地的建设条件	（1）理解场地区域环境及周围环境条件 （2）理解场地周围环境及内部建设现状条件 （3）掌握场地所在市政设施条件	（1）掌握场地在区域中的地理位置、区域环境 （2）周围道路、交通条件及相邻场地的建设状况 （3）掌握现状建筑物、构筑物情况，以及场地周围供水、供电、供气及排水等情况
场地的公共制约	（1）全面了解场地设计学科领域中的制约条件 （2）掌握场地设计在每个层面所受到的制约因素 （3）通过技术经济指标、有关规范规定来控制场地的设计，掌握对场地用地、交通、密度、高度、容量、绿化等控制	（1）征地界线与建设用地边界线、道路红线、建筑红线、城市蓝线、城市绿线、城市紫线等 （2）基地交通出入口、停车泊位数及道路等 （3）建筑密度、建筑限高及建筑层数、容积率、绿地率等
场地的案例分析	（1）通过案例分析，掌握分析的方法	（1）建筑场地、地形地势及可建建筑范围等分析 （2）掌握场地分析的方法和内容

基本概念

场地设计条件；场地自然条件；场地建设条件；场地的公共限制；场地分析及场地分析程序。

引言

场地设计始于对设计任务的深入了解和对场地条件的分析。通过对场地条件的搜集、整理、分析和研究，归纳制约因素和有利条件，从中启发设计师的设计灵感，形成个性鲜明的设计作品，场地设计与建设必须遵守制约条件和一定的公共限制，通过对场地的制约条件和一系列技术经济指标的控制来保证场地设计的经济合理性，并与周围环境和城市公用设施协调一致，场地条件主要包括自然条件、建设条件及公共限制。

2.1 场地的自然条件

2.1.1 地形地貌

场地的自然条件是指场地的自然地理特征，包括地形、气候、工程地质、水文及水文地质等条件，它们在不同程度上以不同的方式对场地设计和建设产生影响。

地形指地表面起伏的状态（地貌）和位于地表面的所有固定性物体（地物）的总体。从自然地理的划分地形的类型，大体有山地、丘陵和平原三类，进一步划分为山谷、山脊、山丘、盆地、鞍部、冲沟、峭壁等。

1. 地形图

地形图是指地表起伏形态和地物位置、形状在水平面上的投影图，具体来讲，将地面上的地物和地貌按水平投影的方法（沿铅垂线方向投影到水平面上），并按一定的比例尺缩绘到图纸上，这种图称为地形图，如图 2－1 和图 2－2 所示。

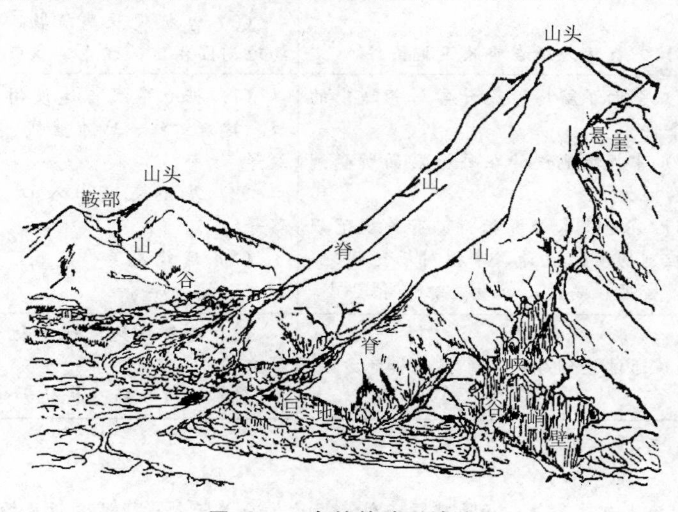

图 2－1 自然的地形地貌

图 2-2 测绘图表达的地形地貌

2. 地形图的坐标系统

坐标系统用于确定地面点在该坐标系统中的平面位置及相对尺寸。将大地的水准面视为水平面，不考虑地球曲率。坐标轴网一般以纵轴为 X 轴，表示南北方向的坐标，其值大的一端表示北方；横轴为 Y 轴，表示东西方向的坐标，其值大的一端表示东方；选择测区西南角某点为原点（O），建立平面直角坐标系统（或称测量坐标系统），并确定测图用比例尺，划分方格网，确定图幅编号和分幅，如图 2-3 所示。

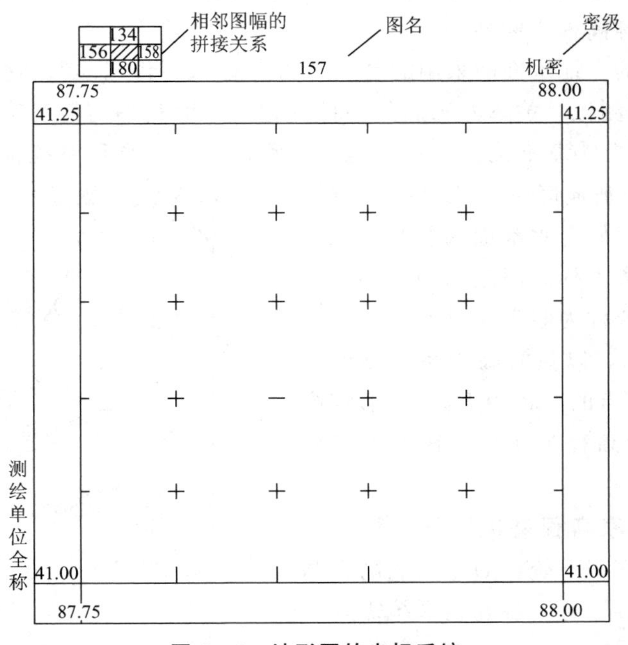

图 2-3 地形图的坐标系统

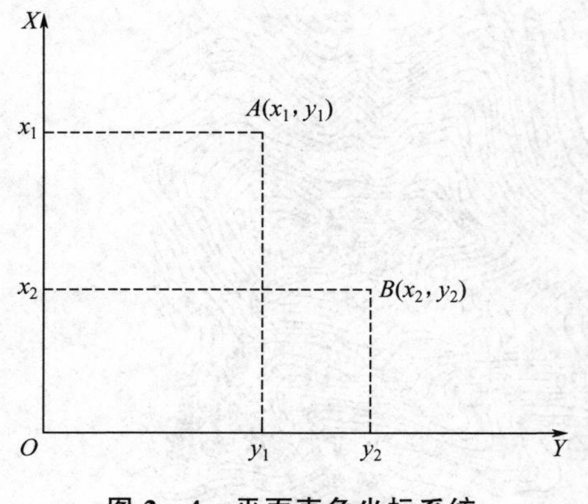

图 2-4 平面直角坐标系统

地形图上任意一点的定位，是以坐标轴网的方式进行的。例如：地面点 A 的坐标为（x_1，y_1），B 点的坐标为（x_2，y_2），如图 2-4 所示。

3. 地形图的比例尺

地形图上任意一根线段的长度与其所代表地面上相应的实际水平距离之比，称为地形图的比例尺。

比例尺的大小是以比值来衡量的，大比例尺地形图常用 1∶500、1∶1000、1∶2000、1∶5000 和 1∶10000，场地设计常用 1∶500、1∶1000 的比例尺地形图，如表 2-1 所示。

表 2-1 地形图比例尺适宜设计阶段

比例尺	1∶500	1∶1000	1∶2000	1∶5000	1∶10000
适应设计阶段	用地现状图、详细规划；工程项目方案设计、初步设计及施工图设计		详细规划、工程项目方案设计、初步设计	场地选址	

4. 高程系统

高程系统用于确定地面点的高程位置。地面上一点到大地水准面的铅垂距离，称为该点的绝对高程，简称高程或标高。

我国目前确定的大地水准面采用的是“1985 年国家高程基准”。它是青岛验潮站 1953 年至 1979 年长期观测记录黄海海水面的高低变化，并取其平均值确定为大地水准面的位置（高程为零）。以此为基准测算全国各地的高程，对应的高程系统称为黄海高程系（也称绝对标高）。当个别地区引用绝对高程有困难时，也可采用任意假定水准面为基准面，确定地面点的铅垂距离，称为假定高程或相对高程，对应的高程系统称为假定高程系。

如图 2-5 所示，以黄海高程系统测得 A 点的高程为 H_A，B 点的高程为 H_B。以假定高程系统测得 A 点的高程为 H'_A，B 点的高程为 H'_B。

除“1985 年国家高程基准”外，我国有些地方还沿用其他高程系统，如“吴淞高程基准”、“珠江高程基准”等，各高程系统需要换算关系，详见有关规定。

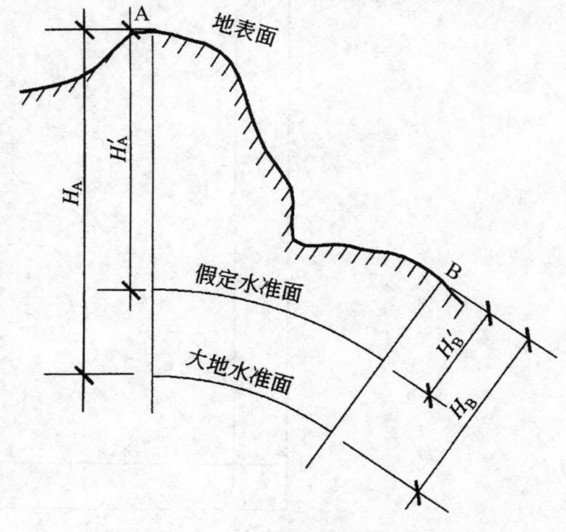

图 2-5 高程系统图示

5. 地形图的等高线

1）等高线

等高线是将地面上高程相等的各相邻点在地形图上按比例连接而形成的闭合曲线，用以表达地貌的形态，如图 2－6 所示。利用等高线可以把地面加以图形化描述，如图 2－7 所示。

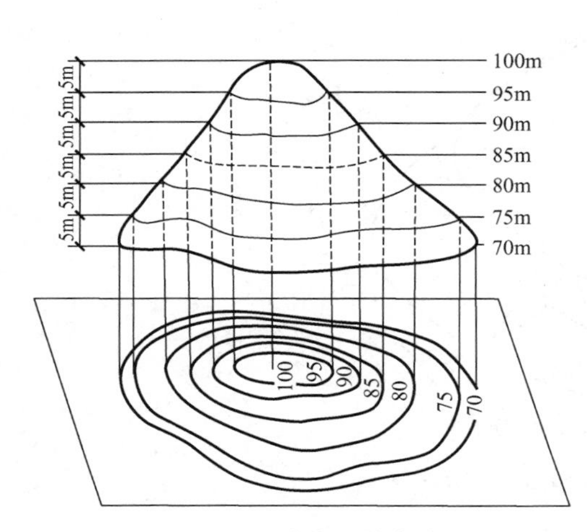

图 2－6　等高线的表达

图 2－7　地形类型的表达

2）等高线的特点

（1）等高性：同一条等高线上各点高程相等，但高程相等的点不一定在同一条等高线上。

（2）闭合性：等高线必定是闭合曲线，如不在本图幅内闭合，则必在图外闭合。

（3）非交性：除在悬崖或绝壁处外，等高线不能相交或重合。

（4）密陡稀缓性：在同一幅地形图中，等高线愈密表示地面坡度愈陡，反之坡度愈平缓。

（5）凸脊凹谷性：等高线向低的一侧突出则表示山脊，向高的一侧凹进则表示山谷，如图 2－8 所示。

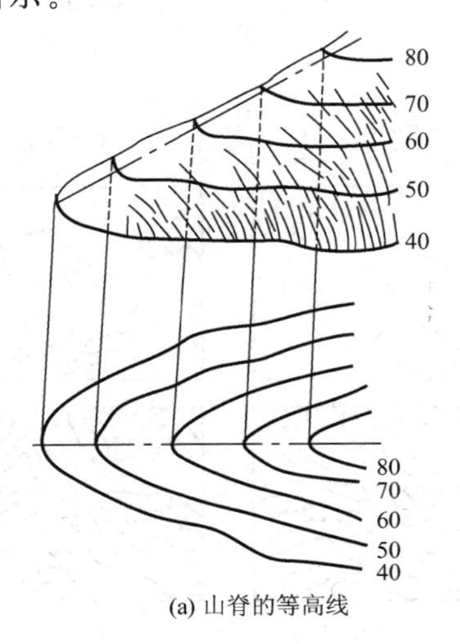

(a) 山脊的等高线

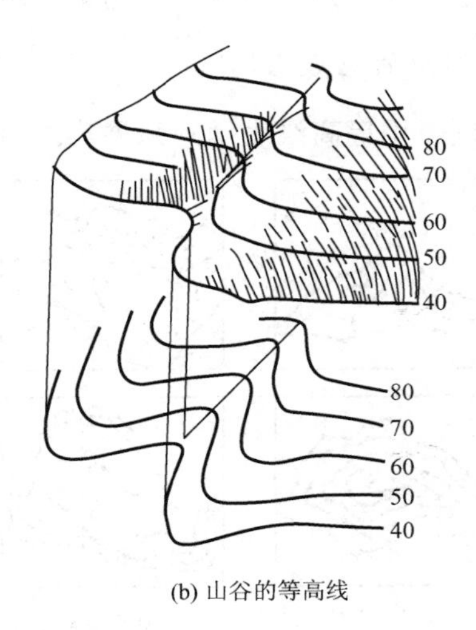

(b) 山谷的等高线

图 2－8　山谷、山脊测绘图的表达

（6）正交性：山脊和山谷处等高线与山脊线和山谷线正交。

（7）对称性：高程相同的等高线在山脊线、山谷线的两侧以相同的数目对称出现。

3）等高距

地形图上相邻两条等高线间的高差称为等高距（h），如图 2－9 所示，在同一幅地形图上，等高距是相同的，地形图中常用的等高距如表 2－2 所示。

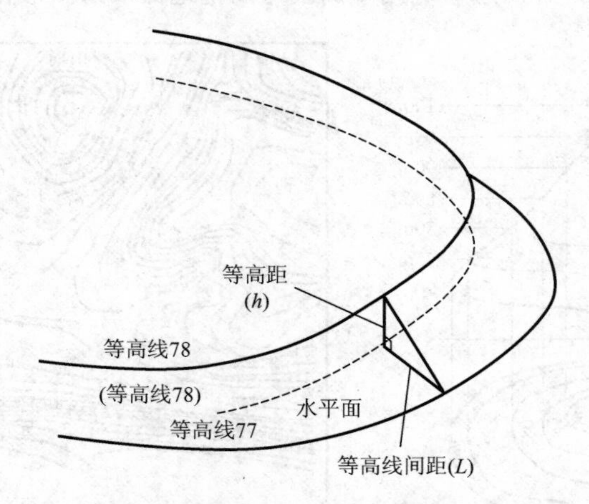

图 2－9　等高距、等高线间距的表达

表 2－2　地形图中常用的等高距（m）

地面坡度	比例尺				备注
	1：500	1：1000	1：2000	1：5000	
0°～6°	0.5	0.5	1	2	等高距为 0.5m 时，特征点高程可标注至 cm，其余均注至 dm。
6°～15°	0.5	1	2	5	
15°以上	1	1	2	5	

4）等高线间距

地形图上相邻两条等高线之间的水平距离称为等高线间距（L），如图 2－9 所示。

6．地形图中的地形地貌图例

地形图例，用等高线表示的几种典型地形，如图 2－10、图 2－11 和图 2－12 所示。

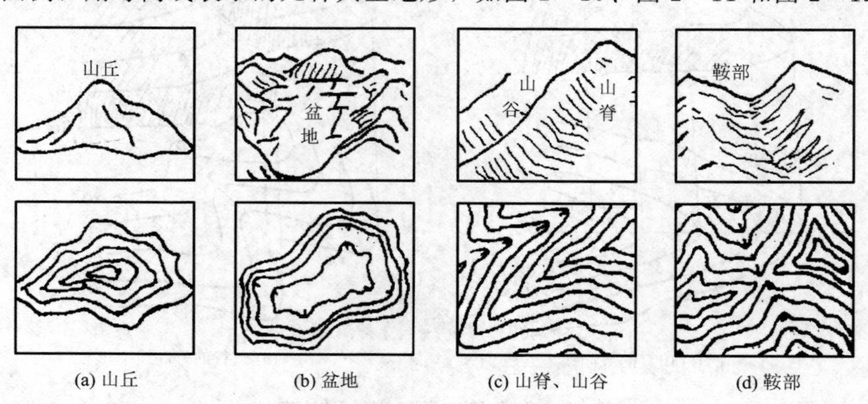

(a) 山丘　(b) 盆地　(c) 山脊、山谷　(d) 鞍部

图 2－10　地形图地貌的表达（一）

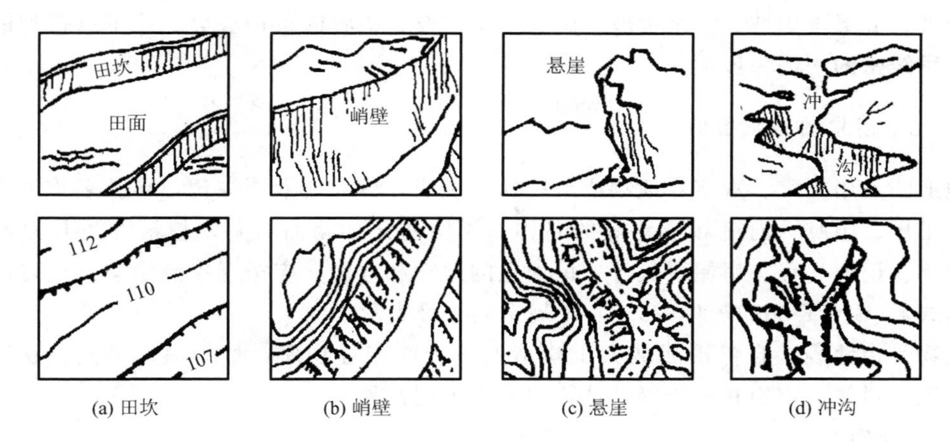

(a) 田坎　(b) 峭壁　(c) 悬崖　(d) 冲沟

图 2-11　地形图地貌的表达（二）

（1）山丘，是等高线呈封闭状环围，高程越高等高线环围面积越小。

（2）盆地，是范围比较大的等高线呈环围封闭状，逐渐凹下的地貌状态，犹如盆状，故名盆地。凹地与盆地的区别主要在于凹地是突然比周围地面低下，且经常无水的低地。

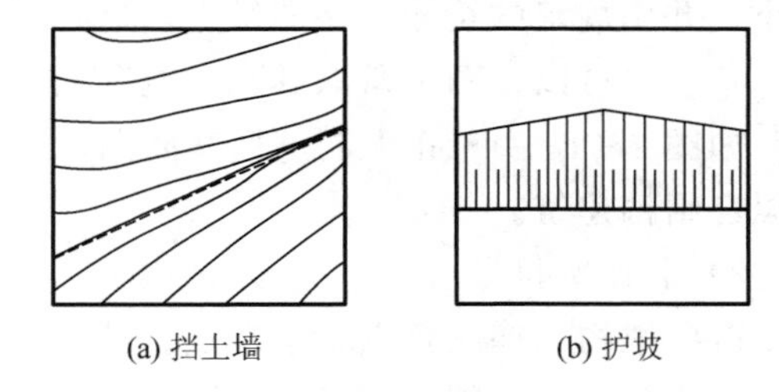
(a) 挡土墙　(b) 护坡

图 2-12　地形图地貌的表达（三）

（3）山脊、山谷，是由两个坡向相反坡度不一的斜坡相遇组合而成条形脊状延伸的凸形地貌形态。山脊上相邻的最高点连线称为山脊线。山脊的等高线表现为一组凸向低处的曲线。山谷，是两山之间狭窄低凹的洼地，贯穿山谷量低点的连线称为山谷线。山谷等高线，表现为一组凸向高处的曲线。

（4）鞍部，两个山顶之间，两组等高线凸弯相对之间形成的是鞍部。

（5）田坎，是顺等高线平行方向产生突然的跌落高差的地貌状况，用带有黑色三角形排列的线条表示，黑色三角形指向低处。

（6）峭壁，是由于地壳运动等原因形成的比较高的、接近垂直于水平面的坡地，往往植被不易在其坡面上落根，而且常常受到流水的冲刷和风蚀等，大多为裸露土状态。

（7）悬崖，是角度垂直或接近角度垂直的暴露岩石，是一种被侵蚀、风化的地形。

（8）冲沟，是指由汇集在一起的地表径流冲刷破坏土壤及其母质，形成切入地表及以下沟壑的土壤侵蚀形式。面蚀产生的细沟，在集中的地表径流侵蚀下继续加深、加宽、加长，当沟壑发展到不能为耕作所平复时，即变成沟蚀。沟蚀形成的沟壑称为侵蚀沟。侵蚀的水流更加集中，下切深度越来越大，横断面呈“U”形，就形成了冲沟。

（9）挡土墙，是防止边坡风化剥蚀、冲刷和坍塌而设置的结构体。用粗虚线代表被挡土的一侧。

（10）护坡，是具有保护边坡处土壤不被流水等侵蚀的构造体。护坡分为砌石护坡、抛石护坡、混凝土护坡、喷浆护坡、砌石草皮护坡、格状框条护坡等。用平行排列的垂线表示，垂线密的一侧为坡顶。

7. 地形图中的地物图例

地形图上用文字、数字对地物或地貌加以说明，称为地形图注记，包括名称注记，如城镇、工厂、山脉、河流和道路等的名称；说明注记如路面材料、植被种类和河流流向等；数字注记如高程、房屋层数等。地面上的地物和地貌，应按国家测绘总局颁发的《地形图图式》(GB/T 20257.1—2007) 中规定的符号表示于图上。

地物是指地表上自然形成或人工建造的各种固定性物质，如房屋、道路、铁路、桥梁、河流、树林、农田和电线等，地物符号有下列几种。

1) 比例符号

有些地物的轮廓较大，如房屋、稻田和湖泊等，它们的形状和大小可以按测图比例尺缩小，并用规定的符号绘在图纸上，这种符号称为比例符号。

建筑物可以在图上量取其长、宽和面积，了解其分布和形状，并表明结构形式及层数等。如图 2-13 中，正大制药厂车间图示“砖 2”，即为二层砖结构建筑；“混 4”，即为四层混合结构建筑。

2) 非比例符号

有些地物，如三角点、水准点、独立树和里程碑等，轮廓较小，无法将其形状和大小按比例绘到图上，则不考虑其实际大小，而采用规定的符号表示之，这种符号称为非比例符号。非比例符号不仅其形状和大小不按比例绘出，而且符号的中心位置与该地物实地的中心位置关系，也随各种不同的地物而异，在测图和用图中应注意下列几点。

(1) 规则的几何图形符号（圆形、正方形、三角形等），以图形几何中心点为实地地物的中心位置。

(2) 底部为直角形的符号（独立树、路标等），以符号的直角顶点为实地地物的中心位置。宽底符号（烟囱、岗亭等），以符号底部中心为实地地物的中心位置。

(3) 几种图形组合符号（路灯、消火栓等），以符号下方图形的几何中心为实地地物的中心位置。

(4) 下方无底线的符号（山洞、窑洞等），以符号下方两端点连线的中心为实地地物的中心位置。各种符号均按直立方向描绘，即与南图廓线垂直。

3) 半比例符号（线形符号）

对于一些带状延伸地物（如道路、通信线、管道、垣栅等），其长度可按比例尺缩绘，而宽度无法按比例尺表示的符号称为半比例符号。这种符号的中心线，一般表示其实地地物的中心位置，但是城墙和垣栅等，地物中心位置在其符号的底线上。

道路在地形图上按比例绘制，标注变坡点处的绝对标高值，道路名称等，如图 2-13 地形图的描述：地形图中南侧有巴山公路自西向东穿过，路面高程为 254.6～251. 8m，按照地形图比例测量出路面宽度为 24m，路面为水泥混凝土结构，道路两侧有架空高压线、变压器、路灯、架空通信线及一台变压器等，地形图中东侧有一条南北向的高压线，另有一条呈折线状分布的架空通信线等。

4）地物注记

用文字、数字或特有符号对地物加以说明者，称为地物注记。例如，城镇、工厂、河流、道路的名称；桥梁的长宽及载重量；江河的流向、流速及深度；道路的去向及森林、果树的类别等，都以文字或特定符号加以说明。但是，当等高距过小时，图上的等高线过于密集，将会影响图面的清晰醒目。因此，在测绘地形图时，等高距的大小是根据测图比例尺与测区地形情况来确定的，地形图中的地物图例如图 2－13 所示。

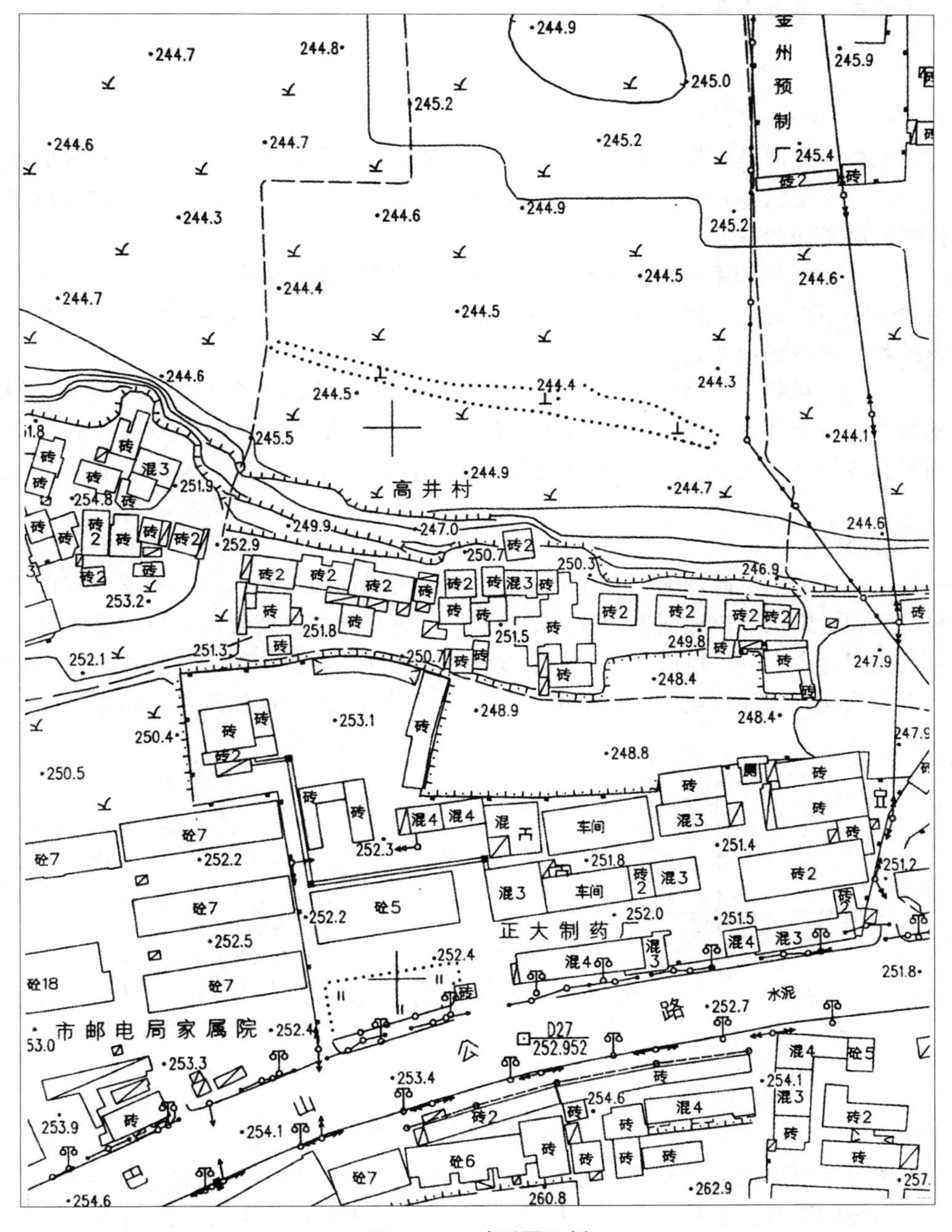

图 2－13 地形图示例

2.1.2 气候条件

建设项目的场地设计与所处环境的气候条件密切相关。气候指任一地点或地区在一年或若干年中所经历的天气状况的总和，它不仅指统计得出的平均天气状况，也包括其长期变化和极值。气候条件的依据是各地的观测统计资料及实际气候状态，影响场地设计与建设的气象要素主要有风象、日照、气温和降水等。

1. 风象条件

1）风向、风速和风级

（1）风向。风向是空气相对于地面的运动，风向是指风吹来的方向。某一时期（如一月、一季、一年或数年）内，系一方向来风的次数占同期观测风向发生总次数的百分比，称为该方位的风向频率。

风向频率＝该风向出现的次数/风向的总观测次数×100％

风向频率最高的方位称为该地区或该城市的主导风向。掌握当地主导风向，便于合理安排建筑物，进行场地布局。

（2）风速及风级。风速，在气象学上常用空气每秒钟流动多少米来表示风速大小。风速的快慢，决定了风力的大小，风速越快，风力也就越大。风级，即风力的强度。根据地面物体受风力影响的大小，人为地将其分成若干等级，以表示风力的强度，一般分为0～12级。

2）风玫瑰图

风玫瑰图是表示风向特征的一种方法，它又分为风向玫瑰图、风向频率玫瑰图、平均风速玫瑰图和污染系数玫瑰图等。常用的是风向频率玫瑰图，通常简称为风玫瑰图。

风玫瑰图将各个方位风向次数的频率按比例绘制在方向坐标图上，形成的封闭折线就是风向频率玫瑰图。风玫瑰图一般常用8个、16个或32个方向来表示，如图2-14所示。

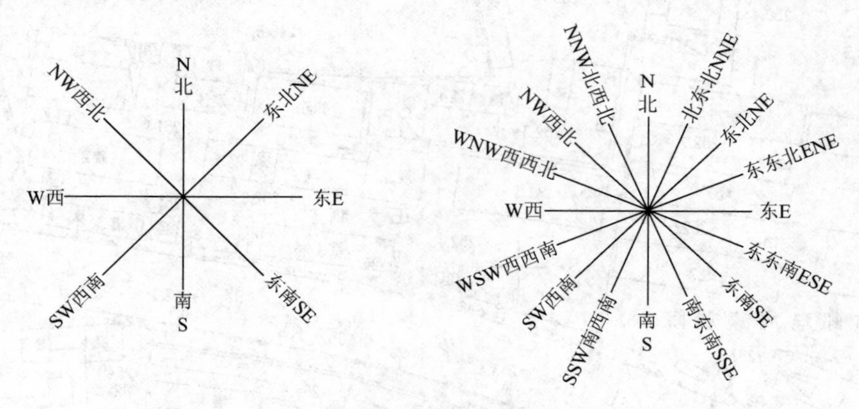

图2-14 风向玫瑰图

为了更清楚地表达某一地区不同季节的主导风向，还可以分别绘制出全年风向——用中粗实线围合的图形、夏季风向（6月至8月）——用中细虚线围合的图形、冬季风向

（12月至2月）——用细实线围合的图形（如图 2－15 所示沈阳市的风向玫瑰图）。我国部分城市风向玫瑰图如图 2－16 所示。

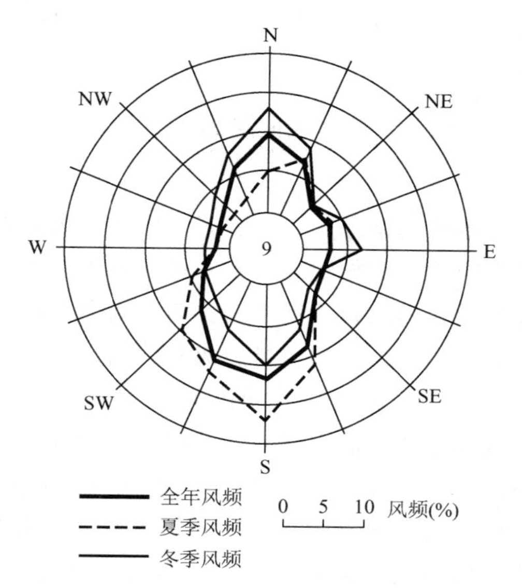

图 2－15 沈阳市全年、夏季及冬季风向玫瑰图

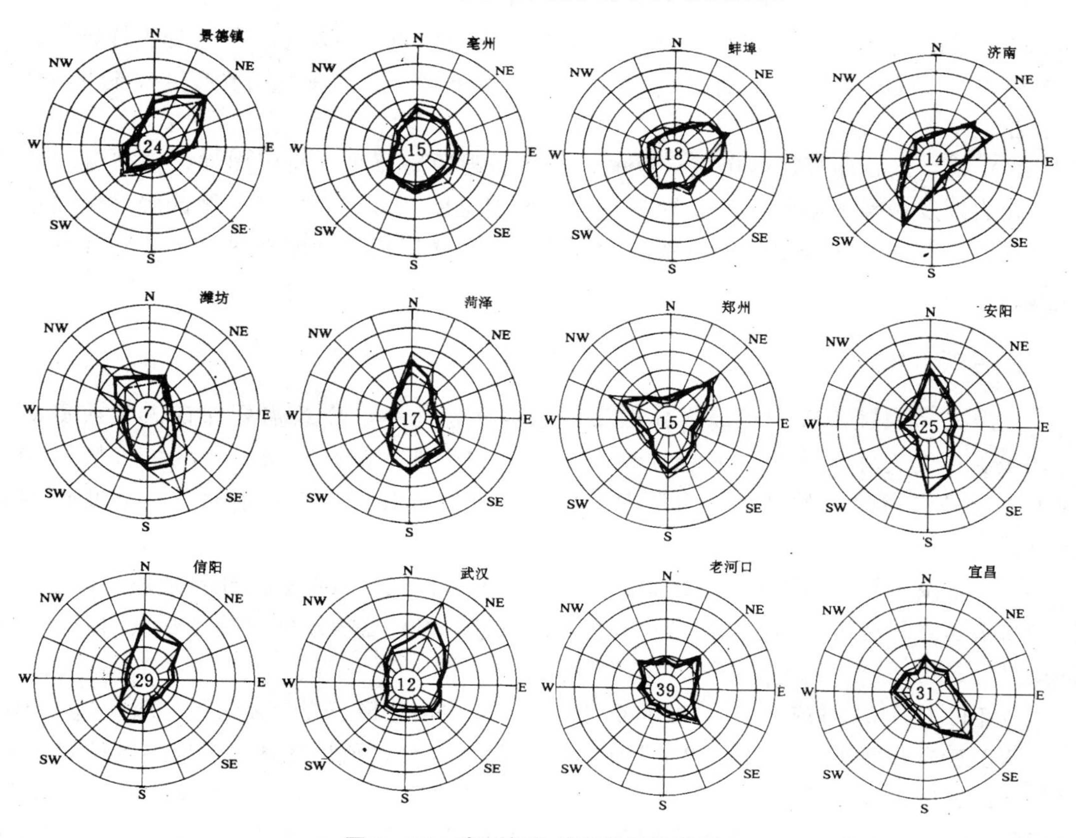

图 2－16 我国部分城市风向玫瑰图

3）污染系数

引起环境污染的不同污染物的排放浓度，与所采用的评价标准浓度的比值。污染源下风侧的受害程度与该方向的风频率成正比，与风速成反比。因而，污染源对其下风侧可能造成的污染程度可以用下式污染系数表达：

污染系数＝风向频率/平均风速

4）局地风

局地风是指由于地形、地物的错综复杂，引起对风向或风速的改变，形成局地风，如海陆风、山谷风、顺坡风、越山风、林源风、街巷风、城市热导环流等，局地风往往对一个局部地区的风向、风速起主要作用，设计中需要充分结合考虑。

(1) 海陆风，是由海陆对热量反应的差异造成的，出现在大的水域附近。白天，陆暖而水凉，气压为海高陆低，下层气流由海吹向陆地，形成海风，上层气流由陆地吹向海洋，形成陆风，并因此形成海陆风环流；夜间，情况正好相反。

(2) 山谷风，是山地或山区与平原交界处的一种地方性风。夜间，山坡放热较山谷快，谷地辐射冷却较迟，致使山上气压较谷底高，使得冷而重的山坡空气沿山坡向谷底流动，结果在山谷汇成一股由山谷流入平原的气流，形成“山风”“出山风”“下坡风”；白天，情况正相反，形成“谷风”“进山风”“山坡风”。

(3) 过山气流，是由地形阻碍作用使流场发生局地变化而产生。气流受山峰阻挡，在山的迎风面流线密集，过山后流线稀疏，产生流线下滑作用，在背风坡产生气流下泻和尾流混合。

(4) 城市热导环流，是由城乡温度差异而引起的局地风。众所周知，由于城市人类活动影响以及城乡太阳辐射的差异等，使得城市温度经常比乡村高，城区暖而轻的空气要上升，而四周小区冷空气要向城区辅合补充，形成所谓的“城乡热岛环流”或称“城市风”。

2. 日照条件

太阳光是人类生存和保障人体健康的基本要素之一，建筑需要保证人类获得适当的日照，因为对于人来说，日照无论在心理上和生理上都是不可缺少的。太阳辐射中的可见光是自然采光的基础，太阳辐射中的红外线给我们带来辐射热能，让我们感到温暖。

阳光直接照射到物体表面的现象称为日照，而将阳光直接照射到建筑地段、建筑物外围护结构表面和建筑内部空间的现象称为建筑日照，日照是表示能直接见到太阳照射时间的量。

每年的6月21日或22日，即夏至日，是一年中白昼最长黑夜最短的一天，这一天的太阳角度最高；而每年的12月22日或23日，即冬至日，则是白昼最短黑夜最长的一天，这一天的太阳角度最低。可以看出，一年中冬至日的日照量最小，且房屋阴影面积最大，也就是说，在一年中冬至日的日照时间最短、日照质量最差。如果某建筑间距在冬至日能满足日照要求，那么在其他任何时日均能满足日照要求。

1）太阳高度角和方位角

对于地球表面上的某点来说，太阳的空间位置可用太阳高度角和太阳方位角来确定。

（1）太阳高度角 h，是指太阳直射光线与地平面之间的夹角（地平面即地球表面观测点以铅垂线为法线的切平面），如图 2－17(a) 所示。

（2）太阳方位角 A，即太阳光线在地平面上的投影线与地平面正南线所夹的角。引用天文学术语，即从观测点天球子午圈沿地平圈量至太阳所在地平经圈的角距离，如图 2－17(b) 所示。

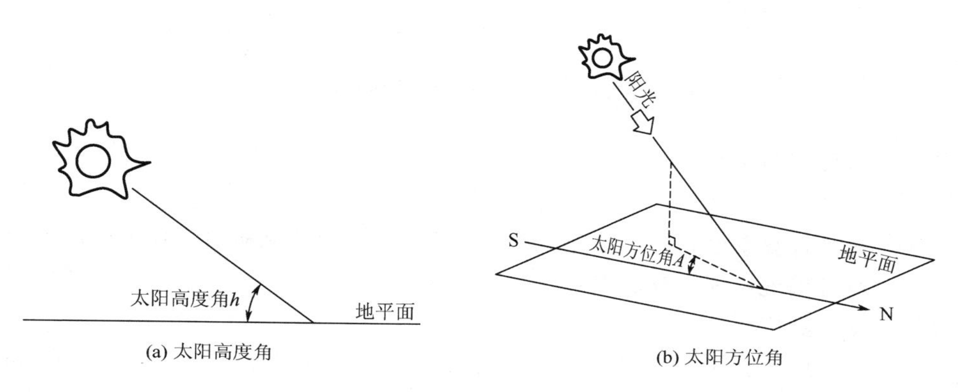

图 2－17　太阳高度角 h 和太阳方位角 A

2）日照时数与日照百分率

日照时数以日为单位，用于确定日照标准。日照时数是指太阳中心从出现在一地的东方地平线到进入西方地平线，其直射光线在无地物、云、雾等任何遮蔽的条件下，照射到地面所经历的小时。

日照百分率，即实际日照时间与可能日照时间（全天无云时应有的日照时数）之比。它表明了气候条件（主要是云、雨、雾、尘、沙等）减少了多少日照时间（%）。

3）日照标准

日照标准是根据建筑物所处的气候区、城市大小和建筑物的使用性质确定的冬至日或大寒日阳光直接照射到室内楼面、地面上的小时数。日照标准中的日照量包括日照时间和日照质量两个标准。

日照时间是以建筑向阳房间在规定的日照标准日受到的日照时数为计算标准。

日照质量是指每小时室内地面和墙面阳光照射面积累计的大小以及阳光中紫外线的效用高低。

4）日照间距及日照间距系数

（1）日照间距，在前后相邻的建筑之间，为保证北侧建筑符合日照标准，南侧建筑的遮挡部分与北侧建筑保持的间隔距离，称为日照间距。正确地处理建筑间的间距是保证该类建筑获得必要日照的条件，如图 2－18 所示。

$$D=LH \tag{2-1}$$

$$L=\tan h \tag{2-2}$$

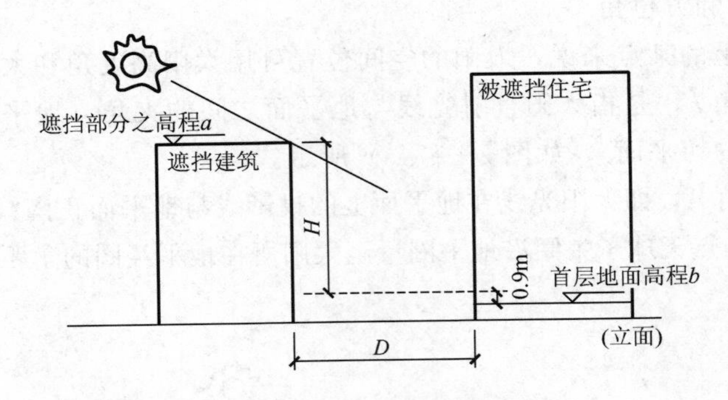

图 2-18　日照间距计算示意图

式中　L——日照间距系数；

D——日照间距；

H——遮挡计算高度，即遮挡建筑的遮挡部分之高程 b 和被遮挡住宅首层地面 0.9m 高外墙处（即计算起点）之高程 a 的差值；

h——太阳高度角。

（2）日照间距系数，其原理是以太阳高度角原理，选择使日照间距最小的满足日照要求的时间段推导出来的。在我国有关技术规范中，已知建设场地的纬度，可以直接查得相应的日照间距系数。如：如北京市的纬度是北纬 39°57′，冬至日日照 1 小时的日照间距系数为 1.86。

（3）日照间距方位折减，建筑非正南北方向时，应按照与正南向偏东、偏西的不同方位角的日照系数折减，见表 2-3。

表 2-3　日照间距方位折减

方　　位	0°～15°（含）	15°～30°（含）	30°～45°（含）	45°～60°（含）	>60°
折减值	1.0L	0.9L	0.8L	0.9L	0.95L

注：1. 表中方位为正南向（0°）偏东、偏西的方位角。

2. L 为当地正南向住宅的标准日照间距（m）。

3. 本表指标仅适用于无其他日照遮挡的平行布置条式住宅之间。

3. 中国建筑气候区划

为了区分我国不同地区气候条件对建筑影响的差异性，确定各气候区的建筑气候参数，合理的利用气候资源，根据中国各个地方区域的气象、气候等因素，国家制定了《建筑气候区划标准》（GB 50178—93），它以 1 月平均气温、7 月平均气温、7 月平均相对湿度为主要指标，将我国划分为 7 个一级建筑气候区（表 2-4），依次为Ⅰ严寒地区、Ⅱ寒冷地区、Ⅲ夏热冬冷地区、Ⅳ夏热冬暖地区、Ⅴ温和地区、Ⅵ严寒地区（部分寒冷地区）及Ⅶ严寒地区（部分寒冷地区），对于每个区的建筑气候特征做了详细概括。

表 2－4 中国建筑气候一级区区划指标

分区代号		分区名称	气候主要指标	辅助指标	各区辖行政区范围
Ⅰ	ⅠA ⅠB ⅠC ⅠD	严寒地区	1月平均气温≤－10℃ 7月平均气温≤25℃ 7月平均相对湿度≥50％	年降水量200－800mm 年日平均气温≤5℃的日数）145d	黑龙江、吉林全境；辽宁大部；内蒙古中、北部及陕西、山西、河北、北京北部的部分地区
Ⅱ	ⅡA ⅡB	寒冷地区	1月平均气温－10～0℃ 7月平均气温 18～28℃	年日平均气温≥25℃的日数＜80d 年日平均气温≤5℃的日数 145－90d	天津、山东、宁夏全境；北京、河北、山西、陕西大部；辽宁南部；甘肃中、东部以及河南、安徽、江苏北部的部分地区
Ⅲ	ⅢA ⅢB ⅢC	夏热冬冷地区	1月平均气温 0～10℃ 7月平均气温 25～30℃	年日平均气温≥25℃的日数 40－110d 年日平均气温≤5℃的日数 90－0d	上海、浙江、江西、湖北、湖南全境；江苏、安徽、四川大部；陕西、河南南部；贵州东部；福建、广东、广西北部和甘肃南部的部分地区
Ⅳ	ⅣA ⅣB	夏热冬暖地区	1月平均气温＞10℃ 7月平均气温 25～29℃	年日平均气温≥25℃的日数 100－200d	海南、台湾全境；福建南部；广东、广西大部以及云南西南部和元江河谷地区
Ⅴ	ⅤA ⅤB	温和地区	1月平均气温 0～13℃ 7月平均气温 18～25℃	年日平均气温≤5℃的日数 0－90d	云南大部、贵州、四川西南部、西藏南部一小部分地区
Ⅵ	ⅥA ⅥB	严寒地区	1月平均气温 0 ～ －22℃ 7月平均气温＜18℃	年日平均气温≤5℃的日数 90－285d	青海全境；西藏大部；四川西部、甘肃西南部；新疆南部部分地区
	ⅥC	寒冷地区			
Ⅶ	ⅦA ⅦB ⅦC	严寒地区	1月平均气温－5～ －20℃ 7月平均气温≥18℃ 7月平均相对湿度＜50％	年降水量 10－600mm 年日平均气温≥25℃的日数＜ 120d 年日平均气温≤5℃的日数 110－180d	新疆大部；甘肃北部；内蒙古西部
	ⅦD	寒冷地区			

4. 气温条件

1）气温

气温是指大气的温度，表示大气的冷热程度。由于地球表面所受太阳辐射强度的不同而产生地表气温温差，地表气温主要取决于纬度的变化，一般纬度每增加一度，气温平均降低 1.5℃左右。衡量气温的主要指标有绝对最高气温、最低气温、最高和最低月平均气温、常年平均气温等。了解这些指标主要是对建筑物保温隔热等采取相应措施，以保证建筑物室内有良好的、舒适的环境。

2）气温对场地设计和建设的影响

（1）不同的气温条件对建筑及场地提出了不同的要求，如南方建筑需要解决夏季的隔热、防晒降温等问题，北方建筑须处理好冬季的保温采暖等问题，这些问题会反映在建筑技术要求、设备配置、附属设施等方面，并影响场地中建筑的布置与组合方式、空间形态等。

（2）气温的差异影响着人们的行为方式，对场地内的功能组织提出了不同的要求，从而使用场地布局呈现出鲜明的特点。

（3）建设项目所在地区的日、年气温温差较大时，将影响到场地中建筑、工程的设计与施工及相应工艺与技术的适应性和经济性等问题。如北方寒冷地区冬季的冻土深度，就是建筑和工程设计的重要参数。

5. 降水条件

1）降雨

我国大部分地区受季风影响，夏季多雨，并时有暴雨，华南、东南沿海地区还常受台风的影响。降雨的主要指标有：平均年总降水量（mm）、最大日降水量（mm）、暴雨强度及最大历时等。

2）降水对场地的影响

降水对场地的影响主要表现在降水量、降水季节分配和降水强度等方面，它直接影响地表径流和引起地面积水，如河流洪水，并影响城市的防洪和排水设施的设计与建设。因而，在进行场地内有关竖向布置、给排水设计、道路布局和防洪设计等工作时，应根据当地降水规律和特点，妥善解决好场地排水、防洪等问题。

上述风象、日照、气温和降水等气候条件对场地设计与建设都有影响，另外，还要注意到气压、雷击、积雪、雾和局地风系、逆温现象等小气候特征对场地设计的影响。在场地设计工作中科学地综合地分析当地各种气候条件，利用一切有利因素，回避其不利影响，创造出与自然环境相协调的良好场地环境。

2.1.3 水文条件

1. 水文与水文地质

主要指地表水体，如江、河、湖泊、海、水库等对建筑场地及工程建设的影响。自然水体在供水水源、水上运输、改善气候、排水防洪及美化环境等方面发挥着积极作用。水文地质条件一般指地下水的存在形式、含水层厚度、矿化度、硬度、水温及动态等条件。地下水除作为城市或场地内部的生产和生活用水的重要水源外，对建筑物的稳定性影响很大，主要反映在埋藏深度和水量、水质等方面。工程地质勘察报告要明确地下水的分布规律，补给、径流、排泄条件、水质、水量、水的动态变化及其对下工程的影响。

2. 水文条件与场地设计

当地下水位过高时，将严重影响到建筑物基础的稳定性，特别是当地表为湿陷性黄土、膨胀土等不良地基土时，危害更大，用地选择时应尽量避开，最好选择地下水位低于地下室或地下构筑物深度的场地用地。在某些必要情况下，也可采取降低地下水位的措施。

在场地的用地选择时，还应该注意到其地下水位的长年变化情况。有些地方由于盲目过量开采地下水，使地下水位下降，形成“漏斗”，引起地面下沉，最严重时下沉 2～3m，这将会导致江、海水倒灌或地面积水等，给场地建设及今后的使用造成麻烦。

工程地质勘察报告中水文和水文地质包括以下内容：调查地表水体的分布，如河流水位、流向、地表径流条件；查明地下水的类型、埋藏深度、水位变化幅度、化学成分组成及污染情况等必要的水文及水文地质要素；调查地表水与地下水间的相互补给关系和排泄条件、地表水及地下水体历史演变及与水文气象的关系，如地表水历史上洪水淹没范围、地下水的历史最高水位等，为设计和施工提供所需的水文及水文地质资料和参数，并做出恰当的评价。

2.1.4 地质条件

1. 工程地质

工程地质勘察报告中工程地质条件包括以下内容。

(1) 地形地貌，调查场地地形地貌形态特征，研究其发生和发展规律，以确定场地的地貌成因类型，划分其地貌单元。

(2) 地质构造，调查场地的地质构造及其形成的地质时代。确定场地所在地质构造部位，并对其性质要素进行测量，如褶曲类型及岩层产状；断裂的位置、类型、产状、断距、破碎带宽度及充填情况；裂隙的性质、产状、发育程度及充填情况等。评价其对建筑场地所造成的不利地质条件，特别要注意调查新构造活动形迹对建筑场地地质条件的影响。

(3) 地层，查明场地的地层形成规律，确定地基岩层的性质、成因类型、形成年代、厚度、变化和分布范围。对于岩层应查明风化程度及地层间接触关系。对于土层应注意新近沉积层的区分及其工程特性。对于软土、膨胀土和湿陷性土等特殊地基也应着重查明其工程地质特征。

(4) 测定地基土的物理力学性质指标，一般包括天然密度、含水量、液塑限、压缩系数、压缩模量和抗剪强度等。

(5) 查明场地有无不良地质现象，查明场地有无滑坡、崩塌、泥石流、河流岸边冲刷、采空区塌陷等不良地质现象，确定其发育程度，评价其直接的或可能带来的潜在危害或威胁。

2. 工程地质与场地设计

场地设计时应充分了解该场地地质条件对工程设计的影响，掌握处理这些问题的常用方法及措施。地质条件包括地质结构、构造特征及其承受荷载的能力等，查明工程地质条件后，需根据设计建筑物的结构特点，预测工程建筑物与地质环境相互作用（即工程地质作用）的方式、特点和规模，并做出正确的评价，为保证建筑物稳定与正常使用的防护措施提供依据，合理布置有关建、构筑物，确保地基的经济合理性。

2.1.5 地震

1. 地震震级

地震是一种危害性极大的自然现象，用以衡量地震发生时震源处释放出能量大小的标准称为震级，共分10个等级，震级越高，强度越大。

2. 地震烈度

地震烈度是指受震地区地面建筑与设施遭受地震影响和破坏的强烈程度，共分12度。1～5度时建筑基本无损坏，6度时建筑有损坏，7～9度时建筑大部分被损坏和破坏，10度及以上时建筑普遍毁坏。

地震烈度有地震基本烈度和地震设防烈度，地震基本烈度是指一个地区未来一百年内，在一般场地条件下可能遭遇的最大地震烈度。

地震设防烈度是在地震基本烈度的基础上考虑到建筑物的重要性，将地震基本烈度加以适当调整，调整后的抗震设计所采用的地震烈度。按地震设防烈度做出的设计，在地震时不是没有破坏，而是可以修复。我国属于基本烈度7～9度的重要城市可查阅有关地震资料。

在地震地区选择建设场地时，应尽量选择对建筑物抗震有利的地段，避开不利地段，并不宜在危险地段进行建设。在建筑布置上，要考虑人员较集中的建筑物的位置，将其适当远离高耸建筑物、构筑物及场地中可能存在的易燃易爆部位，并应采取防火、防爆、防止有毒气体扩散等措施，以防止地震时发生次生灾害。应合理控制建筑密度，适当加大建筑之间的间距，适度扩大绿地面积和主干道宽度，道路宜采用柔性路面等。

2.2 场地的建设条件

场地的建设条件主要着重于各种对场地建设与使用可能造成影响的人为因素或设施，特别是其中的各种地表有形物的数量、分布、构成与质量等状况。建设条件包括区域环境条件和周围环境条件。区域环境条件是指场地在区域中的地理位置和环境生态状况与环境公害的防治。周围环境条件包括场地内的全部和场地外的有关设施及其相互关系，如建筑物与构筑物、绿化与环境状况、道路交通、功能布局与使用需求等。

2.2.1 场地的区域环境条件

1. 区域位置条件

(1) 场地的区域位置条件是指场地在区域中的地理位置。了解场地的区域位置条件用于分析场地在城市用地布局结构中的地位及其与同类设施和相关设施的空间关系，区域中城镇体系布局、产业分布和资源开发的经济、社会联系等，从中挖掘场地的特色与发展潜力。

(2) 区域交通运输条件是制约场地的重要因素，包括区域的交通网络结构、分布和容量。

2. 环境保护状况

(1) 环境生态状况指绿化、环境的优劣，以及由此引起的大气、土壤和水等方面的生态平衡问题。

(2) 环境公害的防治指“三废”(废水、废气、废渣)和噪声等问题。对此场地采取相应的防治措施，通过场地合理的建筑布局、设置绿化防护带、利用地形高差及人工障壁(如防噪墙)等手段，减少其对场地的干扰。

2.2.2 周围环境条件

1. 周围道路交通条件

道路交通条件是确定场地出入口设置、建筑物主要朝向和建筑物主要出入口的重要因素，它涉及以下几个方面。

(1) 场地是否与城市道路相邻或相接。

(2) 周围城市道路的性质、等级和走向情况。

(3) 人流、车流的流量和流向。

2. 相邻场地的建设状况

场地要与城市形成良好的协调关系，必须做到与周围环境的和谐统一，建设状况包括以下几方面。

(1) 相邻场地的土地使用状况、布局模式、基本形态以及场地各要素的具体处理形式。

(2) 考察相邻场地内建筑的尺度与位置，确定其是否对拟建场地的日照、通风、消防、景观、安全等构成影响。

(3) 了解相邻场地的基本布局方式、基本形态特征、建筑处理手法以及与拟建场地的边线间距等，以处理好与周围环境的关系。

3. 场地附近所具有的一些城市特殊元素

场地周围存在的特殊城市元素对场地会有特定的影响。

(1) 自然因素：森林、河流、山脉。

(2) 人文因素：城市公园、公共绿地、城市广场、历史文化古迹。

场地设计尤其是场地布局应对这些有利条件加以借鉴、引申及利用，并应能使场地与这些城市元素形成某种统一和谐的关系，使两者均能因对方的存在而获得益处；这些因素同时也可能对拟建场地的建筑高度、层数、建筑形式等有一定的约束。

4. 场地内部建设现状条件

(1) 现有建筑的处理方式有保留、保护、改造利用或全部拆除等方式。

(2) 注意其朝向、形态、组合方式等特征。

(3) 分析其用途、质量、层数、结构形式和建造时间。

(4) 分析其经济性、保留的可能性、保护的必要性和再利用的可能性。

5. 公共服务设施与基础设施

场地设施主要有公共服务设施和基础设施两大类。

(1) 公共服务设施：包括商业与餐饮服务、文教、金融办公等。公共服务设施不仅影响场地使用的生活舒适度与出行活动规律，也是决定土地使用价值和利用方式的重要衡量条件。

(2) 基础设施：现有道路、广场、桥涵和给水、排水、供暖、供电、电信和燃气等管线工程；此外还应分析场地内有无高压线、微波塔以及航空走廊等对建筑物的退让和高度要求。

6. 现状绿化与植被

场地中的现存植物是一种有利的资源，应尽可能地加以利用，特别是对场地中的古树和名木，更应如此。古树是指树龄在100年以上的树木；名木是指国内稀有的以及具有历史价值、纪念意义或重要科研价值的树木。

7. 社会经济条件

设计前了解建设场地的社会经济条件，主要是为了掌握场地内人口分布密度、拆迁户数、拆迁范围，以确定核算使用该地段有无经济效益等。

8. 保护文物古迹

场地内如有具有重大历史价值的文物存在，了解场地历史变迁，了解该场地是否有文物存在。如有，应及时要求有关文物部门查勘；有重大历史价值者，则应保护历史文物或现代文物，必要时，另选场地建设。

2.3 场地的公共限制

公共限制条件是通过对场地设计中一系列技术经济指标的控制来实现的。通过对场地界限、用地性质、容量、密度、限高、绿化等多方面指标的控制，来保证场地设计的经济合理性，并与周围环境和城市公用设施协调一致。

为保证城市发展的整体利益，同时也为确保场地和其他用地拥有共同的协调环境与各自的利益，场地设计与建设必须遵守一定的公共限制。场地的公共限制一般分为：用地控制；交通控制；密度控制；高度控制；容量控制；绿化控制；建筑形态。

2.3.1 用地控制

1. 用地红线

用地红线是指各类建筑工程项目用地的使用权属范围的边界线，其围合的面积是用地范围。如果征地范围内无城市公共设施用地，征地范围即为用地范围；征地范围内如有城市公共设施用地，如城市道路用地或城市绿化用地，则扣除城市公共设施用地后的范围就是用地范围。

由城市规划管理部门划定提供土地使用者征用的边界线即用地红线，征地界线是土地使用者的征用土地的边界线，也是使用者向国家缴纳土地使用费的依据。

2. 道路红线

道路红线是城市道路（含居住区级道路）用地的规划控制边界线，一般由城市规划行政主管部门在用地条件图中标明。道路红线总是成对出现的，两条红线之间的线性用地为城市道路用地，由城市市政和道路交通部门统一建设管理，道路红线与建筑用地关系的几种状况如图 2－19 所示。

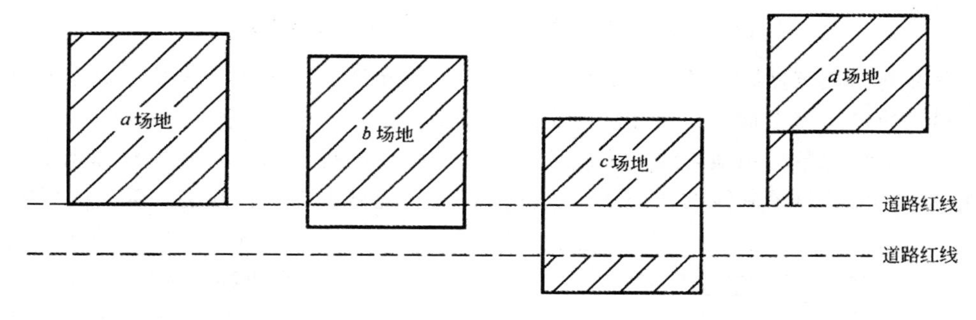

图 2－19　建筑用地与道路红线

（1）道路红线与征地界线一侧重合，建筑用地为 a 场地中斜线部分。

（2）道路红线与征地界线相交，建筑用地为 b 场地中斜线部分。

（3）道路红线分割场地，建筑用地为 c 场地中斜线部分。

（4）道路红线与场地分离，建筑用地为 d 场地中斜线部分。

3. 建筑控制线

建筑控制线（也称建筑红线、建筑线），是有关法规或详细规划确定的建筑物、构筑物的基底位置不得超出的界线，是基地中允许建造建筑物的基线。实际上，一般建筑控制线都会从道路红线后退一定距离，用来安排台阶、建筑基础、道路、停车场、广场、绿化及地下管线和临时性建筑物、构筑物等设施。当基地与其他场地毗邻时，建筑控制线可根据功能、防火、日照间距等要求，确定是否后退用地红线及后退多少，如图 2－20 所示。

4. 建筑突出物

场地内的建筑物均不得超出建筑控制线建造。由于道路红线范围包括建筑控制线范

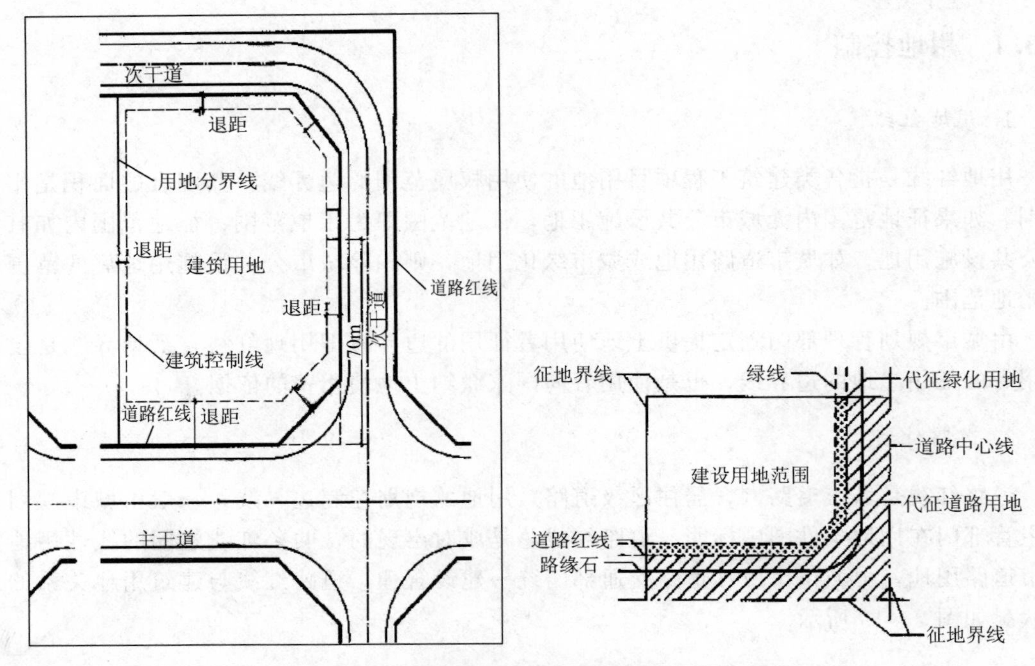

图 2－20　建筑用地范围、道路红线及建筑控制线

围，不允许突出建筑控制线的建筑突出物显然也是不允许突出道路红线的，但是允许突出建筑控制线的建筑突出物不一定允许突出道路红线。

建筑控制线与各类用地红线、市政管线之间的距离应符合相关专业规范和当地有关部门的规定。突出建筑控制线的任何突出物尚应符合当地城市规划行政主管部门的规定。

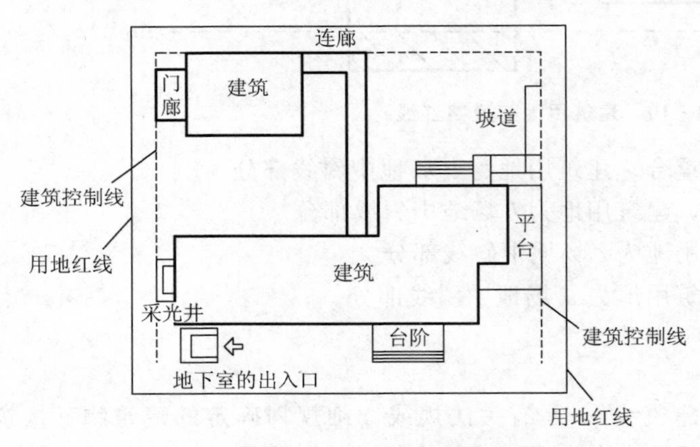

图 2－21　用地红线、建筑控制线范围

1）不允许突出建筑控制线的建筑突出物（图 2－21）

（1）建筑物的台阶、坡道、平台、门廊、连廊。

（2）地下室的出入口、采光井、进风口、排风口、集水井。

2）允许突出建筑控制线的建筑突出物应符合的规定

（1）在人行通道等有人活动的场所上空（图 2－22）。

① 距有人活动的场所地面＞2.5m 处，允许突出建筑装饰构件，凸形封窗、窗扇、窗罩、统一设计的空调机位，突出的最大宽度＜0.5m。

② 距有人活动的场所地面＞2.5m 处，允许突出活动遮阳，突出宽度＜人行通道宽度减 1m，并＜3m。

③ 距有人活动的场所地面＞3m 处，允许突出雨篷、挑檐以及有防坠物设计的阳台，突出的最大宽度＜1.5m。

④ 距有人活动的场所地面＞5m处，允许突出雨篷、挑檐，突出宽度＜人行通道宽度减1m，并宜＜3m。

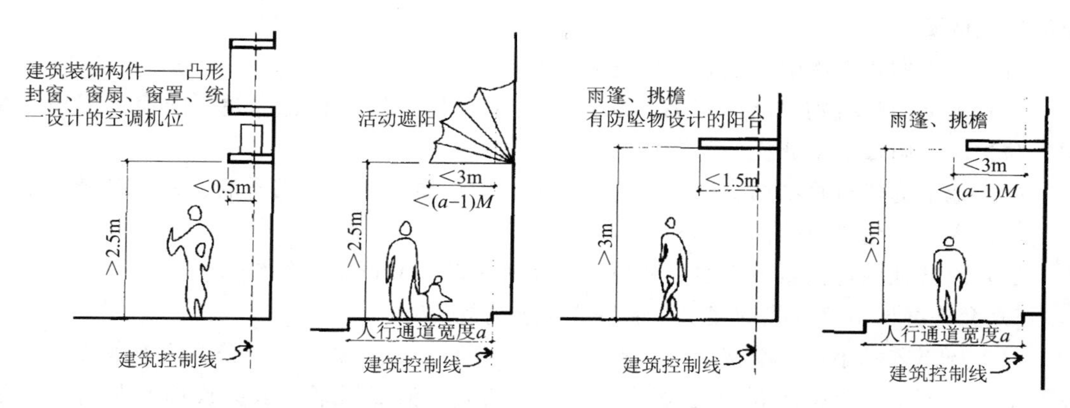

图2－22　在人行通道等有人活动的场地上空的建筑突出物

(2) 在无人行道的传统商业街道和步行街上空（图2－23）。

距街道地面＞4m处，允许突出建筑装饰构件、窗扇、窗罩，统一设计的空调机位，突出宽度＜0.5m。

(3) 骑楼与底层建筑及人行道距离、骑楼上空（图2－24）。

骑楼建筑的底层外墙面与道路距离不能小于3.5m，骑楼净高不得小于3.6m，骑楼地面应与人行道地面相平，若无人行道时应高出道路边界处0.1～0.2m。

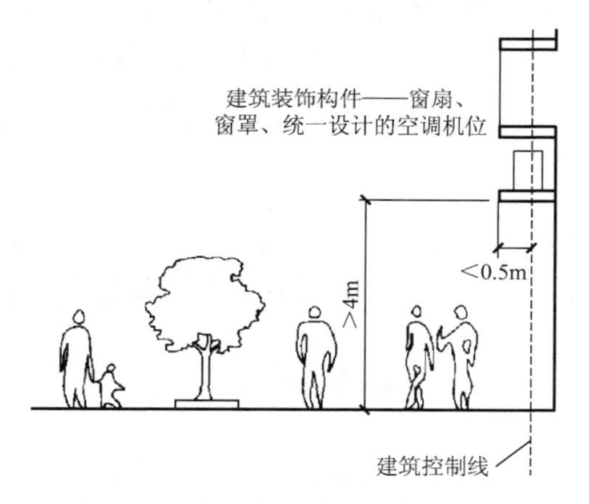

图2－23　在无人行道的传统商业街道和步行街上空的建筑突出物

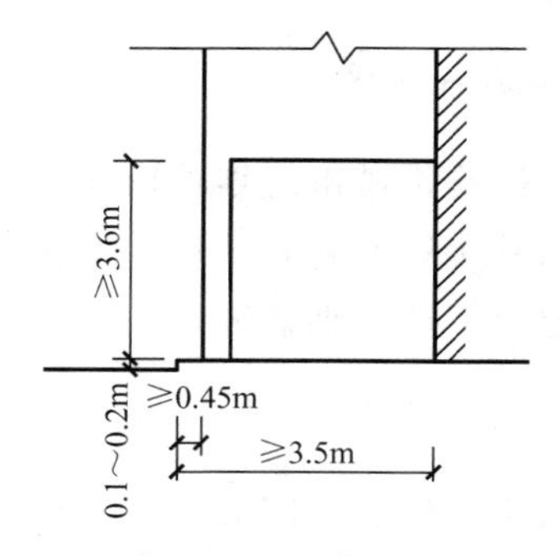

图2－24　骑楼与底层建筑及人行道距离

3) 在道路红线与建筑控制线之间部分允许建设设施应符合的规定

(1) 埋地的化粪池、上有覆盖物的管线、管沟。

(2) 地下室及其他地下设施，顶部绿化覆土宜＞1.8m，道路广场上部覆土宜＞0.8m。

(3) 建筑突出物与建筑本身应有牢固的结合。

(4) 建筑物和建筑突出物均不得向道路上空直接排泄雨水、空调冷凝水及从任何设施排出的废水。

4）不允许突出道路红线的建筑突出物

由于道路红线在建筑控制线之外或重合，则不允许突出建筑控制线的要求也同样符合道路红线的要求。

（1）地面的建筑物附属设施，如花池、散水明沟等。

（2）地上的建筑物结构、设备、构造与装饰构件，如阳台、出挑、凸窗、窗扇、窗罩、防护网、雨篷、空调机位与搁板等。

（3）地下的建筑物结构、设备、构造构件，如结构挡土桩、挡土墙、地下基础、地下室及其出入口、化粪池等。

（4）除基地内连接城市管线、隧道、天桥等市政公共设施外的设施。

5）允许突出道路红线的建筑小品等应符合的规定

（1）环境艺术小品、雕塑、纪念物、邮政报刊亭、公共电话亭、公共汽车候车亭、地铁及地铁出入口、人行天桥及隧道出入口、报刊架、治安岗亭等公共设施及临时性建筑物、构筑物，在不影响交通及消防安全的前提下，经当地城市规划行政主管部门的批准，可突入道路红线建造。

（2）骑楼、过街楼和沿道路红线的悬挑建筑，不得影响交通及消防安全，其净高、宽度等应符合当地城市规划行政主管部门的统一规定。骑楼、过街楼和沿道路红线的悬挑建筑等有顶盖的公共空间下不得设置空调机、排烟扇等或排出有毒气体的通风系统。

5. 城市绿线

在《园林基本术语标准》（CJJ/T 91—2002）中，城市绿线是指在城市规划建设中确定的各种城市绿地的边界线。用地位置不同，城市规划对该地段的绿线要求也不同，应按当地规划管理部门的要求执行。

6. 城市蓝线

蓝线是指城市规划管理部门按城市总体规划确定的长期保留的河道规划线。为保证河网、水利规划实施和城市河道防洪墙安全以及防洪抢险运输要求，沿河道新建建筑物应按规定退让河道规划蓝线。

7. 城市紫线

城市紫线是指国家历史文化名城内的历史文化街区和省、自治区、直辖市人民政府公布的历史文化街区的保护范围线，以及历史文化街区外经县级以上人民政府公布保护的历史建筑的保护范围界线。

2.3.2 交通控制

1. 场地交通出入口方位

（1）机动车出入口方位。尽量避免在城市主要道路上设置出入口，一般情况下，每个地块应设 1～2 个出入口。

（2）禁止机动车开口地段。为保证规划区交通系统的高效、安全运行，对一些地段禁止机动车开口，如主要道路的交叉口附近和商业步行街等特殊地段。

（3）主要人流出入口方位。为了实现高效、安全、舒适的交通体系，可将人车进行分流，为此需规定主要人流出入口方位。

2．停车泊位数

对于机动车来说，指场地内应配置的停车车位数，包括室外停车场、室内停车库，通常按配置停车车位总数的下限控制，有些地块还规定室内外停车的比例。对于自行车来说，指场地内应配置的自行车车位数，通常是按配置自行车停车位总数的下限控制。

3．道路

规定了街区地块内各级道路的位置、红线宽度、断面形式、控制点坐标和标高等。

2.3.3 密度控制

场地使用的密度主要指场地内直接用于建筑物、构筑物的土地占总场地的比例，常见的指标有建筑密度、建筑系数等。密度指标一方面控制场地内的使用效益，另一方面也反映了场地的空间状况和环境质量。

1．建筑密度

建筑密度，是指场地内所有建筑物的基底总面积占场地总用地面积的比例（%）即

$$建筑密度=\frac{建筑基底面积(m^2)}{场地总用地面积(m^2)}\times 100\% \tag{2-3}$$

其中，建筑基底总面积按建筑的底层总建筑面积计算。

建筑密度表明场地内土地被建筑占用的比例，即建筑物的密集程度，从面反映了土地的使用效率。建筑密度越高，场地内的室外空间就越少，可用于室外活动和绿化的土地就越少，从而引起场地环境质量的下降，建筑密度低，场地内土地使用不经济，影响场地建设的经济效益。

2．建筑系数

建筑系数是建筑物占地的简称，指项目用地范围内各种建、构筑物占地总面积与项目用地面积的比例，通常以百分比计量。

$$建筑系数=\frac{建筑物占地面积+构筑物占地面积+露天堆场占地面积(m^2)}{场地总用地面积(m^2)}\times 100\% \tag{2-4}$$

建筑系数用以说明建筑物分布的疏密程度、卫生条件及土地利用率。合理的建筑系数应在节约用地的原则下，尽可能满足建筑物的通风、采光和防火、防爆等方面的空间要求，并保证足够的道路、绿化和户外活动场地。

2.3.4 高度控制

场地内建筑物、构筑物的高度影响着场地空间形态，反映着土地利用情况，是考核场地设计方案的重要技术经济指标。在城市规划中，常常因航空或通信设施的净高要求、城市空间形态的整体控制以及土地利用整体经济性等原因，对场地的建筑高度进行控制。另外，建筑高度也是确定建筑等级、防火与消防标准、建筑设备配置要求的重要参数。

1. 建筑限高

建筑限高是指场地内建筑物的最高高度不得超过一定的控制高度，这一控制高度为建筑物室外地坪至建筑物顶部女儿墙或檐口的高度。在城市一般建设地区，局部突出屋面的楼梯间、电梯机房、水箱间及烟囱等可不计入建筑控制高度，但突出部分高度和面积比例应符合当地城市规划实施条例的规定。当场地处于建筑保护区或建筑控制地带以及有净空要求的各种技术作业控制区范围内时，上述突出部分仍应计入建筑控制高度。

2. 建筑层数

建筑层数是指建筑物地面以上主体部分的层数。建筑物屋顶上的瞭望塔、水箱间、电梯机房、排烟机房和楼梯等，不计入建筑层数；住宅建筑的地下室、半地下室，其顶板面高出室外地面不超过1.5m者，不计入地面以上的层数内。

3. 建筑平均层数

建筑平均层数即场地内所有建筑的平均层数。

$$建筑平均层数(层)=\frac{建筑面积的总和(m^2)}{建筑基底面积总和(m^2)} \tag{2-5}$$

建筑的平均层数是居住建筑场地（居住区或小区）技术经济评价的必要指标，反映着建筑场地的空间形态特征和土地使用强度，与密度指标和容量指标密切相关。

2.3.5 容量控制

场地的建设开发容量反映着土地的使用强度，既与业主对场地的投入产出和开发收益率直接相关，又与公众的社会效益、环境效益密切联系，是影响场地设计的重要因素。最基本的容量控制指标是容积率。此外，还有建筑面积密度和人口密度等。

在控制性详细规划中，一般对场地的最高建筑密度做出明确限定，设计时应严格执行。

1. 容积率

容积率是指场地内总建筑面积与场地总用地面积的比例，容积率中的总建筑面积通常不包括±0.00以下地下建筑面积。

$$容积率=\frac{总建筑面积(m^2)}{场地总用地面积(m^2)} \tag{2-6}$$

容积率是确定场地的土地使用强度、开发建设效益和综合环境质量高低的关键性综合控制指标。容积率高，说明或密度大，或层数多。如容积率过高，会导致场地日照、通风和绿化等空间减少；过低则浪费土地。通常，在土地审批时或在控制性详细规划中，规划管理部门可给出该地段的容积率限制，必须严格遵守执行。

在既定的建筑容积率的建筑基地内，如建设单位愿意以部分空地或建筑的一部分（如天井、低层的屋顶平台、底层、廊道）等作为开放空间，无条件地、永久地提供作公共交通、休息、活动之用时，经当地规划主管部门确定，该用地内的建筑覆盖率和建筑容积率可予提高。

2. 人口毛密度与人口净密度

（1）人口毛密度是指单位居住用地上居住的人口数量和用地面积的比例数值。

$$人口毛密度(人/hm^2)=\frac{规划总人数(人)}{居住用地面积(hm^2)} \tag{2-7}$$

（2）人口净密度是指单位住宅用地上居住的人口数量和用地面积的比例数值。

$$人口净密度(人/hm^2)=\frac{规划总人数(人)}{住宅用地总面积(hm^2)} \tag{2-8}$$

人口毛密度被列为居住区规划设计的必要技术经济指标，能够较全面地反映居住区的整体人口密度状况和土地利用效益，具有较好的可比性。人口净密度则侧重于表达住宅用地的使用效果，并较为直观地反映了居民的居住疏密程度。

2.3.6 绿化控制

对场地而言，一般常用的绿化控制指标有绿地率和绿化覆盖率。

1. 绿化覆盖率

绿化覆盖率指场地内所有乔灌木及多年生草本植物覆盖土地面积（重叠部分不重复计）的总和，占场地总用地面积的百分比，单位为“%”。

$$绿化覆盖率=\frac{植物的垂直投影面积(m^2)}{场地总用地面积(m^2)}\times 100\% \tag{2-9}$$

绿化覆盖率直观地反映了场地的绿化效果。

2. 绿化用地面积

绿化用地面积指建筑基地内专门用作绿化的各类绿地面积之和，单位为“m^2”，详见相关规范规定。

3. 绿地率

绿地率指居住区或地域规划建筑基地内，各类绿地的总和占总用地面积的百分比，单位为“%”。

$$绿地率=\frac{绿化用地总面积(m^2)}{场地总用地面积(m^2)}\times 100\% \tag{2-10}$$

式中各类绿地包括：公共绿地、专用绿地、宅旁绿地、防护绿地和道路绿地等，但不包括屋顶、晒台的人工绿地。

场地设计中，除上述控制指标外，还常用到其他一些规划设计控制指标和要求，如要求主入口方位、建筑主朝向、建筑形式与色彩等，则应在遵守相应规范标准的同时，满足当地规划部门提出的各种条件和要求。

绿地率是调节、制约场地的建设开发容量，保证场地基本环境质量的关键性指标，又具有较强的可操作性，应用十分广泛。它与建筑密度、容积率呈反向相关关系，正是通过这几项指标的协调配合，在科学、合理地限定土地使用强度的同时又有效地控制了场地的景观形态和环境质量。

2.4 案例分析

2.4.1 【例2-1】建筑场地分析

1. 任务书

某建筑场地三面临城市道路，当地规划部门要求：建筑后退城市主干道的道路红线15m；后退城市次干道的道路红线5m；且后退主干道和主干道之间的切角为15m；后退主干道和次干道之间的切角为10m；后退次干道和次干道之间的切角为5m；后退用地分界线3m，要求场地的机动车出入口设置在场地东面（图2-25）。要求绘出场地的建筑控制线范围及场地机动车出入口的范围。

2. 解题分析

1）场地建筑范围分析

场地南面相邻主干道，根据当地规划部门的要求，后退南面道路红线15m，得出场地南面的建筑控制线；场地东面和北面相邻次干道，分别后退东面和北面道路红线5m，得到场地东面和北面的建筑控制线；场地西面相邻其他场地，后退西面用地分界线3m，得到场地西面的建筑控制线；场地东南切角相邻主干道和次干道，根据当地规划部门的要求，后退东南切角10m，得到场地东南切角处的建筑控制线；场地东北切角相邻次干道和次干道，后退东北切角5m，得到场地东南切角处的建筑控制线，这样，得到场地的建筑控制线范围。

2）分析场地可建建筑范围的一般规律及需要满足的要求

（1）场地与道路相连时分清道路红线，确定用地红线。

（2）根据规划要点，沿地界四周线，满足不同边界的后退距离要求，确定建筑控制线（建筑红线）。

（3）场地内有河流小溪，满足保护蓝线要求。

(4) 场地内有古建名木，满足保护绿线距离要求。

(5) 场地内有保护文物，满足保护紫线距离要求。

(6) 拟建建筑与现有建筑之间，满足日照间距要求。

(7) 拟建建筑与现有建筑之间，满足防火间距要求。

(8) 划定的视觉保护线。

(9) 有停车场库时，其入口满足视线要求。

(10) 现有地形——标高、地形高差、坡度分类、坡度分析。

(11) 边坡或挡土墙退让——建筑物与边坡或挡土墙的上缘、下缘的距离。

3) 场地机动车出入口分析

根据《民用建筑设计通则》(GB 50352—2005) 规定：要求场地机动车出入口与大中城市主干道交叉口的距离，自道路红线交点量起≥70m，与非道路交叉口的过街人行道(包括引道、引桥和地铁出入口)最边缘线应≥5m。

场地机动车出入口分析：由于场地南面的道路为城市主干道，则从场地东南角的交叉口的道路红线交点量起，在 70m 范围内不能设置场地机动车出入口，而且在距场地东面道路上的过街人行道的引道边缘 5m 之内不能设置场地机动车出入口，所以东面道路上剩余的 10m 为场地机动车出入口的范围。

3. 示意图

场地的建筑控制线范围及基地机动车出入口的范围如图 2-25 所示。

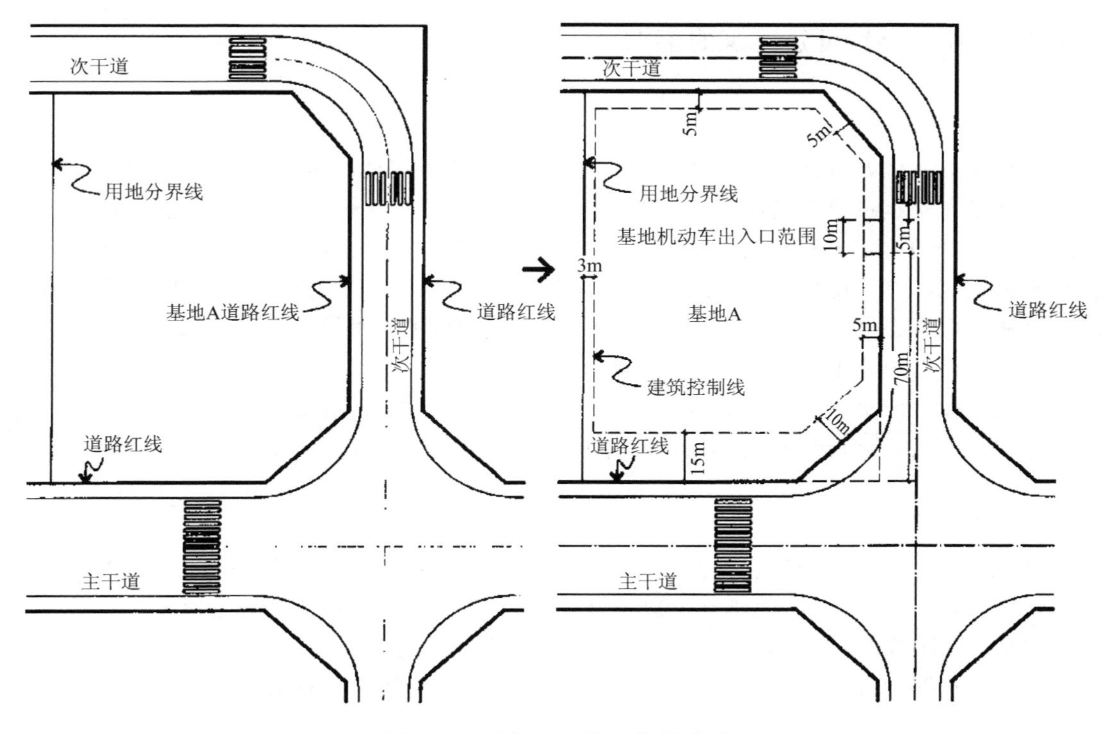

图 2-25 【例 2-1】建筑用地图

2.4.2 【例 2-2】地形地势分析

1. 任务书

某建筑场地位于某自然风景区，现有地面不准变动，场地设计要求：现有绿化植物以树木线指出；在小溪中心线 12.7m 以内不得有建筑物；地面坡度＞10%的地段内不得有建筑物，平面图比例为 1∶300，在树木线以内不得有建筑物，要求绘出可以有建筑物的用地范围并加以斜线［图 2-26(a)］。

2. 解题分析

（1）场地临小溪的蓝色河道规划线，应与小溪中心线垂直距离 12.7m 的线上。

（2）场地的建筑用地坡度应≯10%，通过竖向高差 0.3m 及平面图比例尺 1∶300，可以计算出水平距离为 1m 的地段界线。

（3）保留现状树林，画出绿化的树木线。

（4）用斜线标出可建建筑的范围。

3. 示意图

建筑物的用地范围如图 2-26(b) 所示。

2.4.3 【例 2-3】可建建筑的范围分析

1. 任务书

某建筑场地为位于已建高层建筑与城市道路之间的建设用地，其断面及尺寸如图 2-27(a) 所示，已建高层建筑位于场地南侧。拟建建筑高度为 45m，其中 10m 高以下为商场（后退道路红线 5m），10～25m 为办公，25～45m 为住宅（均后退道路红线 17m），城市规划要求沿街建筑高度不得超过以道路中心为原点的 45°控制线。住宅应考虑当地 1∶1 的日照间距（从楼面算起）。可建建筑与已建高层建筑应满足消防间距要求，任务要求如下。

（1）根据上述要求，做出场地最大可开发范围断面。

（2）在图上注出与已建建筑与道路红线之间的有关间距及高度的尺寸。

（3）住宅用▨表示；办公用▥表示；商场用▤表示。

2. 解题分析

根据城市规划对沿街建筑高度的控制要求；《民用建筑设计通则》（GB 50352—2005）规定，《城市居住区规划设计规范（2002 年版）》（GB 50180—1993）规定以及《建筑设计防火规范》（GB 50016—2014）相关规定分别求出防火间距与建筑日照间距。

（1）由道路中心线原点画出 45°的沿街建筑轮廓控制线；道路红线后退 5.0m 为商场建筑控制线。

（2）拟建建筑裙房与已建高层建筑的防火间距 9.0m。

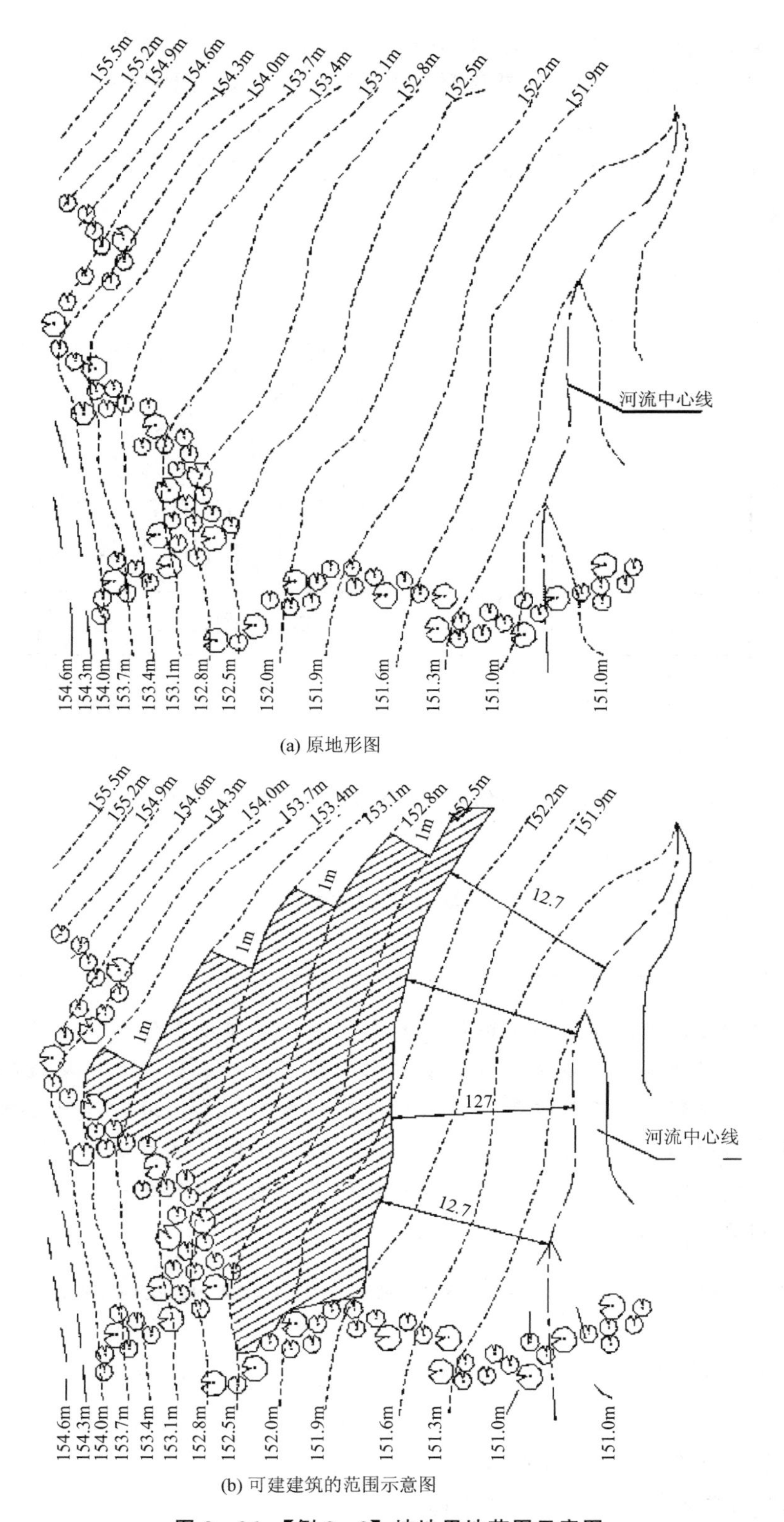

(a) 原地形图

(b) 可建建筑的范围示意图

图 2－26 【例 2－2】坡地用地范围示意图

（3）拟建建筑塔楼与已建高层建筑的防火间距13.0m。

（4）拟建建筑满足日照间距，其日照间距系数1.0，日照间距：

$$43-(10+16)=17\times1.0=17.0(\text{m})$$

（5）拟建建筑住宅部分既要满足防火间距13.0m，又要满足日照间距17.0m。

3. 示意图

场地最大可开发范围断面如图2-27(b)所示。

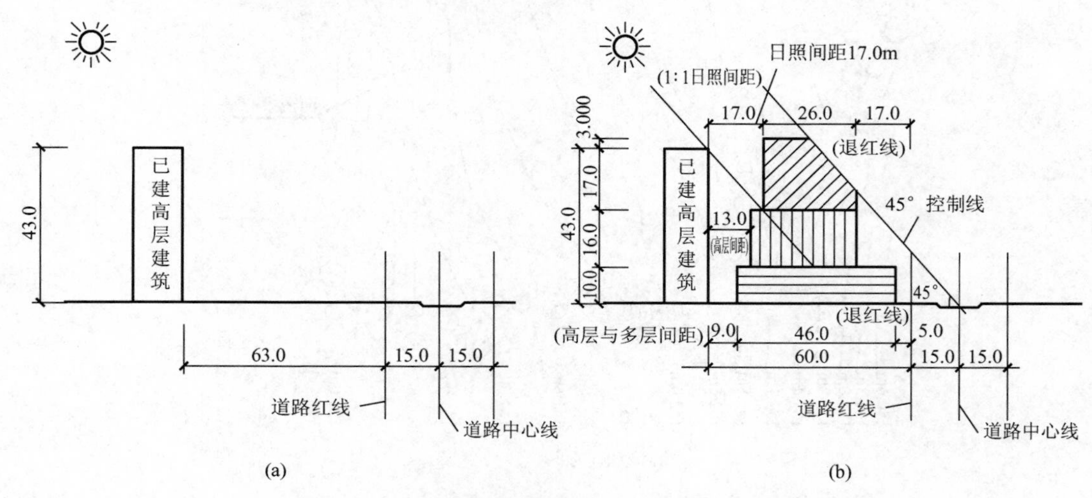

图2-27 【例2-3】最大可开发范围断面图

本章小结

> 通过本章学习，可以熟悉与了解场地的自然条件、建设条件和场地的公共限制等场地条件。明确场地条件是场地设计的基本依据，通过对工程项目中场地的各种条件的理解和分析，了解场地设计在每个层面所受到的制约因素，通过学习使学生从场地的自然条件、场地的建设条件入手，遵循场地的公共限制及掌握现状环境分析与地形分析方法，使建设项目各项内容和设施有机地组成功能协调的统一体，并与自然地形及周围环境相协调。

思考题

1. 场地设计条件主要包括哪些方面？
2. 场地的自然条件主要包括哪些方面？
3. 什么是等高线？什么是等高距？什么是等高线平距？

4. 常见场地的最佳坡度是多少？

5. 什么是绝对高程？什么是相对高程？

6. 风向频率概念是什么？风玫瑰图概念是什么？

7. 确定设计地面的标高应考虑的主要因素有哪些？

8. 建筑间距由哪几方面决定？它们的最小值如何确定？

9. 什么是日照标准？什么是日照间距？什么是日照间距系数？

10. 简明解释用地范围控制的相关概念：道路红线、用地红线、建筑控制线、城市蓝线、绿线、紫线等。

11. 什么是地震震级？什么是地震烈度？

12. 选取一两个优秀的建筑设计案例分析其场地设计条件及其利用。

第3章

场地规划

教学目标

本章主要讲述场地规划的概念、基本要求和原则，培养学生从场地规划入手进行场地开发，了解场地规划程序，熟悉地的分析要点，掌握基地分析与设计回应的分析手段等，通过本章学习应达到以下目标：

(1) 树立整体的场地规划设计的理念，掌握场地规划的基本原则，熟悉场地规划的程序与主要影响因素；

(2) 熟悉场地中使用者的心理及行为需求，理解场所及场所精神的概念和意义；

(3) 掌握在建筑设计、城市规划中基地分析的方法；

(4) 学习基地分析及设计回应的分析方法及表达。

教学要求

知识要点	能力要求	相关知识
场地规划	(1) 理解场地规划的概念 (2) 熟悉场地规划的基本要求、原则及主要内容 (3) 了解场地规划程序	(1) 理解场地规划的整体设计理念 (2) 掌握场地规划的整体性、可持续性、技术可行性、生态性及人性化的基本原则 (3) 掌握场地规划程序的步骤及主要内容
场所及场所精神	(1) 理解场地规划中“场所”空间的概念 (2) 掌握场所精神的理念与意义	(1) 熟悉“场所”含义及“场所”具备的标识性、活动的空间容量及时间周期三个条件 (2) 理解场所精神的意义，掌握具有场所精神场地分析
场地中人的心理状态及行为模式	(1) 熟悉使用者的心理状态及行为模式 (2) 了解使用者的行为需求及其活动空间	(1) 了解使用者的心理及行为需求 (2) 熟悉使用者的行为模式及特点 (3) 掌握对使用者的行为空间分析及场所空间对行为的影响
基地分析	(1) 了解基地要素与分析 (2) 熟悉基地分析方法 (3) 掌握基地分析与设计回应的分析方法	(1) 熟悉基地要素构成及基地分析要点 (2) 掌握建筑设计中的基地分析要点及方法 (3) 熟悉城市规划中的基地分析要点及方法 (4) 学习基地分析与设计响应的设计手段

基本概念

场地规划；场地规划设计的程序；场地规划中的“场所”空间；基地分析；基地现状与设计回应。

引言

在中国，传统城市的“规划、建筑、园林”三位一体的理念使得城市体现出一种感人至深的整体性及特色风格，我们可以感受到这种城市魅力经久不衰。在今天的城市建设中，我们更应当秉承一种整体的、可持续性的场地规划设计理念，要求设计者在构思最初就有一个全面的、长远的且综合考虑经济、技术等可行性的场地计划，并贯穿场地设计整个过程，这需要我们充分理解场地规划基本理念及原则，熟悉场地规划的程序，尊重场地中使用者的心理及行为需求，掌握场地规划中基地条件的分析手段及方法等。

3.1 场地规划概述

3.1.1 场地规划的概念及内涵

1. 场地规划的概念

场地规划即是对场地进行比较全面的、长远的发展计划，是对建设项目设计采用的原则、方法、途径、程序等进行周密性和逻辑性考虑的整体规划，也是对场地未来整体性、长期性、基本性问题的思考。

2. 场地规划的内涵

场地规划要求设计者在构思最初就有一个整体的设想，并且考虑经济、技术等可行性，一般要综合考虑对场地的利用及项目内容的预期，为了有效地实现建设项目的目标，对其研究的方法、手段、过程及关键点进行分析与探索，从而得出定性、定量的结论并据此结论指导下一阶段的设计，而其研究过程就是“场地规划”的过程。

场地规划是一个系统化的过程，其目的是最优化地安排场地中的自然和人工特征相关的任何规划元素，其意义在于探讨广义概念上建设项目的规划、分析思想、原则与方法，而不只是将其作为一种狭义的专项设计来认识，场地规划对于建设项目的研究结果给出价值性评判，进行方案优化，并提出达成建设目标的可行性策略。

3.1.2 场地规划的基本原则

场地规划的基本原则主要包括整体性原则、可持续发展原则、技术可行性原则、生态性原则及人性化原则。

1. 整体性原则

整体性是指场地环境的空间整体性和时间连续性。空间的整体性即场地空间环境的各个要素在布局结构、形态、使用功能、交通体系、景观设计与公共设施等方面相互联系成整体；时间的连续性即场地环境的各个要素在历史和环境的文脉方面相互联系成一个整体。

2. 可持续发展原则

可持续发展是指场地规划的设计应考虑对人类生存环境的影响，涉及资源利用、社区建设等问题，人们的建设行为要按环境保护和资源节约的方式进行，按照可持续发展战略的原则，正确处理人、建筑与环境的相互关系，注重保护地球环境和维护人们的健康和安全，实现可持续发展。

3. 技术可行性原则

场地规划不可能脱离现实的科学技术与工程设计，这就要求设计师掌握与研究相关技术、材料、方法以及相关新规范、法规、技术实施细则，场地规划方案的可行性是建筑师在衡量各种解决问题方法时的判断标准之一，随着科学技术的迅猛发展，计算机技术在设计过程中的运用给场地分析、现实模拟、设计制图等带来的变化与进步不断显现，为场地规划方案的实现提供技术帮助。

4. 生态性原则

场地规划必须保护生态环境，防止污染和破坏环境，场地的景观设计与建（构）筑物、道路及管网统筹安排，一起考虑，充分发挥场地植物绿化在改善微气候、净化空气、防灾降尘及美化环境方面的作用，场地规划按照环境保护的规定，采取有效措施防止环境污染，把建设开发与保护环境有机结合起来。

5. 人性化原则

人性化原则是指场地规划的设计要充分考虑人与环境的双向互动关系，尊重人的主体地位，坚持以人为本的设计原则，把关心人、尊重人的理念运用到场地空间环境的创造中，重视人在空间环境中活动的心理状态、行为模式及使用需求，从而创造出满足多样化需求的场地空间环境。

3.1.3 场地规划的基本要求

场地规划根据项目建议书及设计基础资料，提出项目构成及总体构想，包括：土地利用规划、环境关系、空间要求、空间尺度、空间组合、使用方式、环境保护、结构选型、设备系统、建筑面积、工程投资、建筑周期等，为进一步发展设计提供依据。场地规划的基本要求主要有以下几点。

（1）熟悉区域土地开发、利用、治理及保护的计划。

（2）充分考虑场地的地理特征、人文环境及规划、自然条件、建设条件。

（3）分析人的心理、行为对场地设计的影响。

（4）掌握场地中建筑功能布局原则。
（5）营造良好的场地空间环境。
（6）建立严谨科学的交通体系，解决好人流、车流，场地出入口、道路、停车场等。
（7）正确处理场地的竖向设计及管线综合布置。
（8）合理地进行场地绿化布置及景观设计。
（9）满足有关技术经济指标、法规、规范等的要求。

3.1.4 场地规划的整体设计理念

在城市建设中，我们应当有一种整体性的场地规划设计理念，才能创造出良好的城市空间环境。场地规划设计主要考虑以下方面。

1. 整体的土地利用计划

依据国家社会经济发展的计划要求和区域自然、经济、社会条件，充分了解对土地的开发、利用、治理、保护在空间上、时间上所做的总体安排和整体布局。

2. 整体的空间关系

整体布局场地与相邻场地环境的空间位置；统一规划场地内地面的高程关系并与场地周围地面的高程相适应、建筑物的尺度等与周围的空间环境相协调。

3. 整体的功能组织

场地交通与区域及城市的交通体系接轨，场地出入口设置满足城市规划要求；场地中建筑功能布局、休憩空间及绿化布置等与周围公共建筑配套及景观环境相适应。

4. 整体的风格特色

建筑的风格应当与城市风貌、环境设施、植物配置的风格协调统一，达到相互融合的效果等。

3.2 场地规划程序

3.2.1 场地规划程序的步骤及内容

场地规划的最终目的在于顺利地将场地开发利用，其工作职责就是安排场地开发的适当内容和方式，使场地开发过程和结果令社会大众满意，场地规划程序应将场地开发过程中可能产生的矛盾冲突等因素纳入到一整套程序性的管理步骤中。

1. 场地规划程序的步骤

一般场地规划程序的步骤主要包括以下 7 个部分。

(1) 场地及相邻用地的踏勘。

(2) 与甲方及相关团队沟通。

(3) 场地开发的可行性研究。

(4) 选址、场地踏勘和调查。

(5) 场地规划和设计。

(6) 环境评估及社会效益。

(7) 报告总结。

2. 场地规划程序的内容

1) 场地及相邻用地的踏勘

设计师对于场地及相邻用地状况广泛、深入的了解非常重要，不仅要从照片、航空及遥感、影像等资料来了解现场，更应该通过对场地及相邻用地踏勘、调研及体验来获得认知、体验和感觉，这种体验和感觉会影响到场地规划设计的每个抉择。

2) 与甲方及相关团队沟通

场地开发不能独立于社会大众之上，必须与社会大众产生互动，良好的互动关系是场地开发成功的基础。在场地规划中需要征求、咨询相关人员意见，相关人员包括场地有关的各种权利关系人，相邻用地居民、地方政府各种专业组织和团队，以及任何能提供建设性意见的人。

3) 场地开发的可行性研究

场地规划过程在进入场地设计阶段前，应针对场地开发进行可行性分析与研究，主要包括社会层面、经济层面、投资层面、技术层面及法规层面。

(1) 社会层面的可行性分析，主要是指场地开发类型及规模是否能为大众所接受，开发类型有否违背社会习俗，开发规模是否过于庞大。

(2) 经济层面的可行性分析，主要是指场地开发类型及规模的市场需求是否高估或低估，注意采用适宜的开发类型及规模，以增加开发利润，其中成本效益分析就是经济可行性分析的一种。

(3) 投资层面的可行性分析，主要是指开发商是否有足够资金能顺利运作场地规划项目，直到场地开发活动引进资金回收。经济与投资的可行性分析均需要有场地发展预测和展望，作为判断是否可行的基本资料。

(4) 技术层面的可行性分析，是指研究与判断场地未来的发展规划，细部设计和工程施工是否能找到适当专业技术人员或施工队伍胜任。

(5) 法规层面的可行性分析，是指场地开发是否符合相关各项法律及规定。

4) 选址、场地踏勘和调查

(1) 选址。场地选址是任何项目成功的首要因素，主要内容包括：首先，要考虑最有利于达成项目的目标如位置、交通、地质条件、小气候、植被及周边环境等，而这些都需要进行充分考虑与评估；其次，在被评估的区域内进行具体的场址筛选，充分了解熟悉场地各方面情况，当选址的范围缩小到几个可选地块后，要再仔细地对它们进行深入分析，将每个场地进行排列，然后进行讨论，选出理想场地。

（2）场地踏勘和调查。主要内容包括区域环境、场地地形图、现有建筑分布图、自然条件（地形地貌、植被、水文地质、气象等）、建设条件（用地、交通及市政设施）等方面的技术资料和参数。踏勘与调查的目的是了解场地特性与风格，有了这些基础资料，自然环境和人文环境的景物才不会被破坏，才能考虑如何利用现有的景观创造和谐的环境。

5）场地规划和设计

场地规划和设计的主要内容包括土地利用、交通组织、建筑布局、市政设施、绿地配置、投资预算及分期分区开发计划。场地规划和设计的步骤一般包括：确立场地开发目标、提出场地开发构想、进行场地开发的设计方案、方案评估及选定规划设计方案。

（1）确立场地开发目标。设计人员通过与甲方及相关团队沟通，可以获取对于场地开发的期望，另外，从场地开发的可行性报告中得出适宜的场地开发类型与规模，设计人员可以整理出场地开发的目标体系。

（2）提出场地开发构想。设计师对于场地所收集的各种资料都会成为场地规划和设计的考虑因素，设计师了解甲方对项目规划设计的初步设想和要求，针对项目背景和项目特色，提出规划设计的总体构想和规划设计框架，并进行充分的沟通和交流，达成一致意见。

（3）进行场地开发的设计方案。根据场地开发构想，设计师需要进一步深入和细化方案，方案的构思主要阐述总体方案的构思理念、土地利用及环境保护，而方案的设计从建筑布局、交通组织、景观及空间设计、场地竖向设计、投资筹措等方面进行，一般包括以下几个方面。

① 土地使用功能分类，根据建筑物的位置及其形状进行建筑布局，并理清各功能间的关系及其关系的强弱，确定基地最适合使用功能的分布情况。

② 组织场地交通体系、交通流线及满足消防要求，进行停车场等设计。

③ 建立与建筑群有良好关系的场地空间环境，布局建筑小品及绿植设计。

④ 进行竖向设计及预留场地的扩建用地等。

⑤ 提出一整套图纸及文字说明。

（4）方案评估。场地规划设计并非只有单一解答，设计团队可能根据不同的规划观点提出几个设计方案，特别是较大场地的规划，其功能和基地条件都是十分复杂的，比较研究是方案优化的过程，把各种可能的场地规划及布局进行多方案设计，同时，把不同布局方式的优缺点一一列出来，除构思方面的比较外，还有一些量化指标（如建筑密度、绿地率、容积率、建筑限高、造价等）的比较，设计方案需要通过多个目标评估体系来评比各个方案达到目标体系的程度。

（5）选定规划设计方案。各个初拟方案经过评估之后，权衡利弊，整合各个方案的优缺点，最后进行综合评价，根据甲方的需求及专家论证选择最佳的方案，并做出最终的场地规划方案。

6）环境评估及社会效益

任何场地开发都会对相邻场地产生影响，开发商应设法消除负面影响。例如，场地开发会增加附近的交通量，对附近的道路增加拥挤程度，交通时间也会增加；另外，附近的停车需求也相应增加。这些因场地开发对相邻场地产生的影响，需要由开发商提出相应的缓解和消除措施。

社会效益是指项目实施后为社会所做的贡献。场地开发往往需要注意回馈社会，由于场地开发通常提高了土地的利用价值，基于社会利益应归社会大众共享的原则，政府若同意将场地用地由低价值提高至较高价值使用时，场地开发商应将部分利益回馈给社会大众。

7）报告总结

报告总结是整个规划工作文件化、逻辑化、资料化和规范化的过程，是场地规划工作的总结和表述，它将是下一步工作的依据，并起着指导意义。

3.2.2 影响场地规划设计的主要因素

1. 建设项目的性质、使用功能及使用者

建设项目的性质是场地功能的基础，不同类别的建设项目，其使用功能往往差别较大，即使是性质相近的建设项目也因其组织内容、相互关系、使用特点及其对场地外围环境的要求与影响的不同，而具有不同的功能布局要求。例如，文化馆、电影院和剧场均属于文化娱乐类公共建筑，其场地功能布局具有一定的共性，如在人员集散与停车场地、交通流线组织、景观与环境要求等方面的要求相似，但由于场地功能组成、布局及环境要求各不相同，文化馆和剧场的功能组成比较复杂，而影院的功能组成相对比较简单，所以在场地规划布局中又表现出不同的特点。场地规划应考虑各种不同的使用人群要求，满足不同使用者心理意愿及行为需求。

2. 建设项目的规模

建设项目的规模不同，不仅仅体现在面积、房间数量和空间尺度的变化，其功能组成、流线关系、使用特点等都有差异，因而影响到场地的功能布局。如旅馆的星级标准不同，其配套、场地及设施也不同；小型汽车站和大型汽车站的规模不同，其附属设施（如汽车修理等）也有较大的变化等。

3. 各类场地用地的要求

1）建筑用地

即场地内专门用于建筑布置的用地，包括建筑基底占地和建筑四周一定距离内的用地，其中，后者是为保证建筑物的正常使用而在建筑之间、建筑四周留出的合理间距或空地。在居住小区、街坊和组团等居住建筑场地，建筑用地按照使用性质分为住宅用地和公共服务设施用地；在其他类型的建筑场地中，建筑用地的详细划分因建筑性质的不同存在极大差异，有时也笼统分为主体建筑用地和辅助建筑用地。由于场地内的主要功能大多在建筑内组织，建筑用地往往成为场地的主要内容，也是场地功能布局的核心。

2）交通集散用地

即场地内用于人、货物及相应交通工具通行和出入的用地，是场地内道路用地、集散用地和停车场的总称，其中，集散用地是指场地内用于人、车集散的用地，如以交通为主的广场、庭院等。良好的交通组织是实现场地使用功能的必要保证，交通集散是场地功能组织不可或缺的重要内容。

3）室外活动场地

即场地内人们进行室外体育运动、休闲活动的用地，包括运动场和休闲活动用地。前者如各类田径运动场、球场、露天泳池等，后者如儿童游戏场地、老年人活动场地、露天茶座以及观演设施等。由于人们的休闲活动往往需要优美的环境和轻松的氛围，室外活动场地大多与环境美化用地相结合，布置成开放式的绿化用地。随着人们闲暇时间的增多以及对自然舒适生活环境的要求，室外活动场地的设计受到越来越多的关注。

4）绿化环境用地

即场地内用于布置绿化、水面、环境小品等环境美化设施的用地，一般以绿地为主，也包括植物园地、绿化隔离带等生产防护绿地。由于植物的生长具有较广泛的适应性，为提高土地利用率，场地布局中常将环境美化用地与其他用地结合布置。

5）预留发展用地

为了兼顾近期建设的经济型和远期发展的合理性，许多建设项目需要分期建设实施，这就要求在场地布局时预留出必要的发展用地。发展用地主要有两种方式，即在场地内集中预留和分散预留，前者有利于近期内集中紧凑布局，但各组成部分的发展受到一定的限制，后者有利于远期的合理发展，但可能因近期布局的不紧凑而造成一定时间内道路、管线等的浪费。实际工作中也可采用集中与分散相结合的方式预留发展用地。

6）其他用地

除上述用地外，场地内还可能涉及市政设施等构筑物用地和其他不可利用土地，一般所占比例较小，在场地功能组织中居于次要和从属地位。

应当指出，受场地功能布局各种因素的影响，上述各种用地的比例、要求各不相同。另外，其中某些功能可以在空间或时间上叠合于同一用地内，如住宅楼间的日照间距范围内，既可以用作宅间绿化也可同时用作室外活动场地。在场地功能组织时，应注意区别功能需求的减少和用地叠合的差异，避免功能组织的不完善。

4. 建筑布局对规划设计的影响

建（构）筑物在场地中的组织和安排常常是场地规划设计的关键环节，在场地规划中起着支配作用。影响建筑布局的有地域条件（包括社会经济及历史文化背景、自然地理及地区气候及场地小气候等）、周围环境与建筑现状、用地条件及功能要求等（详见4.3.1节）。

5. 场地条件及公共限制对规划设计的影响

影响场地规划设计的还有场地的设计条件，其中有来自场地外部环境的制约影响如区域环境、气候、地形地貌、水文地质等，也有来自场地内部条件的制约影响如用地范围、交通状况、建筑物及市政设施等，但各种场地条件对场地规划的影响程度不同，设计中应通过基础分析及深入研究，分清主次采取相应设计对策。

公共制约对于场地开发限制是通过对场地设计中一系列技术经济指标的控制来实现的，通过场地界限、用地性质、容量、密度、限高、绿化等多方面指标进行控制（详见2.3节）。

3.3 场地规划中的“场所”空间

3.3.1 “场所”空间

如果只是简单地进行场地设计，还远远不能达到对场地空间环境的需要。任何一个场地的使用者都是带着情感的主体，在设计中应该充分考虑场地中活动人群的物质需要及精神需求两个方面，因此，需要设计人员对使用者进行更多更细致的观察、分析和思考。在场地规划中，更应关注的是场地上使用者的心理及行为活动需求。

1.“场所”空间的概念

如果场地是平面化的，那么“场所”和“场景”则更趋向于空间的立体感及整体性。场所是有行为的场地，包括场地和在场地上发生的行为及活动，脱离了行为活动，则不能称之为场所。从广义的角度来看，有人存在和使用的空间均可被称为场所。场所不仅仅指单纯的地点，它是由自然与人造环境相结合而构成的有意义的整体，这个整体应真实地反映在特定的时空维度中人们的生活方式与环境。场所是人的行为事件发生的具体环境，具有物质的本质以及形态、质感、颜色的具体表现的组合，因此空间（space）、行为（action）、意义（meaning）、时间（time）是场所的四个要素。

2.“场所”空间具备的条件

1）标识性

标识性是能够唤起使用者记忆与共鸣的特征元素，如图形符号、空间特征、材料质感等。使用者通过体验情感产生与空间的联动感知这些特征，明确的标识性和可识别特征是场所或场所中特定物质给人的第一直观印象，是场所特征的本质存在。

2）活动的空间容量

人的行为赋予空间以场所意义，行为能够进行，空间必须提供相应的场地及环境以作为容纳行为的容器。空间所承载的行为只有具有当地的特征及人文特质时，才能给予人场所感，否则只是空洞的行为容器。

3）保证活动的时间周期

空间的形态界定了人的行为范围，并通过围合出的空间保证行为可以相对稳定的进行，在使用的时间上保证行为活动的完成，从而将人的行为意义与空间相融合。

3.“场所精神”

1）“场所精神”的概念

当场地有较强的空间感并表现出某种特质时，称之为场地具有某种场所精神。场所精神是场所的特征和意义，是人们存在于场所中的总体气氛。“场所精神”（Genius Loci）是一个古罗马概念，在古罗马人看来，在一个环境中生存，有赖于他与环境之间在灵与肉

（心智与身体）两方面都有良好的契合关系，古罗马人确信，任何一个独立的实体都有守护神，守护神赋予它以生命，对于人和场所也是如此，因此，场所精神涉及人的身体和心智两个方面。

2）“场所精神”中的定向感与认同感

特定的地理条件、自然环境以及特定的人造环境构成了场所的独特性，这种独特性赋予场所一种总体的特征和气氛，具体体现了场所创造者们的生活方式和存在状况。人若想要体味到这种场所的精神，即感受到场所对于其存在的意义，就必须要通过对于场所的定向和认同，定向感主要是空间性的，即使人知道他身在何处，从而确立自己与环境的关系，获得安全感；认同则与文化有关，它通过认识和把握自己在其中生存的文化，获得归属感。人对场所的认同感是通过对场所的体验来获得的，即人是通过体验感知世界、感知场所及场所精神的，设计师的任务是创造有利于人类栖居的有意义的场所，具有场所精神的环境能唤起人的归属感和认同感，让人联想起某些熟悉的片段或事物，设计令“场所精神”彰显。

3.3.2 场地中使用者的心理与行为

1. 使用者的心理需求

对于使用者心理需求的分析包括对使用者分类、使用时间、使用习惯、使用情绪与使用密度等。

1）使用者分类

（1）使用者的人群构成按身份分：外来使用者和内部工作人员（如商业建筑中的顾客与内部职工）。

（2）按活动性质分：步行、等候、停车和休憩等。

（3）按年龄层次分：老人、儿童和年轻人。

2）使用时间

不同的人对于使用时间具有不同的价值意义，不同的时间段里不同的人群也会对场所有不同需求，使用者不同时间的使用会在很大程度上影响场地设计。

3）使用习惯

对于一些具有特殊要求、特殊功能的场地设计，通过访谈、问卷、观察及行为轨迹分析等方式对这类使用人群的行为、日常习惯进行大量的数据调查，在充分了解其对场地功能的使用状况下，有针对性地对场地布局、色彩搭配、形态构成以及细部构件进行设计。使用者具有一般性、普遍性的活动特性和行为心理需求，研究表明人有一些较固定的习性，如人的行为中常出现“左侧通行”“左转弯”“视线向外”“抄近路”等（图 3－1）。

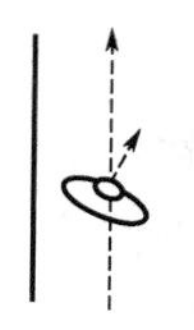
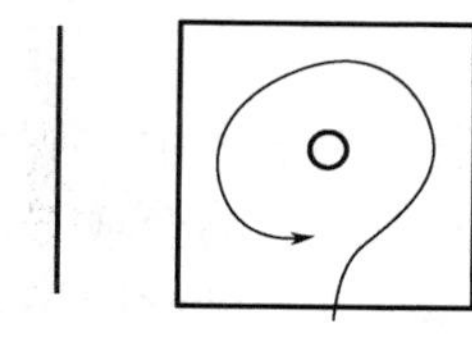
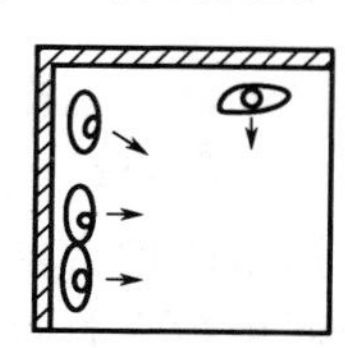
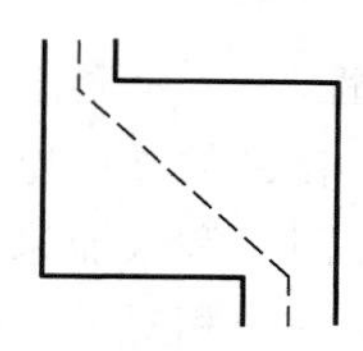

图 3－1 人的普遍性行为

4）使用情绪

场地规划既要满足使用者物质功能的需要，还应该考虑使用者心理上的感受。情绪是人类对于外部世界的直接反应，反过来，外界环境也能在很大程度上影响人们的情绪变化。

5）使用密度

在场地设计中应考虑人与人在使用空间时的相互影响，继而明确该如何在前期对空间进行设计，所以，要求设计者事先了解场地使用人群的数量在时间轴上的分布曲线，找出最大使用密度、最小使用密度以及其间的动态关系，并以此为依据对场地进行合理布置。

2. 场地中使用者的心理及行为意愿

设计师需要关注人在场地中的心理活动和行为活动。心理活动是指人们对环境的认知与理解，行为活动是指人们在环境中的动作行为。在场地中使用者寻求有安全感、领域感及私密性的空间环境，同时也表现出有参与活动的心理及行为意愿。

1）安全感

人出于防卫的本能需要使自己处在安全范围或领域，会尽量隐蔽自己而面向公众，从而让自己处于一个安全的位置，这是带有潜意识的行为，这也许是所有动物具有的利于防卫和攻击的一种本能。

2）领域感

“领域”原属于动物学范畴，动物出于生存的需要有强烈的领地占有的本能，而人也同样有这种领域的本能和意识，人的周围好像有一个“气泡”。例如，在公园里，当一个人在长椅的中间坐着，如果不是周围没有可坐的位子的情况下，陌生人一般是不会坐在你身边；再例如，在度假海滩上，当你支着一把伞或铺着一块毯子，人们也不会随意进入这个范围，因为这是领域的标识。由于不同的活动类型、接触对象的不同及所处的环境不同而表现出的差异性，场所的大小、尺度、家具设施等布置必须考虑领域性和人际关系的距离因素等。

3）“边界效应”

在许多公共空间里，人们的分布并不是平均的，往往是边角、墙边、廊、绿地等地方滞留的人群会较多。人们喜欢在树、台阶、围墙等背后有依靠物的地方就座，广场的中间或四周开敞的位置往往会空着，这些都体现了人们对于依靠感的需求，这就是“边界效应”。在公园和广场中，人们有时愿意去观察和注意别人，但是被公众注视则会感到不安。在许多场地的活动中，人们往往先是作为观众或听众处在空间的边界位置，随后情绪被调动，最后自己参与活动进入到空间的中心位置。因此，边界具有行为的诱导性和扩散性，许多广场的设计就合理地利用边界把“观赏”和“参与”两种活动所需空间有效地组织起来（图3-2）。

4）私密性

人需要有自己的私密空间，保证自己或小团体的私密要求。例如在广场或公园，人们一般不希望在门口和人流来往频繁的地方就座，而喜欢找墙角或有植物围合的地方，这样能使自己处于一个相对安静、避免被人打扰的环境。在各种空间场合里，人会有各种不同的私密性要求，从视、听等方面保持隐秘性不希望别人去打扰他们。

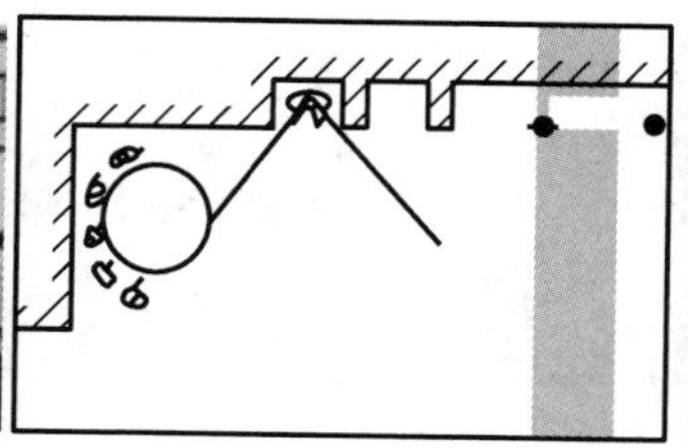

图3-2 外部空间的"边界效应"

5）参与性

每个人都具有参与和交往的愿望，适宜的空间环境将有助于人的交流，反之，将会制约人的相互交流。"共享空间"是美国著名建筑师约翰·波特曼根据人们的交往心理需求而提出的空间理论。"共享空间"的本质意义在于将各种空间要素和性质集合在一起，设计一个便于人们进行各种不同层次交流的空间场所。

人的参与活动分为直接参与和间接参与。直接参与是指人喜欢直接加入一种活动，譬如公共广场中锻炼身体、跳舞等；间接参与指人喜欢作为观众或听众介入活动。

6）从众性

人还有从众的心理倾向，尤其是自己没有主意无法判断的情况下更容易从众。例如，紧急事件中如火灾发生的混乱中，人们往往会盲目地随着大多数人奔跑，实际自己并不清楚出口在哪个方向。在商场、展览会上当人们没有明确方向的时候，也往往是随大流。因此，在一些公共空间里要有意识地组织和安排交通与人流的运动导向。

7）喜新性

常见的事物或者特征不明显的环境往往不会引起人们注意，甚至视而不见，但一件新奇的事物和从没有见过的、特征鲜明的环境却能让人留下深刻印象。利用这一心理特征，在商店建筑、娱乐建筑、观演建筑等的前广场和内部空间的设计中，应充分利用形、色、光的手段创造新的、变化的、具有个性的形象来吸引人们的注意。

研究和掌握人的这些心理和行为特征，有助于在设计中考虑人流的运动、人群的分布、空间的位置等，有利于有效而合理地组织场地空间。

3. 场地中使用者的行为空间分析

1）使用者的行为模式分析

行为学的研究表明，人的行为模式包括必要性行为、自主性行为及社会性行为。

（1）必要性行为，指带有功利性的、有直接目标的行为，如购物、观展、餐饮等。

（2）自主性行为，指自发的、随机选择的行为，随意性较强，如散步、休憩、观赏等。

（3）社会性行为，一般由他人或他人引发而产生，有赖他人参与、受到影响的活动，如儿童游戏、相互交谈等。

无论哪一种行为模式都可能会与空间环境产生一定的关系，可以起到诱发人的活动动机的作用（图3-3）。

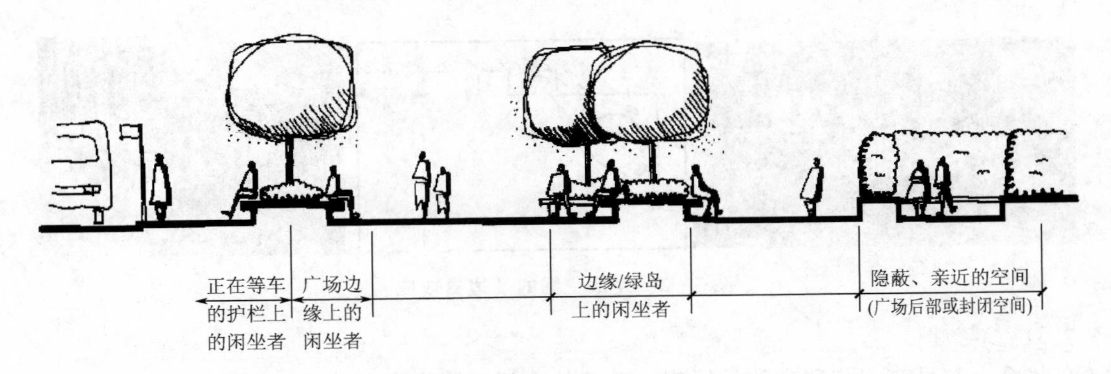

图 3－3　人的行为活动空间 1

2）使用者的行为空间分析

行为空间是指人们活动的区域界限，它包括人类直接活动的空间范围和间接活动的空间范围。直接活动空间是人们通过直接的经验所了解的空间，如人们日常生活、工作、学习所经历的场所和道路，间接活动空间是指人们通过间接的交流所了解到的空间，包括通过报纸、杂志、广播及电视等宣传媒体了解的空间。

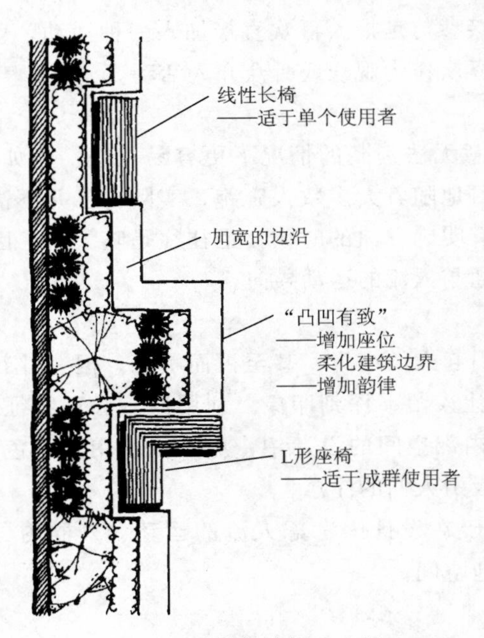

图 3－4　人的行为活动空间 2

研究人的特定行为需要什么样的特定空间环境，空间环境究竟会对人的行为和心理产生什么样的影响，是一个设计师必须做的工作，只有了解和掌握了这方面的知识，才可能有依据创造符合人的行为特征和心理特点的空间环境。根据人的需求、行为规律、活动特点、心理反应和变化等进行场地空间的构思，设计创造出人性的空间以满足人的各方面需要，人们的活动行为是场地设计时确定场所和流动路线的基础（图 3－4、图 3－5）。

3）场地空间对行为的影响

场所为人的活动提供了必要的环境空间，同时，人的行为也影响着场所空间的设计。没有特定的环境与场所，人的许多行为也就不会发生，空间与行为是相辅相成的，场所空间对行为的影响有以下方面。

（1）保证行为顺利发生与进行。

（2）约束行为的发生与进行。

（3）诱导行为的发生与进行。

场所空间对行为影响通过观察类似场地使用情况，了解其使用者活动方式、活动范围及规律，通过问卷、访谈、考察及调研等方式了解使用者的意愿和要求，从而创造出人性化的场所。

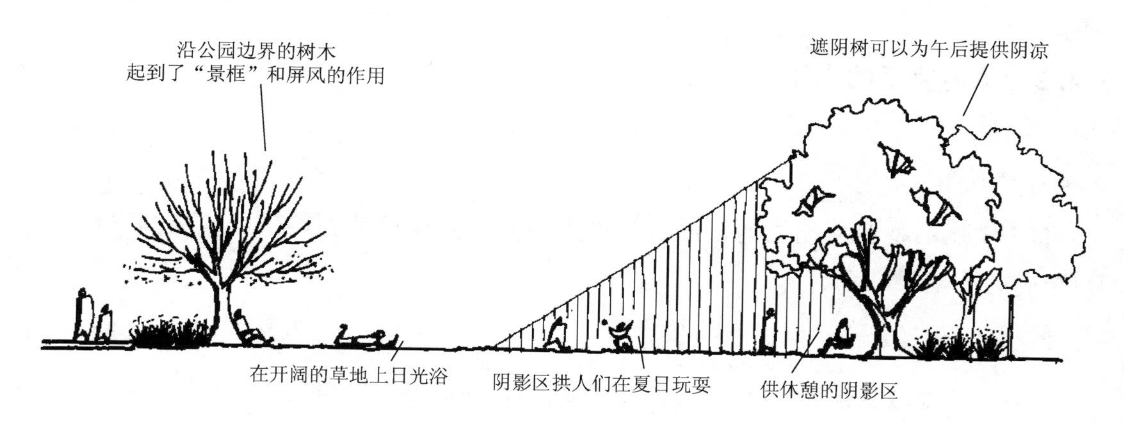

图 3-5 人的活动场所

3.4 场地规划中的基地分析

3.4.1 基地要素

基地的要素错综复杂，对场地规划的影响也不尽相同，因此要先对基地内的要素进行罗列，并按照一定的类型进行整理，包括气候、地形、水文、植被、区位、土地、建筑、道路、市政设施等类型要素以及使用者的心理和行为。基地要素最终可以归纳为三个方面：自然环境、建设环境及使用者，如表 3-1 所示。

表 3-1 基地要素的归纳

基地要素归纳	自然环境	气候、海拔、日照、风向、风速等
		地形、地貌、地质、土壤、等高线
		水文、湿地、水系统、湖泊河流、汇水线、水质及地下水等
		植被、生态敏感区、草坪、树林
	建设环境	区位、土地、地籍、土地利用现状等
		建筑物、产权、建筑质量、密度、年代、层高、色彩、类型
		历史遗迹、特殊意义构筑物、文物等
		道路、出入口、步行系统、停车场等
	使用者	使用对象、使用人数、使用性质、使用时间、使用周期

3.4.2 基地要素的本质

1. 独特性

每个基地都是独一无二的，由于各组成部分及其构成的独特性，基地具有鲜明的特征。

2. 复杂性

基地作为地域、自然环境、人文环境的缩影，构成要素错综复杂，包括气候、土地、水文、植物、地形、建设、历史文脉等多种要素。

3. 制约性

基地各种要素对规划设计产生直接影响，一方面具有制约性的消极影响，另一方面具有积极性的影响。

3.4.3 基地分析在设计中的作用

1. 系统分析

将复杂的历史文化、自然环境、人文环境、基地现状等基地要素进行分类及调研，对基地内的各类资源状况进行系统整理分析，“有效”的基地分析方法可以帮助设计师迅速进入“状态”。

2. 提取要素

提取具有核心价值的资源，并以此作为基地设计的基点、脉络和特色，衍生成为具有吸引力和特色的设计方案。

3. 设计切入

在现状资源分类的基础上经过系统分析、关键资源要素的提取、识别，提炼和梳理价值性要素，明确制约性要素，在规划方案中有针对性地利用和进行设计。

3.4.4 建筑设计中的基地分析

任何建筑都存在于特定的基地环境中，而基地条件既是制约建筑生成的外在因素，也是建筑创作的源泉和动力，对基地的分析有助于设计思考的深入，从而使建筑设计在功能、形式、空间、秩序等方面与建筑所处的基地环境相契合。基地条件对建筑设计的影响往往存在制约因素和有价值的核心因素两方面，因此在对基地环境的分析中应仔细分析和提炼，着重研究主导因素对建筑构成的影响。

1. 基地分析要点（表3-2）

表3-2 基地分析要点

项目对象	分析要点
区域环境分析	重点分析基地的历史文化和社会经济背景、地理环境、区位、功能布局、生态环境保护等要素分析
自然条件分析	地形地貌及水文地质条件分析；气象分析；绿化植被分布等
建设条件分析	基地外部环境分析、基地内部建设现状等
建筑物分析	现状建（构）筑物分析；建筑艺术元素分析等
使用者	使用者心理及行为需求
综合评价、确定现状面临的重要问题、抓住核心要素	

2. 基地条件分析

1）区域环境分析要点

（1）历史文化和社会经济背景：分析城市特定的历史、文化背景是项目建设需要考虑的因素，有助于延续城市文脉、体现城市特色；分析社会经济发展状况，有利于根据不同地区的建设标准进行项目设计。

（2）地理环境：主要包括区域中的地理位置（海陆及经纬度）的分析；分析城市地理特征如可分为平原城市、山地城市及滨水城市等；区域的气象条件的分析等。

（3）区位：分析基地在城市用地布局结构中的性质与地位，从城市的空间结构来看，有核心区也有外围（或边缘）区，从功能分区来看有行政区、文教区、商贸区、旅游区、经济开发区等，从区位性质看有自然风景区、历史文化保护区等，不同的区位在城市整体体系中有不同的发展方向与定位。

（4）功能布局：主要包括土地利用和现状功能布局，土地利用是指现状中土地的利用、土地结构与布局的情况等，现状功能布局是指基地在区域中与同类设施和相关设施的功能及空间关系等。

（5）生态环境保护：场地规划设计基于生态环境的土地使用方式上，保护区域生态环境，分析及优选对所处地区的生态系统产生最少的破坏和影响的基地布置方案，结合利用区域特色的动植物种群，提高基地的生态价值，通过场地规划设计实现微观气候改善。

2）自然条件分析要点

（1）地形地貌分析：分析地形地貌的形态特征如是否为平原、丘陵、山峰、盆地等；分析地势的高低起伏变化如高程、坡度及坡向等。通过分析确定适用于基地建筑和户外活动区域的位置，判断出可能不适于建设房屋的陡坡和缓坡等。

（2）气候条件分析：主要包括场地风象（风向，风速，风玫瑰图等）；日照（日照时数，日照百分率，太阳方位角等）；气温及降水等。考虑地形和相邻建筑物的日照程度、挡风效果及产生眩光的可能性等影响，把太阳辐射作为潜在能源进行评价。

（3）地质、水文地质及地震状况分析：分析地质构造条件及其在场地中的位置，标出应予以保护的湿地及河流等；分析抗震间距等状况。以上各个项目均需满足相应的国家各项规定、规范。

（4）植被分析：对于基地中现存植物类型、构成进行梳理归纳，标注出植物的分布位置。

3）建设条件分析要点

（1）周围基地建设条件。

① 城市规划的有关规定：满足城市规划对于场地的各种规定，如退让距离、土地使用权、建筑间距、限高及城市视觉保护线等。

② 相邻场地的建设状况：考虑相邻区域的已有建筑物规模和特征对场地的影响，分析临近的住宅、公共设施、商业设施、医疗设施、娱乐设施等分布情况。

③ 场地附近的特殊景观、文化元素等：场地周围若存在一些比较特殊的环境元素，如城市的重要标志物、著名建筑或临近城市广场、公共绿地等，分析其历史特色及社会背景，以便在场地设计加以因借和利用，以求保持城市的历史延续性和历史文化环境的整体性。

（2）内部建设条件。

① 用地范围分析：分析场地用地范围的有关规定，一般需满足以下几点。

（a）确定场地的合法用地范围和形状。

（b）场地与道路相连时分清道路红线，确定用地红线。

（c）根据规划要点，沿用地四周满足不同边界的后退距离要求，确定建筑控制线（建筑红线）。

② 地形分析：现有地形的标高、地形高差、坡度分类、坡度分析。

③ 场地设施分析：如供电、电信、电气、给排水、煤气及供暖的管网及接入点等情况分析。

④ 现状绿化和植被分析：包括对于现状绿化和植被状况分类整理，有无古树、大树或成片树林、草地，有无独特的树种，分析与研究在场地规划中如何充分利用，或保留，或移栽，或砍伐等进行绿化布置的综合考虑。

（3）市政设施条件分析。

① 交通状况：交通状况分析基地外围是否有面临铁路、公路、河港码头等区域、城市的交通体系情况，道路等级、结构等状况分析，分析场地与外部交通衔接关系，分析场地的交通出入口设置符合安全、消防等规范的要求。基地内部的交通现状分析，依据场地功能要求，分析包括对基地内各建筑物之间交通道路的布置是否便捷流畅，是否符合消防及疏散的安全要求，消防车能否到达消防点等。

② 市政设施：市政设施分析调查场地周围给排水及电气、电信、电路的接入点等；确定公用设施的可用性如供水总管、污水和暴雨的排水系统、天然气管道、电力网、电话线和光缆网的分布；辨别消火栓及产生噪声的潜在源等；确定通向其他市政服务的通道如警力和消防。

4）建筑物分析要点

（1）文脉分析：周边及场地内的建筑文化历史概况分析，重要的历史事件和历史元素梳理与提取等。

（2）城市天际线及街道立面分析：绘制及提取有特色的街道立面和天际线等。

（3）场地图底分析：主要是建筑与道路、植被及水体的平面图底转换分析。

(4) 建筑物分析：建筑的质量、高度、层数、结构、密度及容积率的分析。

(5) 建筑体块分析：对场地内建筑或重要的保留元素进行体量关系、材料等研究分析。

(6) 建筑风貌的分析：对基地建筑的形式、色彩、材料与建筑风格特色的分析。

5) 使用者心理及行为需求的分析（详见本章3.3.3节）

3. 基地分析与建筑设计

基地分析为建设项目设计提供的各种类型的制约因素的分析与评价，是整个设计过程中的一部分，基地分析帮助设计师对建设项目的认识由漫无边际的想象到有目的的探索，为建筑方案设计的深入打下理性分析的基础，依据基地分析的建筑设计的要点如下。

1) 基地条件的归类与分析

基地条件资料往往处于单独、具体的层次上，纷乱而混杂，需要设计者加以有目的的提取和利用。从项目设计构成影响的角度而言，设计资料的内容反映的是一个项目设计所包含的种种制约。对基地条件的分析可以从自然条件、建设条件与使用者等分门别类进行归纳，也可以从基地的外部环境条件与内部条件进行分类归纳。无论哪种基地条件的分类都是可行的，关键是在基地分析的基础上提出解决的设计手段与方法，寻找相对应的设计策略。

2) 基地制约性要素与价值性要素的分析

对基地各种设计条件的优劣分析研究，以基地制约性要素与价值性要素进行归纳总结。

(1) 基地制约性要素。在基地分析的时候应识别自然要素的限制性、建设用地的控制性，特别注意对具有危险性、噪声污染及视觉景观障碍等要素的分析，并且在设计中注意避让和严格按照国家有关的规范规定进行设计。

(2) 基地价值性要素。通过分析发掘基地中有历史、文化及科学价值的自然景观和人文景观等，如利用基地中优良景观要素并作为设计的切入点，建筑与景观环境相互衬托、互为图底，使设计方案具有特色和创新性。

3) 设计中核心问题的分析

首先，理顺基地设计条件制约要素的主次矛盾，各种类型的制约要素往往是互相关联、彼此互为条件，只有从中找出主要矛盾才能拆解问题，简化问题；其次，面临问题的分析，对存在的现象和问题进行系统梳理，归纳主要问题，最后提炼出核心问题，并在设计中重点解决。

4) 依据基地分析的建筑设计原则

(1) 最大可能性原则。即对基地中各类由外部环境导致的制约要素在进行分析和解答时不应轻易做出结论，其目的在于为设计过程获得“最大可能性”，同时，也为在随后设计中出现的更多、更复杂的“可能性”提供判断依据。设计师界定“最大可能性”的过程，同样也是设计方案寻求突破并向各个方向发展可能性的思考过程，寻找建筑与基地环境之间的最大相互适应程度。

(2) 技术可行性原则。首先，在基地制约要素的分析过程中，不可能脱离当今先进与科学的技术与能力，设计师对于先进的建筑技术、新材料、设计方法以及相关规范、法规、技术实施细则等加以掌握与研究，使建筑项目逐步走向更科学、更规范与更合理的设计，建筑设计方案的可行性是建筑师在衡量各种解决问题方法时的判断标准之一。其次，计算机技术在设计过程中的运用给基地分析、现实环境模拟、设计制图等带来的变化与进步不断显现，随着科技的不断发展进步，从设计过程到施工过程，以往很多不可能变为可能、复杂变为简单，为设计师分析问题与解决问题提供更多的帮助。

(3) 可持续发展原则。可持续设计的目的之一就是将建筑给基地带来的不良影响最小化，充分利用基地的各种资源进行有效合理的基地规划、建筑布局、交通组织及设施安排等。建筑设计的可持续发展策略包括：充分利用绿色能源；科学合理的建筑平面组合及建筑外墙、外窗及遮阳设计；利用自然资源营造基地局部微气候环境；选择可循环再利用的建筑材料，加强建筑施工及废料的管理等。

3.4.5 城市规划设计中的基地分析

1. 基地类型

基地的要素错综复杂，很难用单一手法进行类型划分，因此需要建立一个清晰的基地分析模型，可以涵盖到大多数的基地要素，便于设计师从中找到各种基地要素和分析方法。根据基地特征可以将基地分为以下三种类型。

1）以自然环境为主导的基地类型

以自然环境为主导的基地一般有这些特征：自然资源的特征比较明显，如基地内具备地形起伏的山体或水域、较茂密的绿色植被及生态环境；基地内的人工建设较少、现状建设量不大及人口规模较小；主要以自然环境为主导元素；基地分析工作重点在于如何分析自然要素。

2）以建设环境为主导的基地类型

以建设环境为主导的基地一般有这些特征：基地内以人的活动为主；现状建设量比较大、建设情况也较复杂；主要以人工环境为主导元素；基地分析的重点在于分析现状的建设要素。

3）综合类型的基地特征

综合类型的基地内自然与人工环境相当，既具备一定规模的现状建设，又有自然资源环境，基地兼具以上两种类型特征。综合类型的基地分析已经被两种基地分析类型所囊括，因此，不专门针对综合类型的基地进行分析。

2. 以自然环境为主导的基地分析

1）基地分析要点（表 3-3）

表 3-3　以自然环境为主导的基地分析要点

项目对象	分析要点
区域环境分析	基地所在的区域概况、自然条件、经济发展及社会文化的分析
地形地貌、地质分析	分析高程、坡度和坡向，地质构造及地质承载力
水文分析	分析地表水系的流域和体系与开阔水面、湿地系统及地下水等多种体系
植被分析	基地内植被构成、分布状况、景观及生态价值的鉴定
根据叠加分析总结具有价值性和制约性要素，提炼具有核心价值的资源	

（1）区域环境分析要点。

① 区域概况：主要是指区域背景资料分析，如历史背景、城市性质及人口状况等。

② 自然条件：主要是指基地大的生态格局、地理环境及气候条件。

③ 经济发展：包括所在地区的经济状况、发展目标等。

④ 社会文化：包括社会构成和人文特色等。

进行区域环境分析时，应综合上述几方面判断基地在区域中扮演的角色和地域特征。

（2）地形地貌、地质分析要点。

① 高程分析：利用GIS等技术可以精细地区分和识别基地的高差变化，确定建设范围在一定的高程区间内，绘制高程分析图。

② 坡度分析：区分适宜建设区、可建设区和不适宜建设区等类型，绘制坡度分析图。

③ 坡向分析：根据一天的日照确定向阳坡、背阳坡，绘制坡向分析图。

④ 地质构造及地质承载力：分析基地不利的地质构造条件及其在场地中的位置，计算地基承受荷载的能力。

通过基地分析选择最适宜建设的区域，利用GIS等技术进行三维地形模拟和现状分析，清晰地判读出基地的地形地貌特征，并进行直观的表达，为规划设计提供了很好的技术平台。

（3）水文分析要点。

① 地表水系的流域和体系分析：应将整个水流域作为统一的、相互关联的系统来研究，梳理水的脉络、汇水、水质、水量、流向、防洪和干枯季变化，不能只考虑局部水的形态而忽略了整个系统。

② 地表水系的开阔水面的分析：开阔的水面比较容易识别，应重点分析其形态、深度、水位变化等要素。

③ 湿地系统的分析：隐性的湿地系统往往容易被忽略，但对生态系统和工程建设的影响较大，应结合水文资料和现场踏勘来识别和关注湿地系统，在设计中充分利用湿地系统的特点。

④ 地下水分析：包括地下水分布规律、补给、径流、排泄条件、水质、水量、水的动态变化及其对工程设计和施工可能造成的一定影响。

通过水文分析划定需要重点保护的水资源生态区域，充分利用水资源的生态景观以及分析地下水对工程的影响。

（4）植被分析要点。

① 植被构成分析：包括植物种类、群落和生长情况。

② 植被分布分析：包括植物具体的分布位置和面积。

③ 景观及生态价值分析：包括具有景观或生态价值的植被位置及区域，独特景观价值的植被位置与种类、生长情况。

通过植被与景观分析及评价，保护基地绿色生态环境，确定最佳的观景点及景观视线，为方案的建构提供了有利的支撑。

2）基地要素的叠加分析与提取具有核心价值的资源

在上述基地要素分析基础上进行叠加分析，并总结出制约性资源与有价值资源，是场地规划设计的关键环节。例如，通过更细致深入的实地踏勘，梳理基地现状资源体系及分析地形地貌对于规划方案的场地限制条件，便于在设计中避开不利的地形条件；提炼对规划方案可能产生积极影响的有价值的要素，如利用山体、水面、绿地等自然要素的良好景观作为规划方案的亮点；分析基地各要素的优劣势并在基地要素分类解析的基础上进行叠加判断，总结出基地最具价值的核心资源要素，融入及延伸至规划设计中，衍生成为具有特色与活力的设计方案。

3. 以建设环境为主导的基地分析

1）基地分析要点（表 3－4）

表 3－4　以建设环境为主导的基地分析要点

项目对象	分析要点
区位、现状功能、土地权属分析	重点分析土地的区位、功能布局、土地籍权属等要素
建筑物分析	基地内的建筑物分析（质量、密度、容积率等）、建筑物产权、建筑风貌
历史遗迹分析	基地内的历史遗迹、特殊意义构筑物、人文价值的建筑的鉴定
基础设施分析	包括道路系统与交通设施，各项市政设施要素
综合评价、确定现状面临的重要问题、抓住核心要素	

（1）区位、现状功能及土地权属分析要点。

① 区位分析的要点：包括基地所在区位解读及区域概况分析；基地的可达性分析；基地在区域内的历史、经济、社会和空间角色以及在区域未来发展格局中的地位分析。

② 功能布局分析：主要包括土地利用及现状功能布局的分析，土地利用分析是指对土地资源特点、土地利用结构与布局等情况的分析，对于利用程度、利用效果及存在问题进行调查；现状功能布局分析是指对于现状的主导功能的分布和特征等进行研究。

③ 土地权属分析：是指土地权属状况和界址点的认定，权属关系、不同权属分类及各类权属的改造难度等。

（2）建筑物分析要点。

① 建筑物质量分析：是指制订建筑质量评价的标准，按照标准对现状建筑进行分类，统计各类建筑质量的量化比例，分析建筑质量反映的特征和问题。

② 建筑密度和容积率分析：包括分析建筑的密度与容积率，并根据建筑密度和容积率的分布状况分析其反映的基地特征和问题，按照适宜的尺度划分基地地块并统计各地块的建筑密度和容积率。

③ 建筑物产权分析：是指对建筑的产权权属分类及分析权属关系等。

④ 建筑风貌分析：包括建筑的形式、色彩、材料与建筑风格特色的分析。

（3）历史遗迹、特殊意义构筑物、人文价值的建筑的鉴定分析要点。

① 历史遗迹分析：包括识别及分析重点保护的历史性建筑和历史街区，对于基地内独具特色的空间环境及基地内建筑特色、风格进行分析，特别要注重对历史性建筑物周边环境的调研。

② 特殊意义构筑物、人文价值的建筑的鉴定分析：是指对有历史意义、社会影响及人文价值的建筑物、构筑物，经过有关部门的鉴定评价，采取相应的设计策略。

(4) 基础设施分析要点。

① 道路系统及交通设施的分析：包括区域、城市及基地等范畴的交通体系分析；道路等级、结构等状况分析；分析车行、步行和自行车道路系统；重要交通节点及交叉路口的技术分析；城市停车场及停车设施的分布以及交通管理与交通行为的分析等。

② 市政设施分析：包括分析城市的供水、排水、防洪、电力、燃气、热力等市政设施的现状分布；注意基地周围的公园、休憩场地、公共绿地、运动场所及其附属设施的建设情况等；了解城市桥梁、隧道、立交桥、过街人行桥及其他附属设施等。

2) 对基地现状要素的叠加分析

在基地要素分类解析的基础上进行叠加判断，从纷繁复杂的基地要素中识别重要内容，对制约性要素、价值性要素、面临问题进行分析。

(1) 制约性要素分析：指对规划可能产生制约性影响的要素，包括具有危险性、限制性或视觉景观障碍的要素，在基地分析的时候应该明确地识别。

(2) 价值性要素分析：指对规划可能产生积极影响的要素，包括历史古迹、文物、标志性建筑等人文要素，其具有显性或隐性的双重特征的价值分析与提炼。

(3) 面临问题分析：首先对存在的现象和问题进行系统梳理，其次对主要问题进行归纳，最后再对核心问题进行提炼，并制定相应的设计策略。

3) 基地分析的延伸层面

(1) 对不同类型的制约性资源进行针对性处理，如对具有视觉影响的要素通过遮挡或隔离等方法处理，对具有污染或危险性要素严格执行有关规范的规定，对影响基地划分或使用的要素，通过合理分区布置进行设计。

(2) 提取具有核心价值的资源，如在自然要素中有效保留与利用基地地形地貌的特征、水体的生态环境效益等，也应注意对具有潜在的核心价值资源的利用。

(3) 应对关键问题建构目标体系，明确关键问题，寻求解决途径及方案，构建规划目标。

3.5 基地分析图及设计回应

3.5.1 基地分析图

在对基地及周边环境进行深刻评价中，基地分析图不失为最有效的途径之一，目前，借助计算机及各类设计软件作为基地分析的方法与手段非常多，的确可以更加全面、系统及直观地描述基地的各种状况及信息，这里，我们主要是讲述设计师以自己的符号记录实地观测中各种信息，描述及分析在场地规划中的各种基地状况并进行相对应设计回应。

每一个基地，不论是天然的还是人工的，从某种程度上说都是独一无二的，基地条件对设计施加限制，也为设计提供可能性、独特性。在设计构思的过程中，设计者对拟建建筑基地出现的各种基地状态进行分析，从中获取各种设计条件，使设计者从对一个项目最原始的判断、分析走向理性设计。基地脉络分析是对围绕在基地周围的既存的、迫切的、潜在的状态所做的前期研究，本节参考《基地分析—用于建筑设计的图像资料》（台湾六合出版社，（美）Edward T·White 著，颜丽蓉等译）中的资料，将场地规划中建设项目在基地及其周围在区域位置、气候条件、地形地貌、交通条件、用地形状及大小、邻里模式、公共制约、基地设施及视野景观等方面的现状条件及其限制情况归纳与整理出来，制定相应的设计回应，分析研究它们的相互作用的关系，策划基地未来的发展（图 3－6）。

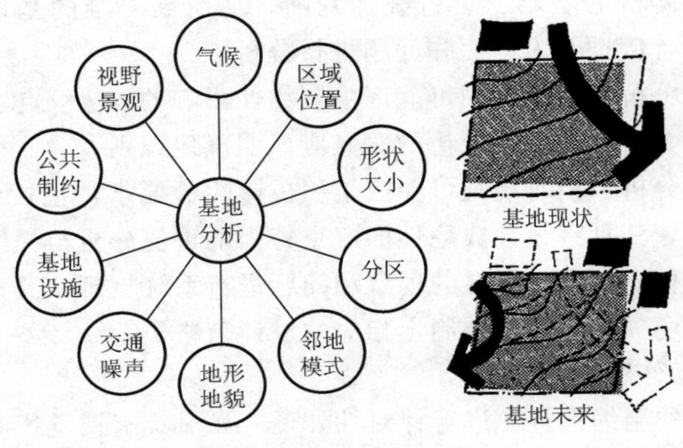

图 3－6　基地分析

3.5.2　基地分析与设计回应

基地的现状资源作为规划的基础，对规划方案的构思和实施具有重要意义。基地分析是场地规划的“基石”，在基地分析的基础上制定相应的设计响应，有利于下一阶段的设计展开。基地分析与设计响应具有以下作用：首先，系统、科学地剖析基地资源要素，将复杂的基地资源进行系统分析，并对基地现状各个要素进行整理与归纳，提取基础数据，为设计寻求科学和正确的设计依据；其次，在现状资源分类的基础上，识别关键资源要素，包括制约性要素和价值性要素，并在场地规划方案中有针对性地利用，制定科学有效的基地分析方法，提出场地规划设计策略；最后，围绕核心价值，凸显设计特色，提取具有核心价值的资源，并以此作为场地设计的基点和脉络，发现设计特色及亮点，创造具有地域文化特征、环境友好和谐型的场地规划方案。下面我们以一个拟建的托儿所的建设项目为例，从 8 个主要基地条件方面阐述基地分析与设计回应的分析研究。

1. 基地气候分析及设计回应（图 3－7）

1）气候分析

确定基地冬季、夏季的主导风向及风速；分析在夏至日、冬至日太阳轨迹及辐射强度变化；将年均降雨量、月及天的最大降雨量等气候情况用图示、数据表达并进行分析。

2）设计回应

在建筑布局及室外场地布置中避开冬季风，有效利用与引导春季、秋季主导风向；充分利用太阳日照，设计中减小建筑的北向开口，建筑南向玻璃设计采用有利于冬季日照及遮蔽夏日日照的构造材料；根据对降雨的分析，建筑布局避开雨水集中处，在建筑细部设计中采用斜屋面的形式有利于排水，注意场地排水组织设计等。

2. 基地区域、退线及地形等分析及设计回应（图3-8）

1）基地区域、退线及地形等分析

明确用地边界线、土地使用权的空间界限；掌握场地的设计尺寸、占地大小、建筑红线、道路红线及绿线、蓝线等规划的公共制约；分析地形的坡向、坡度等。

2）设计回应

根据地形与区域面积分析不同面积大小的建筑物、停车场、服务区、服务区游戏场及搭车区等在场地中的合理布置，并预留计划发展区域；有效地利用场地退缩部分的区域并进行使用分析；剖析地形轮廓及场地坡度，设计中对于建筑在基地高处及低处的景观资源及优良景观视线加以充分利用，对建筑与地形剖面的结合形式进行方案设计与比较。

3. 基地周围环境分析及设计回应（图3-9）

1）基地环境分析

分析基地周围邻里环境，识别建筑物类型及其功能，如办公室、老人住宅、都市公园、纪念碑等；关注具有特殊意义的构筑物和人文价值的建筑物，注意场地空间的开放性；分析基地周边交通系统、停车场位置、人流来向与基地的关系；分析周围溪流景观的利用等。

2）设计回应

在建筑物及游戏场的设计中充分利用溪流与公园的优良景观资源，引入溪流水系营造基地水体的景观，沿溪边设置景观步行道，便于人们的观景；围绕基地外有特殊意义的构筑物——纪念碑设计基地转角的开放空间；在基地内设置一部分停车场地，注意北侧的停车场与场地的联动关系。

4. 基地排水、树木及人造环境分析及设计回应（图3-10）

1）基地排水、树木及人造环境分析

明确场地坡度及排水方向；了解基地原有植物、橡树、松树及灌木丛的生长状况；分析基地周围步道、路缘石的设施。

2）设计回应

推敲建筑物在基地的功能布局，分析建筑设置方案如建筑在基地高处可避开排水，而在基地低处则需设置保护设施等；将基地西侧的橡树林荫的绿化景观引入基地内部；利用建筑物、东侧的橡树丛遮蔽太阳日照辐射，也可以利用橡树丛延续游戏场与公园绿化景观带；完善原有步道体系等。

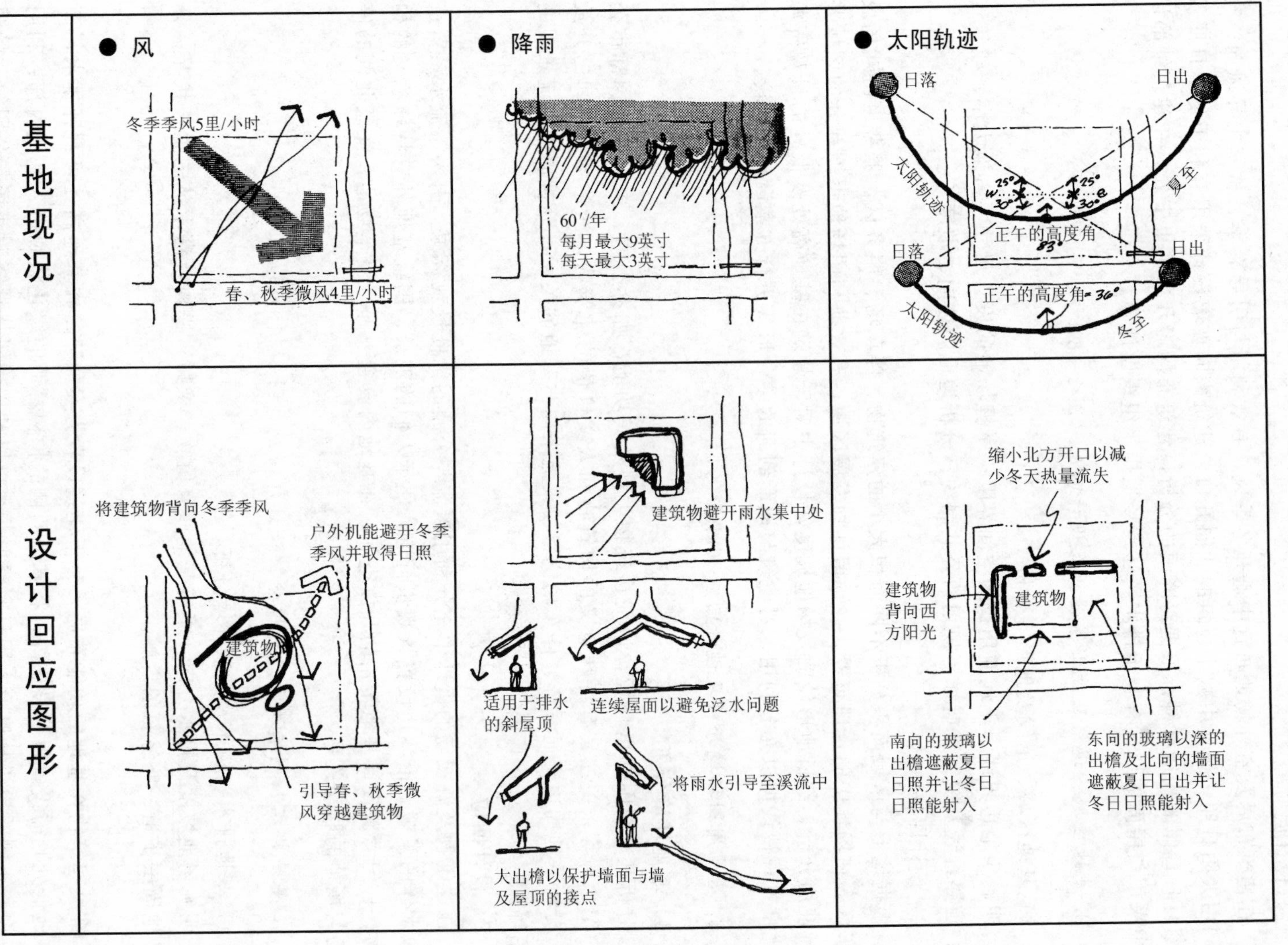

图3–7 基地气候分析及设计响应

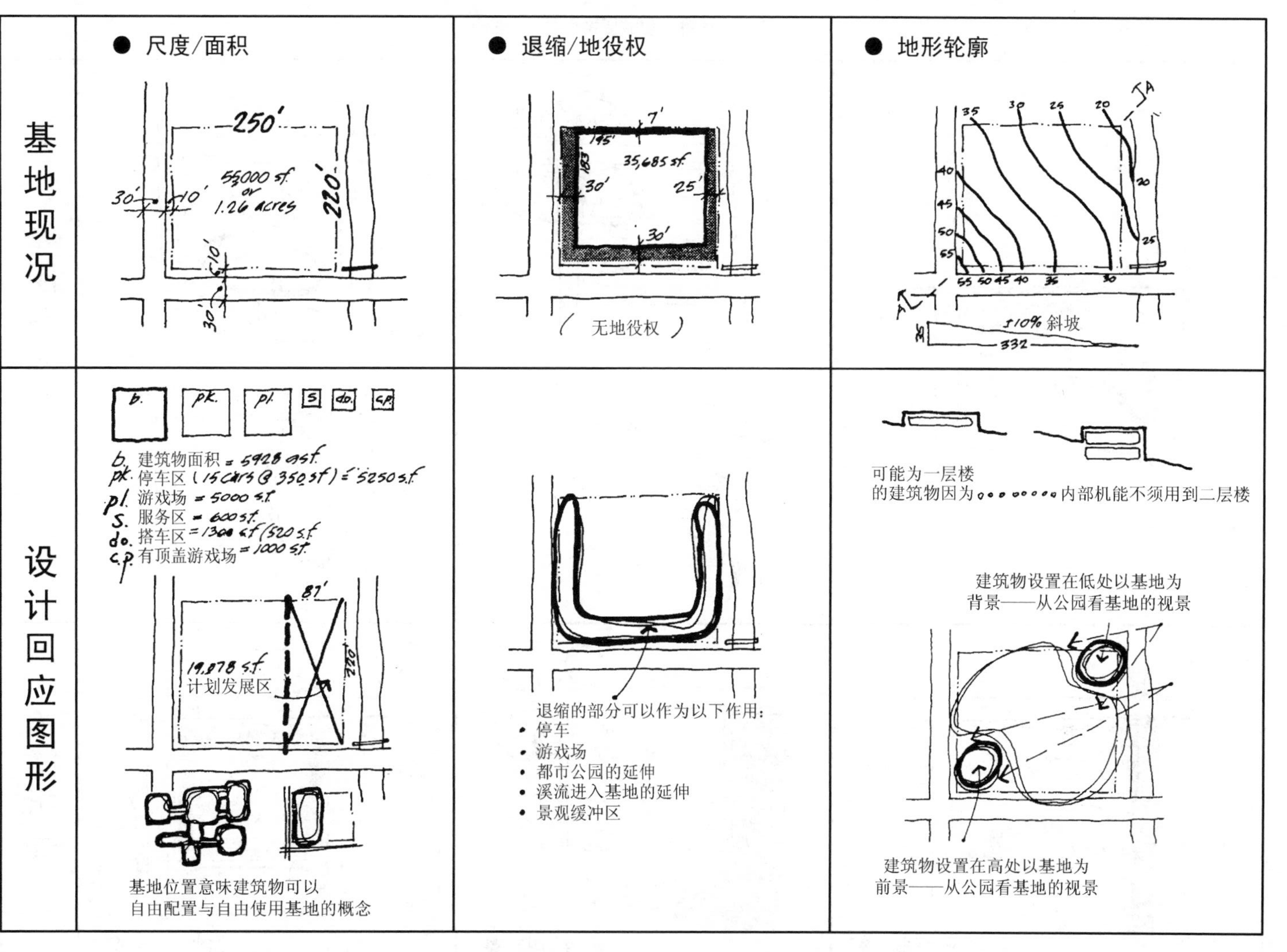

图3-8 基地区域、退线及地形等分析及设计响应

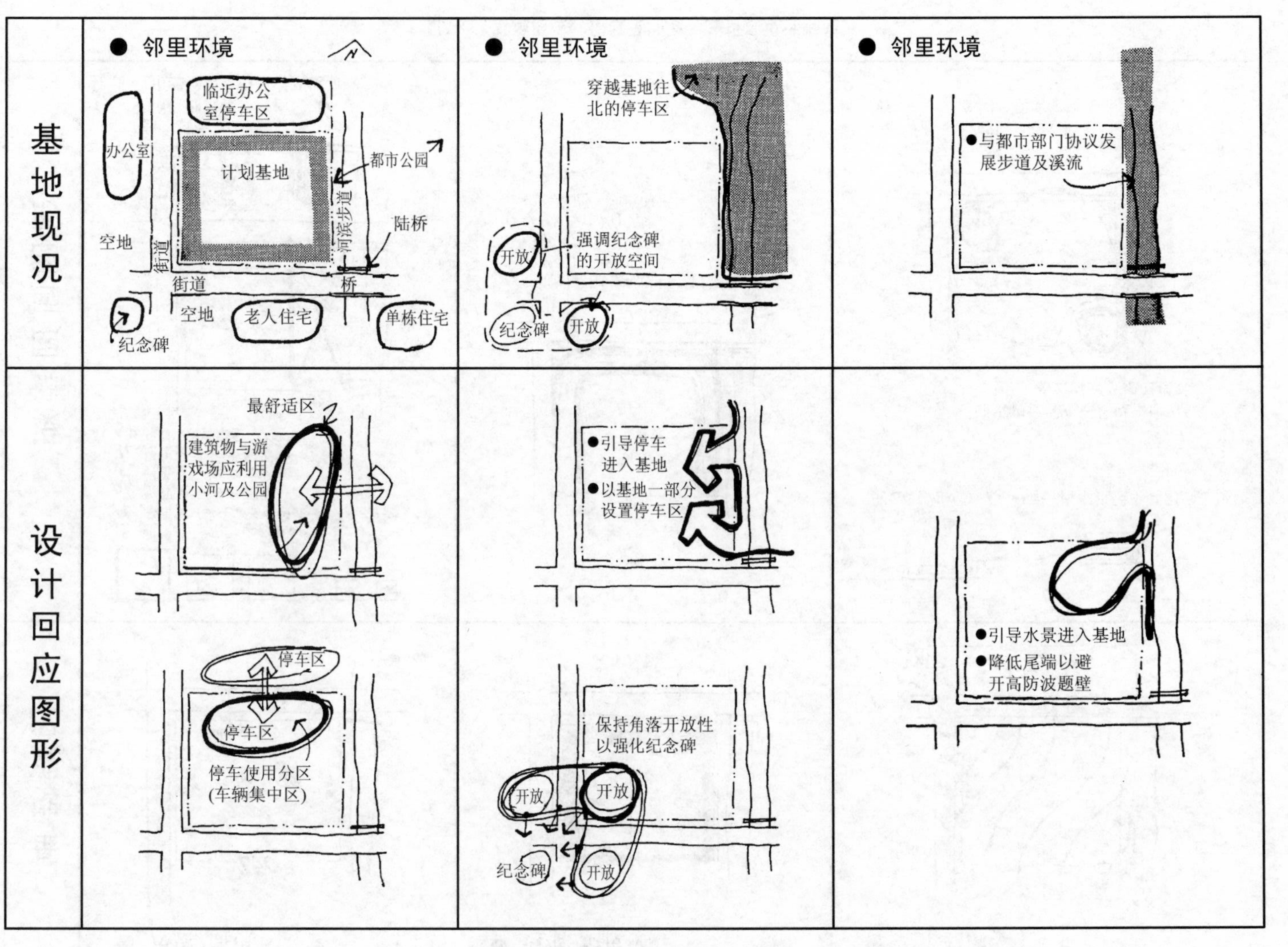

图3-9 基地周围环境分析及设计响应

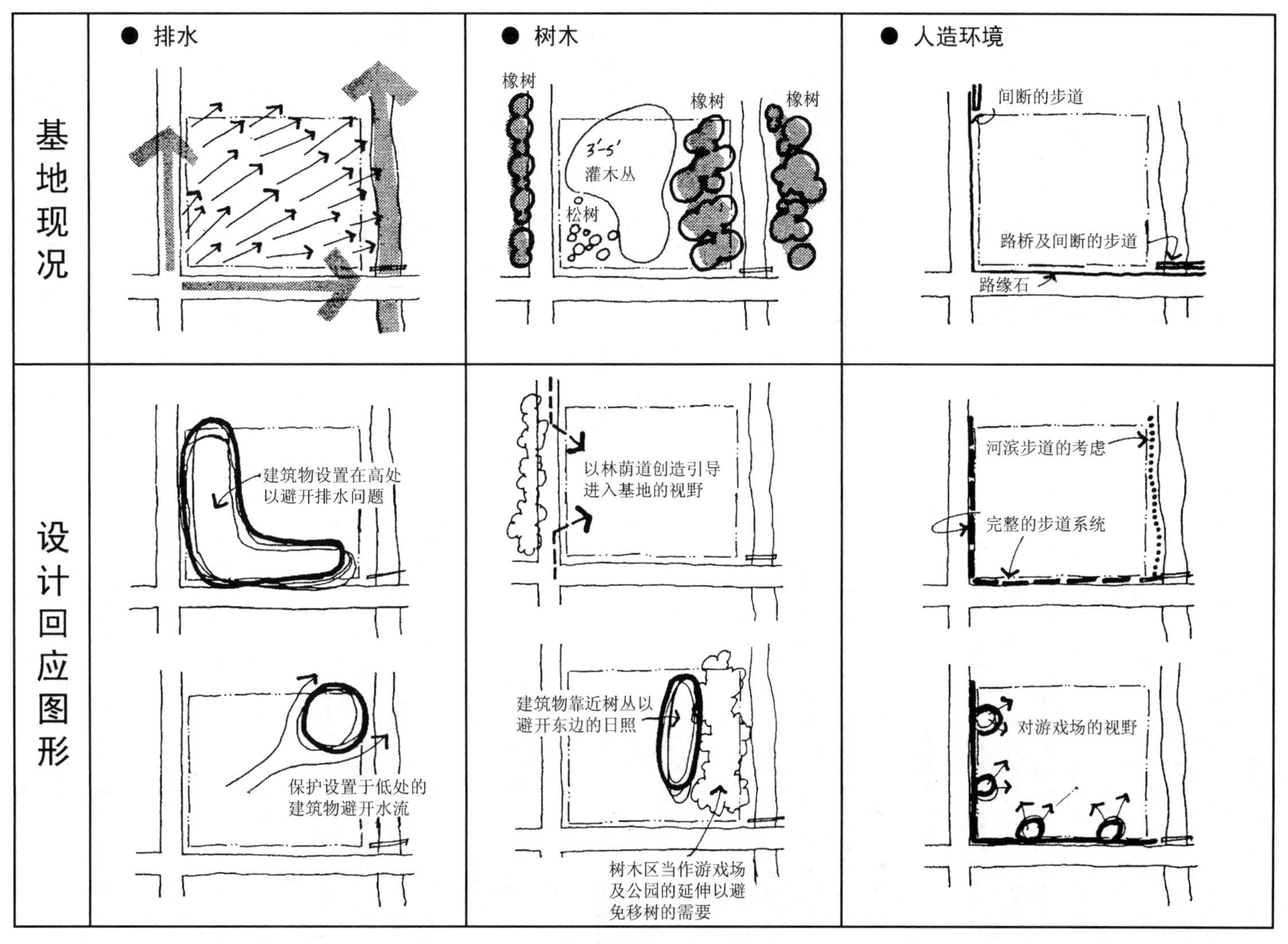

图3-10 基地地形分析及设计响应

5. 基地步行、车行动线分析及设计回应（图 3－11）

1）步行、车行动线分析

充分了解道路路网及十字路口的交通现状，基地车行动线主要在基地西侧及南侧；通过基地步行动线分析有 25％的孩童与父母一同上学出行，使用基地南侧、西南角、西侧作为回家—学校的步行动线区域，步行可以由桥下通过，沿河边有散步区域（适应老年人）。

2）设计回应

基地设计将建筑物后退道路边线一段距离进行布置，留出步行动线的区域以满足使用需求；基地步行体系与陆桥贯通方便人们使用；基地南侧利用廊道作为下车区及步行区，设计中可利用步行道路抵达建筑出入口；在建筑车行出入口设置回路有利于乘客下车安全；沿河边设置停驻点可观察游戏场的活动等。

6. 基地视野分析及设计回应（图 3－12）

1）视野分析

分析从基地向外观察的良好视野景观如溪流、公园、林荫大道与纪念碑等，而由基地外望向基地的视野主要是来自于西侧的办公室及街道方向、南侧老人住宅及街道方向和东侧公园方向；穿越基地的视野轴线包括纪念碑-公园、陆桥-林荫道、林荫道-公园及南侧街道-公园等。

2）设计回应

根据基地内建筑物对周边环境的视野影响，注重建筑物的公共意向的立面设计；注重基地周围公园、纪念碑开放视野的利用；掌握从南侧老年人住宅、西侧街道望向基地的选择性视野景观设计；注意对停车场视野的遮蔽；利用基地的各个景观点及穿越基地的景观轴线进行场地布局和景观设计。

7. 基地周围噪声、公共设施等分析及设计回应（图 3－13）

1）周围噪声、公共设施等分析

对基地周围的噪声分析包括街角噪声源、车行道路的汽车噪声及游戏场的噪声，其中街角噪声最大，游戏场的噪声可能会干扰老人住宅区；基地四周均有稳定、良好的邻里环境，而纪念碑及公园是社区的荣耀；了解基地周围的公共设施的分布，如电力、自来水、瓦斯、电信及排水管的分布。

2）设计回应

基地中的建筑布局应远离噪声源，利用绿化景观、土地作为阻隔；游戏场地布置远离老人住宅区，利用建筑物体块阻隔作为游戏场噪声的屏蔽，但应考虑从老人住宅处能俯瞰游戏场；充分利用纪念碑与公园的有价值资源；营造场地良好环境，设计中注意与基地周围的电力、自来水、天然气、电信及排水管等公共设施的对接，连接点宜设置于建筑物后方等。

8. 基地构成要素分析及设计回应（图 3－14）

对基地内各种使用构成要素如建筑物、户外游戏场、停车场、服务区、有顶游戏场等进行要素归纳及功能组合；平面组合形式有 L 组合、带状组合、斜线性组合，也可以采用插入及包围等进行组合；利用场地断面高差进行剖面组合，如建筑物悬挑下方设置游戏场、下车区等。

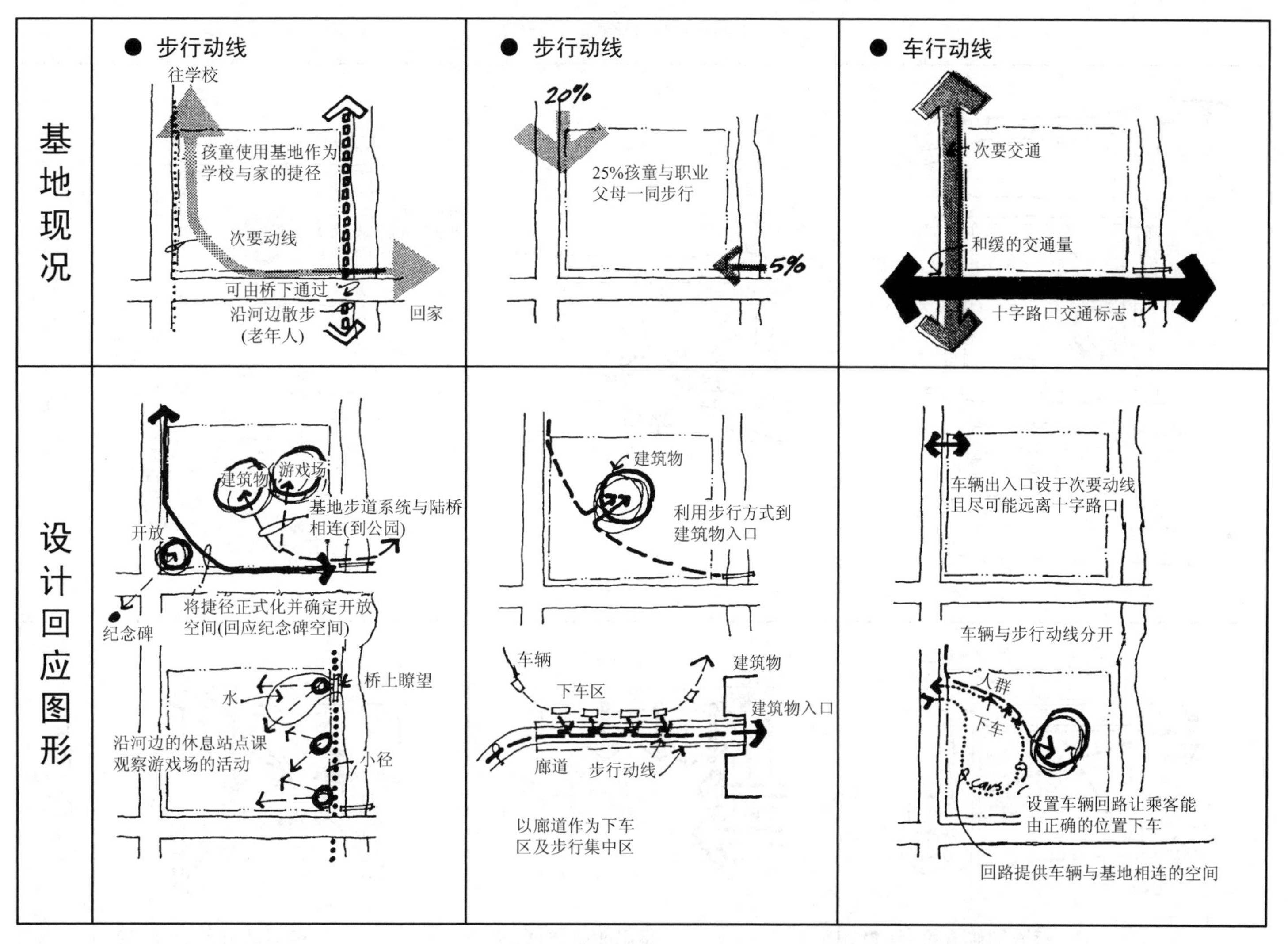

图3–11 基地周围步行、车行动线分析及设计响应

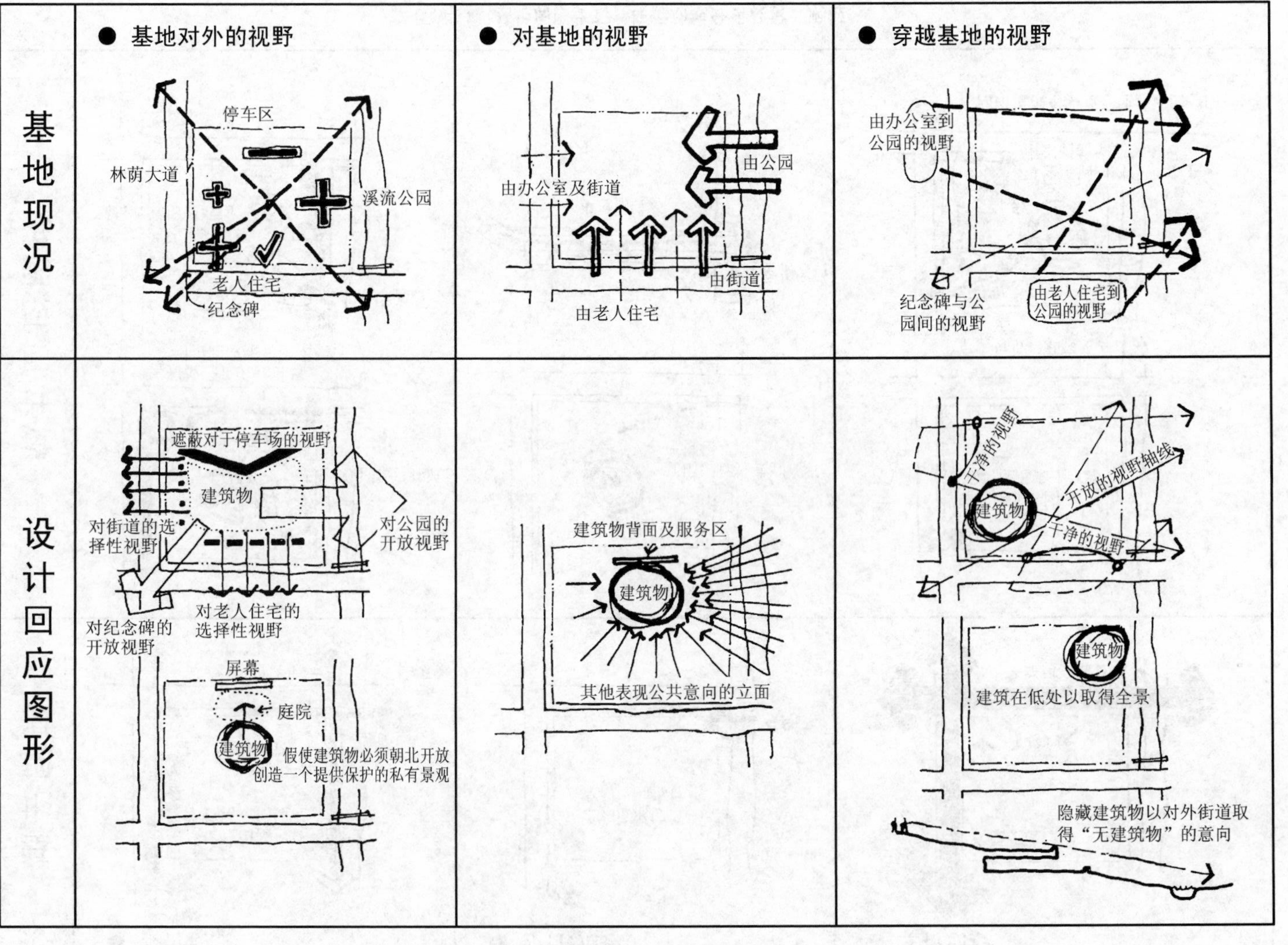

图3-12 基地视野分析及设计响应

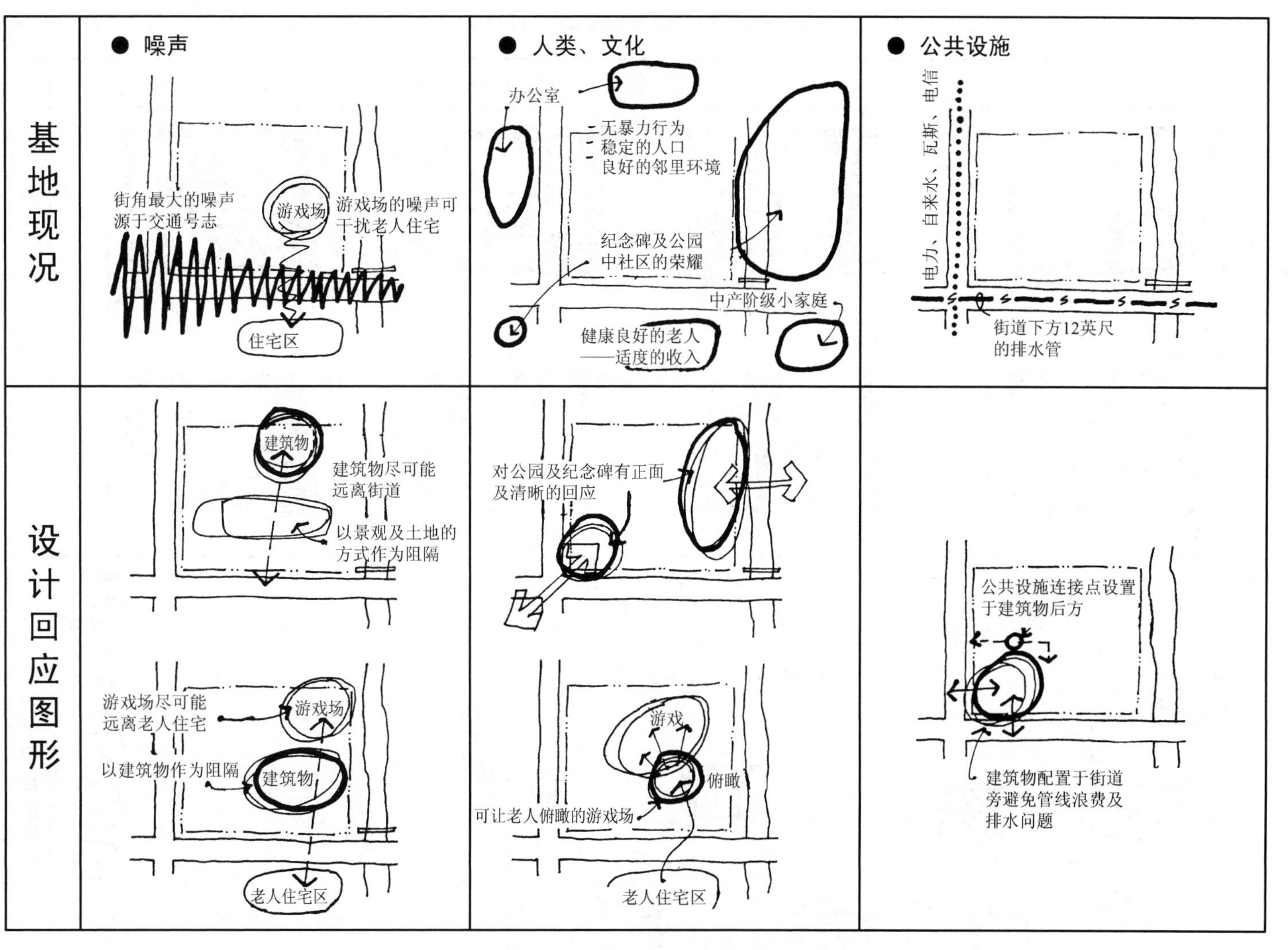

图3-13 基地周围噪声、公共设施等分析及设计响应

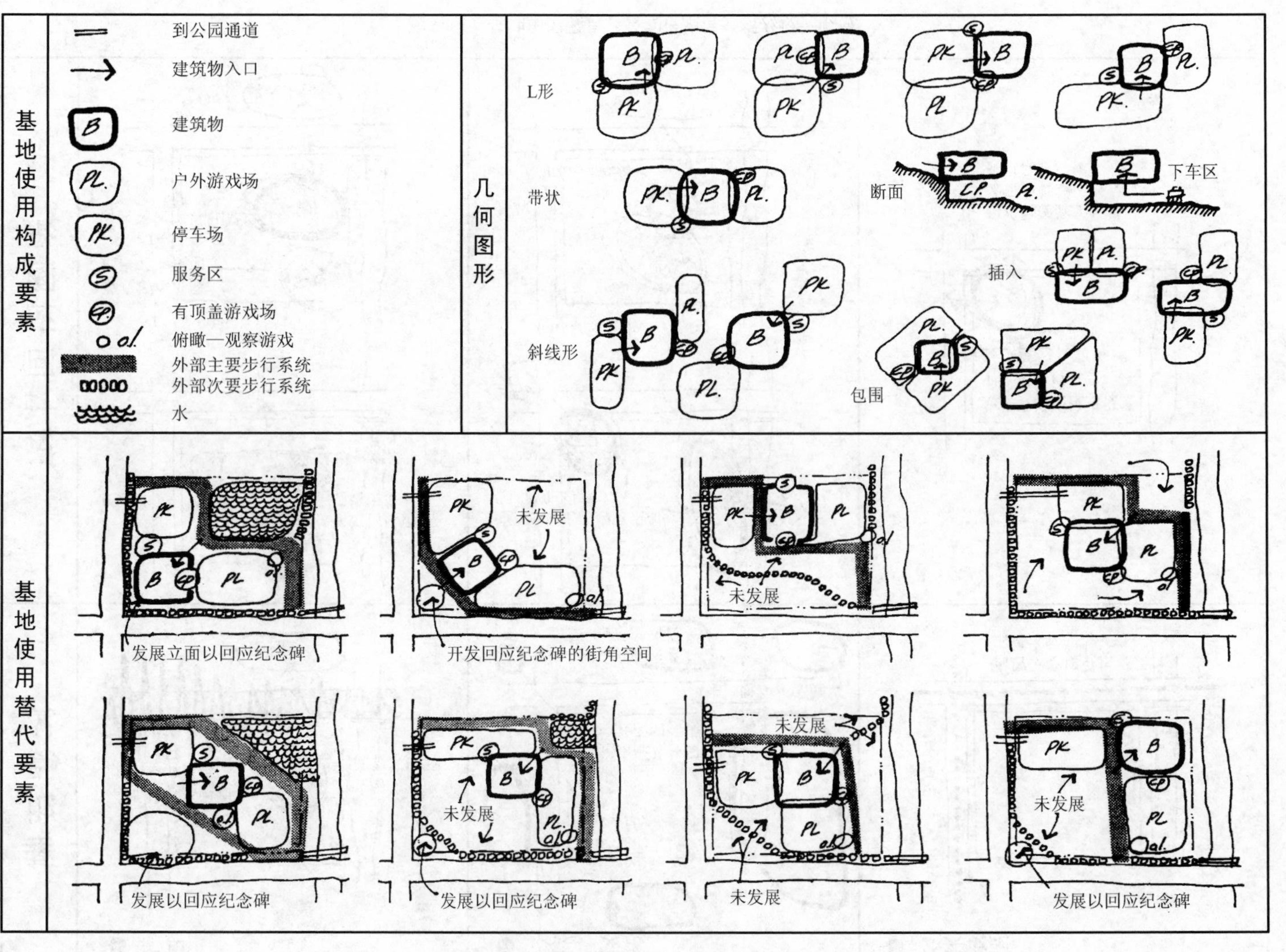

图3–14　基地构成要素分析及设计响应

基地布局围绕对纪念碑及街角空间的良好环境资源，做出多种形式的布局设计回应，探索建筑、各种用地与步行系统、景观水体的组合关系，进行比较及研究，优选出最佳方案。

本章小结

通过本章学习，树立场地规划整体的设计理念，了解场地规划的基本概念、熟悉场地规划程序及内容，理解在场地规划中“场所”空间中使用者的心理需求与行为空间分析，通过学习掌握在建筑设计、城市规划中的基地分析以及分析的手段与方法，学习基地分析与设计响应的分析手段及表达方式，为场地进一步详细设计提供科学依据。

思考题

1. 场地规划的概念是什么？
2. 场地整体规划的设计理念是什么？
3. 场地规划程序的步骤及主要内容有哪些？
4. 场地规划的设计要点及阶段成果有哪些？
5. 如何进行使用者需求分析？
6. 人的行为模式有哪几种？试分别举例说明。
7. 基地分析方法主要有哪几种，试表述各基地分析法的主要内容。
8. 举例说明基地分析与设计响应。
9. 举例说明山地旅馆的基地分析。

第4章

场地总体布局

教学目标

本章主要讲述场地总体布局阶段的基本理论和设计方法，培养学生从用地分区、建筑布局、空间组织、交通体系、绿化配置及人的心理、行为模式等多角度切入进行场地设计，学习建（构）筑布局典型模式的设计策略，了解场地的外部空间组织。通过本章学习，应达到以下目标：

(1) 树立整体的、全局的观念和综合平衡的场地设计观念；

(2) 熟悉人的心理及行为模式；

(3) 掌握建筑物布局的典型模式及设计策略；

(4) 了解场地的外部空间组织方式；

(5) 熟悉场地总体布局的方法及设计手段。

教学要求

知识要点	能力要求	相关知识
场地总体布局的任务与内容	(1) 熟悉场地总体布局的概念及主要内容 (2) 掌握场地总体布局的基本要求	(1) 建立场地布局的整体的、综合的观念，了解场地布局的基本要求、主要内容 (2) 研究场地的分区的依据与要求
建（构）筑物布局典型模式	(1) 掌握建（构）筑布局典型模式的设计策略 (2) 熟悉场地中建筑的主要布置方式	(1) 研究与分析建（构）筑物布局的典型模式 (2) 学习居住建筑、公共建筑的主要布置方式
场地的外部空间	(1) 掌握外部空间的概念及构成；围合限定方式及视觉特点 (2) 学习外部空间组合、渗透的设计手法 (3) 了解城市空间组成、城市意象等	(1) 外部空间的概念与构成、围合与限定 (2) 外部空间的点、线及面空间的特点 (3) 外部空间的组合、层次与渗透 (4) 城市外部空间的组成及空间布局等
场地总体布局设计	(1) 掌握场地用地划分、建筑布局、交通安排；绿地配置及场地的技术经济要求 (2) 熟悉场地条件、功能对建筑布局的影响 (3) 掌握建筑及建筑群的详细场地设计	(1) 掌握场地布局基本原则及主要依据 (2) 分析场地条件对建筑布局的制约，学习建筑的主要布置方式 (3) 分析场地交通组织及流线、熟悉场地出入口及停车场的设置 (4) 掌握绿地整体布局，熟悉绿地配置的基本形式 (5) 熟悉场地的技术经济指标及要求

基本概念

场地总体布局；场地分区；建筑布局；场地交通安排；场地绿地配置；场地的技术经济要求；建（构）筑物布局典型模式；场地的外部空间组织等。

引言

随着城市建设的飞速发展，在一些建设项目设计中往往只先考虑建筑单体的功能、造型设计等，随后配上绿化植物和小品等，场地设计成为了一种填空游戏，场地功能流线组织混乱，场地环境设计与建筑缺乏联系，反映出一种整体性思维的缺失。场地总体布局对场地进行整体的、综合的布局安排，使建筑物的内部功能与场地外部环境条件彼此协调、有机结合，综合考虑场地各要素相互调整，同步进行设计。场地总体布局主要包括：场地分区、建筑布局、交通组织、外部空间组织及绿化配置等。

4.1 场地的总体布局概述

4.1.1 场地总体布局的任务、内容及基本要求

1. 场地总体布局的任务

场地总体布局是在明确设计任务书、完成设计调研等前期准备工作后，在分析场地设计条件的基础上，针对场地建设与使用过程中需要解决的实际问题，对场地进行综合布局安排，合理确定各项组成内容的空间位置及各自的基本形态，并做出具体的平面布置，从而决定场地的整体宏观形态。

场地总体布局的工作重点是以整体的、综合的观点，抓住基本的和关键的问题，解决主要矛盾。工作目的是充分有效地利用土地；合理有效地组织场地内各种活动；促使场地各要素各得其所、有机联系；与周围环境协调（图 4 - 1）。

2. 场地总体布局的主要内容

场地总体布局解决两个基本问题：确定组成内容的各自形态，确定各项内容之间的组织关系。设计核心是组织好项目各组成部分的相互关系，处理好场地构成要素与周围环境之间的关系（包括功能、交通、空间、视觉和景观）。场地总体布局的主要内容有以下几方面。

（1）分析工程项目的性质、特点和内容要求，明确场地的各项使用功能。

（2）分析场地本身及四周的设计条件，研究环境制约条件及可利用因素。

（3）研究确定场地组成内容之间的基本关系，进行合理的场地分区。

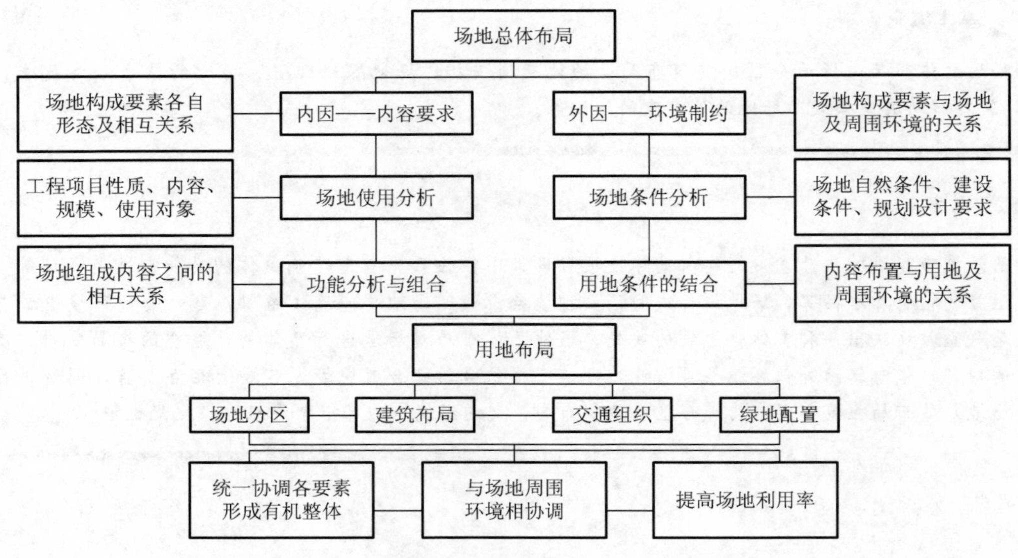

图 4-1　场地总体布局的任务和内容

（4）分析各项组成内容的布置要求，确定其基本形态及组织关系，进行建筑布局、交通组织和绿地配置。

3. 场地总体布局的基本要求

场地总体布局是一项技术复杂、综合性强的设计工作，一般应满足以下基本要求。

1）符合城市规划

（1）符合城市总体规划、分区规划、控制性详细规划及城市主管部门规划条件。

（2）满足用地红线、道路红线、基地高程、建筑控制线、建筑限高、容量及绿化指标等。

2）使用的合理性

（1）场地布局应满足工程项目使用要求，即为建设项目的经营与使用提供方便、合理的管理外部环境，处理好各组成部分之间联系以及矛盾。

（2）为使用者提供方便、合理的空间场所，满足人们室外休息、交通、活动等要求。

（3）场地应形成卫生、安静的外部环境，满足建筑物的有关日照、通风要求，并防止噪声及“三废（废水、废气、废渣）”的干扰。

（4）场地布局有利于交通体系组织以及便捷的交通联系等。

3）技术的安全性

（1）场地布局应建立在工程技术的安全性基础上，场地中的各项内容设施必须具有工程的稳定性，如滨水场地的设计考虑排水防洪，并符合相关规范。

（2）根据场地建（构）筑物布置、排水及交通组织，考虑场地的合理的竖向设计。

（3）场地布局能应对某些可能发生的灾害如火灾、地震、空袭等，设计满足相关技术要求。

（4）场地的疏散通道、消防车道和出入口符合相关设计规范。

4）建设的经济性

(1) 依据可持续发展的基本原则，注意节约；尽量多保留一些绿化用地和发展用地；保护生态环境。

(2) 对自然地形适应和利用为主，适当改造，充分结合地形；合理利用土地进行功能布局和道路交通组织，避免大量挖、填方和破坏自然。

(3) 尽可能选择节能节地的方案。如适当减小建筑面宽、加大建筑进深具有显著的节地效果；北方建筑布局不宜过于分散，体型变化不宜过大，这样有利于节能；建筑空间组合时注意尽量利用自然采光和自然通风，以减少人工能耗。

5）环境的整体性

(1) 场地与建筑组成整体环境，相互渗透、相互衬托。

(2) 考虑使用者的行为活动、视觉及心理感受对场地整体环境的影响。

(3) 考虑道路、绿化、广场和小品等一系列外部空间要素对主体建筑的烘托作用。

(4) 在居住性建筑场地考虑住宅布置与外部绿化景观、活动场地等的有机结合。

(5) 在城市空间中的建筑考虑其与周围建筑环境之间的关系，采取与周围融合、衬托、突出的方式。

6）生态的协调性

(1) 场地布局提倡节能省地、绿色生态的设计原则。

(2) 场地布局尽可能减少场地资源和能源的消耗以及对环境的负面影响，体现人、建筑与环境的和谐共生。

(3) 科学合理保留、保护或恢复、整治和利用原有的地形、植被、水系，采用与自然地理条件相结合的建筑布局方式以减少对自然生态环境的破坏。

4.1.2 场地的使用功能分析

1. 使用功能特性

能体现场地核心功能的是主要建筑的功能特性，一般而言，业主已规划和明确了场地的建设目的，即建设项目的类型如居住建筑、公共建筑等。

2. 使用功能组成分析

建筑的组成内容是场地主要功能的体现，影响着建筑物本身的布局，如占地面积、布置方式、形体组合等；制约了场地总体布局，如居住建筑、办公建筑、教育建筑、文化建筑、文娱体育建筑、医疗（卫生）建筑、商业、交通运输建筑和纪念性建筑等不同功能的建筑类型，其布置原则、设计要求、规范规定也不尽相同，因而对场地的总体特征及功能组织提出了要求，也成为总体布局阶段确定其基本发展方向和目标的根本依据。

另外，建筑的内容组成还影响着外部空间中连带内容的组成以及它们在场地中的存在形式。例如，在人流量较大的建筑出入口前，应设有规模与内部空间相匹配的集散广场，应与建筑内部相关空间的组织相适应，工程项目的具体内容是场地总体布局的直接依据。

3. 使用者需求分析

详见第3章3.3.2节。

4.2 场地分区

4.2.1 场地分区的思路与内容分区

场地分区就是将用地划分为若干个区域，将场地包含的各项内容按照一定关系分成若干部分组合到这些区域之中。场地的各个区域就是特定部分的用地与特定内容的统一体，同时各区域之间形成有机联系。

1. 场地分区的思路

1）以内容组织场地区分

从内容组织的要求出发来进行功能分区和组织，比如将性质相近、使用联系密切的内容归于一区，如图 4－2(a) 所示。

2）以用地划分组织场地分区

从基地利用的角度出发进行用地划分，将用地分为主体、辅助建筑用地、广场、停车场、绿化庭院等，如图 4－2(b) 所示。

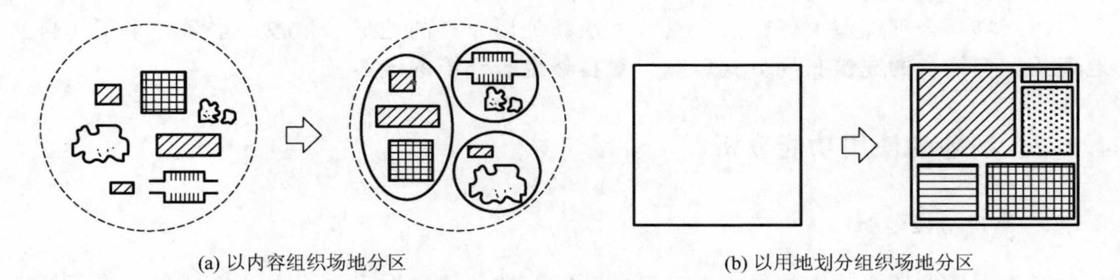

(a) 以内容组织场地分区　　(b) 以用地划分组织场地分区

图 4－2　场地分区

2. 内容分区

1）分区的依据

由于工程项目的性质不同，组成内容的复杂性不一，在实际建设、使用中又有不同特点和要求，因而对内容进行场地分区组织需针对不同情况采取不同思路。场地按内容分区的依据主要包括功能特性、空间特性及场地条件。

（1）功能特性。功能特性是对内容进行划分的最基本依据，将性质相同、功能相近、联系密切，对环境要求相似和相互间干扰影响不大的内容分别归纳、组合形成若干个功能区，因此场地分区也称为功能分区。

（2）空间特性。从功能所需空间的特性入手，将性质相同或相近地整合在一起，将性质相异或相斥的做妥善的隔离，使分区可沿多条线索进行。

① 空间的动与静 [图 4－3(a)]：按照使用者活动的性质或状态来划分动区与静区，

这中间有时又有中性空间形成联系与过渡。如文化馆场地中阅览、展览部分为静区；游艺、交谊部分为动区；之间的室外展场、绿化庭院为中性过渡空间。

② 空间的公与私［图4－3(b)］：按照使用人数的多少或活动私密性要求来划分公共性空间和私密性空间，介于两者之间的则为半私密空间。如居住小区公共中心为公共性空间；组团绿地为半公共空间；宅前小院为相对私密性空间。

③ 空间的主与次［图4－4(a)］：按照场地中项目的功能来划分内主要空间、次要空间和辅助空间。如博物馆的陈列室是主要功能空间；库藏和研究部分是提供服务的次要空间；锅炉房、车库、配电间和机械设备用房等为辅助空间。

④ 空间的内与外［图4－4(b)］：对外空间与场地主要功能相联系，直接供项目的主要服务对象使用；对内空间用于内部作业，主要供工作人员使用，一般不对外来人员开放。如食堂的餐厅部分属于对外空间；厨房、库房部分属于对内空间。

(3) 场地自然条件。场地的地形、地质和气象等自然条件对场地总体布局有着重要影响，也是场地分区需考虑的因素。

① 场地地形。如场地地形的不规则及其高差变化，都会导致场地需要将内容分散布置，因而形成不同的场地分区。

② 地质和气象。地质条件会制约分区的形式，如果基地内地质情况有差异时，地质条件好的地段宜作建筑用地，地质条件差的地段可作绿地用地。工程项目中若包含了产生一定污染的污染源时，其分区可分为洁净区和污染区，而分区的布置要依据风向确定，例如医院的传染病区、幼儿园的厨房部分应布置在场地的下风向。

(4) 场地的建设条件。建设条件也影响了场地分区，如周围环境及交通状态制约建筑的布局、出入口及交通设施的设置，进而导致不同的分区组织。

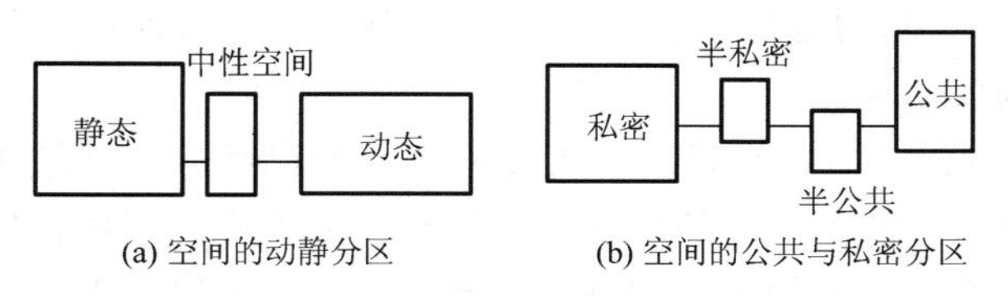

(a) 空间的动静分区　　(b) 空间的公共与私密分区

图4－3　场地分区的动与静、公共与私密

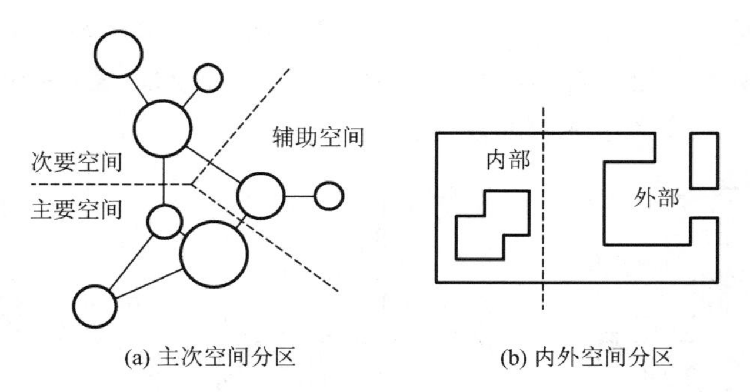

(a) 主次空间分区　　(b) 内外空间分区

图4－4　场地分区的主与次、内与外

2) 场地各分区之间的相互关系

场地分区之间的相互关系体现在两个方面：联结关系和位置关系。

(1) 联结关系。指各分区之间的交通、空间和视觉等方面的关联形式。其中交通联系一般又是最主要的，直接影响着功能的组织。

(2) 位置关系。指各分区之间是相互毗邻还是隔离；与场地外部的关系是直接还是间接。表现为内与外、前和后、中心与边缘等的相互位置，以及与场地出入口的关系等。

联结关系和位置关系往往是相互关联的、同时形成的。一般借助功能分析图可以较好地表达，如图 4-5 所示。

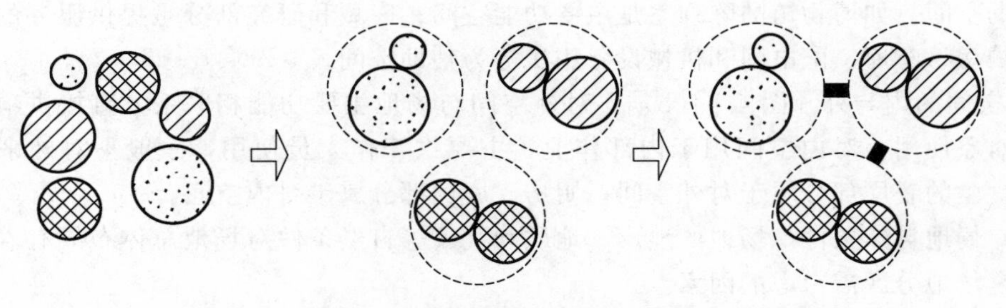

图 4-5　场地各分区的相互关系

4.2.2　场地的用地划分方式

场地的用地划分一般有集中和均衡两种方式。

1. 集中的方式

集中的方式，将用地划分为几大块，性质相同或类似的尽量集中在一起布置，形成较为完整的地块，分区明确，各得其所。这种方式适用于地块较小、项目内容较为单一、功能关系相对简单明确的用地。

用地集中划分（图 4-6），有利于基地边角地段的利用，可以保证基地的每一部分都有可能被充分利用起来，减少闲置的地块，同时也增大了可使用的用地面积。反之，如果用地划分过于细碎，不同性质的用地交错在一起，必然会增加出现边角空地的机会从而造成浪费。另外如果地块划分过于细碎，其中的内容组织必然会受到限制，因为在较小的地块里，其调整的余地必然很小，容易形成比较勉强的形式，也会增加闲置用地的可能。如果地块比较集中，具有一定的规模，则内容组织就有充分余地去选择对内容自身要求和基地使用都有利的形式，提高用地使用效益。

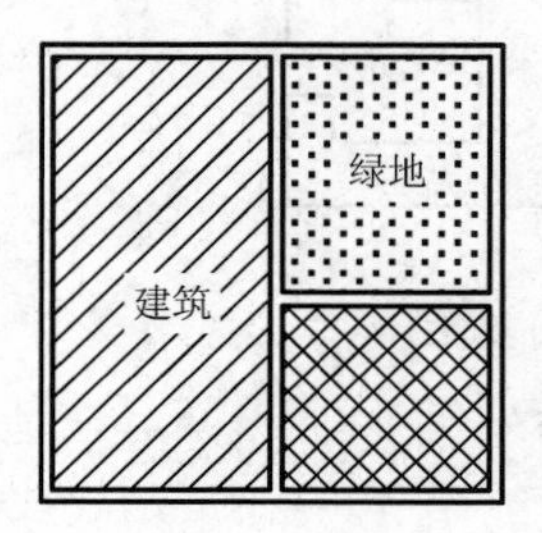

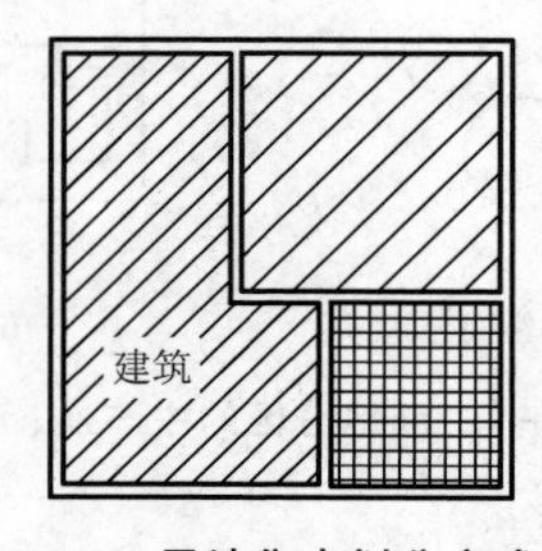

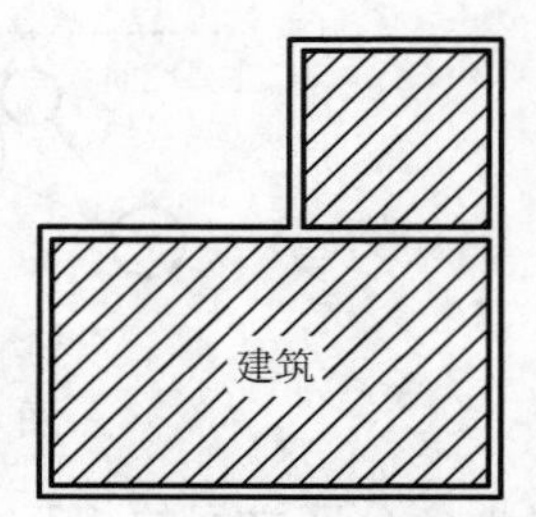

图 4-6　用地集中划分方式

采取相对集中的分区与用地划分方式也并不是分得越大越集中越好，而是应在可能的情况下尽量简化分区，减少层次。集中的方式必须有其依据，这些依据其一是性质上的集中，可以将相同和类似性质的用地集中在一起连成一片；其二是形状上的集中，是根据基地的轮廓形式特征来划分地块使每一区域都尽量完整便于利用。

2. 均衡的方式

在用地规模相对于建设规模较大，项目内容多样，而用地比较宽松的情况下，场地布局与各项内容的组织，场地分区与用地划分可采取多种变化的方式，一般采取用地均衡的方式（图 4－7），将场地内容均衡地分布，使每部分用地都有相应的内容，从而都能发挥作用。一般分为直接均衡分区与间接均衡分区两种方式。

1）直接均衡分区［图 4－8(a)］

直接将用地较均衡地细划为较小的区域，将内容在满足自身要求的前提下适当分解，组合到各区域中，使每个区域各有其用。

2）间接均衡分区［图 4－8(b)］

先根据不同的性质将用地划分为几个相对集中的区域，使场地整体划分明确，然后进一步调整各区域之间用地面积的比例关系，并对各区域用地再次细分，从而通过间接的方式获得相应内容的均衡分布。

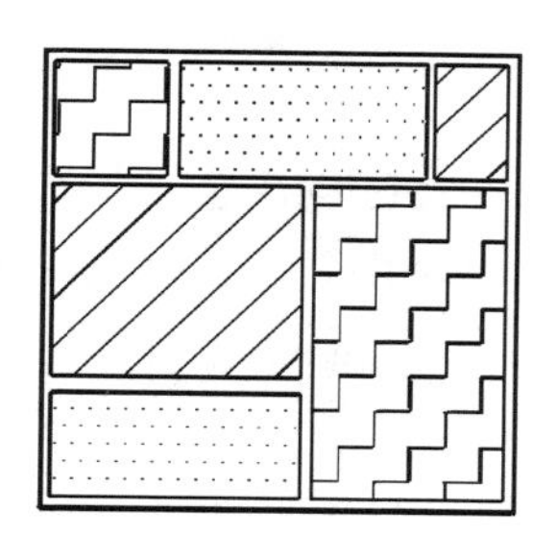

图 4－7　用地均衡划分方式

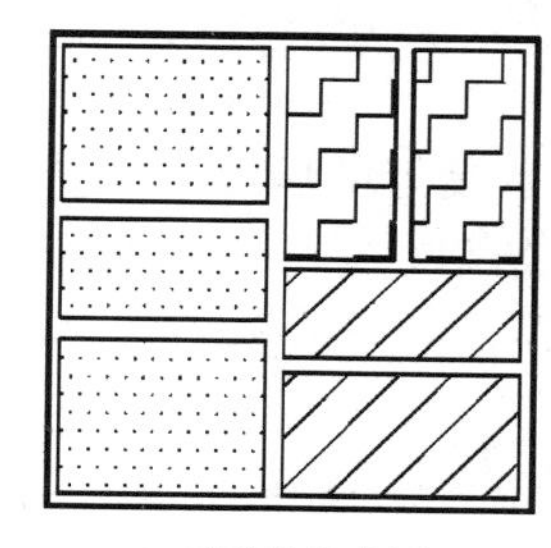

(a) 直接均衡分区

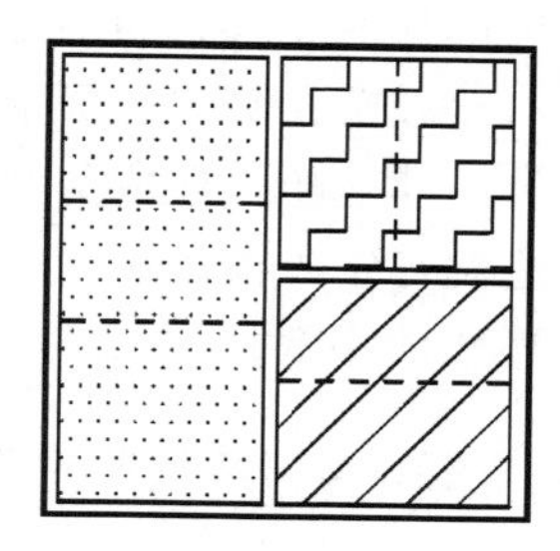

(b) 间接均衡分区

图 4－8　用地均衡的二种分区方式

4.3 建（构）筑物布局典型模式的设计策略

建筑实体主要是指场地内相对于广场、绿化等内容而言的建筑物与构筑物，场地是一个复杂的系统，场地中各项组成内容之间的关系也十分复杂。每一项内容都与其他内容有着不同的关联方式，其间的关系是相互制约。探索各项内容的布局的场地组织，其切入点十分重要，而建（构）筑物在场地中的组织和安排常常是场地布局的关键环节。

建（构）筑物是场地中的核心要素，从一定意义上讲，场地是为建（构）筑物而存在的，处理好建筑（构）物与其他内容之间的关系是场地设计的工作重点之一。在场地布局中建（构）筑物常处于支配地位，建（构）筑物对其他内容的影响一般要强于它本身所受到的影响。

4.3.1 影响建（构）筑物布局的主要因素

1. 地域条件

地域条件是指当地社会、经济、文化、自然环境等，是建设项目的大环境背景，把握这些宏观因素，有助于建筑布局的基本定位与制定设计策略。

1）社会经济及历史文化背景

社会经济、历史文化是建设项目的大背景环境，它反映了区域历史、政治、经济、文化、社会等因素的特点，影响了城市的文脉、规划格局及建筑风貌等，把握这些宏观因素，有助于建筑布局的基本定位与设计策略。

2）自然地理

从地理特征分类可分为平原城市、山地城市及滨水城市，当地特有的地理、城市风貌对于建筑布局、场地设计都有着重要的影响。

3）地区气候及场地小气候

建筑布局应适应所处地区的气候特点。例如，考虑寒冷地区采暖保温，建筑物以集中式布局为宜，大多布置得比较紧凑集中，呈现出规整聚合的平面布局；而考虑炎热地区通风散热的要求，为满足通风、防晒和较多室外活动的需要，建筑布置常趋于适当分散，采取比较疏松舒展、灵活通透的平面布局。

建筑布局还应努力营造良好的场地小气候环境，比如北方地区应注意广场、活动场和庭院等室外活动区域尽量朝阳，充分利用地形、建筑群组合和绿化等条件提高场地的自然通风效果等。

2. 周围环境与建筑现状

1）周围环境

建筑布局应与城市建设的整体要求相统一，与周围的道路、建筑、环境在平面及空间关系上协调一致，应考虑相邻场地状况以及与城市环境的总体关系。

2）建筑现状

场地内原有的建筑物、构筑物、道路等也是场地条件的重要组成部分，应酌情采取保留、保护、利用、改造与新建相结合的方式，因而在建筑布局中，必须考虑新加入的部分与保留利用的原有内容相适应。

建筑布局与场地内外的道路走向密切相关，建筑朝向与道路走向的关系主要是平行、垂直、倾斜等，而建筑群与道路的关系则多种多样，如渐变、转折及散立等。

3. 用地条件

1）用地大小和形状

建筑的平面形状应与用地的形状相呼应，应注意建筑的平面轮廓、走向与用地边界形成一定的空间关系。用地面积宽松时，建筑可采取分散式布局；用地面积较紧张时，建筑布局应尽量集中紧凑。

2）植被景观

用地现状中存在的植被、岩石和水体等自然地貌景观采取尽量保护和利用的策略，减少人工构筑物引起的破坏，以利于基地原有的生态状况和风貌特色的保持。建筑布局时要体现对自然的尊重与保护，并加以充分利用，融入到场地设计中，创造出富有特色的基地环境。

3）地形地貌、地质

在地势平坦的场地，建筑布局可能规则整齐或自由舒展，但地形为设计所提供的因借条件也比较有限。反之，地形条件比较特殊时，建筑须结合地形布置，设计的自由度虽然较小，但地形却常常可以为设计提供一些特殊的可供“巧于因借”的有利条件。

建筑布局应根据建设项目工程地质报告对诸如地裂缝影响带、冲沟、溶洞、软地基、地下水位高等不良地质条件采取避开的措施，最大限度地规避风险及减少工程投资。

4. 功能要求

1）使用要求

不同性质的建筑功能要求不同，人流活动情况不同，其内部功能关系的组织也不同，在总体布局中即表现为不同的建筑平面及空间组合。

2）建筑朝向、通风

建筑朝向的选择是为了获得良好的日照和通风条件，因此要受到所在地区的日照条件和常年主导风向的影响。建筑主体应朝向当地夏季主导风向布置，以获得“穿堂风”；在冬季寒冷地区则存在防寒、保温和防风沙侵袭的要求等，综合考虑各方面影响因素，最终确定建筑物的朝向。

3）建筑间距

建筑布局必须满足日照间距、通风要求、防火间距以及其他规定的要求。

4）建筑造型、空间、风格

建筑应与周边已有的建筑形式、风格取得协调，布局与城市肌理、街道建筑空间有机结合、和谐统一。

4.3.2 建（构）筑物布局典型模式的分析

1. 建（构）筑物占地规模与场地用地规模的比例关系

相对于一定的建筑物占地规模，场地的用地规模可按大、中、小三种情形来归纳。建筑物占地规模与场地用地规模的比例关系即可归结为悬殊、适中和相近三种情形（图4-9）。二者比例关系处于不同的状态，且建筑物在场地中的位置的不同时，场地布局也会呈现不同的效果。同样，构筑物在场地布局时也呈现出相同的情形。

1）建筑物的占地规模与场地用地规划比例悬殊［图4-9(a)］

场地的总用地规模远大于建筑物占地规模时，由于用地富余，场地布局有着宽松的基础条件，场地设计有更多的形式可供选择。如果位置选择不当就可能会造成用地的浪费，形成大而空的局面，这是规模比例悬殊的不利一面。

2）建筑物的占地规模与场地用地规模比例适中［图 4－9(b)］

最为常见是用地规模与建筑物占地规模相适当的情形，在这种情况下，建筑物布局组织的自由度应该是最大的。因为建筑物在场地中的布置可以选择各种形式，既可以布置在中央地带，也可以布置在有所偏重的某一侧，还可布置在边角的位置，完全可视建筑物自身的组织要求和其他相关内容的组织要求，以及设计者的构思意图而确定。

3）建筑物的占地规模与场地用地规模比例接近［图 4－9(c)］

建筑物的占地规模与总用地的规模相接近时，用地比较紧张，场地布局的自由度会很小，由于建筑物的占地规模已接近甚至等于场地的规模，其他内容使用所占用地比重非常小，这时建筑物的布局在很大程度上即等于整个场地的布局安排。即使在用地紧张的情况下，更需要慎重、细致地组织场地中的交通流线和绿化景园等的用地。

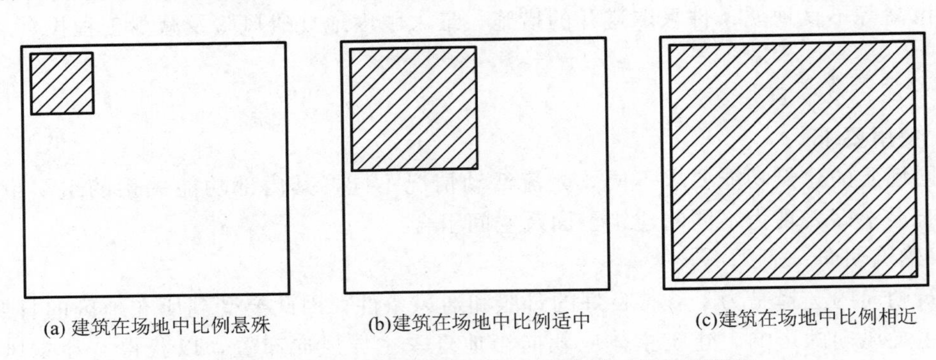
(a) 建筑在场地中比例悬殊　(b)建筑在场地中比例适中　(c)建筑在场地中比例相近

图 4－9　用地规模与建筑物在场地中的三种比例关系

2. 建（构）筑物在场地中的位置与场地布局

建（构）筑物在场地中的位置一旦确定，那么场地的基本使用方式也就被确定下来，实体布局与场地的关系主要体现于建筑物在场地中的位置与场地使用模式之间的关系上。建（构）筑物在场地中布局位置的不同，会导致场地使用模式的不同（图 4－8），然而，与场地自身规模之间的比例关系处于不同的状态时，建（构）筑物在场地中的位置选择也会有不同的倾向，进而整个场地的使用模式也会有显著不同。

1）建（构）筑物的占地规模与场地用地规模比例悬殊的布局

在一般的场地设计中，场地是围绕着建筑物来组织的，建筑物的占地规模与场地比例悬殊时有以下两种布局方式。

（1）建筑物置于场地边角［图 4－10(a)］。建筑物的位置过于接近某一边角必然会造成另一侧的地块与建筑物的距离过大，关系就会比较松散，如果场地中的其他内容再缺乏相应的处理，那么很容易使远端的地块不能被充分利用起来，从而造成闲置和浪费。

（2）建筑物布置在比较适中的位置［图 4－10(b)］。建筑物应尽量选择在场地内适中的位置来布置，这样利于建筑与场地各部分都能有比较直接的关联，也就是说用地的各个部分都能与建筑物发生比较直接的关系。结合场地中其他内容的适当组织，就容易形成在整个场地范围内的比较整体的场地布局形态，建筑物也就真正能够起到作为场地中核心要素的凝聚作用。

2）建筑物的占地规模与场地用地规模比例适中的布局

用地规模与建筑物占地规模相适当的情形是最为常见的。在这种情况下，建筑物布局组织的自由度应该是最大的。因为建筑物在场地中的布置可以选择各种形式，既可以布置在中央地带，也可以布置在有所偏重的某一侧，还可布置在边角的位置，完全可根据建筑物自身的组织要求和其他相关内容的组织要求以及设计者的构想意图来确定。

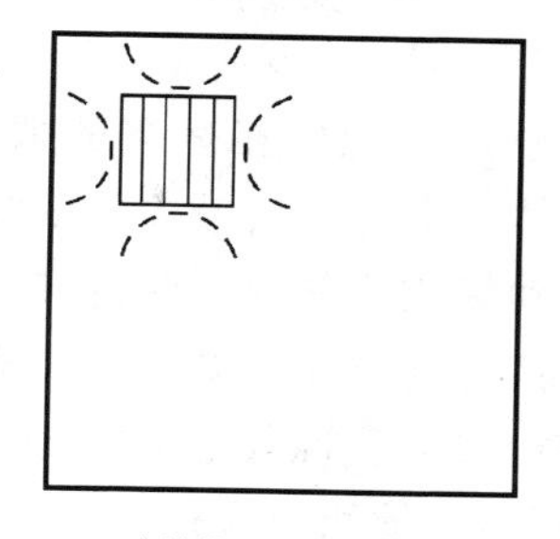

(a) 建筑物布置于场地边角

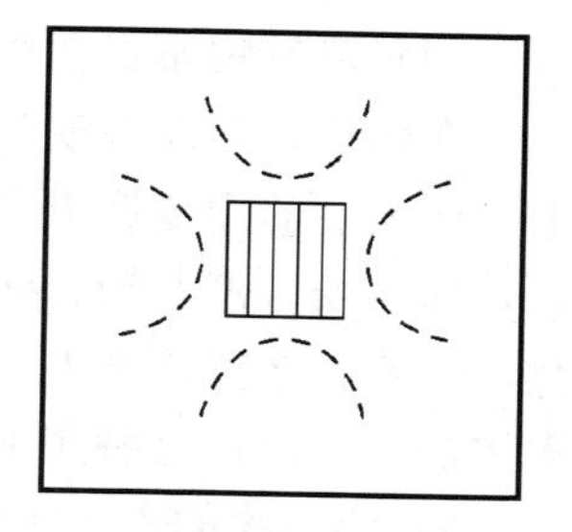

(b) 建筑物布置在场地中央

图 4－10　建筑物的占地规模与场地比例悬殊

（1）建筑物布置在场地中央。

在场地的中央布置建筑物，场地其余的部分被划分成几个类似的区域，其优点是建筑物之外的几部分用地大体相当，可使它们之间建立一种并列式的均衡关系［如图 4－11(a)］。场地中几个区域彼此相当，它们的差异要靠其他条件来决定，比如外部临近的道路情况，由制约条件而要求的建筑物的主次面向等，从而确定场地中的主从、轻重关系。

建筑物布置在中央，建筑物可将这个区域相互分隔开，使它们各自相对独立，划分清楚，互不干扰。同时每个部分均与建筑物有直接的关联，它们既相对独立，又因建筑物而连接在一起。其缺点是这种划分方式有过分机械的倾向，几个部分面积相当，不利于它们之间主次关系的自然建立。每一个部分的规模也都有限，任何单独部分可能都难以与建筑物建立一种均衡关系。

（2）建筑物布置在场地一侧。

在建筑物占地规模与总用地规模相适当的情况下，建筑物布置在场地中偏向一侧的位置，会将场地的用地划分成不同大小的几个部分，由于在面积规模上的差异，会确立一种主从关系，再加上位置与方位上的其他条件，这些用地地块之间就容易形成前与后、内与外、主与次、大与小的区别，而场地设计通常以主从关系组织场地各部分，形成场地布局整体结构关系。另外，由于建筑物偏向一侧，场地的另一侧留下较为完整集中的大块场地，有利于场地中其他内容较集中地组织起来，这样在建筑物用地与非建筑物用地之间形成一种均衡关系。场地中“图”“底”相互映衬、相互重视，是这种用地模式的最大特点［图 4－11(b)］。

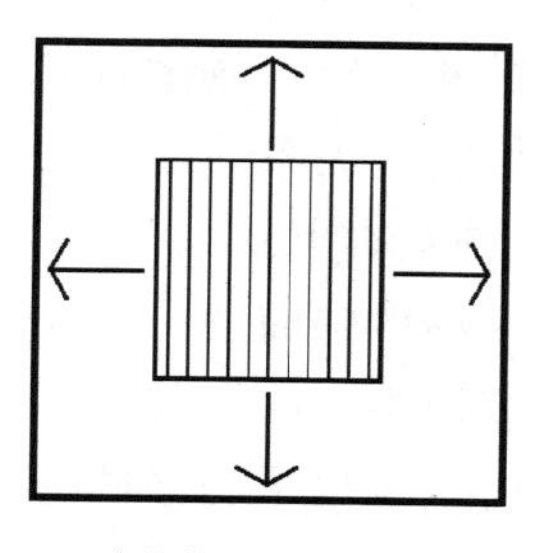

(a) 建筑物布置在场地中央

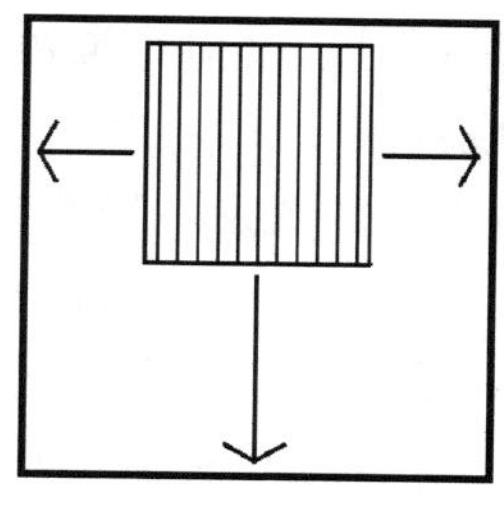

(b) 建筑物布置在场地一侧

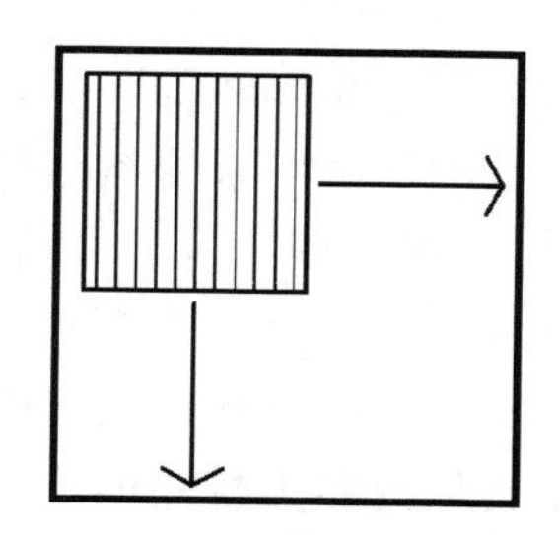

(c) 建筑物布置在边角位置

图 4－11　建筑物的占地规模与场地比例适中

（3）建筑物布置在边角位置。

在建筑物占地规模与总用地规模相适当的情况下，将建筑物布置在场地边角的位置上，而其余的用地连成一体，形成地块最大限度的集中和完整，有利于场地其他内容的组织，如广场、停车场、活动场或者其他一些特殊内容在具体条件下的重要性得以扩张，当然，建筑物布置在基地一角，其重要程度可能会降低，而用地的其他内容使用的比重会大大增加，所以，这种用地模式以重视其他内容为特征［图 4－11(c)］。

3）建筑物的占地规模与场地用地规模比例接近的布局

在建筑物的占地规模与场地比例接近的情况下，正确选择建筑物在场地中的位置很重要，关系到场地中其他内容的用地的合理使用，一般包括建筑物布置在场地的中央和边角两种情况。

（1）建筑物布置在场地的中央［图 4－12（a）］。留下的用地总面积虽然并未减少，但由于被建筑物分割成了零散的几个小部分，使每一部分都难以具有合适的长宽比例和足够的面积，从而变得很难利用或者根本无法使用。

（2）建筑物布置在场地的边角［图 4－12（b）］。留下的用地总面积能够集中起来形成一定规模，为其他内容的使用创造条件。

(a) 建筑物布置在场地中央

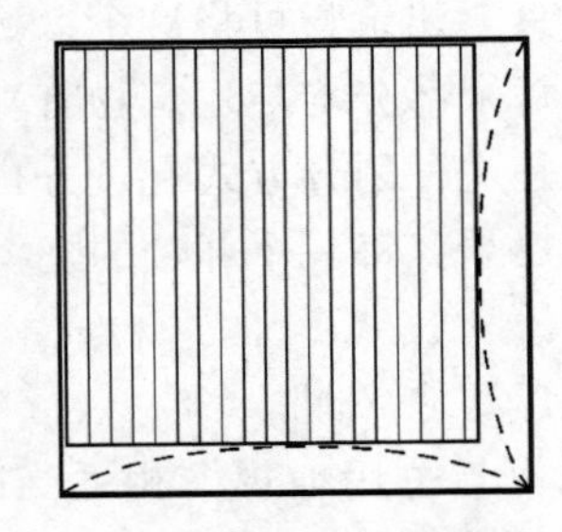

(b) 建筑物布置在场地边角

图 4－12　建筑物的占地规模与场地比例接近

3. 建（构）筑物与场地中其他内容的关系

建（构）筑物是场地中的核心要素，场地中的其他内容的组织要围绕建筑物来进行，场地中建筑物布局一旦确定，那么其他内容的组织形态也就确定了，并且相互制约、相互影响，因此，其他内容的形态组织同样不可忽视。所以建（构）筑物布局不仅要考虑其自身要求，还应看到相关内容的组织形态对建（构）筑物布局的限定。场地设计的基本任务之一是如何处理场地中各要素的组成关系，其中实体与其他内容关系的确定是重中之重。

1）场地中建（构）筑物与其他内容的关系可概括为三种基本形式

（1）以建（构）筑物为核心的形式，建（构）筑物作为场地中的一个独立元素存在。

（2）互相穿插的形式，建（构）筑物与其他内容之间交错组织在一起。

（3）以其他内容为核心的形式，建（构）筑物之外的内容占据了相当的地位。

2）建（构）筑物与场地中其他内容的三种形态的特征和场地布局

（1）场地中以建（构）筑物为核心的形式。

① 形式：建（构）筑物采取独立的形式布场于场地的中央，其他内容则散布于它的

四周，场地中各项内容是以建筑物为核心而组织到一起，是一种有中心的组织形式且指向建筑物的向心式，或者理解为是以建筑物为中心的发散式，建筑物是整个结构体系中的枢纽和节点［图4－13(a)］。

② 特点：建筑物位于场地的中央，是场地中最主要的体量及视觉焦点。同时，这种布局方式也有相对消极的一面。建筑物占据核心地位，形象凸现，但也会进一步降低其他内容的地位，其极端的形式不利于场地中各项内容之间的协调和均衡。建筑物与其他内容的分立状态也可能会使整个场地的秩序关系过于简化，而失去丰富性和层次变化。

③ 场地布局：以建（构）筑物为核心是一种较为普遍的场地布局方式，有下列几种情况：第一，建筑物自身的一些特定的要求使它无法与其他内容结合到一起，必须独立出来；第二，在用地有限的情况下建筑物尽量收缩集中，采取独立的形式，可减少自身的占有面积，节约用地；第三，可能出于设计者的主观意图或者是设计者对于设计任务的理解，为了表现某种特定的倾向，而使建筑物成为独立的一体，或者是为了形成某种特定的场地构成秩序，将建筑物作为组织的核心，形成一种比较简明的关系，或者设计者仅仅是想把建筑物处理成独立的形式而使它内部的功能与空间容易组织。

(2) 场地中建（构）筑物与其他内容相互穿插的形式。

① 形式：建（构）筑物与其他内容采取分散式的布局形式，它们相互穿插在一起，彼此呈交错状态。一般而言，在这里核心与非核心是比较难以确定的，也可以说是一种无核心的形式。这种形式注重的是均衡，其最大的特点在于它的灵活性和变化性［图4－13(b)］。

② 特点：首先，从功能组织上看，由于建筑物与另外的其他内容分散、穿插在一起，利于建筑物的各部分与其余内容结合得更为紧密，也更为具体。在基本形式上可产生多样的变体，使场地的空间构成更为丰富、更有层次。其次，由于分散式的布置可以分解建筑物体量，相对缩小建筑物的体量感，使之易于融合于环境，有利于整个场地与周围相邻场地的融合与连接。从另一角度来看，这种方式也有其不利的一面。过于分散的形式必然会造成建筑物各部分联系的困难，流线过长，使用不便，在各部分之间需要密切联系时更显突出。另外，变化过多也难免容易造成混乱。在变化中如何统一成为需要注意的问题，建筑物体量的分散可能会削弱形象等。

③ 场地布局：第一，采用相互穿插形式要求用地条件相对宽松，能为布局提供分散和变化的余地，如果用地条件有限，那么建筑物与其他内容可能会没有机会分散开来。再者，还需要场地中各项内容的比重比较均衡，如果建筑物过大或过小，那么这种布局方式也难以形成。第二，采取这种布局形式应符合建筑物内部功能组织的要求，应在建筑物功能要求允许的条件下考虑适当的分散形式，如果造成内部流线过长，使功能难以组织。第三，如果在场地中需要弱化建筑的形象，分散其体量，那么自然应采取分散的形式，或者不需要太强的建筑形象，不需要过于集中的体量，那么就可以适当考虑分散的形式。

(3) 场地中其他内容为核心的形式。

① 形式：与以建（构）筑物为核心的形式相反，在这里作为组织核心的不再是建（构）筑物，而是场地中的其他内容，如庭院、广场、绿化等，建筑物环绕在它们的周围。显然，在场地中所有内容的均衡关系中，这种布局形式对建筑物之外的其他内容更为重视。场地整体上也形成向心式的组织关系，并且，建筑物的各个部分与其他内容所

构成的组织核心之间的向心式联系的程度要超过建筑物各个部分之间的联系。从形态上来看，位于核心的其他内容是处于图形地位的，而位于周边的建筑物则是围合这一图形的背景［图 4－13(c)］。

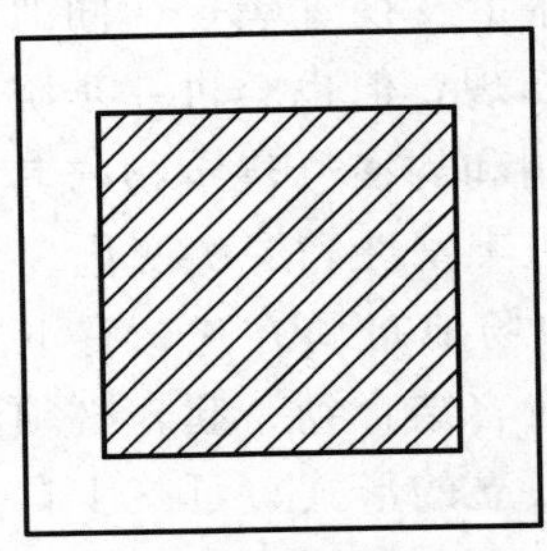

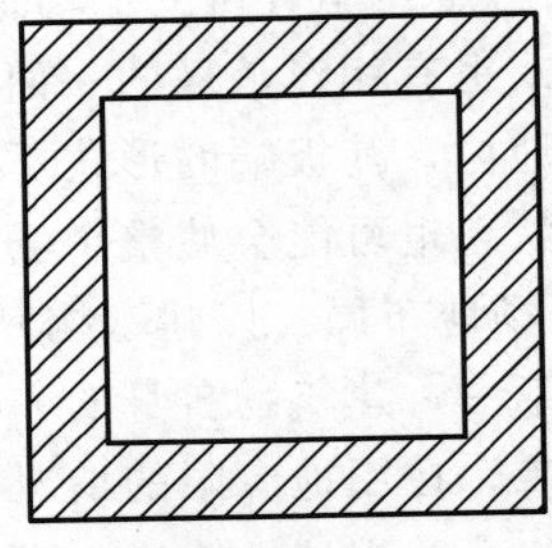

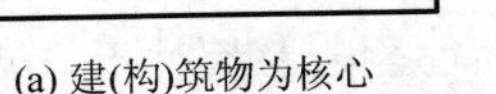

(a) 建(构)筑物为核心　(b) 建(构)筑物与其他内容相互穿插　(c) 其他内容为核心

图 4－13　场地中建筑物与其他内容的三种关系

② 特点：首先，由于建筑物各部分之间的联结在很大程度上是通过围合在中央的庭院或广场来实现的，所以被围在中央的内容在建筑物的功能组织中会起到重要作用。建筑物各部分之间的交通联系大多数是通过中央的庭院来组织的，这样，使得建筑物与其他内容形成更为紧密的联系。其次，这是一种有中心的组织形式，所以其场地布局的秩序结构清晰简明，整体感较强。最后，这种布局的空间倾向都是内向式的，强调的是围合感和场地自身的内向完整性，场地的空间构成与前两种大不相同。

③ 场地布局：一是用地应具有一定的余地使其场地中建筑物有可能沿周边布置，并在中央形成核心；二是建筑物的内部组成功能允许分散，呈线型布置或干脆分成若干部分而不需紧密连接在一起；三是建筑物规模上就是建筑物应具有一定的规模，否则就不可能将其他内容（至少是部分地）围于内部。

这种布局也有其不足之处。其一，建筑物是分散的，可能会给其内部的功能组织带来困难。其二，场地采取向心式的布局结构，同样应注意避免单调。其三，建筑物位于外围，使场地空间呈内向性，有积极的一面，但也有消极的一面，如空间过于内向可能会不利于同周围环境的衔接与过渡。总的来看，这种布局形式可以说是兼具了前两种形式的一些特点，同时又有着自身的一些独特性。

4.3.3　场地中建筑的主要布置方式

1. 居住建筑的主要布置方式

(1) 行列式。各幢建筑以一定间距互相平行布置，形成有规律的整齐排列（图 4－14)。

优点：因其有利于获得良好的日照和通风条件，便于工业化施工，对于地形有较强的适应性，故而广泛采用。

缺点：群体空间较为单调呆板，可识别性也较差，容易受到穿越交通的干扰，因此在具体布置中应避免“兵营式”的排列，可采用单元错接、山墙错落、成组改变方向等布置手法，产生景观的变化，通过南梯、北梯组合形成“面对面”的交往空间，结合绿化丰富环境，创造庭院空间。

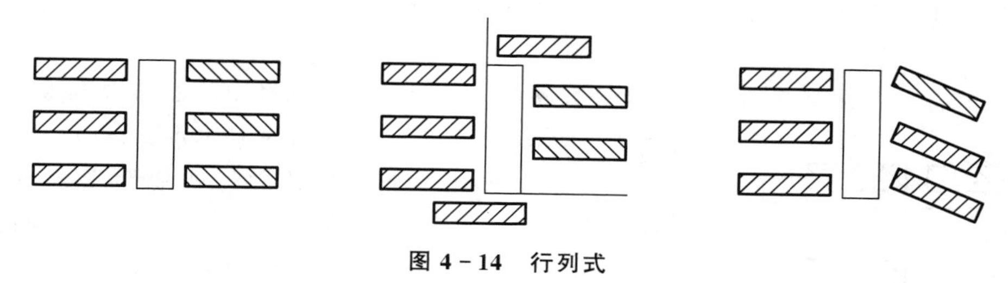

图 4-14 行列式

(2) 点群式。形态独立的建筑呈散点状布置 [图 4-15(a)]，多用在低层独立住宅、多层点式或高层塔式住宅中，自由灵活，也可围绕组团绿地或结合底层公建裙房沿道路、河岸成组沿线形布置 [图 4-15(b)]。

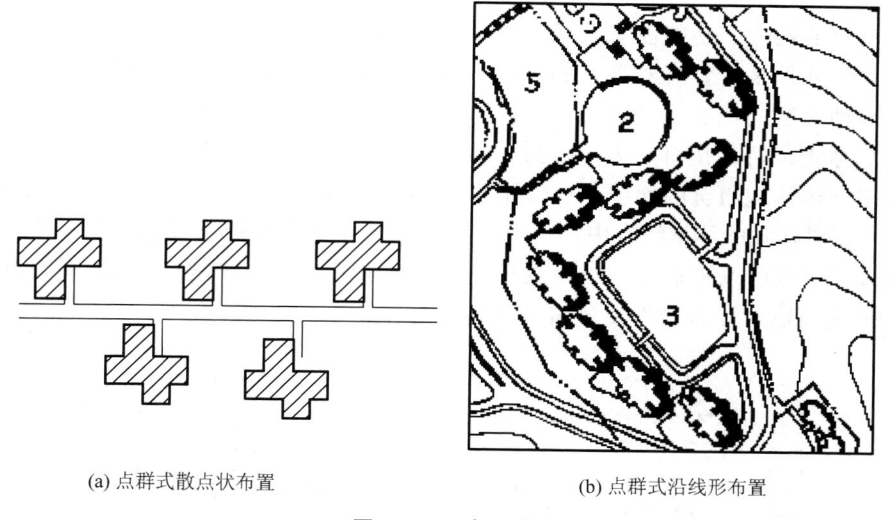

(a) 点群式散点状布置　(b) 点群式沿线形布置

图 4-15 点群式

优点：这种布置有利于争取良好的日照、通风，且机动灵活的形式能适应不规则的场地形状和起伏变化的地形条件，可形成虚实对比、错落有致的空间景观。

缺点：在寒冷地区，北向的住户得不到阳光，还要受寒风侵袭，过多的外墙面积和分散的布置形式不利于建筑的保温、节能和防风，用地也不够经济。

(3) 周边式。建筑沿场地周边布置，中间围合成较封闭的内向性院落空间 (图 4-16)。

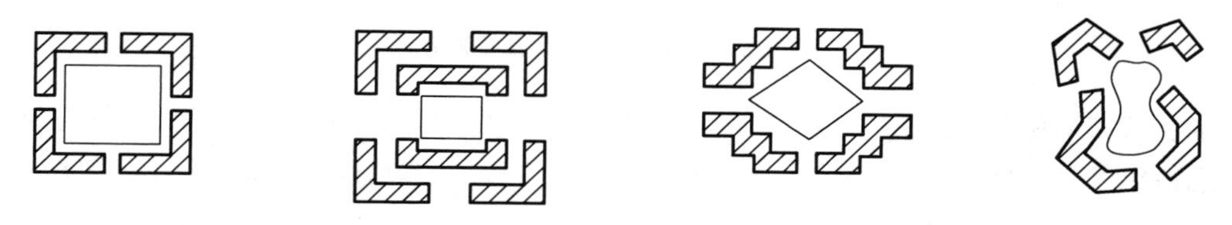

图 4-16 周边式

优点：这种布置形式可节约用地，提高居住建筑面积密度，围合的内院安静而不受外界干扰，安全感强，便于邻里交往，增强组团或小区的认同感。

缺点：部分户型朝向较差，通风不良；转角单元不利于抗震要求，也难以适应地形的起伏变化。比较适合寒冷和多风沙地区以及地形规整、平坦的地段，而一般不适于湿热地区采用。

(4) 混合式。在完整的居住小区规划布局中一般很少仅选择单一的布置方式，而往往吸取以上各种基本形式的优点，避免其弱点，将几种形式变形组合或综合运用，这种布置可充分结合场地的地形、气候、景观朝向和现状条件等，成组成群灵活布置，形成丰富变化的空间形态(图 4 - 17)。

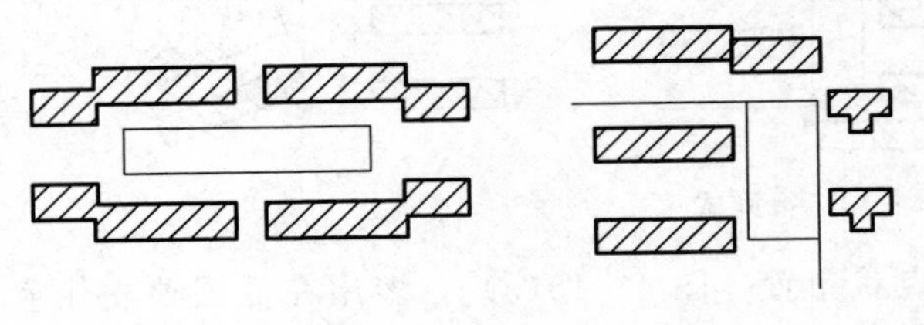

图 4 - 17　混合式

2. 公共建筑群体组合的方式

由于项目的性质、功能要求及场地特点等因素的差异，公共建筑的群体组合千变万化。从形式的处理来看，有对称式和自由式的不同手法，从空间组织来看，还有庭院式及综合运用多种手法的综合式。

(1) 对称式。对称是自然界一种最普遍的秩序形式。同样，无论是对于单体建筑的处理或是对于群体建筑组合的处理，对称都是求得统一的最有效的方法，在群体组合中表现得尤为明显。在对称式的群体组合中，中轴线可以是主体建筑或连续几幢建筑的中心线-实轴[图 4 - 18(a)]，也可以是道路、绿化或环境小品等形成的中心线-虚轴[图 4 - 18(b)]，中轴线两侧较均匀地对称布置次要建筑及各种环境设施。

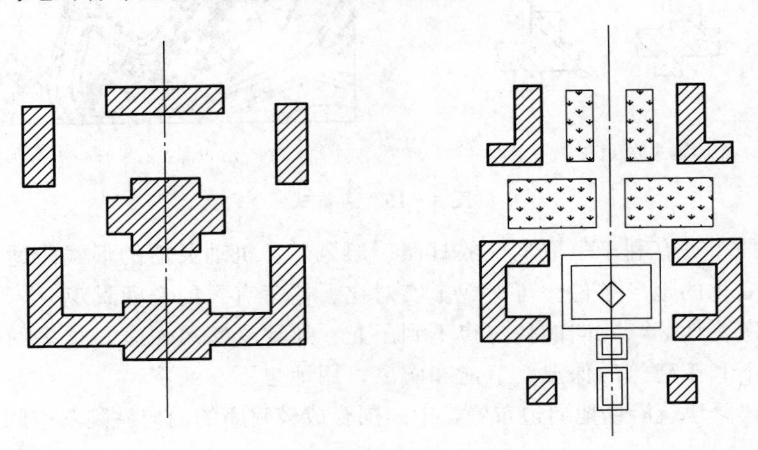

图 4 - 18　对称式群体组合两种方式

对称式布局易于取得庄严、肃穆、公正和权威的气氛，适宜于政府机关等政治性建筑类型及纪念性建筑群体的布置如中国抗日纪念馆[图 4 - 19(a)]、北京首都剧院[图 4 - 19(b)]。

由于对称式布局具有天然的均衡、稳定、统一和有序的特点，在中国古典建筑群体空间布局常常采用的设计处理手法。

优点：对称式是建筑群体空间常用的处理手法，由于其具有天然的均衡、稳定、统一和有序的特点，易于取得庄严、肃穆、公正和权威的气氛，适宜于政府机关等政治性建筑及纪念性建筑群体的布置。

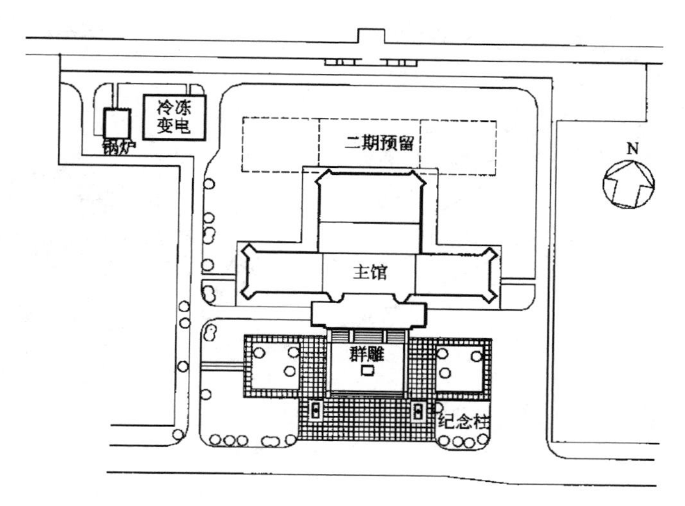

(a) 中国抗日纪念馆总平面图

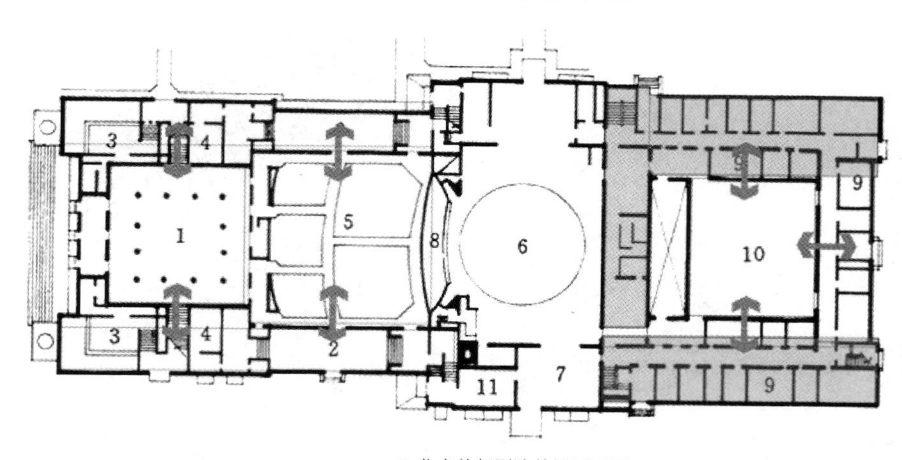

(b) 北京首都剧院首层平面图

图 4－19　对称式建筑组合

缺点：由于在很多情况下，建筑群体组合要完全对称的形式往往过于勉强，组合形式与功能要求产生矛盾，机械采用对称式的布局，就可能使用要求与环境不适宜及不经济。

因此，对称的形式适用于在位置、形体和朝向等方面无严格功能制约的建筑群。需要时也可采用大体上对称或基本对称的布局形式来取得预期的效果。

（2）非对称式。非对称式也称自由式，其建筑物的位置、朝向较灵活，形式变化多样，性格特征鲜明，较易取得亲切、轻松和活泼的气氛。如西班牙拉科鲁尼亚人类博物馆［图 4－20(a)］、广州大学城华南师范大学图书馆［图 4－20(b)］。

自由式在功能和地形两方面的适应性上，都要比对称式优越，因而被广泛采用。这种形式有利于按照建筑物的功能特点及相互联系来考虑布局，也可以与变化多样的地形环境取得有机联系，特别是在用地形状不规则，或有起伏变化的地形条件下，更能发挥其优势，使建筑与环境融为一体。

（3）庭院式。庭院式空间组合是由建筑围合而成一座院落或层层院落的形式。由一座庭院可沿纵深、横向或对角方向发展为多个大小、比例不词的庭院组合，既可采用对称式

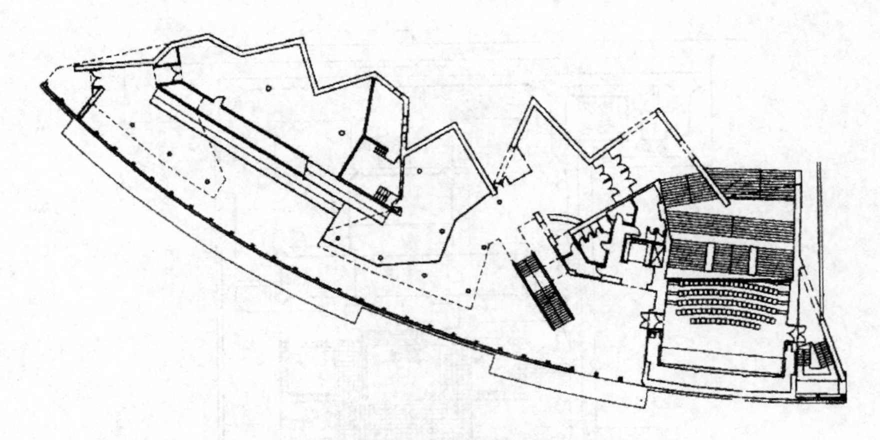

(a) 西班牙拉·科鲁尼亚人类博物馆首层平面图

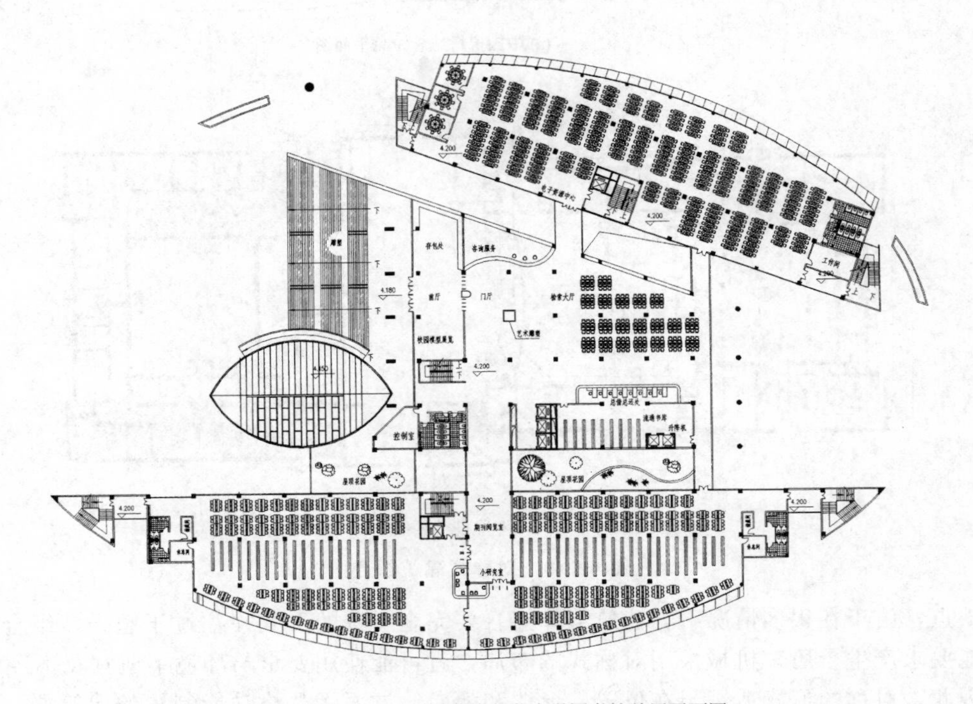

(b) 广州大学城华南师范大学图书馆首层平面图

图 4－20　非对称式建筑组合方式

布局，也可用非对称布局，如深圳大学建筑系馆［图 4－21(a)］及上海华东师范大学图书馆［图 4－21(b)］。

庭院式组合的特点：建筑空间及各庭院之间相互渗透、相互衬托，因而形成较丰富的空间层次，形成层层院落灵活布置的形式。灵活的建筑组合可适应场地形状的曲折或地形的起伏，建筑与自然环境的融合、步移景异的景观特色尤其适用于那种具有“可观可游”特点的建筑类型。

（4）综合式。对于功能较复杂、地形变化不规则的场地，单纯用一种组合方式往往难以解决问题，需同时采取多种方式综合处理，比如可以采用对称式和自由式相结合的布局

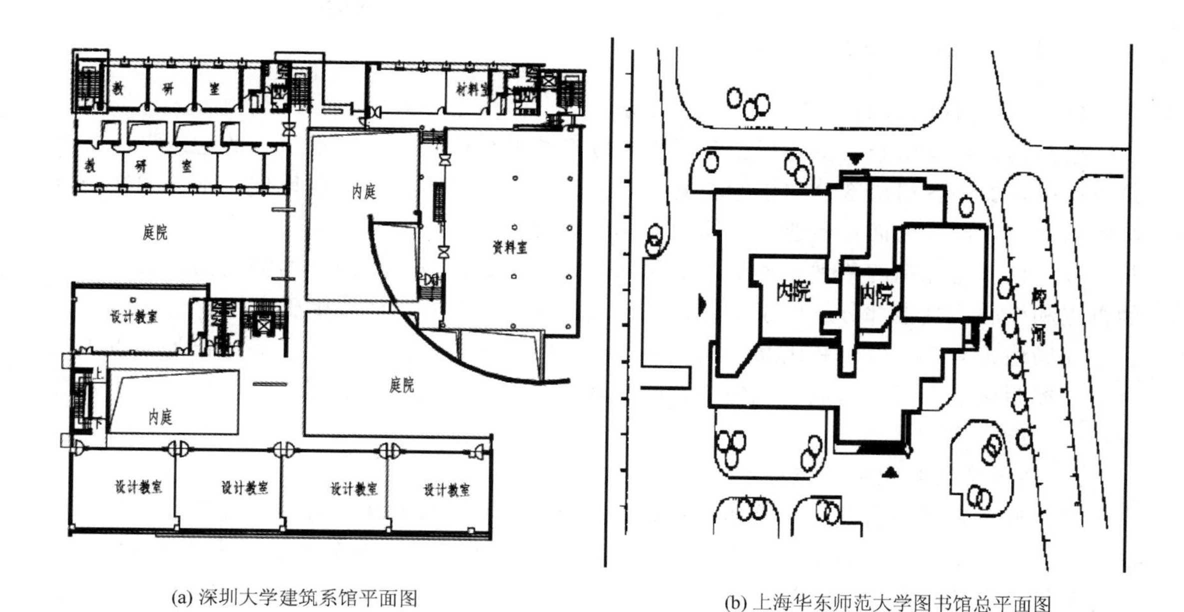

(a) 深圳大学建筑系馆平面图

(b) 上海华东师范大学图书馆总平面图

图 4-21 庭院式建筑组合方式

方法：对于功能要求较严格的部分，通常适于采用自由、灵活的非对称形式；功能要求非常严格的部分，则可采用对称式的布局。这样，不仅可以分别适应各自的功能特点，同时也可借两种形式的对比而形成空间气氛的变化。常见的做法是，建筑群中主体部分采用对称的格局，以形成严整的气氛，而其他部分则结合功能和用地特点，采用自由式取得灵活和变化的效果，如广州大学人文艺术综合楼（图 4-22）。

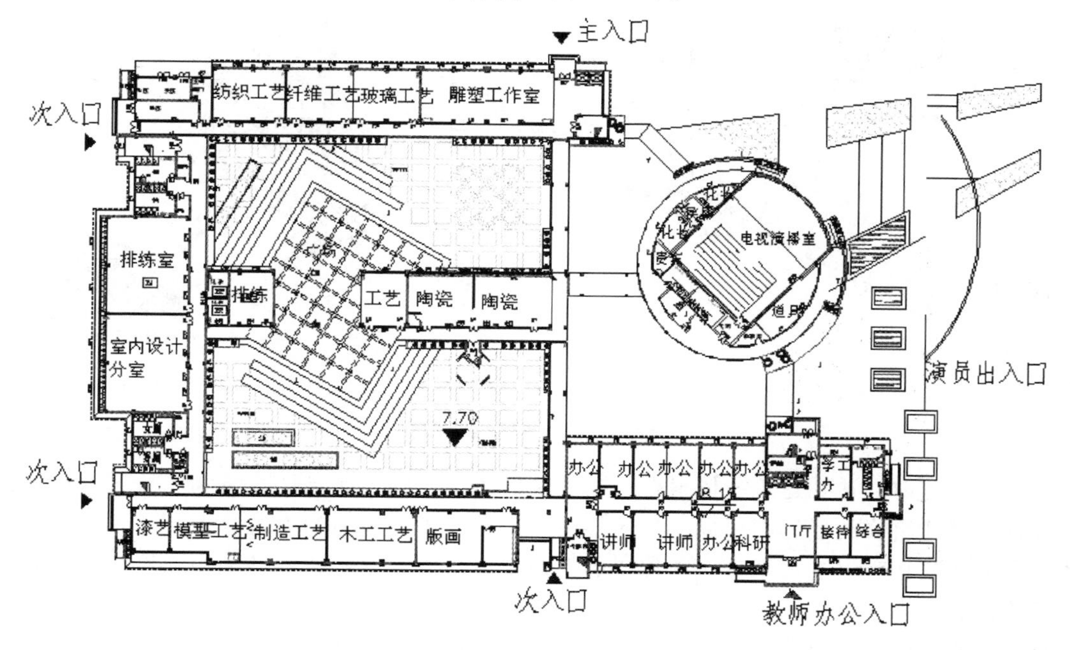

图 4-22 综合式建筑组合——广州大学人文艺术综合楼首层平面图

3. 建筑群体组合原则及手法、特点

1）建筑群体组合的原则

公共建筑群体组合，主要指把若干幢单体建筑组织成为一个完整统一的建筑群。在建筑群体中，如果各组成部分如果竞相突出自己，或者处于同样重要的地位，不分主次，则会削弱其整体性。因而对各建筑单体的形体处理要加以区分，它们之间应有主与从、重点与一般、核心与外围的差别。建筑群主体部分以其体量的高大和地位的突出而成为整体中的重点和核心，其他部分从属于主体，或环绕主体四周布置，或依附于主体。

在场地布局中，可以利用某一构成要素在功能、形态、位置上的优势，作为重点加以突出。控制整个空间，形成视觉中心，而使其他部分明显地处于从属地位，以达到主从分明，完整统一。

2）建筑群体组织手法与特点

（1）通过轴线的引导、转折达到建筑群体统一。在建筑群体组合中需要建立一种内在的秩序，将各组成部分都纳入其中，而各部分又表现出一种互为依存、相互制约的关系，这一制约关系的存在使它们具有内在的统一及明确的秩序感。轴线是空间组织中一种线性关系构件，属概念性元素，具有串联、控制、统辖、组织建筑和暗示、引导空间的作用，建筑或其他环境要素可沿轴线布置，也可在其两侧布置。轴线是贯穿全局的脊干，作为联系纽带，有利于将松散的个体建筑形成有机结构，即使是个体建筑特征不明显，作为群体仍然能感到一种秩序的力量，如某活动中心［图 4-23(a)］与美国佛罗里达州迪士尼世界海豚和天鹅饭店［图 4-23(b)］，通过设计展现建筑物的灵性含义和象征寓意。

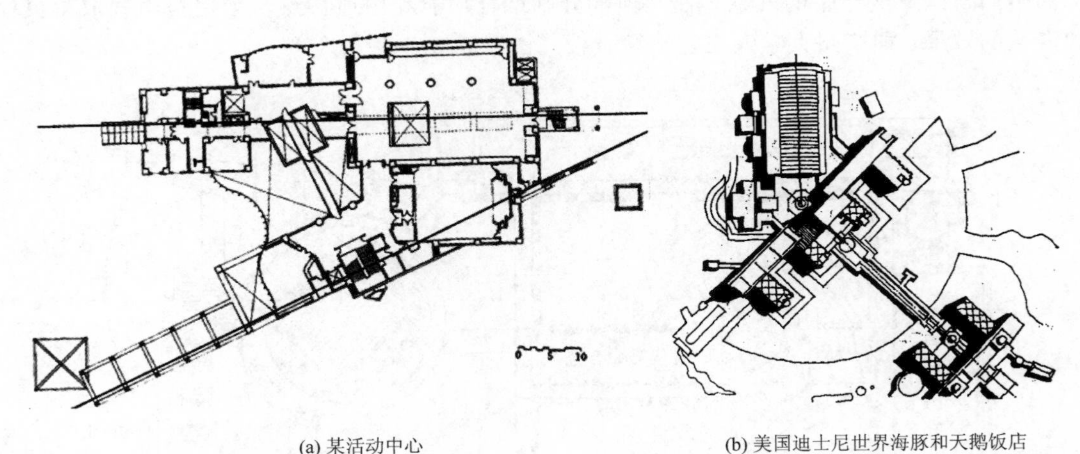

(a) 某活动中心　　(b) 美国迪士尼世界海豚和天鹅饭店

图 4-23　建筑轴线组织

（2）通过向心达到建筑群体组合。在建筑群体组合中，如果把建筑物围绕某个中心来布置，并借建筑物的形体而形成一个向心空间，那么中心周围的建筑会由此呈现出一种收敛、内聚和互相吸引的关系。我国传统的四合院以内院为中心，沿其周边布置建筑，且所有建筑都面向内院，相互之间有一种向心的吸引力，这也是利用向心作用而到达统一的一种组合方式，向心式组合在一些公共建筑和居住区规划中也常常运用，如上海浦东区委党校办公楼［图 4-24(a)］、上海某中学规划设计［图 4-24(b)］。

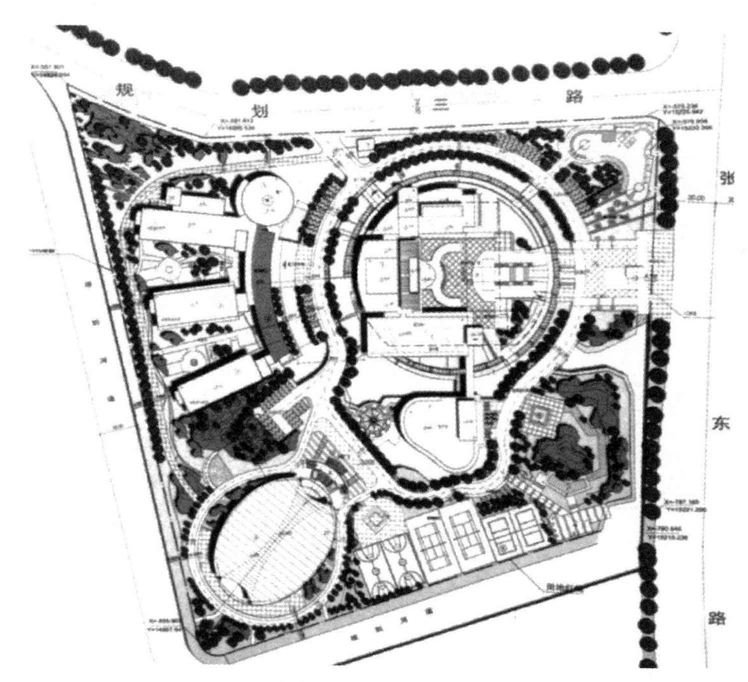

(a) 上海浦东区委党校办公楼

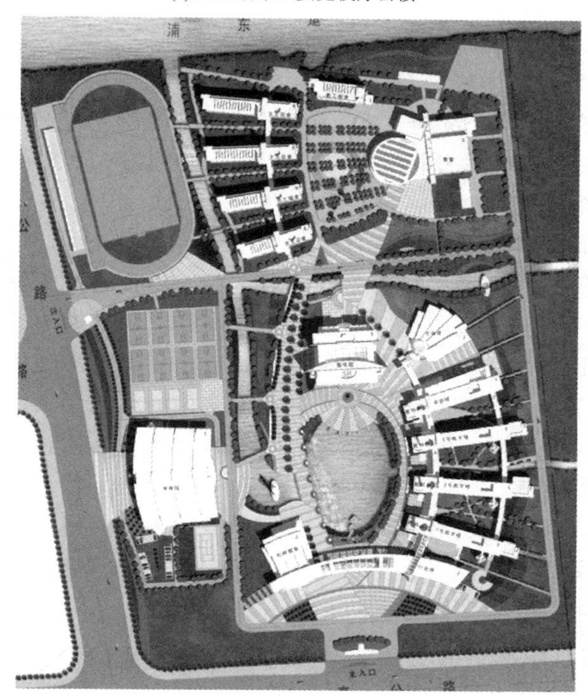

(b) 上海某中学总平面图

图 4-24 建筑向心组织

(3) 通过对位达到建筑群体组合。在建筑组合中运用“导线”使各建筑单体之间彼此相关或相互搭接，从而形成完整的空间[图 4-25(a)]。由于相邻建筑单体的位置之间存在着一定的几何关系，可以增强建筑物彼此之间的联系，使之相互照应，如建筑与建筑之间呈平行或垂直关系［图 4－25(b)］。

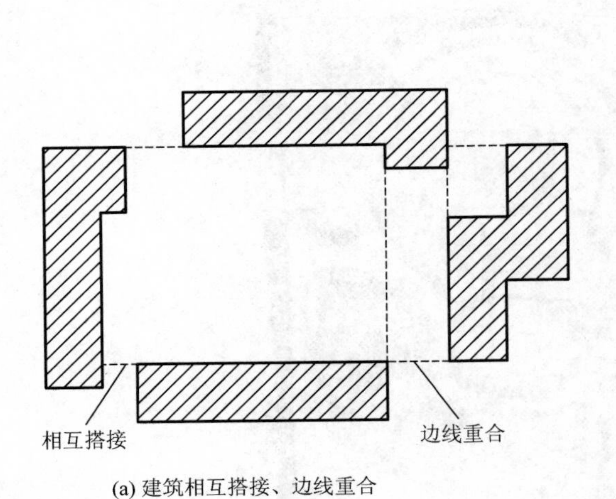

(a) 建筑相互搭接、边线重合

方式		示例	方式	示例
中心对位			数比对位	
边线对位	单边对位		形状对位	
	双边对位		顶点对位	

(b) 建筑对位组合

图 4－25　建筑群体对位组织

(4) 采用统一的设计手法组织建筑群体。

① 母体：各单体建筑采用共同基本形体作为母体进行排列组合，以此来形成“主题”，达到相互间的协调统一。

② 重复与渐变：同一形体或要素按照一定的规律重复出现，或以类同的布局形式处理空间构成要素，或将该要素作连续的、近似的变化，即相近形象有秩序地排列，则能以其类似性和连续性的构图特点，呈现出韵律与节奏的和谐之美，如大连某幼儿园［图 4－26(a)］及清华大学教学综合楼［图 4－26(b)］。

(5) 采用对比的设计手法组织建筑群体。

对比是借彼此之间形状方面的显著差异，通过相互烘托陪衬来突出各自的特点。常见的对比包括大与小、曲与直、高与低、虚与实、疏与密、动与静、开敞与封闭、内向与外向等等。通过对比可以打破单调、沉闷和呆板的感觉，突出主体建筑空间而使群体富于变化。对比的手法是建筑群体空间组合的一个重要而常用的构图手段。建筑的形体组合和外部空间组合都可运用对比手法，运用得当可以达到既丰富又和谐，既多样又统一的效果。

① 形体组合中的对比。

群体中的各建筑形体存在的各种差异，是内部空间为适应复杂的功能要求而具有的差异性的外在反映。巧妙地利用这种差异性的对比作用，可以打破单调求得变化，如美国达拉斯佩罗自然科学博物馆、某科学馆等（图 4－27）。

② 空间组合中的对比。

中国古典建筑主要是通过群体组合而求得变化的，空间对比手法的运用，在其中表现得最为普遍而卓有成效。如中国古典园林的立意在于“师法自然，咫尺山林”，其空间的组织多采用曲线形，景点均衡布置而非对称式。在空间处理上，通常还采用对比、延伸、渗透、借景、障景等手法，形成丰富、深远的空间层次，通过控制视线的方式达到扩大空间视域的效果，在有限的园林空间内获得更为广阔的空间感和层次更加丰富的景深（图 4－28）。

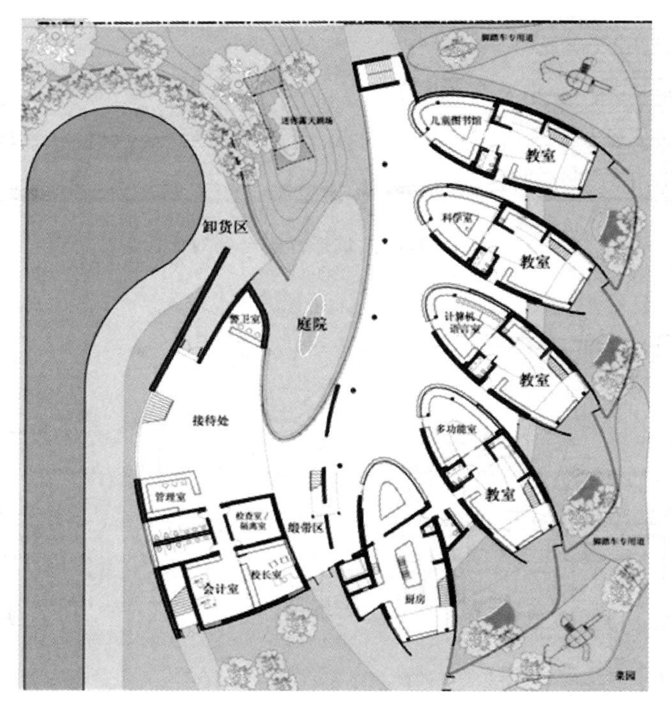

(a) 大连某幼儿园平面图

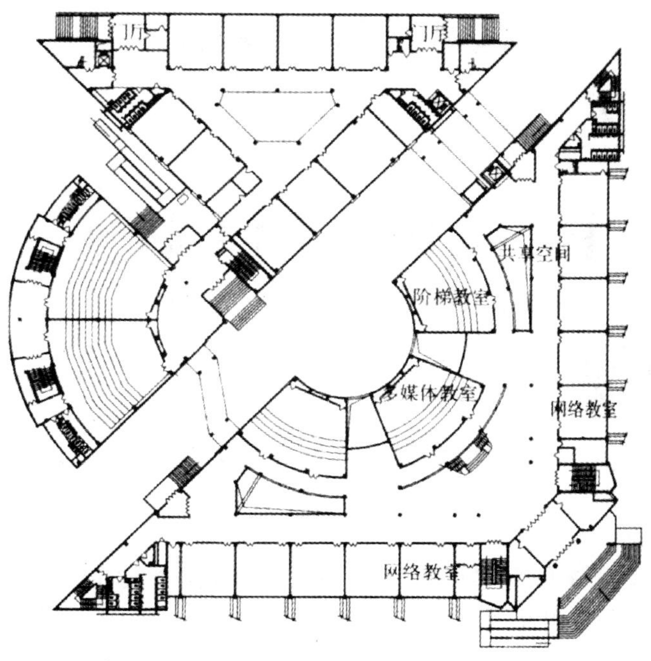

(b) 清华大学教学综合楼首层平面图

图 4－26　建筑群体母体、重复与渐变

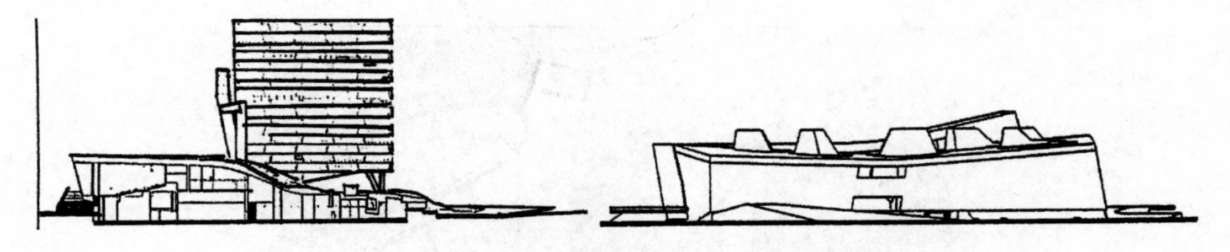

图 4－27　建筑形体组合的对比

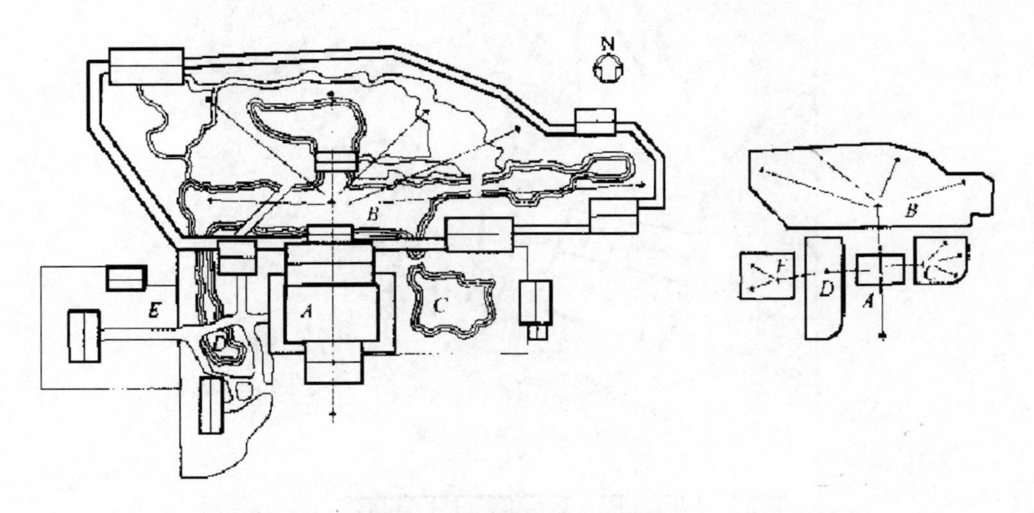

图 4－28　园林组合空间的对比

4.4 场地的外部空间组织

4.4.1　外部空间概述

“场地”并非是一个二维的平面概念，那么场地设计自然而然地包容了“场地的外部空间设计”这一内涵。

场地的外部空间主要是借助建筑形体而形成的，是场地中建筑物与其外部空间呈现一种相互依存、虚实互补的关系。建筑物的平面形式和体量决定着外部空间的形状、比例与尺度、层次和序列等，并由此而产生不同的外部空间环境的品质，因此，场地中建筑布局的过程也就是塑造外部空间的过程，要想获得良好的场地外部空间设计，必须在场地总体布局阶段中从建筑形体组合入手，场地设计在很大程度上是对场地外部空间的思考，是对场地各要素之间形成的空间关系进行组织及建立秩序。

1. 外部空间的基本概念

埏埴以为器，当其无有器之用；

凿户牖以为室，当其无有室之用。

故有之以为利，无之以为用。——《老子》，老子在“道德经”中对空间的本质与用途在此有了清晰的解释。

“外部空间是指被内部空间尚未占有的空间的残余部分。换句话说，就是被内部空间占有后所残余的大自然，这里所指的外部空间，并不是指无止境的自然空间，而是指人们制造的人为的环境，而有一种机能。”——《外部空间之构成》芦原义信

芦原义信认为外部空间是由人创造的有目的的外部环境，是比自然更有意义的空间，并且外部空间分为积极空间与消极空间。

2. 积极空间

由于被框框包围，外部空间建立起从框框向内的向心秩序，在该框框中创造出满足人的意图和功能的积极空间（图4-29）。所谓空间的积极性，就意味着空间满足人的意图，或者说有计划性。

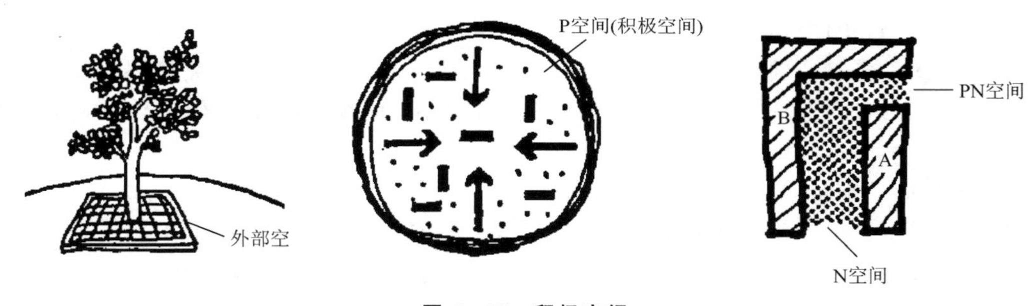

图4-29 积极空间

3. 消极空间

相对地，自然是无限延伸的离心空间，可以把它认为是消极空间（图4-30）。所谓空间的消极性，是指空间是自然发生的，是无计划性的。

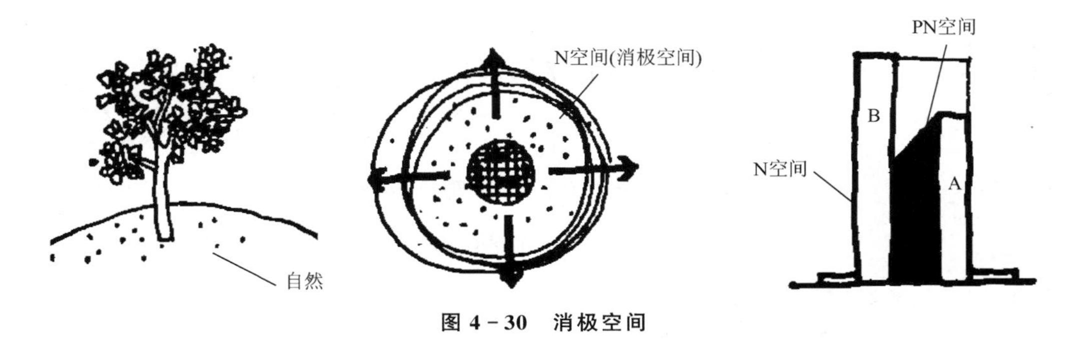

图4-30 消极空间

外部空间是从自然中限定开始的，是人为有目的对自然划定框框的空间，与无限延伸的自然空间是不同的，设计的外部空间更具有意义。

4.4.2 外部空间构成

1. 外部空间的限定

外部空间由一个物体和感觉它的人之间产生的相互关系所形成，是从自然空间限定自然开始的，是人创造的有目的外部环境，比自然空间更有意义。相对于建筑空间，自然是无限延伸的离心空间，外部空间是从边框向内建立向心秩序的空间。空间是因为有了限定而显现出来，采用界线（抽象、具象）、界面（底面、侧面）来限定空间。

外部空间限定是以底面与立面、底面与顶面、顶面与立面的二要素进行组合设计的，其中立面要素为柱子、墙壁、景观小品、城市街道、林木植被等，底面要素为楼板、植被、地面铺装、水面等，顶面要素为天花板、雨篷、遮阳伞、构筑物等。

2. 空间的围合与界面

当进行外部空间布局时，有一种为各个空间带来一定程度封闭性，向心性地调整空间秩序的方法。

1）空间的封闭性

（1）封闭性强的空间：空间内聚力、收敛性较强，使人有安全感，整体感较强。

（2）封闭性差的空间：空间具有扩张性、外部化的倾向，使人有流动感，开放度较强。

2）侧界面的围合方式

（1）一面围合的空间：限定性较弱，仅形成空间的一边缘［图 4－31(a)］。

（2）二面围合的空间：建筑相对布置，沿轴向对人的视线及行为产生方向引导［图 4－31(b)］；建筑垂直布置，形成 L 形界面，形成转交空间［图 4－31(c)］。

（3）三面围合的空间：封闭感、安定感较高，开口前部具有外向方向性［图 4－31(d)］。

（4）四面围合的空间：强烈的封闭感，四周界面的限定，形成安定的、内向的、明确的空间［图 4－31（e)］。

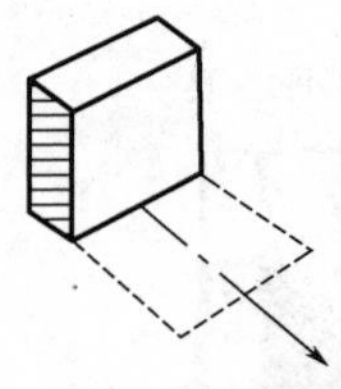

(a) 一面围合空间

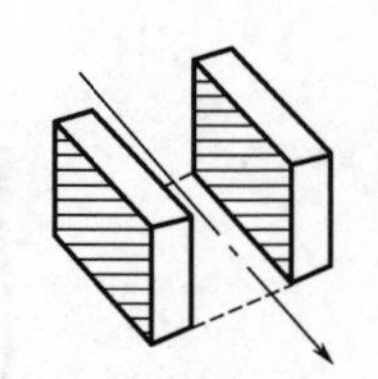

(b) 二面相对围合空间

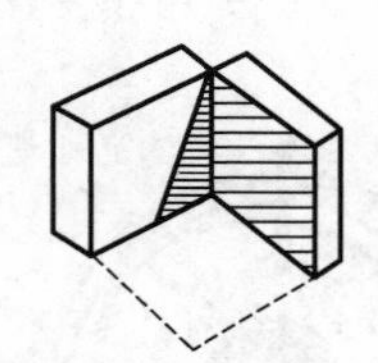

(c) 二面垂直围合空间

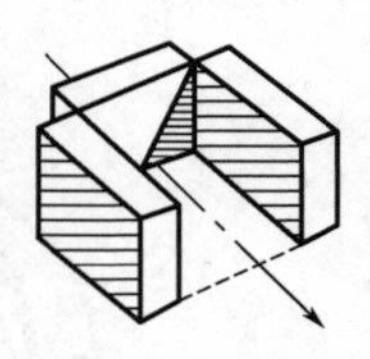

(d) 三面围合空间

(e) 四面围合空间

图 4－31　建筑对空间的限定方式

3）侧界面的高度（图 4－32）

（1）当侧界面高度为 30cm（膝下）时：只能勉强区别领域，产生区域边缘，暗示非正式的小憩。

(2) 当侧界面高度为60～90cm（腰下）时：视觉连续性存在，空间划分作用加强，凭靠休息、眺望。

(3) 当侧界面高度为1.2m（头部以下）时：空间分隔作用强，安全感强，视觉空间连续。

(4) 当侧界面高度为1.8m（超过视线高度）时：空间与视线连续中断，具有较强封闭感。

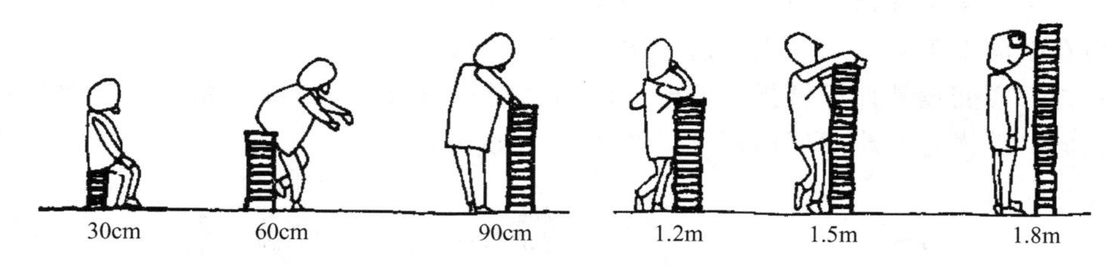

图4-32 界面高度对空间分隔的影响

4) 侧界面高度 H 与空间间距 D 的关系（图4-33）

(1) $D/H<1$ 时，界面相互干涉，产生封闭恐惧感。

(2) $D/H=1$ 时，位于空间中心的垂直视角53°，难看到界面全貌，注意力集中于细部。

(3) $D/H=2$ 时，垂直视角45°，观察到界面全貌，细部，有较好的封闭感。

(4) $D/H=4$ 时，垂直视角27°，观察完整界面的最佳位置，空间形成封闭感的最远界线。

(5) $D/H=6$ 时，垂直视角18°，视线可及界面背后其他物体。

(6) $D/H>6$ 时，空间界面隐入背景，空间具有开放性。

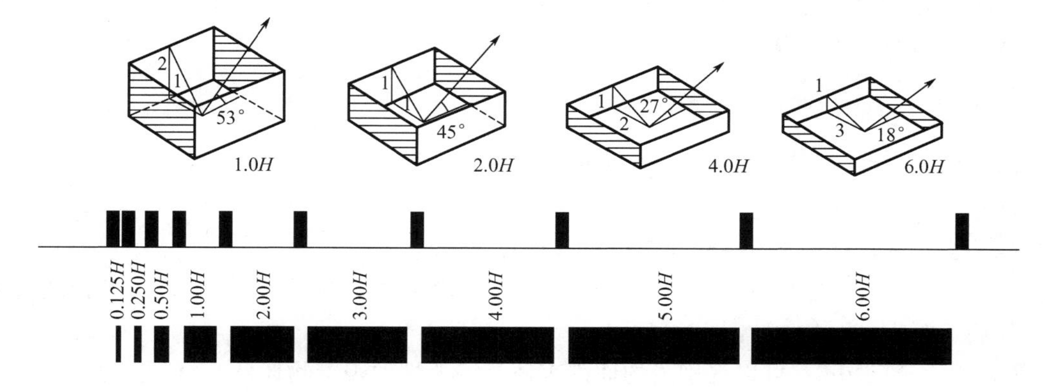

图4-33 垂直界面高度与间距的关系

5) 底界面的处理

(1) 铺装。不同性质、级别空间的地面铺装，质地处理不同。例如：地面铺装由粗糙、普通变为精致美观，常暗示从交通性空间进入游憩性空间，利用底界面铺装材料的图案、色彩、质感和拼缝加强地面的方向感和尺度感。

（2）空间上升下沉。上升：强调空间或建筑的重要性，形成仰视构图（平台）。下沉：动中求静、闹处寻幽。

3. 外部空间界面的封闭性

（1）外部空间中四根圆柱之间发生相互干涉作用，但圆柱没有方向性，同时具有扩散性，没有充分形成封闭空间［图 4-34(a)］。

（2）外部空间中四面各设立一个墙面，发生了相互干涉，比图 4-34(a) 有封闭性，但四个角在空间上欠缺封闭，不严谨［图 4-34(b)］。

（3）外部空间设置四段转折的墙壁，墙的总面积与图 4-34(b) 相同，空间的封闭性增强，空间的严谨与紧凑感就出现了［图 4-34(c)］。

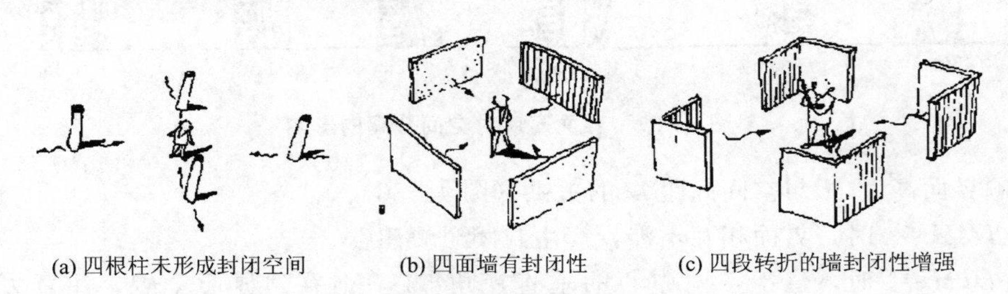

(a) 四根柱未形成封闭空间　(b) 四面墙有封闭性　(c) 四段转折的墙封闭性增强

图 4-34　外部空间界面的封闭性

4.4.3　外部空间的视觉分析

视觉是人对外部环境感知的重要方式，外部空间在三个向度上具有不同尺度和比例关系，可以从视觉角度对空间构图进行分析，研究场地中建筑物的距离、高度、体量及道路、广场、庭院的适宜比例关系。外部空间的视觉分析主要从距离、水平视野、垂直视野及观赏建筑的仰角控制等方面进行。

1. 距离（远景、中景、近景）

（1）0～0.45m：为亲密距离（强烈的干涉作用）。

（2）0.45～1.30m：为个人距离（亲切谈话）。

（3）1.30～1.80m：为一般社会距离（日常交谈）。

（4）3.60m：为公共距离（单向交流的集会、演讲或旁观而无意参与），近距离观察物体的最远距离。

（5）9.0～12.0m：可以区别人的面部表情，一般性的观察物体及其材料质地。

（6）20.0～25.0m：确认面部特征、发型、年龄，可以辨认材料，是适宜的观演距离。

（7）60.0～70.0m：确认性别、大概年龄、行为目的，推测材料类别，是观看大型体育比赛的最远距离。

（8）180.0m左右：社会性视域，可分辨人的轮廓、性别与姿态，开始构成空间远景或背景。

（9）500～1000m：根据光影，背景及对象的移动可分辨出人群或机动交通工具，开始构造天际轮廓线。

2. 水平视野

水平视野是指在水平面内无须转动头部和眼睛就可以看得见的角度范围。双眼视区是指人的双眼同时看景物时，两只眼睛的视野重叠（约120°）所形成的中间视区。人能较好地观赏景物的最佳视区在60°以内，观赏建筑的最短距离应该等于建筑物的宽度，相应的最佳水平视野应为54°左右。

3. 垂直视野

根据人眼垂直面视野的特点，人可以较好地观赏景物的最佳仰角在20°左右，大体相当于建筑物高度3倍的距离。近景观赏时，视点距建筑物应有建筑物高度2倍的距离，仰角约27°观赏单体建筑时的视点距建筑物的极限距离应保持建筑物高度的一倍距离，最大仰角不应超过45°（视觉疲劳，透视变形）（图4－35）。

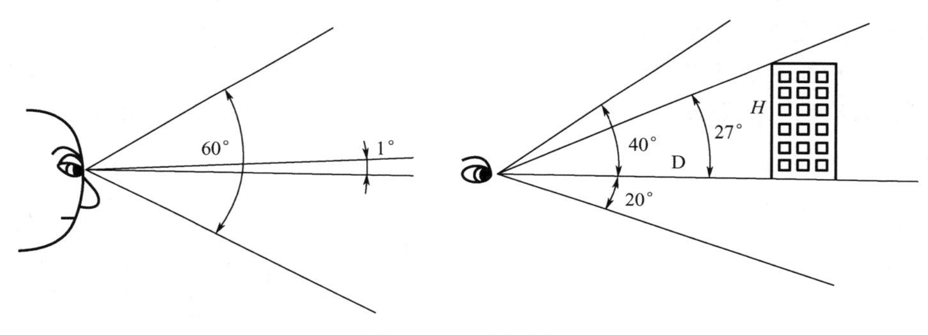

图4－35 垂直视野

4. 观赏建筑的仰角控制（图4－36）

（1）观赏建筑的极限视角：仰角45°，视点距建筑物距离与建筑物高度相等，观赏建筑细部的最佳位置。

（2）观赏建筑的最佳视角：仰角27°，视点距建筑物距离为建筑物高度2倍，既能观赏建筑物整体，又能感觉建筑细部的效果。

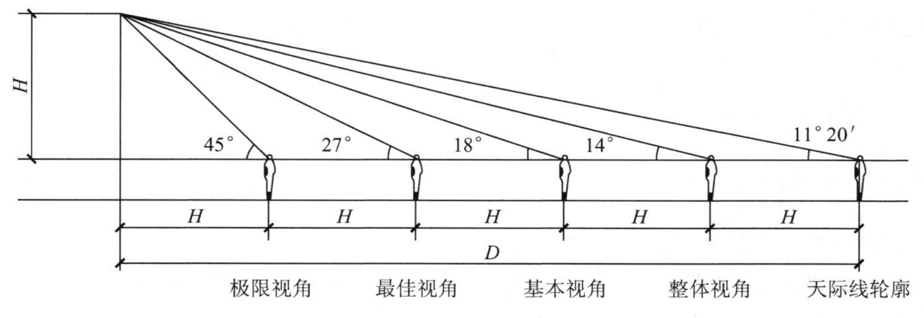

图4－36 观赏建筑的角度控制

（3）观赏建筑的基本视角：仰角18°，视点距建筑物距离为建筑物高度3倍，能观察以建筑物为背景的主体，建筑细部不够清楚。

（4）观赏建筑的整体视角：仰角14°，视点距离为建筑物高度4倍，能观察以建筑物为背景的主体，建筑细部不够清楚。

（5）观赏建筑的天际线轮廓：仰角11°22′，视点距建筑物距离为建筑物高度5倍，远观城市空间群体建筑物的天际轮廓。

4.4.4 外部空间的典型形式

1. 点状空间

“点”是静止的、无方向的与集中的，但当它在场地中的位置不同会引起空间环境的变化（图4－37）。

（1）当点标注处于环境中心位置时［图4－38(a)］，空间是稳定的、静止的；以其自身为中心来组织围绕的元素，且控制着空间范围。

（2）当点标注处于环境的偏移位置时［图4－38(b)］，使其取得视觉上的控制位置，空间范围比较有动势。如独立的柱、方尖碑、塔，在空间中设立一个特定的点，通常具有纪念意义。

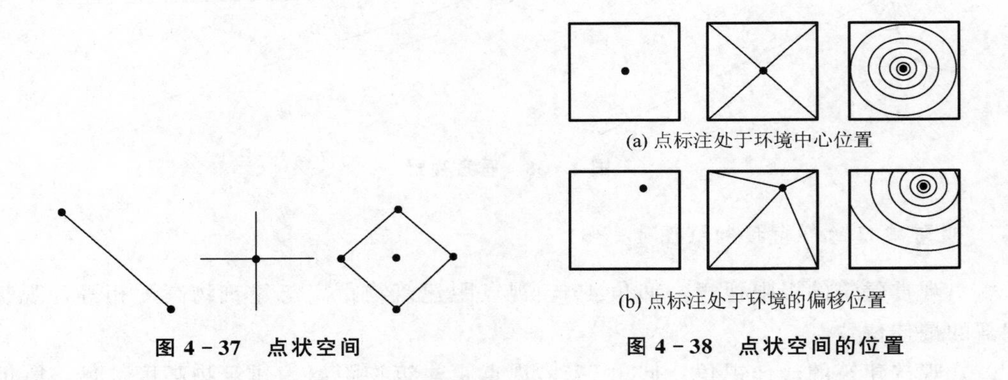

图4－37 点状空间

图4－38 点状空间的位置

2. 线状空间

垂直和水平的线性要素组合在一起，可以限定一个空间体（图4－39）。

（1）垂直的线——柱。

（2）水平的线——梁。

3. 面状空间（图4－40）

面状空间一般由顶面、墙面及地面组成：

顶面是指顶棚面，是建筑空间中的遮蔽构件；墙面是指垂直墙面，是视觉上限定空间与围合空间的积极构件；地面对建筑形式提供有形的支撑和视觉上的背景，地面支撑着我们在场地中的活动。

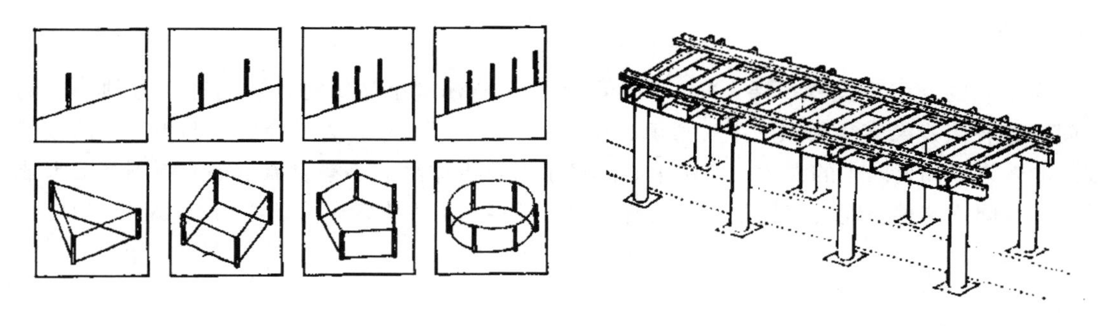

图 4-39 线状空间

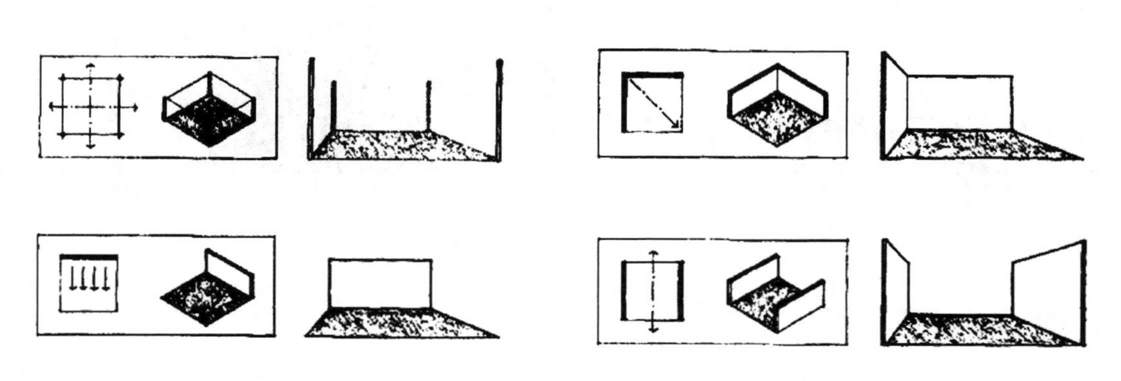

图 4-40 面状空间

4.4.5 外部空间的限定方法

1. 围合

在外部空间中，利用水平面和垂直面（多为虚面）对空间进行围合处理。参与围合空间的要素可以是多种多样的，一道墙体，一丛灌木，一排栏杆，一列灯柱等。围合空间的界面的虚实程度对产生的空间是否具有封闭感、形态是否清晰有着很大的决定作用。参与围合的界面越连续，面数越多，产生的空间就越封闭；反之，就越开敞（图 4-41）。

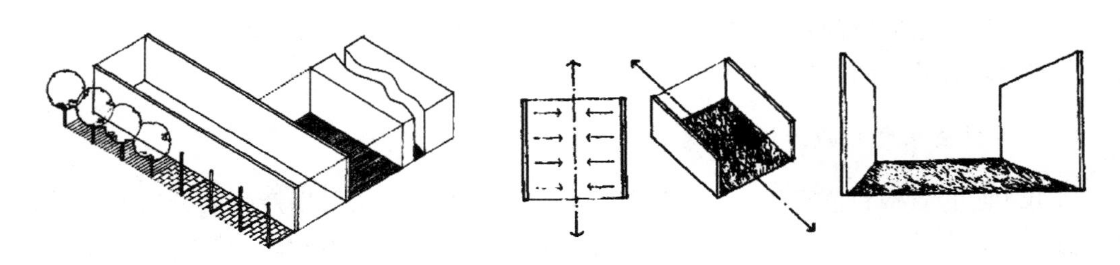

图 4-41 空间的围合

2. 设立

在空旷的空间中设置一棵大树、一个柱子或一座建筑小品等时，它们都会占领一定的空间，这种限定会产生很强的中心意识，在这样的空间环境中，人们会感到四周产生磁场般聚焦的效果，如公园中的大树，广场中心的喷泉以及供休憩的小桌、椅子等，周围都会形成设立的空间。这种空间的特征是中心明确、边缘模糊（边界决定于人的心理）（图 4－42）。

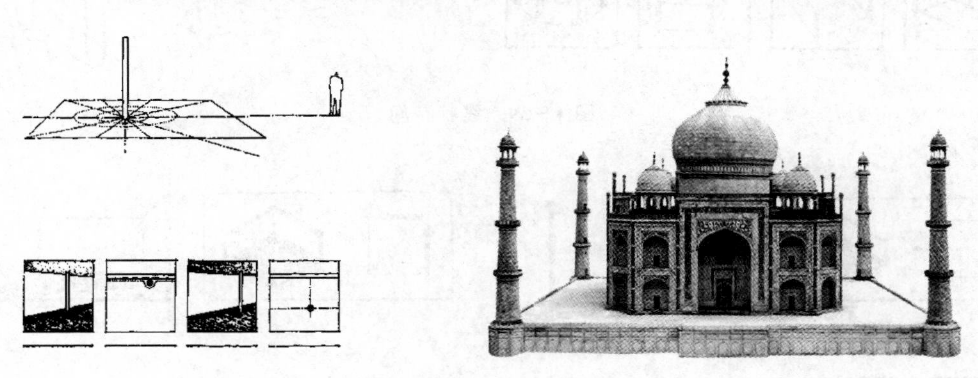

图 4－42　空间的设立

3. 基面（水平面）的变化

基面（水平面）变化包括基面抬高、基面下沉，倾斜等，竖向高差可以带来很强的区域感（图 4－43）。例如，要使人的活动区域不受交通车辆的干扰，与其设置栏杆来分隔空间，不如在二者之间设几级台阶更有效，当需要区别行为区域而又须使视线相互渗透时，运用基面变化是适宜的。抬高的基面空间，由于视线不能企及显得神秘而崇高；下沉的基面空间，因为可以通过视线俯视其全貌而显得亲切与安定；倾斜的基面空间，地面的形态得到充分的展示，同时给人向上或向下的方向上的暗示。

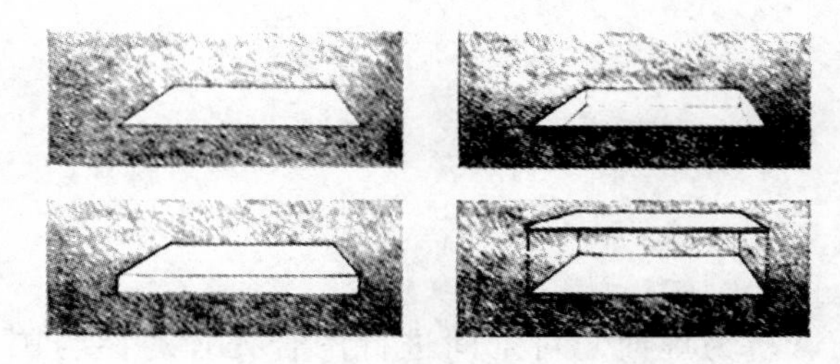

图 4－43　基面水平面的变化

基面的变化也是限定空间的一种简单又行之有效的设计手法。同一高度的水平面具有一定的连续性，它们所限定的空间是一个统一的整体。当水平基面出现高度的差别变化时，人们会感觉到空间有所不同。

4. 基面材质及色彩的变化

利用基面的质感和色彩的变化可以打破空间的单调感，也可以产生划分区域、限定空间的功能。无论是广场中的一小片水面、绿地，还是在草坪中铺砌的一段卵石小路都会产生不同的领域感。例如地面铺砌带有强烈纹理的地砖会使空间产生很强的充实感，调节人的心理感受。有时既想将空间有所区分，又不想设置隔断，以免减弱空间的开敞，利用质感的变化可以很好地解决问题。例如在二栋建筑间的广场上将通道部分铺以耐磨的彩色广场砖，其余部分为草地、水池等景观设置（图4-44）。

总之，可以利用质感、高差 、设立、围合、架起、覆盖及基面变化、材质及色彩变化及其组合等手法来设计外部空间。

图4-44 基面高低、材质、色彩及设施变化

4.4.6 外部空间的组合

1. 外部空间组合的主要内容（表4-1）

表4-1 外部空间组合的主要内容

空间的种类	开敞—封闭内部—外部 私密—公共 积极—消极 单一—复合等
空间的限定要素	点、线、面、体
限定方法	围合、设立，基面、抬起、下沉、覆盖、架起
空间的特性	形状、比例、尺度、封闭程度（围合度）、明暗、序列 等
外部空间的组合	对称式、自由式、庭园式及综合式等
外部空间构图	主从与重点、对比、韵律和节奏、比例与尺度

2. 外部空间的组合形式及适应性

外部空间的组合在建筑群体的空间组合基础上（详见4.3.5节），将场地内建筑、绿化、道路、建筑小品等有机地组成完整统一的外部空间环境。外部空间的组合形式及适应性主要包括以下形式。

（1）对称式：适用于位置、形体、朝向等方面无严格功能制约关系的场地空间。

（2）自由式：适用于建筑布局自由、灵活、适应性较强的场地空间。

（3）庭园式：适用于要求适当展开又联系紧凑的场地空间。

（4）综合式：适用于建筑功能较复杂、地形变化不规则的场地空间。

3. 外部空间构图

外部空间构图的主要手段有主从与重点、对比、韵律和节奏、比例与尺度等。

（1）主从与重点（整体性）：通过对称、轴线、向心等手法建立外部空间的主次、重点等秩序。

（2）对比：通过同一性质物质的悬殊差别（多样统一）与对比组织外部空间，如空间的大与小、曲与直、高与低、长与短、虚与实、疏与密、简单与复杂、开敞与封闭、内向与外向、色彩的冷与暖、明与暗等。

（3）韵律和节奏：通过同一形体或要素按照一定规律重复出现、交替使用或秩序的连续变化，如母题、重复，常用于沿街、滨河等线状布置的建筑群的空间组合，也应注意简单重复的数量不宜太多，容易单调、呆板、枯燥。

（4）比例与尺度：外部空间中建筑群的整体或局部在其长宽高的尺寸、体量间的和谐关系。

4.4.7 外部空间的动态组织

外部空间的动态组织是指视点不断移动时，动态观察是沿着外部空间的组织要求的路径连续观察空间，是对外部空间在时间秩序上连续、变化的知觉形象的组织，是运动中空间与时间的统一，一般包括外部空间的连续性、外部空间的诱导、外部空间的层次与渗透及外部空间的序列组织等。

1. 外部空间的连续性

外部空间的连续性是指多个空间的关联性在视觉、知觉上的反映，主要包括以下 3 方面。

1）空间形态的连续

在人们对空间形成连续、秩序的认知与思维过程中，整体的环境意识制约了对个体的捕捉，构成空间连续的重要心理基础。

2）空间动态观察

空间连续的形成在于视点（眼睛）、视线与景物随着身体移动的过程中产生的对比和联想，与空间中人的活动方式、路径密切相关，因此，在空间动态观察时，必须研究人的活动规律，结合功能要求处理好空间的秩序，保持空间的自然过渡与连续，这对于提高外部空间设计的质量有着重要的意义。

3）空间的动态观察与静态观察的结合

空间的动态观察与静态观察紧密联系，静态观察视线集中于细部，动态观察则注重整体；动态空间不仅是自然联系静态空间的纽带，也是使空间整合为有机整体的重要手段。因此，外部空间的动、静观察必须有机结合，才会形成整体空间的抑扬顿挫、启承有序。

2. 外部空间的诱导

外部空间的诱导主要是指通过行为主体如人对远处景物的有趣、新奇、期待等心理活动，进而产生的行为倾向。

1）外部空间的转折与诱导

外部空间的转折与诱导是指有意将“趣味中心”置于较隐蔽的地方，通过一定的空间处理，对人的视线、行为加以引导、暗示，使人可以沿着一定方向或路径而到达预期的目标（图 4-45）。

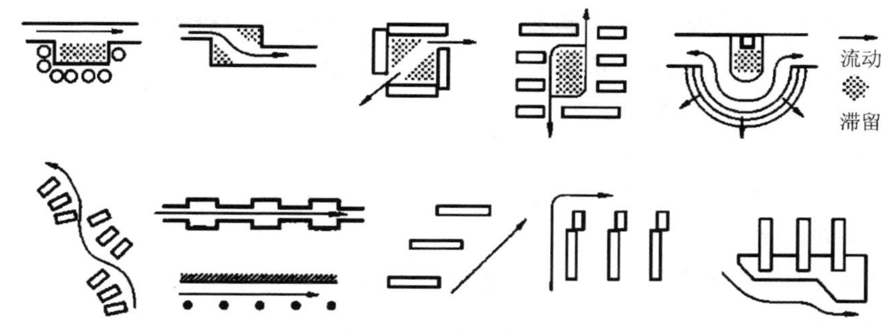

图 4-45 空间的诱导

2）外部空间中引发诱导的因素

外部空间中引发诱导的因素主要包括：合理延续的暗示；有趣味的对象；出入口、空间之间的转接点；空间性质的改变（从冷到暖、硬质到软质、阳光下到阴影处）；交通流的指引象征、重复或符号的暗示。如在场地设计中常常采用如曲径通幽、长短景搭配、藏而不露等手法（图 4-46）。

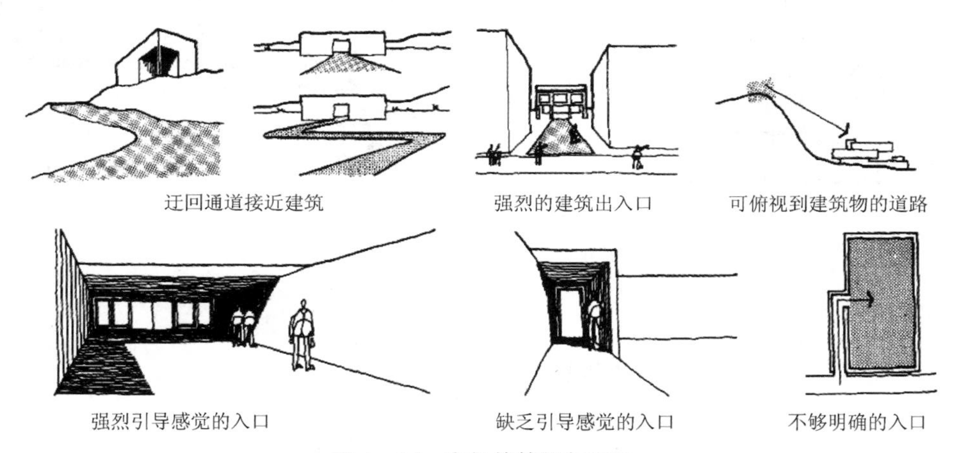

图 4-46 空间的转折与诱导

3）外部空间的障碍设置

外部空间的转折与诱导离不开障碍，按照其对空间的限定作用不同，障碍设置方式有以下 3 种。

(1) 视觉障碍。利用建筑、高大乔木及环境小品等形成空间视觉的不连续的一系列景观，外部空间在不断变化中逐步展开。

(2) 行为障碍。利用地形高差、水体及牌楼、栏杆、小灌木、矮墙等迫使人们改变方向，通而不畅。

(3) 精神障碍。属于心理或法制形成的空间限制，具有界线特征，不能随意穿越，如十字路口的人行横线等。

3. 外部空间的层次与渗透

1）外部空间的层次

按照外部空间的使用性质与不同功能要求，外部空间从外部到半外部到进入内部，分出不同的层次，创造出良好的空间秩序，可以从以下 5 个不同的方面来界定外部空间层次。

（1）外部的——半外部的（或半内部的）——内部的。

（2）公共的——半公共的（或半私密的）——私密的。

（3）多数集合的——中数集合的——少数集合的。

（4）嘈杂的、娱乐的——中间性的——宁静的、艺术的。

（5）动的、体育性的——中间性的——静的、文化的。

2）外部空间的渗透

外部空间之间的连续都含有相互渗透和呼应的因素，包括直接渗透（图 4－47）和间接渗透（图 4－48）两种形式。

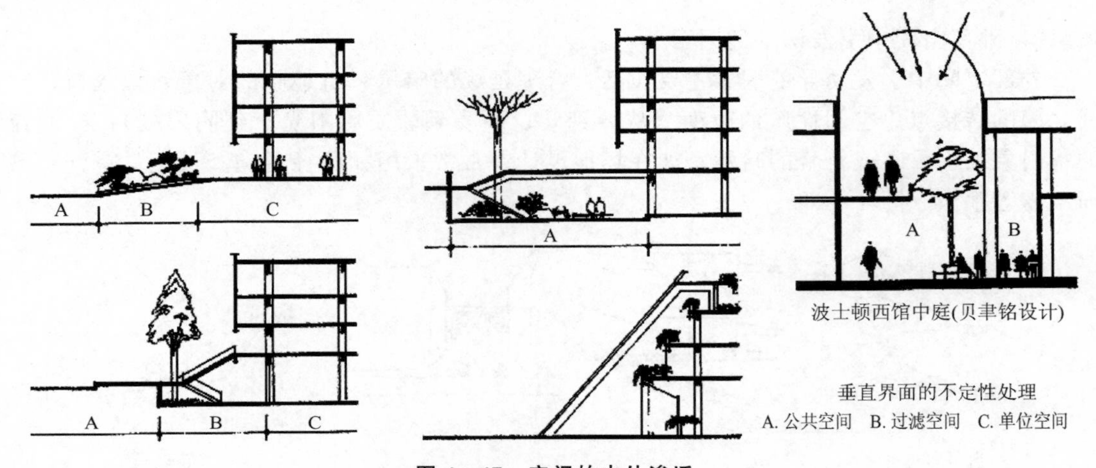

图 4－47　空间的内外渗透

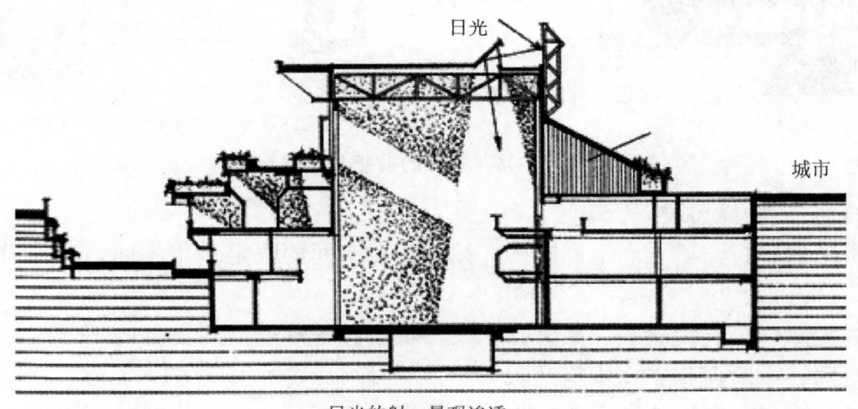

图 4－48　空间内日光及景观的渗透

（1）直接渗透。建筑、道路、绿化、环境小品等连续性质的界面或形体在空间中的延续、交错。

（2）间接渗透（连续、层次）（图 4－49）。

间接渗透是指以环境因子为中介进行外部空间的渗透，主要包括以下 3 种。

① 以宏观环境因子为中介：应用于场地规模较大、周边自然景观较丰富的场地视线通廊。

② 以中观环境因子为中介：如门洞、空廊、柱列、底层架空、建筑间隙、树丛、山石、雕塑等形成的空隙。

③ 以围观环境因子为中介：如围墙上的门窗洞、花格隔断等。

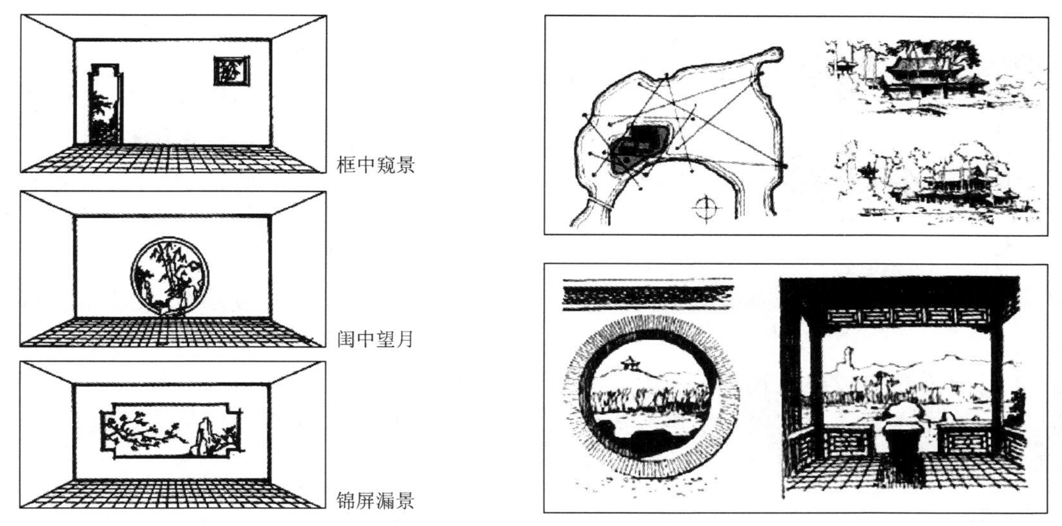

图 4-49　空间的间接渗透

4. 外部空间的序列组织

外部空间的序列是建立起空间之间连接的秩序，是在建筑、空间与自然环境之间形成相互作用、相互影响的适应性关系。应该注意的是外部空间不是静态和不变的，不能把它视为各个部分机械的相加之和，或仅仅是一种距离关系、相位关系等，它与视点的运动有关，并伴随视知觉活动产生。

外部空间的序列组织与人流活动密切相关，必须考虑主要人流的活动、路径以及其他各种人流活动的可能性，由道路、建筑物、庭院、广场、地形、环境等因素从配置关系上形成轴线，以保证各种人流活动都能看到一连串系统的、连续的视觉形象，从而达到外部空间体系的动态平衡，如展览馆的参观流线（图 4-50）。外部空间的序列组织一般分为轴线序列和情绪序列。

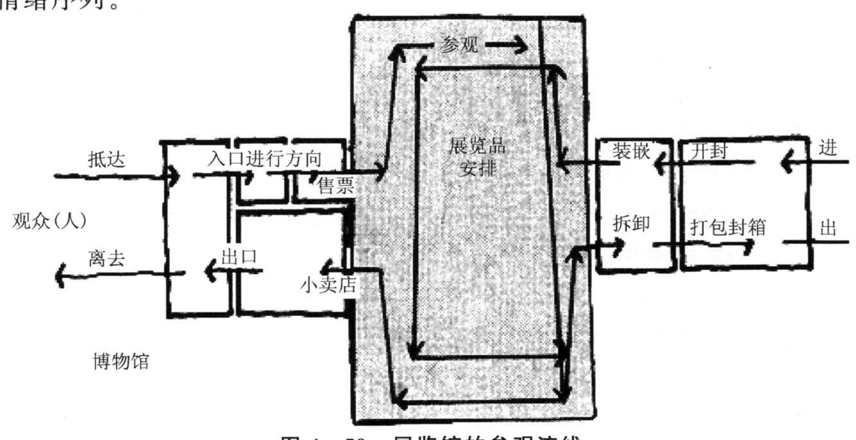

图 4-50　展览馆的参观流线

1）轴线序列

根据使用功能、地形条件及人流活动特点，外部空间的序列组织可分为以下 3 种类型（图 4－51）。

图 4－51　外部空间轴线序列

（1）沿着一条轴线向纵深方向逐一展开。

（2）沿纵向主轴线和横向副轴线向纵、横方向展开。

（3）沿纵向主轴线和斜向副轴线同时展开迂回、循环的形式。

设计成功的空间序列都必须具备明确的层次性，轴线上的空间序列布置可以视建筑群的规模大小而定，一般可沿着轴线明确的开始段、引导过渡段、高潮前准备段、高潮段、结尾段等不同区域组成，外部空间环境以一定的秩序出现，从而显示出空间的有组织性和总体的意境效果（图 4－52）。

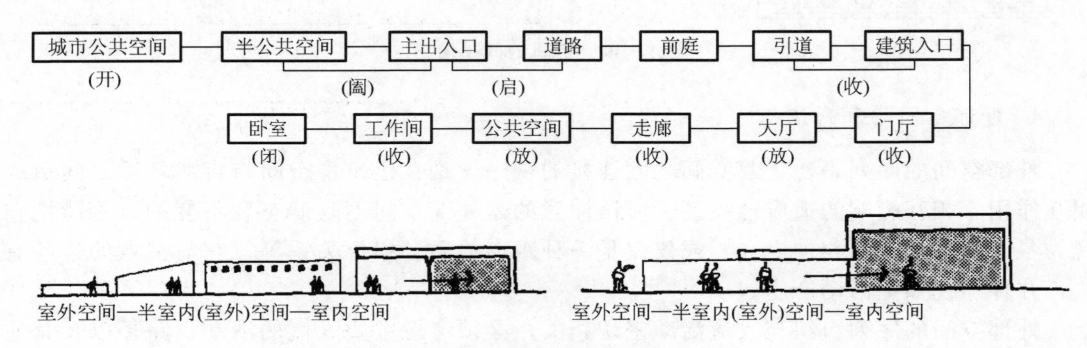

图 4－52　外部空间序列组织

2）情绪序列

在外部空间的秩序与层次中，必须考虑人们活动中的情绪因素，使空间含“情”，并依此建立序列，以更符合人的意向和需要。根据不同人的生理与心理特点、主要服务对象的活动规律设计出与之相应的情绪序列，可分为以下 5 种基本类型。

（1）按人的生理疲劳曲线组织各序列段落。

（2）按人的心理兴奋曲线组织各序列段落。

（3）从空间意象入手，将城市文脉渗入在空间序列中。

（4）按空间的功能性质组织序列段落，功能相近的相对集中，逐步过渡。

（5）从空间结构形式组织序列段落，逐步演变。

4.4.8　场地空间环境的创作

场地空间环境的创作，主要包括以下 8 个方面。

1. 场地空间的整体性

场地空间的设计应首先建立系统的整体构架及体系，包括整体的结构布局、形体轮廓、基本色调等，其后进行质感、色彩、细部处理，强调重点，建立自上而下的层次与秩序。

1）梳理体系

场地空间的体系一般包括建筑体系、空间体系、流动体系、服务体系等。

(1) 建筑体系：包括不同体形、规模、外观的建筑。

(2) 空间体系：包括不同级别、内容、形式与质感的空间。

(3) 流动体系：包括人、物、能、污和信息的流动体系。

(4) 服务体系：包括商务、卫生、文体、游憩等服务体系。

2）强调重点

明确场地空间的层次与秩序中的重点也就是视觉焦点，如场地空间尽端、转折、交叉、汇集处等。

2. 场地空间的新颖性

在场地空间创作中，突出新的思想、形式、技术以及新材料运用。

3. 场地空间的多样性

在创作中注重形式与内容的多样性，休憩、交往、娱乐、活动的多场所性，树木、花草、水体、雕塑、小品、室外家具的多景观性。

4. 场地空间的地域性

注意尊重与保护地方的历史、民族等文化资源，充分利用自然、地理、风俗与经济等自然资源与地方特色。

5. 场地空间的亲和美

场地始终围绕以人为本的原则，维护场地空间的稳定与均衡、舒适而无压迫感，执行防火与防震等防灾安全、交通安全的措施，使场地空间给人归属感。

6. 场地空间的可达性

有效组织人流、车流，交通体系设计合理、组织顺畅与便捷。

7. 场地空间的尺度与层次

使人在场地中感到舒适与被尊重，空间尺度亲切并赋予人情味。场地营造多层次场地空间，注意空间的公共性与私密性设计，满足不同层次人群的需求。

8. 场地空间的自然化

充分利用原有基地的自然地形、地貌、绿地、水体，营造优美的场地环境。

4.4.9 城市的外部空间

1. 城市意象

凯文·林奇在《城市意象》一书中对人的“城市感知”意象要素进行了深入的研究，他说：“一个可读的城市，它的街区、标志或是道路，应该容易认明，进而组成一个完整的形态。”城市意象的内容主要与物质形式有关，其构成要素包括道路（path）、边界（edge）、区域（district）、节点（node）及标志物（landmark）（图 4－53）。

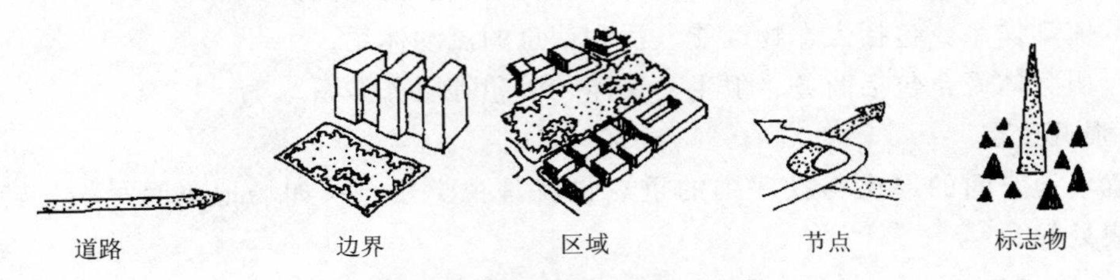

图 4－53　城市意象构成要素

1）道路

道路是移动的通道，如街道、铁路、快速通道与步行道。对多数人来说，路是形成意象的最重要要素，人们都是在路上移动的过程中观察城市，围绕着道路结构的路径把其他要素汇集起来。陌生人到一座城市首先是认路，通过在路上的感受形成对这座城市的意象。

2）边界

边界也是线型要素，属城市、地区或邻里之间的分界线。自然因素如山、河、湖、海、沙漠、森林、沼泽、半岛等均能形成城市的边界线；人为因素如城墙、铁路、高速公路、港口、码头等，也能成为城市或地区的边界。

3）区域

区域是城市中的一些地域，地域内的环境有某种共同的性格可被识别。

4）节点

节点是在城市中，观察者能由此进入的具有战略意义的点，区域的焦点与象征是人能够进入并被吸引到这里来参与活动的地点。

5）标志物

标志是“物”而非空间，与“节点”不同，人不能进入其内部，它们是城市空间中的外部参考点。

2. 城市外部空间的界面

1）城市外部空间界面的分类

城市外部空间界面一般分成水平界面、垂直界面两类。

（1）水平界面：包括车行道、人行道铺地、草地、水面、沙地等。

（2）垂直界面：包括墙体、树木、灯柱及座椅小品等。

2）城市外部空间组成

城市外部空间一般由城市大型广场、街道和沿街道线性布置的各种派生空间、建筑物或建筑群附近的外部空间等组成。

（1）城市大型广场。城市广场是为满足多种城市社会生活需要而建设的以建筑、道路、山水、地形等围合，采用步行交通手段，具有一定的主题思想和规模的城市外部公共活动空间（图4－54）。

图4－54　城市的外部空间——广场、绿地

（2）街道和沿街道线性布置的各种派生空间，一般包括以下4种空间形式。

① 步行街、滨水街道或线性广场。

② 沿连续的街道空间局部扩大而形成的带形空间或广场。

③ 街道的渗透空间、街道交叉点的节点广场。

④ 各种形式的城市绿地（街心花园或街边花园）等。

（3）建筑物或建筑群附近的外部空间，一般包括以下5个部分。

① 大型建筑（群）的入口广场。

② 建筑周边庭院。

③ 公共建筑的中心庭院或内庭院。

④ 屋顶花园。

⑤ 建筑周围的灰空间等。

3．城市外部空间布局

城市外部空间布局，一般包括依据人的活动进行的空间分类、创造功能明确的空间布局及外部空间布局的“方向性”三个部分。

1）依据人的活动进行的空间分类

人们要进行各种活动，因此空间可以分为“运动空间”和“停滞空间”。“运动空间”用于人向某个目的前进、散步、进行游戏或比赛、列队进行或其他集体活动等，因此运动空间的设置应地势平坦、无障碍物及便于行走，同时能过渡到“停滞空间”；“停滞空间”用于静坐、瞭望景色及讨论、聊天、交往等。两者既有完全独立的情况，也有浑然一体的情况。

2）创造功能明确的空间布局

明确外部空间的“用途”，就是对该空间所要求的用途进行分析，并确定相应的空间领域。外部空间设计根据功能用途来确定空间的大小、铺装的质感、墙壁的造型、地面的高差等。

3）外部空间布局的“方向性、引导性”

外部空间布局的“方向性、引导性”是指在空间运用不同的构成元素指示运动路线，明确运动方向。这些构成元素以其不同的形式，强调明确前进方向，引导人们从一个空间进入另一个空间，如由日本建筑师安藤忠雄设计的“水之教堂”[图 4-55(a)]，教堂位于北海道一个群山环抱之中的一块平地上，教堂建筑设计将两个分别为正方形的建筑体块在平面上进行了叠合，建筑主体面对着一个开阔而平静的人工湖，环绕它们的是一道“L”型的独立的混凝土墙，人们在沿着长墙的外面行走，引导人们从外面的环境慢慢转换到有宗教礼仪感的教堂寂静、神圣的空间环境，只有在墙尽头的开口处转过 180°，参观者才第一次看到教堂及水面。

外部空间的“方向性、引导性”也可以借助于纵深的韵律感来引导，常用的办法是采用柱廊、重复的券拱或单一狭长矩形空间等，利用其空间场的延续方向，向人们暗示沿着它所延伸的方向走下去，具有明显的组织引导前进的作用。此外，道路、地铺、桥、墙垣等也可以通过处理使之起到引导与暗示的作用，如美国某高校校园步行道[图 4-55(b)]沿绿化树木植被设置，道路以折线型隔墙限定与导向、延展的灰色地砖铺面引导师生往来于校园教学区与生活区。

(a) 日本“水之教堂”

(b) 美国某高校校园步行道

图 4-55　外部空间的方向性、引导性

在外部空间布局上带有方向性时，希望在尽端配置具有某种吸引力的内容，只有外部空间有了目标，途中的空间才能产生吸引力，而途中的空间有了吸引力，目标也就更加突出，它们能够产生相互促进的作用。如日本浅草寺院的商店街是东京的名胜，在商店街宽约 25 米的道路两旁，并列着一大排商店，在长约 300 米的道路尽头配置有观音堂，因此街道生气勃勃，人们参拜前后漫步在这条街上是很愉快的（图 4-56）。

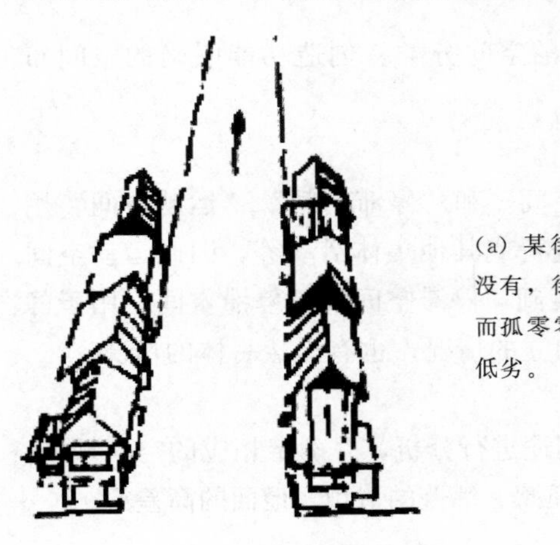

(a) 某街道尽端什么也没有，街道就是扩散性而孤零零的，空间质量低劣。

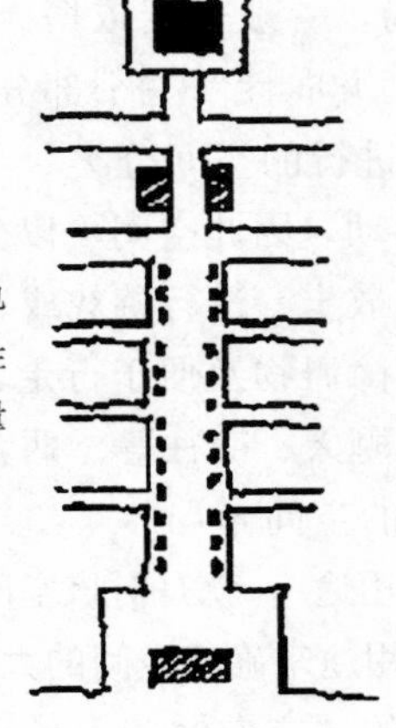

(b) 日本浅草寺前的商店街，即使两旁的商店的热闹消失了，但尽端的观音堂仍为空间的热点。

图 4-56　带有方向性外部空间的尽端的设置

4.5 场地设计中的建筑布局

建筑在场地总体布局中常常处于控制地位，对于建筑的组织和安排是场地总体布局的关键环节，它直接影响到场地其他内容的布置。影响建筑布局的主要因素有地域条件、区位及周围环境、自然条件、建筑用地条件及功能要求等。下面我们主要从地形地貌、气候与小气候、植被景观、地质与水文、建设现状、功能要求、建筑及建筑群体布局的基本要求七个方面来分析对建筑布局具体的影响。

4.5.1 地形、地貌对建筑布局的影响

1. 地形对建筑布局的影响

地形是场地的形态基础，反映了场地总体的坡度及地势走向变化的情况，对地形的认识要进行详细分析，并加以合理的利用。场地设计中的场地分区、建筑物定位、场地内交通组织方式、道路选线、广场及停车场等室外构筑设施的定位和形式选择，工程管线的走向，场地内各处标高的确定，地面排水组织形式等，都与地形的具体情况有直接的关系。

项目建设中对于场地的原始地形的大举改造使工程土方量大幅增加，造成建设造价的提高，而且对地形的较大改变必将破坏场地及其周围环境的自然生态状况，所以从生态环境保护的角度和经济合理性出发，场地设计对自然地形应以适应和利用为主。

1）建筑与地形等高线有平行、垂直和斜交三种布置形式

（1）建筑平行于等高线布置。

建筑平行于等高线布置［图 4－57(a)］，土方工程量小，建筑物内部的空间组织较容易，道路的坡度起伏较小，车辆及人员的运行方便，管线布置较容易，技术要求低。建筑物纵轴与等高线平行，适合于25％以下的坡地，是最常用的方式，但向坡面房间采光、通风条件差。

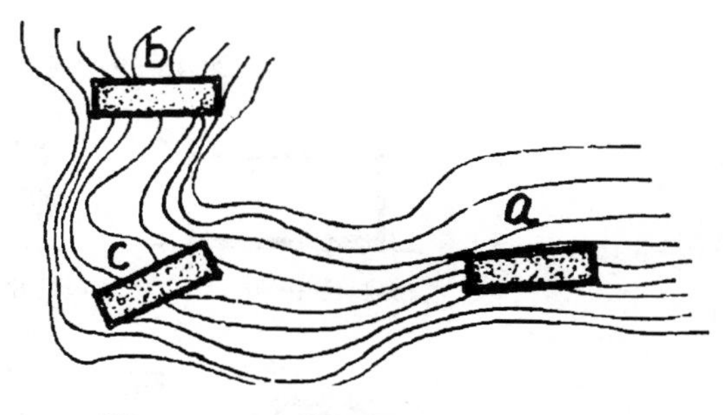

图 4－57　建筑布置与等高线的关系

（2）建筑垂直于等高线布置。

建筑垂直于等高线布置［图 4－57(b)］，与前者相反，但因为其他原因的存在，也常常采用。垂直等高线布置，建筑纵轴与等高线垂直，适合于 25％以上的均匀坡，建筑一般采取跌落或错层处理。

（3）建筑等高线斜交布置［图 4－57(c)］，适应坡度范围较广的情况。

2）建筑与坡地布局的改造与适应（图 4－58）

（1）对地形改造。对天然地表进行挖填，通过对地形改造来获得水平的场地基面，满足建筑水平界面的放置，常见和最基本的是“筑填”策略，其形态特征是建筑的底界面与

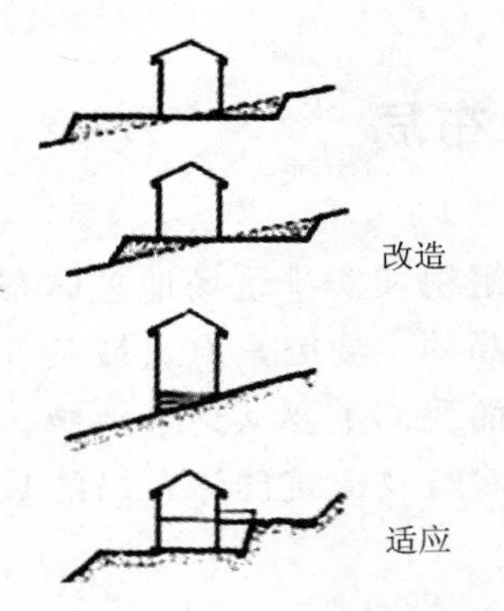

图 4－58　建筑与坡地布局的关系

场地水平基面重合。"筑填"的具体处理方式分为筑台和提高勒脚两种。

对地形改造的方式可以根据地形具体情况采取不同措施平整基地。如图 4－59 所示，基地内有小山丘，通过挖掘加填土或者全挖掘的方式平整基地作为建筑基地；基地内有洼地，通过填土的方式平整基地作为建筑基地；基地也可以通过挖掘、堆积形成新的地景作为建筑基地。建筑物可以独立于基地上，也可以在高低不同的平台，分区使用等。

(2) 建筑适应地形的方式。为了保护原始的地形地貌及更好地利用地形，对地形基本不作改造，而是通过建筑水平及竖向界面的变化适应地形，如"架跨""挑悬""附崖"等设计策略，建筑在山体不同的位置其适应的形式也不尽相同（图 4－60、图 4－61）。

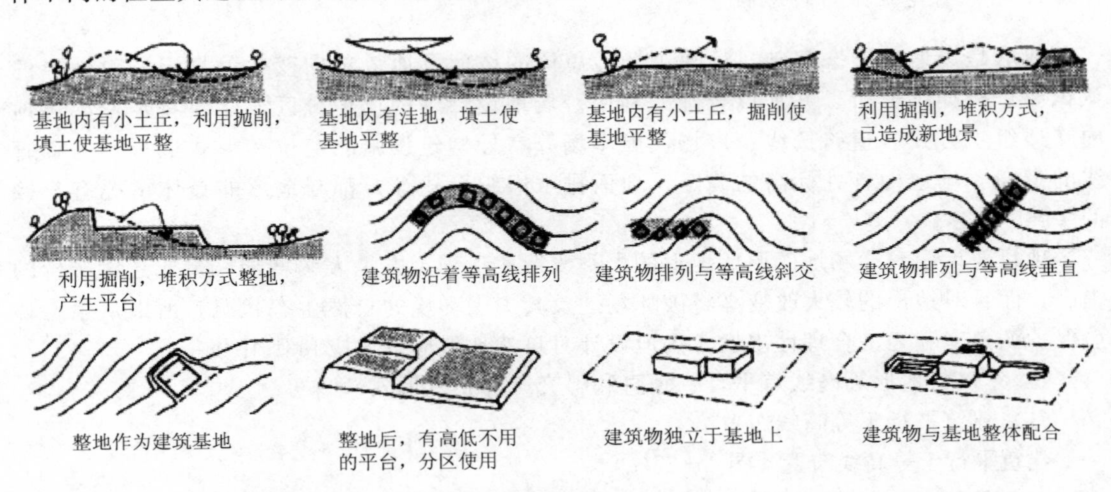

图 4－59　基地平整与建筑布置

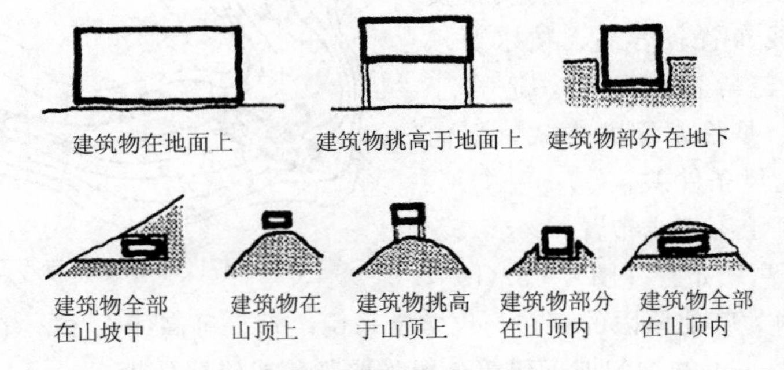

图 4－60　建筑物接地形式 1

对于建筑与地形结合的场地设计，应该综合、全面地权衡利弊关系。建筑界面和地形均各自做出适当变化，互相适应这种对自然地形和生态环境扰动较少的方式，可以使建筑造价最低，地形和建筑之间的相互关系更融合协调。

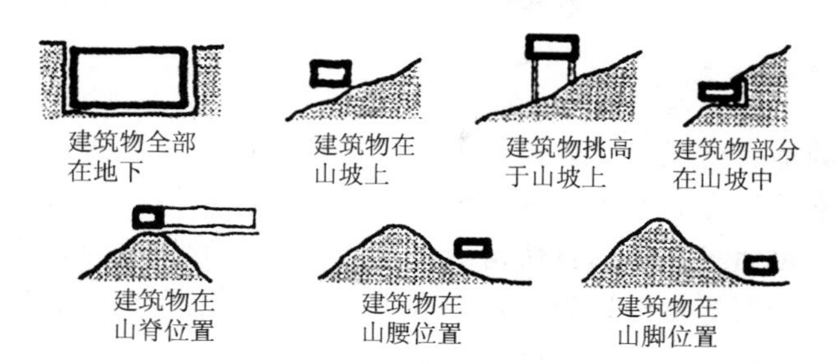

图 4-61　建筑物接地形式 2

2. 用地大小和形状对建筑布局的影响

(1) 用地面积宽裕时，建筑布局有可能采取分散式。

(2) 用地面积紧张时，建筑布局应尽量集中紧凑。

(3) 用地形状规则时，建筑布局规则有序。

(4) 用地形状不规则时，建筑布局要因地制宜，合理灵活地安排。

地形对于场地设计的制约与地形变化的复杂程度有关。地形变化较小，地势较平坦时，场地设计自由度较大；相反，地形变化幅度的增大，地形坡度较大时，地形对场地设计的制约就会较大。

但是，地形条件特殊性也具有双重意义。设计的自由度虽然较小，但地形却常常可以为设计提供一些特殊的可供利用条件，如伦佐·皮亚诺建筑工作室暨联合国教科文组织实验室山地办公楼（图 4-62），工作室呈阶梯状沿平缓的山坡向大海铺展开来，工作室仿佛是一座巨大的花园，与自然有着特殊亲密的联系，使其与周围的环境完美和谐地融为一体。

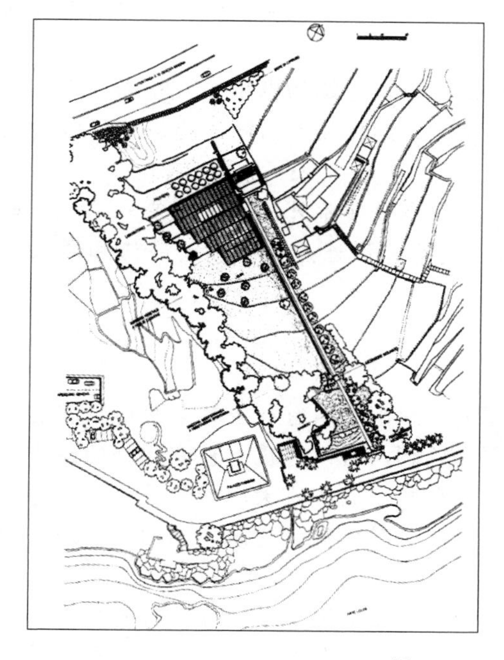

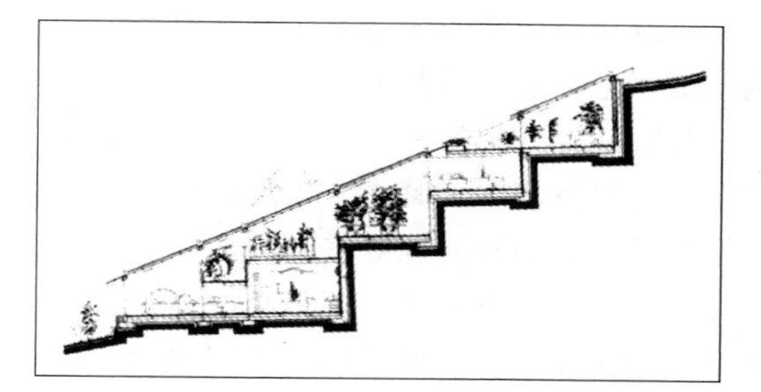

图 4-62　皮亚诺山地办公楼

3. 地貌对建筑布局的影响

地貌是指基地的地表情况，一般包括土壤、岩石、植被、水面等。地貌是由基地的表面构成元素及各元素的形态和所占比例决定的。基地的面貌特征是由土壤裸露程度、植被稀疏或茂密、岩石、水面等方面的自然情况决定的，体现了基地的地方风土特色。对用地现状中存在的土壤、岩石等自然地貌景观要素进行分析、评价，建筑布局及场地设计中尽量减少人工构筑物及工程设施的建造而引起的破坏，场地布局重点应考虑如何结合基地中的自然地貌景观如植物、山石作为设计条件来组织场地的各部分内容。

通过深入分析地形、地貌的现状和特点，运用合理的设计方法与手段，采取有效的工程技术措施，使建筑布置经济合理，在充分利用地形地貌的基础上，使场地空间更加丰富、生动，形成独特的景观特征。

4.5.2 气候与小气候对建筑布局的影响

气候与小气候条件是场地条件的重要组成部分。气候资料包括寒冷或炎热程度，干湿状况，日照条件，常年主导风向，冬、夏季主导风向，风力情况，降水量的大小、季节分布，夏季、冬季的雨雪情况等。气候条件对场地设计的影响很大，在不同气候类型的地区会有不同的场地设计模式，同时，气候条件是促成场地设计地方特色形成的重要因素之一。

1. 气温特点对建筑布局的影响

建筑布局应适应所处地区的气候特点，建筑物采用的布局形式应考虑寒冷地区采暖保温或炎热地区通风散热的要求。

(1) 北方冬季寒冷，为获得保温、御寒和防风的效果，建筑物以集中式布局为宜，大多布置得比较集中、紧凑，呈现出规整聚合的平面形态，形体相对封闭。北方地区应注意广场、活动场地和庭院等室外活动区域尽量朝阳。

(2) 南方夏季炎热、多雨潮湿，为满足通风、防晒和较多室外活动的需要，建筑布置常趋于适当分散，采取比较疏松伸展的平面形态，空间灵活通透，以利于散热和通风组织。这样，有利于建筑节能、生态环境保护。

2. 日照对建筑布局的影响

建筑物的朝向应考虑日照和风向条件：主体朝向采取南北向有利于冬季获得更多的日照，同时也可防止夏季的西晒，南方地区要避免夏季西晒，所以建筑不宜朝西。如条件限制必须朝西时，建筑的平面组合或开窗方向可做适当调整，或者应采用绿化及遮阳设施以减少直射阳光的不利影响。严寒地区，为了争取日照和建筑保温，建筑可朝向南、东、西向，主要使用空间一般不宜朝北向。

按照地理位置，我国大多数地区为了获得良好的日照，建筑的朝向以南偏东、偏西15°以内为宜。场地设计应努力创造良好的小气候环境，建筑物布局应考虑到广场、活动场地、庭院等室外活动区域的向阳或背阴的需要（图 4-63）。

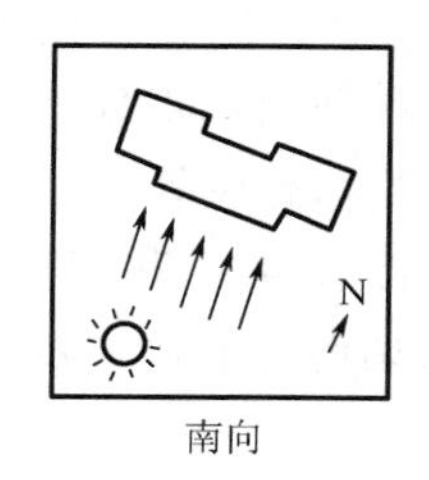

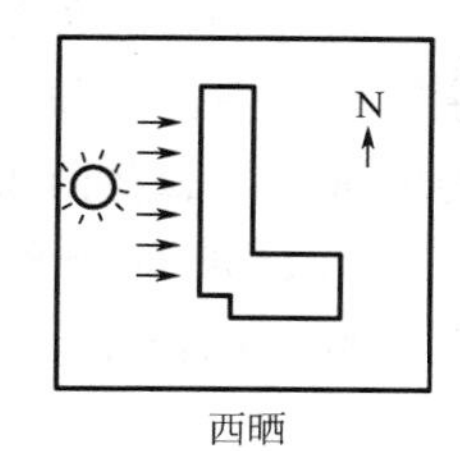

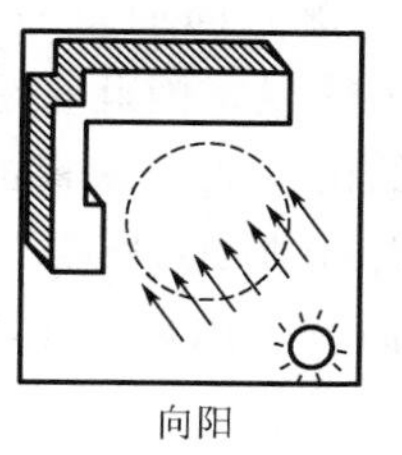

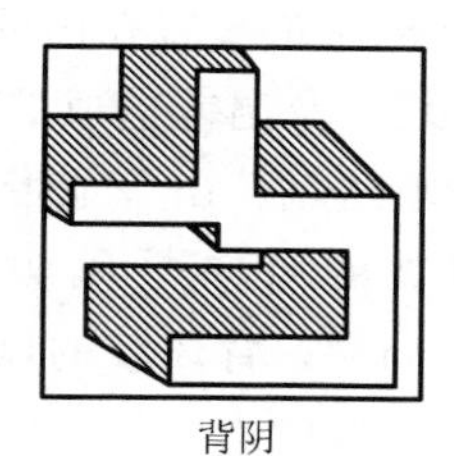

图 4-63 朝向对建筑布局的制约

3. 自然通风对建筑布局的影响

1）建筑布局与自然通风

（1）建筑群体的组合与自然通风。

在建筑群体的布置时，充分利用地形和绿化等条件，可以提高场地的自然通风效果。如在居住区建筑组合中（图 4-64），可以采取以下措施。

① 通过道路、绿地和河湖水面等空间将风引入，并使其与夏季主导风向一致。

② 建筑错列布置，以增大建筑的迎风面。

③ 长短建筑结合布置及院落开口迎向夏季主导风向。

④ 高低建筑结合布置，将较低的建筑布置在迎风面。

⑤ 建筑疏密布置，风道断面变小，使风速加大，可改善东西向建筑的通风。

⑥ 利用成片成丛的绿化布置阻挡或引导气流，改变建筑组群气流。

图 4-64 居住建筑群组合与自然通风效果

（2）山地建筑群的布置与自然通风。

在山地地区，一般建筑布置在山巅、较高的台坪及较开阔地带，其通风较好，低洼地区多半通风不良。但山巅处的缺点是冬季强劲的冷风会对建筑的保暖造成不利影响。

① 宜把建筑布置在山的一侧，面向夏季主导风的位置更为恰当。同时，山地地区常存在由于地形及温差造成的小气候，因此在建筑布置中，必须注意利用局部地方风（如靠近水面的水陆风、山谷地带的山谷风、垭口的山垭风、森林附近的林源风等）。

迎风坡的风向是风顺着山坡往上吹，采用建筑布局前低后高，利于通风组织[图 4-65(a)]；背风坡的风向顺着山坡往下吹，则可以使建筑布局前低后高，利于通风组织 [图 4-65(b)]。

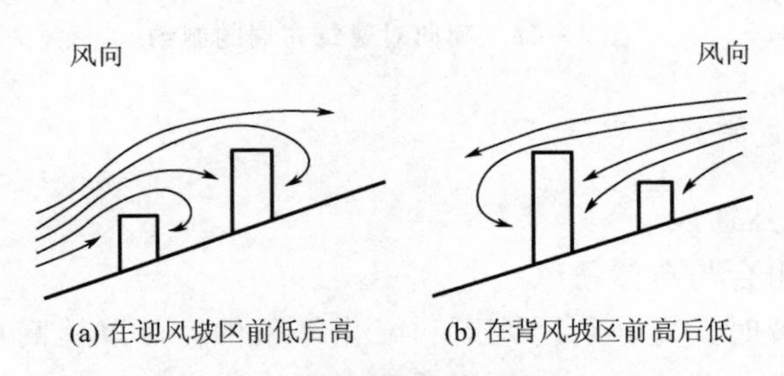

图 4-65　迎风坡与背风坡的建筑布局

风吹向场地时，建筑布置的不同，其周围产生不同的风向变化，利用建筑群的布置产生涡风与“兜风”（图 4-66）。在顺风坡区使建筑与山体等高线垂直或斜交，充分迎娶绕山风、涡风与“兜风”，利用斜列式、迎风面采用点式减少挡风面等，使各个建筑单体都能取得良好的自然通风（图 4-67）。

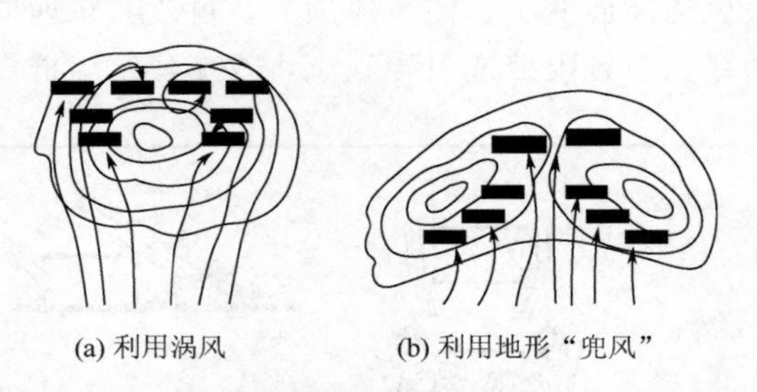

图 4-66　利用建筑群的布置产生涡风与“兜风”

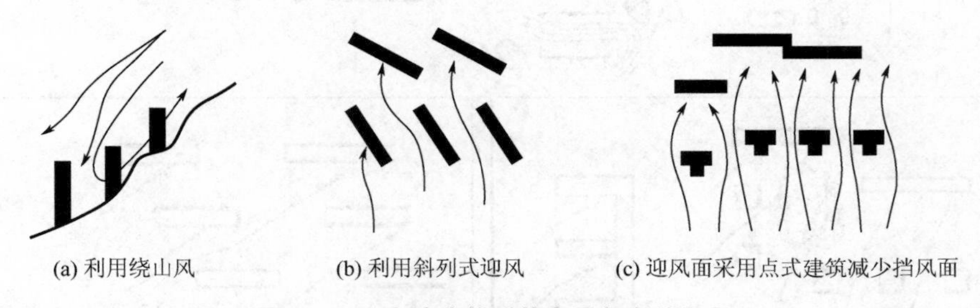

图 4-67　山地建筑群的布置与自然通风

② 建筑必须结合地形和风向进行布置。一般当风向与等高线接近垂直时，建筑与等高线平行或斜交布置则通风较好 [图 4-68(a)]；当风向与等高线斜交时，则建筑宜与等高线成斜交布置，使主导风向与房屋纵轴夹角大于 60°，以利于个体建筑设计中组织穿堂风 [图 4-68(b)]；当风向与等高线平行或接近平行时，则建筑设计成锯齿形或点状平面，或接近垂直等高线布置，则对争取穿堂风有利 [图 4-68(c)]。

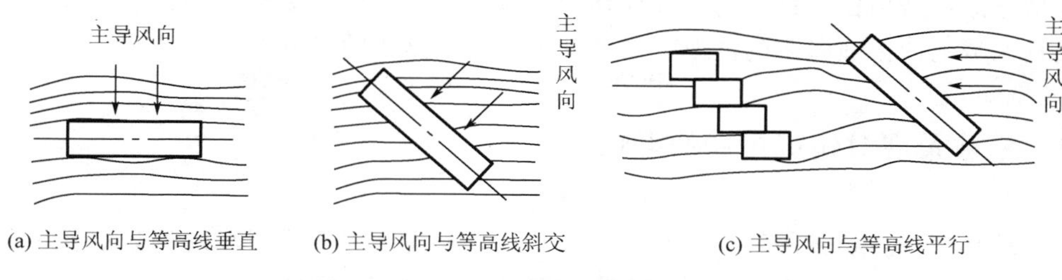

(a) 主导风向与等高线垂直　(b) 主导风向与等高线斜交　(c) 主导风向与等高线平行

图4-68　风向变化对建筑布局的影响

2）自然通风与建筑布局

在场地总体布局中，建筑群布置应为建筑单体设计创造条件，充分利用自然风。在夏季炎热地区，建筑主体朝向面向夏季的主导风向，利用自然通风使内部形成穿堂风来降温，对于单幢建筑，其长轴方向最好能垂直于夏季主导风向。如果建筑为“Ⅱ”形，则开口宜垂直于夏季主导风向，有利于取得更好的夏季通风效果，而冬季寒冷地区，应该避免冬季主导风向的影响，因此，建筑群总体布置时，应使建筑物的长轴平行于冬季主导风向进行布置，避开冬季主导风向，可防止冬季冷风的不利侵袭（图4-69）。

场地中利用建筑群体组合引导夏季自然通风，冬季寒冷地区在冬季主导风向的上风侧种植树木进行挡风等。例如，印度经济管理学院由建筑师路易斯·康设计，项目位于印度的阿赫姆得巴德，气候炎热，夏季温度高达40℃，雨季只有40天，集中降雨750mm，场地地势低平（图4-70）。

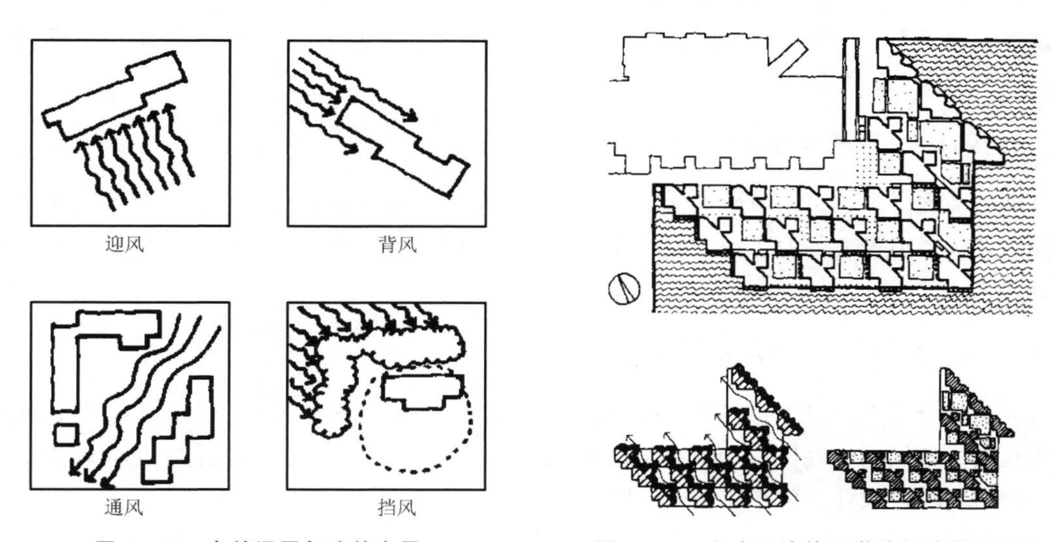

图4-69　自然通风与建筑布局　　**图4-70　印度经济管理学院场地通风组织**

场地设计为了加强主体建筑通风效果，场地布局形式设计将建筑群体抬高，整个建筑群利用单元的密集组合，分解成了一个个小的单元，形成了疏松多孔的空间效果，形同一个巨大的散热装置。这些“孔洞”又连成了一条条的南北风道，而在夏季主导方向南侧设置了一个人工湖，风在传送过程中通过湖水的降温，使湖面上的凉风能充分渗透到场地的各个角落，保证了通风效果，创造了良好的小气候环境。

场地布局应努力创造良好的小气候环境。建筑物布局应考虑到广场、活动场、庭院等室外活动区域的向阳或背阴的需要，考虑到夏季通风路线的形成。

4.5.3 植被景观对建筑布局的影响

在场地环境中，植被的存在具有重要的意义。首先，它形成了场地的景观特色，增加了环境的景观优美度；其次，它通过生态的表面积，以截流形式保存了大量的水分，可以增加地表土壤的容水量，起到保持水土，防止洪水、滑坡产生的功效；此外，良好的植被还能调节场地的小气候。因此在进行建（构）筑物布局时，应尽量采取保护和利用植被的办法，减少人为建造引起的破坏。

1. 依据植被景观进行建筑设计

自然环境要素是场地设计及建筑布局的一个切入点，用地的景观特色常常能启发出一定的设计构思。如坡地用地，建筑可以依山而建，争取最好的景观面；又如临水的用地，建筑可能沿水岸线而建，甚至渗透到水面，最大限度争取景观。

2. 围绕保留古树进行建筑布局

场地内绿化植被如古树名木、大树、成片树林、草地或独特树种应尽可能地加以利用。在布置建筑物时保留或围绕有价值的树木、水体、岩石等，在建筑朝向安排上充分考虑这些景观元素，应使其主要用房或相关空间有良好的景观朝向，吸纳室外景色形成室内外空间的交融，创造良好的场地环境。

3. 依据水体景观进行建筑布局

场地内部或周围环境中的水体，如河、湖、溪水、池塘等丰富的景观，也是场地设计极好的发挥和因借条件的要素，或作为背景景观，或成为场地本身设施及环境组成的一个部分。

4. 依据植物形态进行建筑布局

在场地设计中，对于原来地形中大片状的树木、草地、水面等进行保留，并在其基础上构成集中的绿地、庭院；而对于独立或局部的大树、岩石等可以设计为点状的独立景观，融入到场地设计的建筑布局中（图 4－71）。

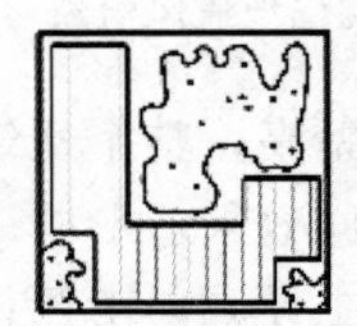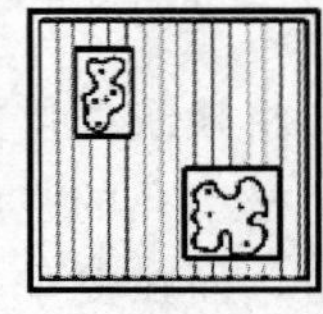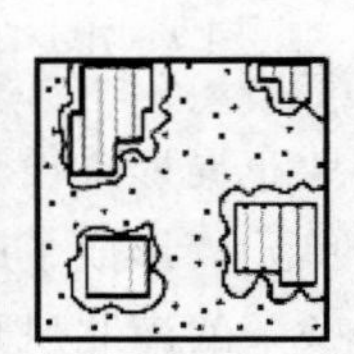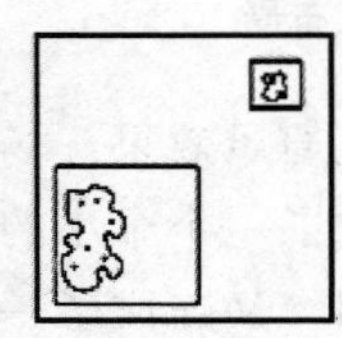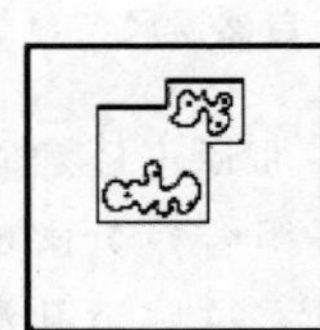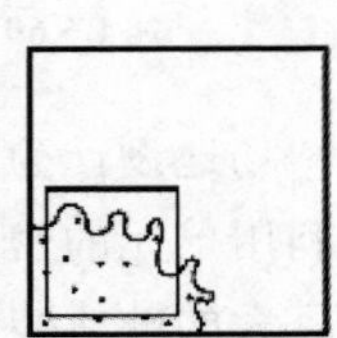

图 4－71　用地植物、绿地对建筑布局的制约

4.5.4 地质与水文对建筑布局的影响

场地的地质、水文条件关系着场地中建筑物位置的选择，关系到地下工程设施、管线的布置方式以及地面排水的组织方式。

1. 场地的地质因素对建筑布局的影响

(1) 场地地质情况。如地质构造、土壤和岩石的不同种类、特性和组合方式关系着地基承载力的大小，将会影响场地中建筑物位置的选择，也会影响建筑物基本形态的确定。

(2) 地层的稳定性。如滑坡、断层、岩溶等，在场地设计中应对场地中可能存在的小规模的不良地质进行分析和采取处理措施，建筑物的布局应避开有不良地质现象的部分。

(3) 地震情况、烈度等级及有关的地震设防要求等。场地设计应根据场地所处地区的设计烈度以及场地的具体地质、地形做出相应的处理，如地震多发地区的场地设计应结合地震区的特点进行合理规划、统筹安排。在建筑布置上，人员较集中的建筑物的位置宜远离高耸建筑物及场地中可能存在的易燃易爆部位，以防止地震时发生次生灾害。场地中应设置各种疏散避难通道和场所，建筑物之间的间距应适当放宽等。

2. 场地的水文因素对建筑布局的影响

场地设计应考虑地表水体的水位情况，江河湖泊等的淹没范围，海水高低潮位，河岸、海岸的变化情况。建筑物、道路及其他室外设施与水面、岸线的距离和高差等及其处理方式应根据上述各方面的具体条件来决定。

(1) 地面水。江河湖泊的最高、最低和平均水位，结冰的初、终日期，水质分析资料，水利工程现状及规划设想。

(2) 地下水。地下水位、流向、水温、水质等。关于工程地质、水文和水文地质的设计依据及技术措施详见国家有关文件及规范。

4.5.5 建设现状对建筑布局的影响

建设条件对建筑布局的影响重点在于各种对场地建设与使用可能造成影响的人为因素或设施，主要包括：场地的地理位置及周围空间环境、场地内的现状情况、交通条件、市政设施状况等，甚至包括文化背景与社会心理对场地的影响。场地的建筑条件和自然条件共同构成场地设计的基础条件。

1. 场地内部条件对建筑布局的影响

(1) 新建场地，场地中完全没有或几乎没有人工建造的痕迹，场地内部的所有条件也就是它的自然条件。场地设计可以较灵活、自由。

(2) 场地中存留具有一定规模、保留价值的建（构）筑物及其设施，状况较好，这时，场地设计应当适当处理，不能采取拆除重建的办法，而需保留维护，采取保留、保护、利用、改造与新建项目相结合的场地设计方法。

① 场地内原有建筑物及其他设施较少，没有保留价值，对场地及建筑设计的制约和影响可忽略不计的，可以采取全部清除，重新规划及建设。

② 如果场地中的原有内容具有历史价值，比如有一定历史的建筑、广场等，那么设计中则更应尽量加以保留利用，且在设计中应给它们以相应的地位，使其有机会展现其价值。

③ 增建、扩建建设项目。所谓增建、扩建就是要在原有的相对完整的场地之中再增添一些新的内容。这样，原有内容对场地设计有制约作用，场地内原有建筑条件的重要性会增强。在使用功能上，原有内容将继续发挥它们原来的作用；在形态上，原有内容将继续是场地的重要部分。因而，场地设计无论是在功能组织上还是在形态安排上都必须是以现状条件为基础而进行。

2. 周围环境对建筑布局的制约

场地是城市的一个部分，保证城市整体上的和谐有序，如城市肌理、轴线、城市交通、用地控线及城市轮廓等。

1）场地所处的城市环境的结构和形态对建筑布局的制约

场地所处的城市背景、城市结构及城市局部肌理是其场地设计的制约因素，当城市结构及肌理比较明确，城市整体形态也会呈现出一些特定的倾向性，场地规划应能容纳于城市的整体结构之中，建筑布局更应体现出对相邻环境的适应性的一面，场地中要素的组织应更为系统。一般来说，顺应和延续城市的整体形态的设计方法较适宜。

当场地处于城市的历史地段之中时，这种邻近制约的作用将会加强，应充分认识其原有历史背景、社会、人文及文脉等环境对场地设计的制约，选择适合的设计方法。

2）场地周围交通对建筑布局的制约

(1) 交通对场地设计的制约。场地中交通组织应通过制定的法律法规来约束，并满足城市规划的各项交通的规范规定，如城市规划、规范中对于各种不同交通量的场地出入口规定，基地车流与人流运行与城市道路交通设施关系的规定等。

(2) 外部的交通条件对场地交通布局的影响。场地周围的城市道路等级和走向情况，人流、车流的流量和流向是影响场地分区、场地出入口设置、建筑物主要朝向、建筑物主要出入口位置的重要因素。

① 场地中对外联系较多的区域和公共性较强的区域应靠近外部交通流线布置，公共类项目的场地中，常会在迎向人流来向的位置设置开放型的广场，或将场地的主要出入口设置于此，以吸引外部人流来使用场地，增加场地的使用效率［图 4-72(a)］。

② 场地中比较私密的、需要安静的区域则应远离交通较繁忙、车流量大的外部道路。若是居住型等对安静度和私密性要求较高的场地，则应将主要出入口避开外部主要的人、车来向设置。可利用绿化或建构设施等加以分隔或屏蔽，以防止外部交通侵入场地，造成不必要的干扰［图 4-72(b)］。

3）相邻场地状况对建筑布局的制约

场地设计应考虑相邻场地的状况对设计的制约和影响，只有这样才能使场地与它所邻接的其他场地形成协调的整体关系，实现场地与场地之间基本布局形态的协调，利于环境形成明确一致的肌理关系，这对于环境整体性的形成是十分有益的。另外，场地中各元素

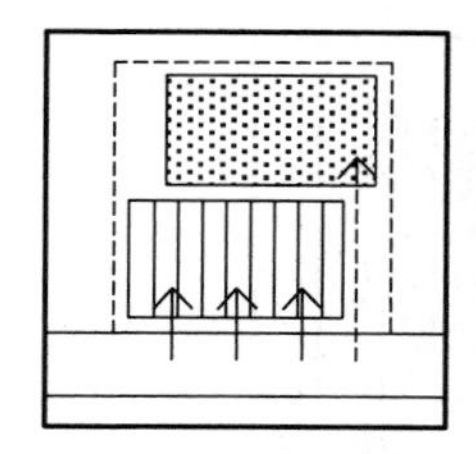
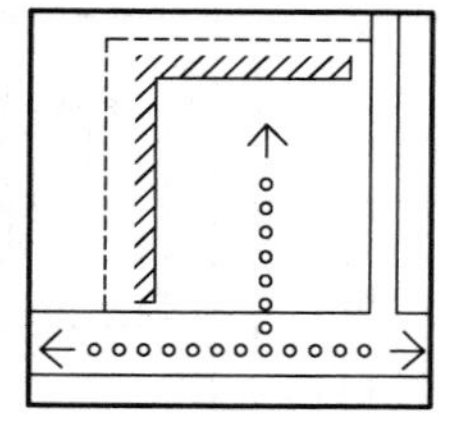

(a) 对外联系多、公共性强区域靠近外部交通流线布置

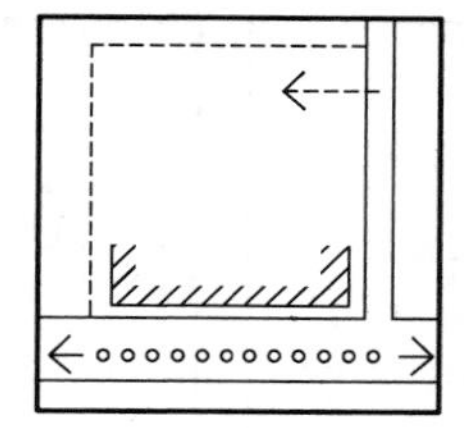
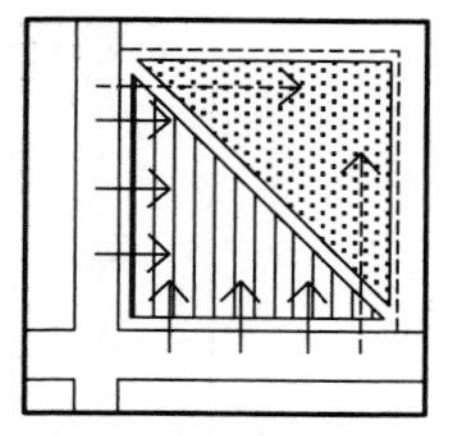

(b) 较私密的、需要安静的区域远离交通繁忙、车流大的外部交通道路

图 4－72　基地周围交通对场地设计的制约

具体形态的处理，应考虑与周围其他要素相一致。

(1) 相邻场地中建筑物采取了分散方式布置，其他的内容也是分散布置，那么新设计最好也采取分散布置，将建筑物与其他内容都化整为零，分散布局［图 4－73(a)］。

(2) 相邻的场地采取比较规则严整的布局形式，那么新场地设计最好不要用过于自由和变化过多的形态［图 4－73(b)］。

(3) 场地周围的场地中广场、庭院等都处理成了比较自由的形态，那么新设计的广场、庭院等风格也不应过于严肃，具体元素的形式、形态的协调也是形成统一环境的有效手段［图 4－73(c)］。

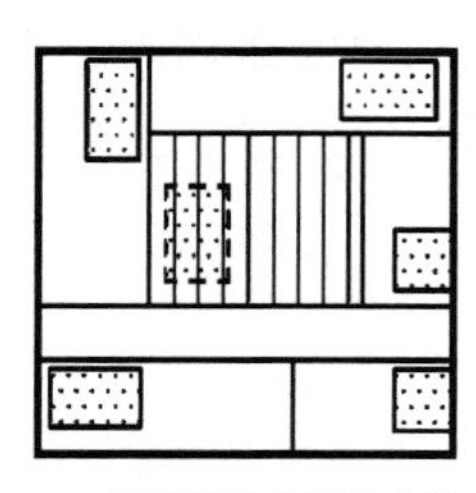

(a) 相邻场地布局较分散

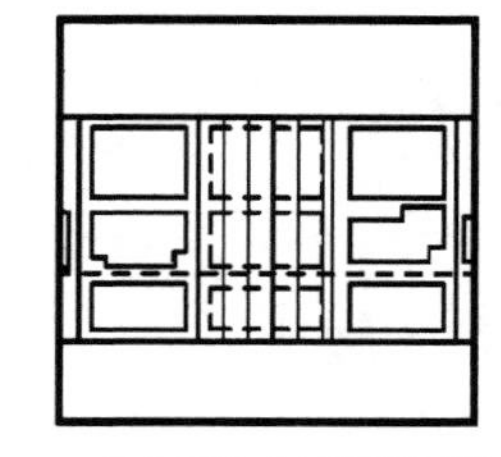

(b) 相邻场地布局规则严整

(c) 相邻场地形态较自由

图 4－73　相邻场地状况对场地设计的制约

4) 场地附近的一些特殊的城市元素对建筑布局的制约

如果场地周围存在一些比较特殊的城市元素，如城市公园、公共绿地、城市广场或有历史价值的自然或人文景观等，对场地设计有一些特定的影响，设计中则更应尽量加以保留利用，而且，在设计中应给它们以相应的地位，凸显和展现其价值。

这些特殊的城市元素对建筑布局会有一些特定的影响。比如，有些时候场地会临近城市公园、公共绿地、城市广场或其他类型的地方设置城市开放空间，场地设计应给予呼应、借景或互动；有些时候场地可能会临近城市的一些重要标志物，如著名建筑等，这些因素对场地而言均为外部的有利条件，在建筑布局时应对这些有利条件加以因借和利用，使场地与这些城市元素形成某种统一和融合关系，使两者均能因对方的存在而获得益处［图 4－74(a)、图 4－74(b)］。另外，基地周围可能会存在一些不利条件，比如噪声源、污染源、过境交通等，这时场地设计则应针对这些特定的不利条件采取一些措施，减弱或降低其干扰［图 4－74(c)］。

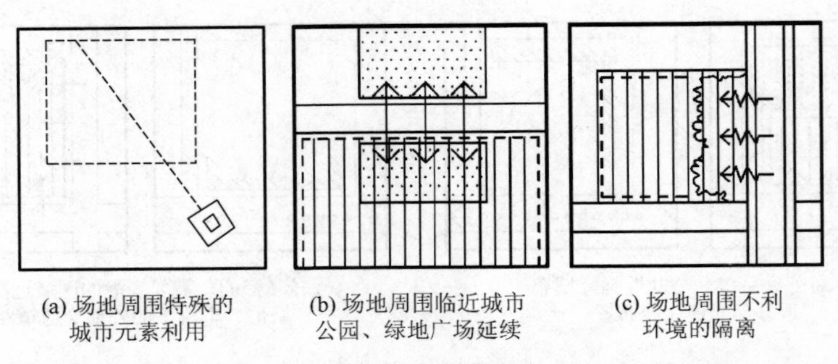

图 4－74　场地附近特殊的城市元素对场地设计的制约

4.5.6　功能要求对建筑布局的影响

不同性质的建筑功能要求不同，人流活动情况不同，其内部功能关系的组织就不同。除用地条件外，主要是由于建筑自身的功能和流线要求，在总体布局中平面及空间会呈现出不同的形式。

建筑平面的组合可呈现走廊式、穿套式、单元式、辐射式、大厅式和庭院式等多种形式，虽然功能对于建筑组合具有某种制约关系，但在具体处理上又有很大的灵活性。由于建筑功能的多样性和复杂性，除少数建筑由于功能较单一而只需采用单一类型的空间组合形式外，绝大多数建筑都必须综合采用多种组合形式，或以一种为主、其他形式配合并用的形式。

4.5.7　建筑及建筑群体布局的基本要求

在建筑布局时涉及建筑朝向的选择与建筑间距的确定，因此，建筑布局应综合考虑日照、通风和防火等方面的问题，遵循相关设计规程、规范，满足卫生、安全和经济等基本要求。

1. 建筑朝向的选择

1）日照因素

我国横跨寒带、亚寒带、温带和亚热带等多种气候区，南北方的日照特点差别显著。建筑朝向的选择是为了获得好的日照和通风条件，不同朝向的建筑可获得不同的日照效果，因而各有其不同的适应性，寒带地区以冬季争取更多的日照为主，亚热带地区则把夏季避免过多日照作为主要矛盾来解决。

（1）我国广大地区都广泛采用的是南北向的建筑，由于南向房间夏季室内的阳光照射深度和照射时间较短，冬季室内的阳光深度比夏季大，中午前后均能获得大量日照，故有冬暖夏凉的效果。但向北一面的房间，阳光较少，冬季较冷，北方寒冷地区主要用房应避免北向。不过，在南方冬季不太冷的地区，如广州、昆明和重庆等地，北向房间光线柔和而稳定，也可避免西晒，因此北向又优于东西向。

(2) 东西向的建筑，上午东晒，下午西晒，阳光可深入室内，有利于提高日照效果，但在夏季会造成西向房间过热，故在温带和亚热带地区，东西朝向是不适宜的。而对于北纬45°以北的亚寒带、寒带地区，如沈阳、乌鲁木齐等地，主要是争取冬季日照，故可以采用东西向的建筑布置。

(3) 东南向的建筑，东南一面全年具有良好的日照，但西北面获日照较少，且冬季常受西北风影响。在北纬40°一带，冬季要求大量日照的建筑可以采用，但西北面不宜布置主要居室。

(4) 西南向的建筑，西南一面夏季午后很热，东北一面日照又不多，一般较少采用。朝向选择随地理纬度不同、各地习惯不同而有所差异，在依赖自然条件下，我国各地区主要房间适宜朝向参见图4-75。

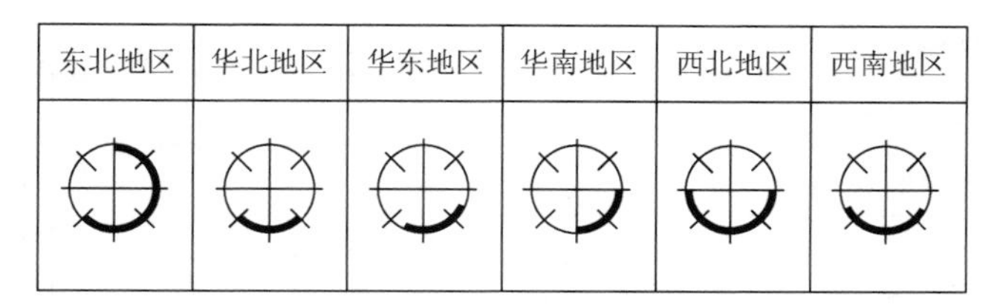

图4-75　我国各地区主要房间适宜朝向

2) 风向因素

在我国长江中下游及华南广大地区，夏季持续时间长，而且湿度较大，因此，为使夏季获得较好的通风条件，建筑主体应朝向当地夏季主导风向布置，以引进充足的风量，增加自然通风效果。一般可借助当地风玫瑰图所示的夏季主导风向来考虑建筑朝向。而在我国秦岭—淮河以北地区，建筑朝向的选择更应考虑到建筑冬季防寒、保温与防风沙侵袭的要求，避开冬季的主导风向。

由于日照和通风条件是评价建筑室内环境质量的主要标准，再综合考虑其他主要相关因素，可以确定各地区或城市的适宜建筑朝向范围(表4-2)。

表4-2　我国部分地区建筑朝向表

序号	地　　区	最佳朝向	适宜范围	不宜朝向
1	哈尔滨地区	南偏东15°～20°	南至南偏东15°、南至南偏西15°	西北、北
2	长春地区	南偏东30°、南偏西10°	南偏东45°、南偏西45°	北、东北、西北
3	沈阳地区	南、南偏东20°	南偏东至东、南偏西至西	东北东至西北西
4	旅大地区	南、南偏西15°	南偏东50°至南偏西至西	北、西北、东北
5	呼和浩特地区	南至南偏东、南至南偏西	东南、西南	北、西北
6	北京地区	南偏东30°以内、南偏西30°	南偏东45°以内、南偏西45°以内	北偏西30°～60°
7	石家庄地区	南偏东15°	南至南偏东30°	西
8	太原地区	南偏东15°	南偏东至东	西北
9	济南地区	南、南偏东10°～15°	南偏东30°	西偏北5°～10°

（续）

序号	地　区	最佳朝向	适宜范围	不宜朝向
10	郑州地区	南偏东15°	南偏东25°	西北
11	青岛地区	南、南偏东15°	南偏东15°至南偏西15°	西北
12	乌鲁木齐地区	南偏东40°、南偏西30°	东南、东、西	北、西北
13	银川地区	南至南偏东23°	南偏东34°、南偏西20°	西、北
14	西宁地区	南至南偏西30°	南偏东30°至南、南偏西30°	北、西北
15	西安地区	南偏东10°	南、南偏西	西、西北
16	拉萨地区	南偏东10°、南偏西5°	南偏东15°、南偏西10°	西、北
17	成都地区	南偏东45°至南偏西10°	南偏东45°至东偏北30°	西、北
18	重庆地区	南、南偏东10°	南偏东15°、南偏西5°、北	东、西
19	昆明地区	南偏东25°～50°	东至南至西	北偏东35°、北偏西35°
20	南京地区	南偏东15°	南偏东15°、南偏西10°	西、北
21	合肥地区	南偏东5°～15°	南偏东15°、南偏西5°	西
22	上海地区	南至南偏东15°	南偏东30°、南偏西15°	北、西北
23	杭州地区	南偏东10°～15°	南、南偏东30°	北、西
24	武汉地区	南偏西15°	南偏东15°	西、两北
25	长沙地区	南偏东9°左右	南	西、西北
26	福州地区	南、南偏东5°	南偏东20°	西
27	厦门地区	南偏东5°～10°	南偏东20°以内	西
28	广州地区	南偏东15°、南偏西15°	南偏东22°30′、南偏西5°至西	
29	南宁地区	南、南偏东15°	南偏东15°～20°，南偏西5°	东、西

3）用地条件的影响

（1）场地形状与方位。

为保证场地空间的和谐与完整，建筑的布置须与场地边界形成一定的空间关系，其朝向必然受到场地方位的制约。例如海牙市市政厅及图书馆，为荷兰建筑师理查德·迈耶设计，其场地位于城市显要地段的狭长区域，建筑师基于对城市结构的分析，将建筑主体中的十层和十二层的矩形办公楼体块相互脱离成10.5°的夹角，总平面布局顺应街道布置，使建筑与城市肌理及道路布局吻合、协调（图4－76）。

（2）道路走向。

建筑的朝向与场地内外的道路走向密切相关。在东西向的道路上沿街布置南北向的建筑是比较理想的，但在南北向的道路上沿街布置建筑就成为东西向了，为争取良好日照等条件而避免东西向，则需详细研究建筑的布置方式。建筑朝向与道路走向的关系不外乎平行、垂直、倾斜等，而建筑群与道路的关系则多种多样，如某小区规划以道路走向来组织居住建筑（图4－77）。

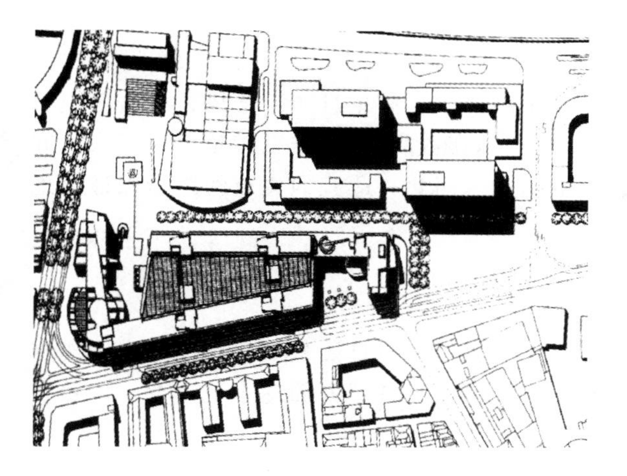

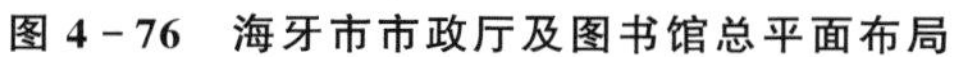

图 4-76 海牙市市政厅及图书馆总平面布局

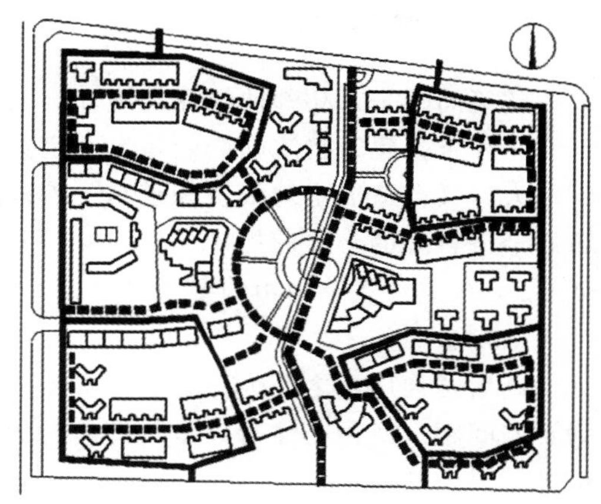

图 4-77 道路对场地设计的制约

(3) 地形变化。

在地势平坦的场地，建筑的布置比较自由，朝向不受地形的限制。但在山区或地形变化复杂的场地，建筑须结合地形布置。为减少土石方工程量，建筑常平行等高线布置；沿等高线布置建筑时，有时为争取好的朝向，也可采用与等高线斜交或混合布置；当建筑必须垂直等高线布置时，宜采用错层、跌落等手法与地形相结合，如台湾涵碧楼酒店，面向日月潭浩渺的水面，背倚地势陡峭的山体，建筑结合地形，依山而建，逐级退台减少了对山体的破坏（图 4-78）。

(4) 周围建筑空间与景观。

布置建筑的朝向，还必须与周围建筑空间取得良好协调。在特定情况下，场地的某些方位有优美的风景景观，如海景、重峦起伏、依山傍水、林木葱郁，或人文古迹、亭台楼阁等，建筑朝向也应充分考虑这些有利因素，通过建筑本身的遮阳隔热或防风御寒措施，使建筑获得理想的景观朝向，如美国某海滨酒店围绕海景展开建筑布局（图 4-79）。

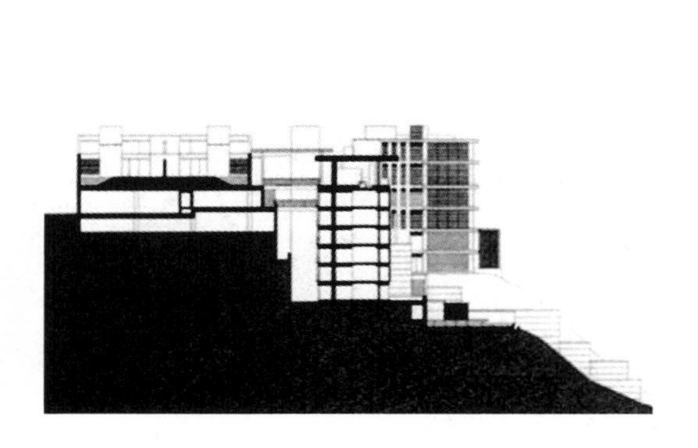

图 4-78 地形变化对场地设计的制约

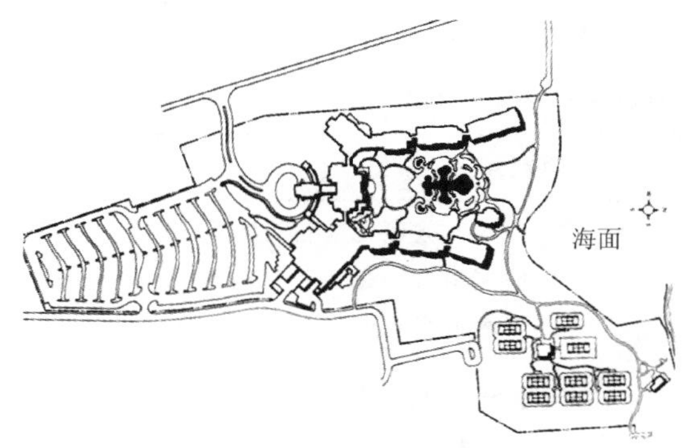

图 4-79 周围景观对场地设计的制约

综上所述，布置建筑物的朝向应根据场地的具体情况进行全面分析，综合考虑各方面的影响，不应单纯追求某一方面的需求而忽视对全局的处理。

2. 建筑间距的确定

建筑间距是指相邻两幢建筑物外墙之间的水平距离。为满足日照、通风、防火等卫生和安全要求，建筑物之间必须留出一定宽度的间距。间距过小，则难以满足上述要求；间距过大，又会造成土地浪费和道路、管线长度的增加。因此，适宜的建筑间距是保证场地布局经济合理的必要前提。

1）日照对建筑间距的要求

（1）日照间距。

前后两列房屋之间为保证后排房屋在规定的时日获得必需日照量而保持的一定距离称为日照间距。所谓必需日照量，即建筑的日照标准，是满足日照方面基本卫生要求的最低标准。

（2）有关日照相关规范的要求。

根据我国《民用建筑设计通则》（GB 50352—2005）、《城市居住区规划设计规范（2016年版）》（GB 50180—1993），目前我国根据不同类型建筑的日照要求制定了相应的日照标准。

① 住宅建筑日照标准。

决定住宅建筑日照标准的主要因素，一是所处地理纬度及其气候特征，二是所处城市的规模大小及其不同的用地紧张状况。以综合考虑上述两大因素为基础，我国现行住宅建筑日照标准按照分区分标准的基本原则，采用冬至日与大寒日两级标准日，详细规定了各气候区中不同规模城市的日照标准（表4-3）。每套住宅应至少有一个居室，宿舍应每层至少有半数以上的居室满足上述日照标准。

表4-3　住宅日照标准

气候划分	Ⅰ、Ⅱ、Ⅲ、Ⅶ气候区		Ⅳ气候区		Ⅴ、Ⅵ气候区
	大城市	中小城市	大城市	中小城市	
日照标准日	大寒日			冬至日	
日照时数（h）	≥2	≥3		≥1	
有效日照时间带（h）	8～16			9～15	
计算起点	底层窗台面				

注：1. 建筑气候区划应符合附录A第.0.1条的规定。

2. 底层窗台面是指距室内地坪0.9m高的外墙位置。

3. 本表摘自《城市居住区规划设计规范（2016年版）》（GB 50180—1993）。

住宅日照标准应符合表4-2的规定，对于特定情况还应符合下列规定。

（a）老年人居住建筑不应低于冬至日日照2h的标准。

（b）在原设计建筑外增加任何设施不应使相邻住宅原有日照标准降低。

（c）旧区改建的项目内新建住宅日照标准可酌情降低，但不宜低于大寒日日照1h的标准。

② 其他建筑的日照标准。

（a）托儿所、幼儿园建筑的主要房间应满足冬至日满窗日照不少于3h的日照标准，其活动场地应有不少于 1/2 的活动面积在标准的建筑日照阴影线之外。

(b) 中小学校的教学楼及其他南向的普通教室，应满足冬至日底层满窗日照不少于 2h 的日照标准，各类教室的外窗与相对的教学用房或室外运动场地边缘间的距离不应小于 25m。

(c) 医院病房楼至少有半数以上的病房，应满足冬至日满窗日照不少于 2h，且病房前后间距不宜小于 12m。

(d) 疗养院至少有半数以上的病房和疗养室应能获得冬至日满窗日照不少于 2h，且疗养用房主要朝向的最小间距不应小于 12m。

(e) 老年人、残疾人专用住宅的主要居室，应能获得冬至日满窗日照不少于 2h。

在居住建筑群体布置中，可以通过建筑的不同组合方式以及利用地形等手段，来达到建筑群体争取日照的目的，如：

住宅错落布置，可利用山墙间隙提高日照水平［图 4－80(a)］；利用点式住宅以增加日照效果，可适当缩小间距［图 4－80(b)］；建筑方位偏东（或偏西）布置，等于是加大了间距，增加了底层的日照时间，但阳光入室的照射面积比南面要小［图 4－80(c)］。

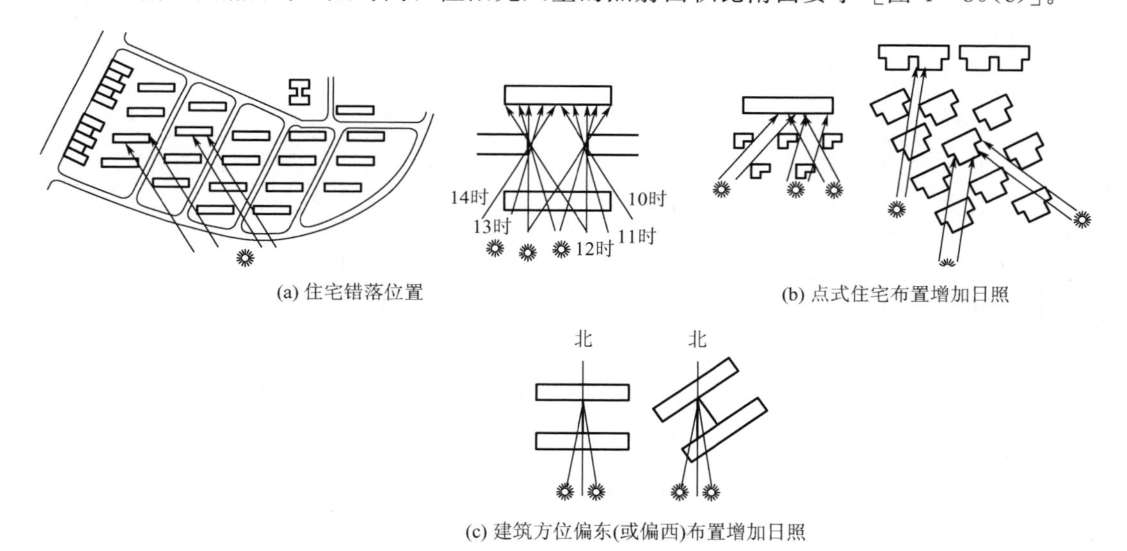

(a) 住宅错落位置

(b) 点式住宅布置增加日照

(c) 建筑方位偏东(或偏西)布置增加日照

图 4－80 居住建筑取得日照群体布局

(3) 日照间距系数。

① 南北向日照间距，采用图解法或计算的方法，可以求得建筑物之间符合日照标准的最小日照间距。在实际应用中，日照间距系数：

$$S=D/H$$

式中 S——日照间距系数；

D——日照间距；

H——前幢建筑檐口至地面高度。

各城市的规划主管部门根据当地具体情况，制定了日照间距系数标准（表 4－4），场地总体布局时，对于南北向平行布置的建筑物，只需简单计算即可求得日照间距值。

表 4-4 我国部分城市不同日照标准的间距系数

序号	城市名称	纬度（北纬）	冬至日满窗日照时数	大寒日满窗日照时数			现行采用标准
			日照 1h	日照 1h	日照 2h	日照 3h	
1	哈尔滨	45°45′	2.46	2.10	2.15	2.24	1.5～1.8
2	沈阳	46°41′	2.02	1.76	1.8	1.87	1.7
3	北京	39°57′	1.86	1.63	1.67	1.74	1.6～1.7
4	天津	39°06′	1.8	1.58	1.61	1.68	1.2～1.5
5	银川	38°29′	1.75	1.54	1.58	1.64	1.7～1.8
6	太原	37°55′	1.71	1.50	1.54	1.60	1.5～1.7
7	济南	36°41′	1.62	1.44	1.47	1.53	1.3～1.5
8	兰州	36°03′	1.58	1.40	1.44	1.49	1.1～1.2，1.4
9	西安	34°18′	1.48	1.31	1.35	1.40	1.0～1.2
10	上海	31°12′	1.32	1.17	1.21	1.26	0.9～1.1
11	成都	30°40′	1.29	1.15	1.18	1.24	1.1
12	重庆	29°34′	1.24	1.11	1.14	1.19	0.8～1.1
13	昆明	25°02′	1.06	0.95	0.98	1.03	0.9～1.0
14	广州	23°08′	0.99	0.89	0.92	0.97	0.5～0.7
15	南宁	22°49′	0.98	0.88	0.91	0.96	1.0

注：1. 摘自《城市居住区规划设计规范》（GB 50180—1993）（2016 年版）。

2. 本表按沿纬向平行布置的 6 层条式住宅（楼高 18.18m，首层窗台距室外地面 1.35m）计算。

3. “现行采用标准”为 20 世纪 90 年代初调查数据。

② 不同方位的日照间距。对于朝向非正南北向的建筑，其日照间距可以按照日照标准的要求通过计算求取，在《城市居住区规划设计规范（2016 年版）》（GB 50180—1993）里规定了不同方位间距折减系数，通过与正南向标准日照间距换算，可方便求得不同方位的合理日照间距，详见第二章表 2-3。

（4）地形坡度、坡向对日照间距的影响。

对于山地地区建筑的日照间距首先是受到日照条件的影响，其次，地形坡向及坡度大小的影响也很大。如在南向阳坡上，建筑南北向布置时，日照间距比平坦地要小，而且坡度越大，所需日照间距愈小。反之，在北向阴坡上，日照条件差，日照间距比平坦地要大，而且坡度越大，所需日照间距也越大，用地不经济。

因此，建筑布置应结合地形特点，合理利用土地。主体建筑布置时应尽量争取阳坡或半阳坡，阴坡可作为停车场或公用设施用地，当阴坡不可避免时，为了争取日照，减少阴坡的建筑间距，建筑物宜斜交或垂直于地形等高线布置，或采取斜列、交错、长短结合、高低搭配和点群式平面等处理手法（图 4-81）。

2）通风对建筑间距的要求

（1）建筑单体长度、深度及高度对自然通风的影响。

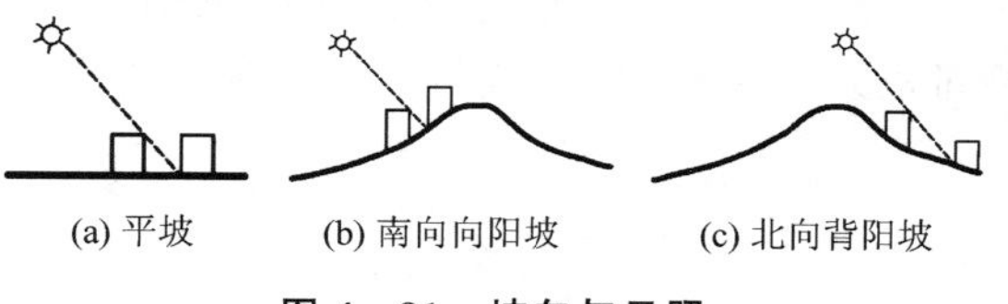

图4－81　坡向与日照

模拟试验表明，对单幢建筑而言，建筑物高度增加，气流方向进深减小，迎风面建筑长度加大，则其背面的漩涡区就增大，这对该建筑通风有利，但对其背后的建筑通风则不利。也就是说，在较高、较长、进深较大的建筑后部布置建筑时，需要更大的通风间距（图4－82）。

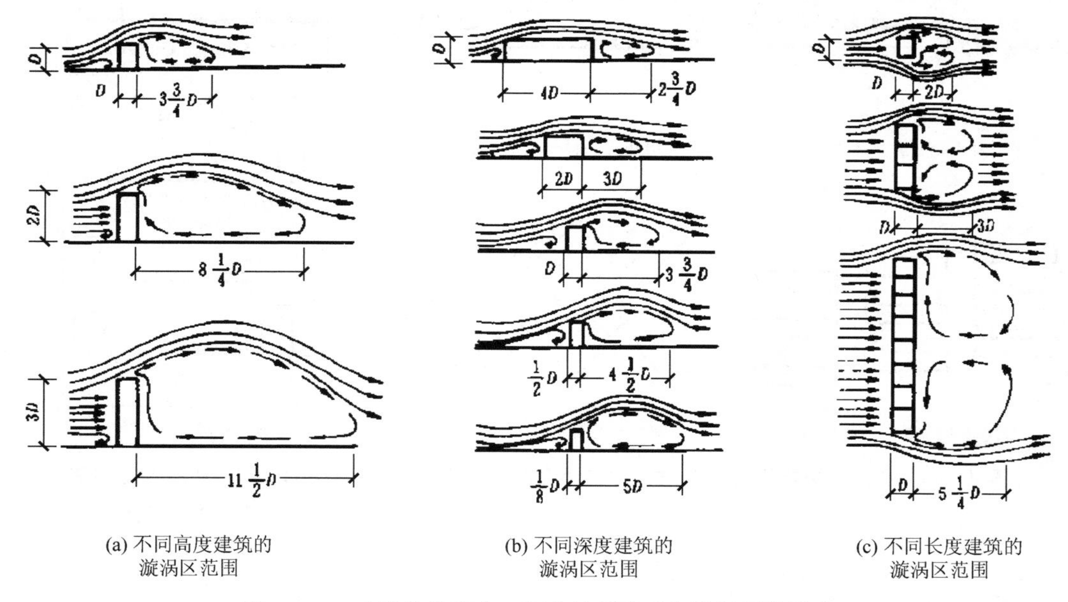

图4－82　建筑单体高度、深度及长度对自然通风的影响

（2）建筑布局与主导风向的关系对自然通风的影响。

根据风流动的规律，建筑布局与主导风向的关系产生不同的风流，有下列几种情况。

① 以阵列式住宅布局为例，当入射角为0°时，无法组织流畅的风流，气流衰减严重。如果将住宅错开排列，就相当于加大了住宅间距，可以减少风流的衰减［图4－83(a)］。

② 以阵列式住宅布局为例，当入射角大于15°时，可以组织流畅的风流［图4－83(b)］。

③ 行列式住宅布局，前后错开，便于气流插入间距内，使越流的气流路线较实际间距长，这对高而长的建筑群是有利的［图4－83(c)］。

④ 住宅布局根据主导风向斜向布置，形成了风的进口小出口大的情形，可以加快流速。如果建筑物的窗口再组织好导流，则有利于自然通风［图4－83(d)］。

（3）建筑间距、建筑组合、风入射方向对自然通风的影响。

建筑组群的自然通风与建筑的间距、排列组合方式及迎风方位（即风向对组群的入射角）等有关：建筑间距越大，后排建筑受到的风压也较强，通风效果越好（图4－84）。但应结合节约用地与经济方面综合考虑，在满足日照要求的建筑间距条件下，充分利用各种有利于建筑通风的因素和措施，如在选择建筑朝向时同时考虑通风要求，建筑间距一定时，使夏季主导风向保持有利通风组织的入射角，则可取得风路畅通的效果，例如设定建筑间距为 1.3H（H 为前排建筑高度）通风气流分布情况如图 4－85 所示。

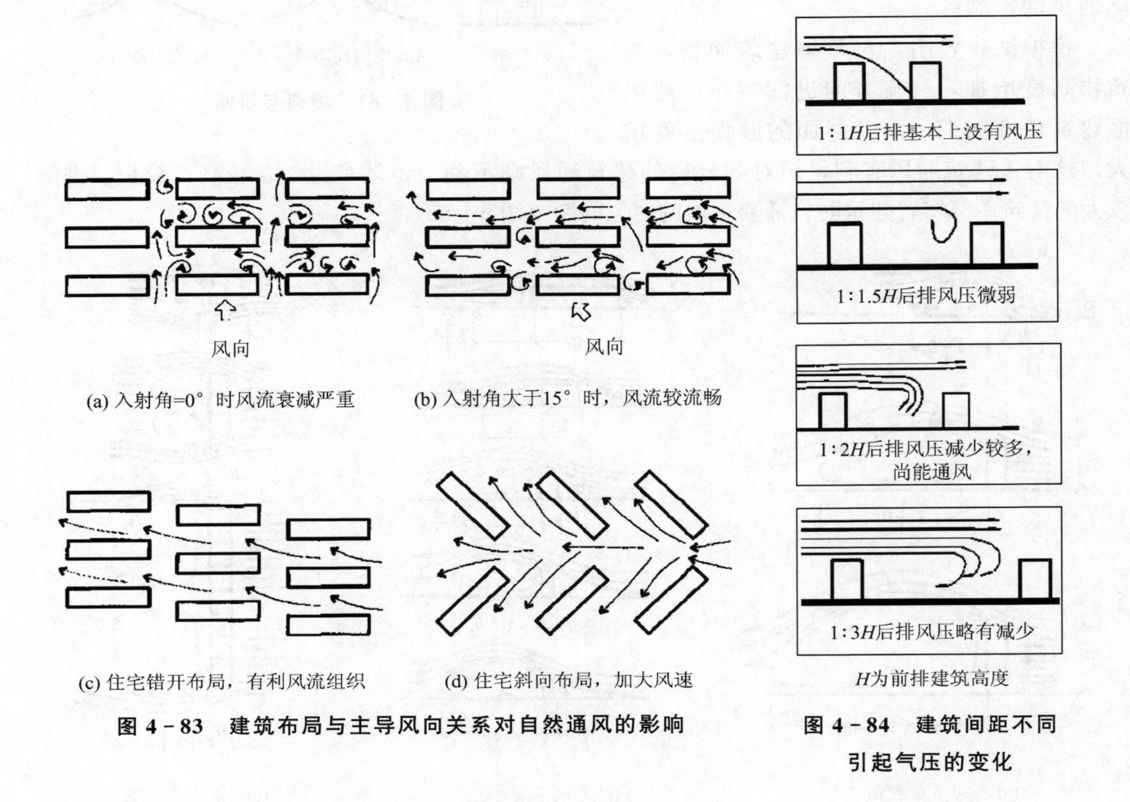

图 4－83　建筑布局与主导风向关系对自然通风的影响

图 4－84　建筑间距不同引起气压的变化

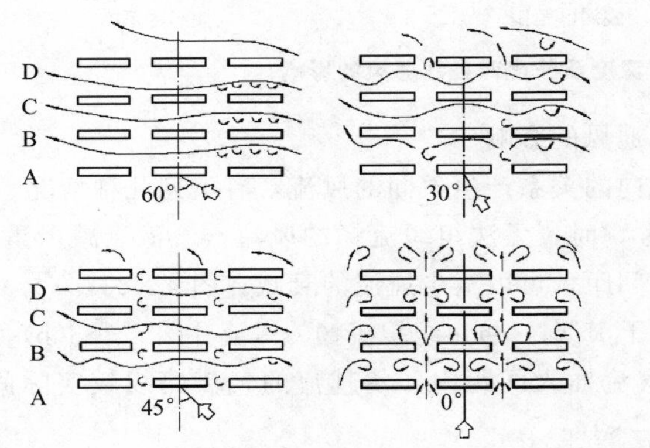

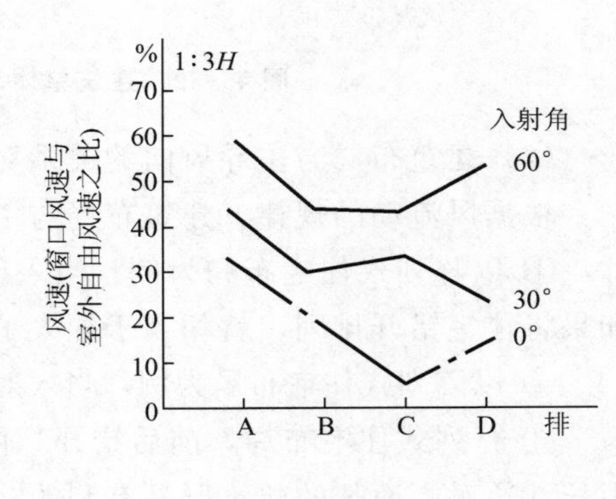

图 4－85　建筑物间距为 1.3H 时风入射角度对自然通风的影响

（4）地形对建筑通风间距的影响。

地形坡度及坡向的不同，会对建筑间距产生不同的影响。

① 在平原地区：当 $D=2H$ 时，通风效率可视为良好，当 $D=H$ 时，通风效率仅为 50％以下。

② 在山地地区：由于地形高差 H 与 D 关系发生变化，在迎风坡上，通风条件优于平坦地，D 只需大于前排房檐至后排房屋地面高差 H_1，通风效果即为良好。利用这一

条件，可相应提高建筑面积密度。而在背风坡上，通风条件较差，如果要达到较好的通风条件 $D=2H_1$，则两排建筑间距就很大，建筑面积密度低，用地不经济（图 4－86）。

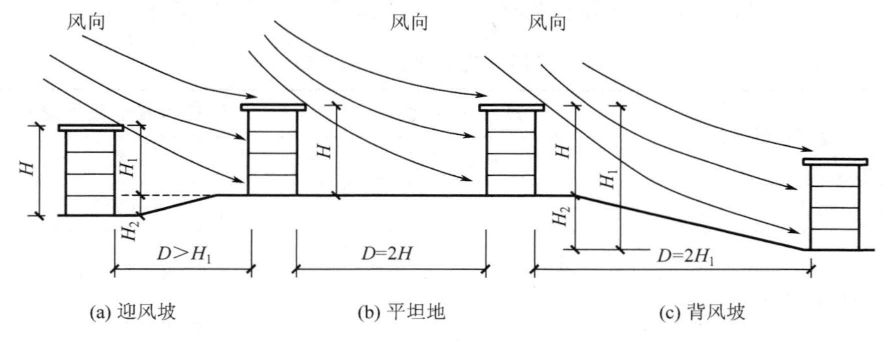

图 4－86 地形坡向对建筑通风间距的影响

3）防火对建筑间距的要求

（1）防火间距。发生火灾时，为了防止建筑物间的火势蔓延，各幢建筑物之间留出一定的安全距离是非常必要的，这个安全距离就是防火间距，这样能够减少辐射热的影响。防火间距是两栋建筑物之间，保持适应火灾扑救、人员安全疏散和降低火灾时热辐射等的必要间距。防火间距的大小主要取决于建筑的高度、耐火等级和建筑外墙上门窗洞口等情况，根据《建筑设计防火规范》(GB 50016—2014)，有关以下规定。

（2）民用建筑的分类（表 4－5）。

表 4－5 民用建筑的分类

名称	高层民用建筑		单、多层民用建筑
	一类	二类	
住宅建筑	建筑高度大于 54m 的住宅建筑（包括设置商业服务网点的住宅建筑）	建筑高度大于 27m，但不大于 54m 的住宅建筑（包括设置商业服务网点的住宅建筑）	建筑高度不大于 27m 的住宅建筑（包括设置商业服务网点的住宅建筑）
公共建筑	1. 建筑高度大于 50m 的公共建筑 2. 建筑高度 24m 以上部分任一楼层建筑面积大于 $1000m^2$ 的商店、展览、电信、邮政、财贸金融建筑和其他多种功能组合的建筑 3. 医疗建筑、重要公共建筑 4. 省级及以上的广播电视和防灾指挥调度建筑、网局级和省级电力调度建筑 5. 藏书超过 100 万册的图书馆、书库	除一类高层公共建筑外的其他高层公共建筑	1. 建筑高度大于 24m 的单层公共建筑 2. 建筑高度不大于 24m 的其他公共建筑

注：1. 表中未列入的建筑，其类别应根据本表类比确定。

2. 除本规范另有规定外，宿舍、公寓等非住宅类居住建筑的防火要求，应符合《建筑设计防火规范》有关公共建筑的规定；裙房的防火要求应符合《建筑设计防火规范》有关高层民用建筑的规定。

(3) 民用建筑的防火间距有关规定。

在《建筑设计防火规范》(GB 50016—2014) 中，划分了民用建筑的耐火等级，并根据耐火等级规定了民用建筑之间及民用建筑与其他建筑之间的防火间距 (表 4-6)。

表 4-6 民用建筑之间的防火间距 (m)

建筑类别		高层民用建筑	裙房和其他民用建筑		
		一、二级	一、二级	三级	四级
高层民用建筑	一、二级	13	9	11	14
裙房和其他民用建筑	一、二级	9	6	7	9
	三级	11	7	8	10
	四级	14	9	10	12

注：1. 相邻两座单、多层建筑，当相邻外墙为不燃性墙体且无外露的可燃性屋檐，每面外墙上无防火保护的门、窗、洞口不正对开设且该门、窗、洞口的面积之和不大于外墙面积的 5%时，其防火间距可按本表的规定减少 25%。

2. 两座建筑相邻较高一面外墙为防火墙，或高出相邻较低一座一、二级耐火极限等级建筑的屋面 15m 及以下范围内的外墙为防火墙时，其防火间距不限。

3. 相邻两座建筑高度相同的一、二级耐火极限等级建筑中相邻任何一侧外墙为防火墙，屋面板的耐火极限不低于 1.00h 时，其防火间距不限。

4. 相邻两座建筑中较低一座建筑的耐火等级不低于二级，相邻较低一面外墙为防火墙且屋顶无天窗，屋面板的耐火极限不低于 1.00h 时，其防火间距不应小于 3.5m；对于高层建筑不应小于 4m。

5. 相邻两座建筑中较低一座建筑的耐火等级不低于二级且无天窗，相邻较高一面外墙高出较低一面外墙 15m，以及以下范围内的开口部位设置甲级防火门、窗，或设置符合现行国家标准《自动喷水灭火系统设计规范》(GB 50084—2017) 规定的防火分隔水幕或《建筑设计防火规范》(GB 50016—2014) 第 6.5.3 条规定的防火卷帘时，其防火间距不应小于 3.5m；对于高层建筑不应小于 4m。

6. 相邻建筑通过连廊、天桥或底部的建筑物等连接时，其间距不应小于本表的规定。

7. 耐火等级低于四级的既有建筑，其耐火等级可按四级确定。

4) 防噪对建筑间距的要求

根据《中小学校建筑设计规范》(GB 50099—2011) 有关噪声间距的规定：

(1) 各类教室的外窗与相对的教学用房或室外运动场地边缘间的距离不应小于 25m。

(2) 学校主要教学用房设置窗户的外墙与铁路路轨的距离不应小于 300m，与高速路、地上轨道交通线或城市主干道的距离不应小于 80m。当距离不足时，应采取有效的隔声措施。

在影响学校建筑间距的诸多因素中起主导作用的为防噪间距和日照间距。因此，选择此二者中的较大值作为建筑间距，便能满足要求。

5) 防视线干扰要求

根据《城市居住区规划设计规范 (2016 年版)》(GB 50180—1993) 有关防止视线干扰的要求：

(1) 条形住宅、多层之间不宜小于 6m；高层与各层数住宅间距不宜小于 13m。

（2）对高层塔式住宅、多层、中高层点式住宅同侧面有窗的各种层数住宅之间的侧面间距，提出“应考虑视觉卫生因素，适当加大间距”的原则性要求，具体指标由各城市城市规划行政主管部门自行掌握。

6）影响建筑间距的其他因素

（1）城市规划管理部门对各城市规划区域内的建筑间距做了详细规定，设计时必须按其规定执行。

（2）抗震间距要求。发生地震灾难时，房屋倒塌后留下的空间满足人员疏散、救援的要求，具体按照《城市道路交通规划设计规范（2007年版）》（GB 50220—1995）有关规定执行。

（3）卫生隔离要求。当场地内外有易燃易爆或有毒有害的危险性、污染性的物品的建筑存在时，相邻建筑与集散广场布置时应与之保持一定的卫生安全距离。

（4）节地的要求。为了维护生态环境，节约项目的建设投资，对于建设用地如居住用地合理提高居住密度、节省用地，采用合理群体布局与组合方式，可以有效减少建筑间距，从而达到节地目的。

4.5.8 建筑间距案例

【案例4.1】 已知广州市某中学拟建两幢新教学楼，其朝向为南北向。教学楼层数均为4层，层高均为3.60m，南侧教学楼屋面女儿墙高1.10m，北侧教学楼底层窗台高0.90m，两幢教学楼室内外高差均为0.45m，且地坪标高相同，试确定这两幢教学楼之间的距离（图4-87）。

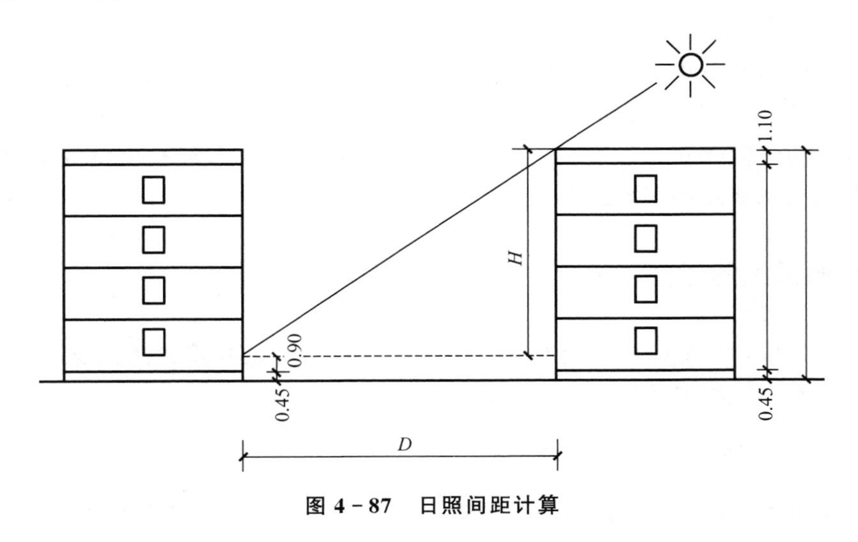

图4-87 日照间距计算

解：

1. 日照间距

根据《民用建筑设计通则》（GB 50352—2005）、《中小学校建筑设计规范》（GB 50099—2011）相关规定，南向的普通教室冬至日底层满窗日照不应小于2h，查阅相关资料，根据广州市太阳高度角、方位角，得出冬至日满窗日照时数 2h 时，日照间距系数为 1.06。

$$H=3.60\times4+1.10+0.45=15.95(\text{m})$$

$$H_1=H-(0.45+0.90)=15.95-1.35=14.60(\text{m})$$

$$D=1.06\times14.60=15.48(\text{m})$$

式中　H——南侧教学楼的高度；

H_1——南侧教学楼的高度 H 减去北侧教学楼底层窗台及室内外高差值；

D——南北两栋教学楼的日照间距。

2. 确定防火间距

根据《建筑设计防火规范》（GB 50016—2014）相关规定，教学楼的耐火等级为一、二级；一、二级民用建筑之间的防火间距为 6m。

3. 确定防噪间距

根据《中小学校建筑设计规范》（GB 50099—2011）相关规定，各类教室的外窗与相对的教学用房或室外运动场地边缘间的距离不应小于 25m。

4. 满足上述各项要求，确定建筑间距

建筑间距为 25m 时，可同时满足所有要求。

4.6　场地的交通组织

场地交通组织及道路布置是场地总体布局的重要内容之一，是保证场地设计方案经济合理的重要环节。其目的是满足场地内各种功能活动的交通要求，在场地的分区之间以及场地与外部环境之间建立合理有效的交通联系，为场地总体布局提供良好的内外交通条件，实现预定的场地设计方案。

4.6.1　交通组织的任务

在场地布局中，一般场地的交通组织主要任务包括交通方式选择、场地出入口确定、流线分析、道路系统组织及停车场设置等。

1. 建立场地内部完善的交通系统

根据场地分区、使用活动路线与行为规律的要求，分析场地内各种交通流的流向与流量，选择适当的交通方式，建立场地内部完善的交通系统。

2. 处理好由城市交通与场地交通衔接

充分协调场地内部交通与其周围城市道路之间的关系，依据城市规划要求，处理好由城市道路进入场地的交通衔接；确定场地出入口位置。

3. 有序组织各种人流、车流、客、货交通

充分分析场地中各种人流流线、车行流线、货物流线及消防车道等，合理布置道路、停车场和广场等相关设施，将场地各分区有机联系起来，形成统一整体。

4.6.2 交通组织的步骤

（1）研究场地总体的设计要求，明确任务。
（2）预测各种交通流的流向与流量。
（3）研究可行的交通运输方式。
（4）结合场地功能布局进行交通组织。

4.6.3 交通组织与场地总体布局的关系

1. 项目性质决定了场地交通组织的特点

（1）一般建筑场地满足日常交通出行和消防要求。
（2）人流密集的公共建筑重点解决交通集散问题。
（3）交通性建筑力求使交通流线短捷，减少流线之间的干扰和交叉。
（4）场地布局状况是交通组织的前提。
（5）场地分区状况、建筑物的分布情况决定人们的活动规律及主要活动场所，也决定了场地内货物的运输与存放场所。

2. 交通组织是评价场地总体布局的重要标准

（1）场地内部交通是否与外围城市交通体系协调。
（2）场地内部交通的流量、流向是否合理分布。
（3）是否具有良好的交通效率。

3. 交通组织是场地总体布局的核心内容

交通组织要以合理的场地布置为前提，充分结合场地特性，使交通与用地功能布局相适应。在场地布置时，场地道路是交通流线的通道，也是场地布局的结构骨架，与场地分区、建筑布置具有相互影响的关系。要充分考虑交通的要求和流线的组织，作为场地总体布局的核心内容，交通组织和场地布置要逐渐调整和相互适应，两者紧密结合才能得到好方案。合理的场地布置，可以减少不必要的交通量的产生，从而提高场地的整体运营效率。

4. 场地交通运输方式的选择

（1）满足场地功能要求，符合场地内交通特点。
（2）适应场地周围交通运输条件。

（3）满足各种交通运输方式的技术要求。

（4）满足环境保护及场地景观的要求。

4.6.4 场地出入口的设置

场地出入口是场地内外交通的衔接点，其设置直接影响着场地布置和流线组织。场地出入口及与之相关的交通集散空间的设置，是在分析场地周围环境（尤其是相邻的城市道路）及场地交通流线特点的基础上，结合场地分区进行综合考虑的。

1. 场地出入口的数量

对于交通量不大的较小场地，一般设置一个出入口便可满足交通运输需要。在可能的情况下，场地宜分设主次出入口，主入口解决主要人流出入并与主体建筑联系方便，次入口作为后勤服务入口，与辅助用房相联系。

对于较复杂建筑类型及车流量较多的场地设计，根据《民用建筑设计通则》（GB 50352—2005），大型、特大型的文化娱乐、商业服务、体育、交通等人员密集建筑的场地应符合下列规定。

（1）场地应至少有一面直接临接城市道路，该城市道路应有足够的宽度，以减少人员疏散时对城市正常交通的影响。

（2）场地沿城市道路的长度应按建筑规模或疏散人数确定，并至少不小于基地周长的1/6。

（3）场地应至少有两个或两个以上不同方向通向城市道路的（包括以基地道路连接的）出口。

（4）场地或建筑物的主要出入口，不得和快速道路直接连接，也不得直对城市主要干道的交叉口。

（5）建筑物主要出入口前应有供人员集散用的空地，其面积和长宽尺寸应根据使用性质和人数确定。

（6）绿化和停车场布置不应影响集散空地的使用，并不宜设置围墙、大门等障碍物。

2. 场地出入口的位置

根据《民用建筑设计通则》（GB 50352—2005），基地机动车出入口位置应符合下列规定。

（1）与大中城市主干道交叉口的距离，自道路红线交叉点量起不应小于70m。

（2）与人行横道线、人行过街天桥、人行地道（包括引道、引桥）的最边缘线不应小于5m。

（3）距地铁出入口、公共交通站台边缘不应小于15m。

（4）距公园、学校、儿童及残疾人使用建筑的出入口不应小于20m。

（5）当基地道路坡度大于8%时，应设缓冲段与城市道路连接。

（6）与立体交叉口的距离或其他特殊情况，应符合当地城市规划行政主管部门的规定。

3. 场地出入口的交通组织

场地出入口的交通组织是建设项目各组成功能部分之间有机联系的骨架（图4-88）。

交通组织要清晰，符合使用规律，交通流线要避免干扰和冲突（图4－89），要符合交通运输方式自身的技术要求，如宽度、坡度、回转半径等其有关场地出入口、道路知识详见5.1节和5.2节。

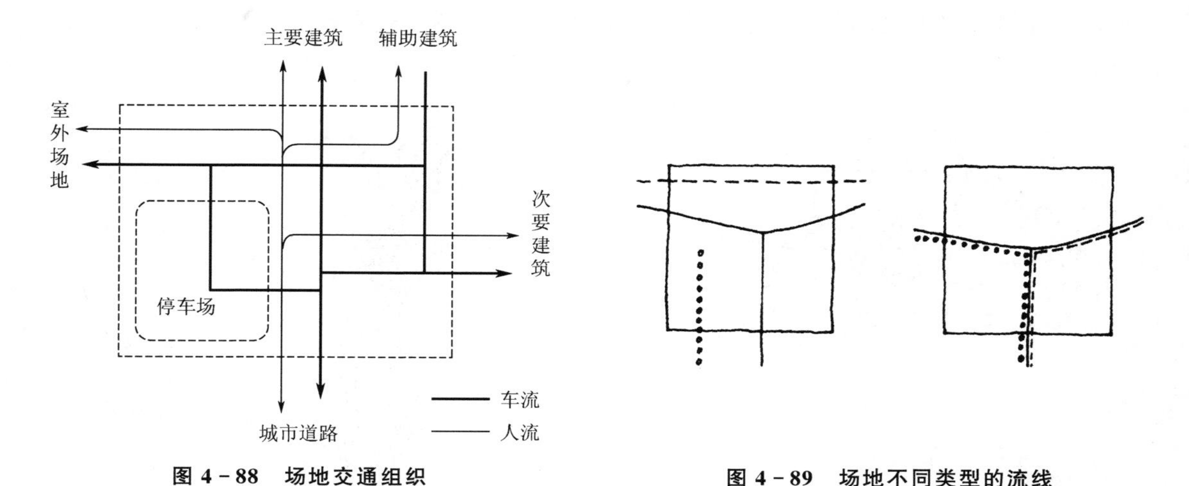

图4－88 场地交通组织

图4－89 场地不同类型的流线

(1) 交通流量的安排。将出入口设在交通流量大、靠近外部主要交通道路口部附近，使之线路短捷。大量人、车、货流运行的线路，应不影响其他区段的正常活动。入口避免设于高差大的地形路段，避免垂直交通不便。

(2) 车行系统。避免过境或外部车导入；注意不要与人行系统交叉重叠；在集中人流活动地，禁止车流行驶；非机动车宜有专线。

(3) 大量人流集散的地段和建筑。通过步行道或广场组织人流交通，如火车站、展览馆的人流活动有一定规律，可将入口和出口分开，人流按一定方向疏导。在商业、影剧院、文体场馆的集中时间长短不一，应考虑最大人流的出入口宽度、广场和停车场面积。交通干道车流要专线顺畅，以缩短人流出入的滞留时间。

(4) 场地交通组织是场地各种交通设施综合设计的结果。机动车有火车、汽车、电车多种运输方式；城市或场地内有公共汽车、集装箱车、卡车、轿车、摩托车、电瓶车、自行车等多种交通工具。在交通组织综合作业时，要考虑不同运输方式的车流衔接，不同的交通运输工具应有不同的交通线路，并应按其不同的交通流量规律进行交通组织安排。

(5) 场地交通组织还有一个不可忽略的问题，是合理功能分区流线确定下的各个项目或总项目，在安排它的车、货、人流的入口和出口时，定位要准确、清晰、安全、上下有序、洁污分道，以利总图的整体交通环节不受阻。

4.6.5 场地交通流线的组织

1. 确定交通流线体系的基本结构形式

(1) 尽端式流线结构。特点是起点各自分开，由不同的入口与外部相连接，流线进入场地抵达目的地后，沿原路线返回离开场地，因而各条流线起点和终点区分明确。场地内各部分交通流线性质差异较大时，适宜采用尽端式流线结构，这样可避免不同区域流线相互穿越干扰。如广东蛇口明华船员培训中心道路系统采用尽端式流线结构，不同的入口与外部相连接（图 4－90），又如五龙潭山庄度假酒店采用尽端式流线结构，交通流线沿原路线返回（图 4－91）。

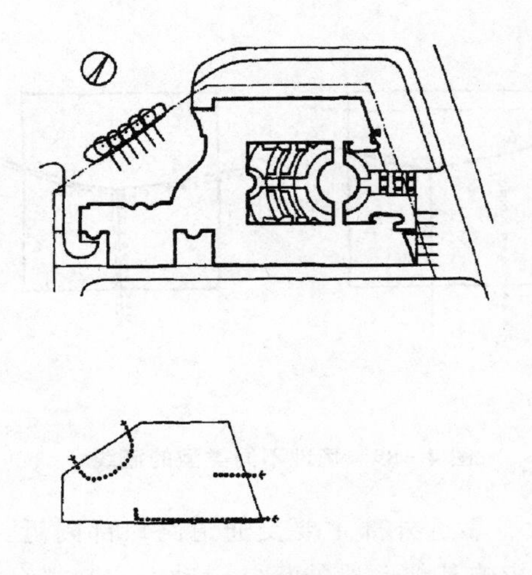

图 4－90　蛇口明华船员培训中心总平面及道路布置图

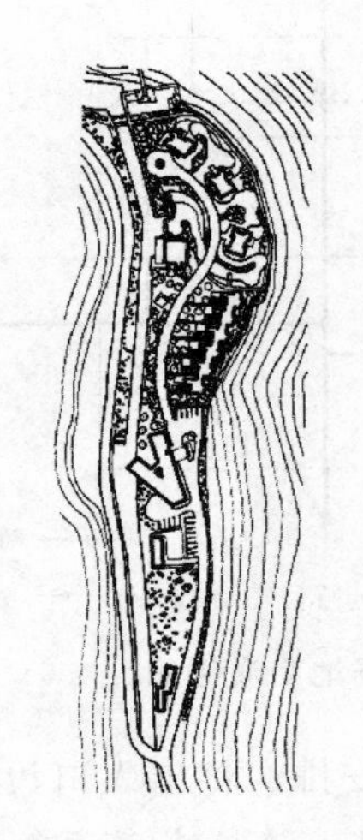

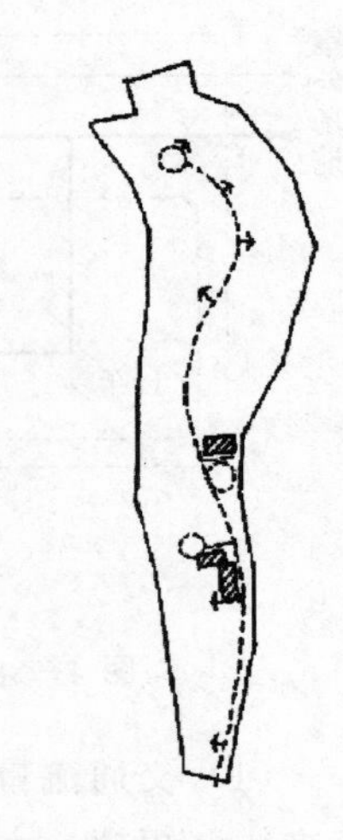

图 4－91　五龙潭山庄度假酒店总平面及道路布置图

（2）环通过式流线结构。特点是各流线可互相连通，起点与终点无明显区分，进出方向可逆，流线从一端进入场地后可从另一端离开而无须折返，有利于提高交通组织效率。如兴义一中新校区，用地是典型的山地环境，整个校园的建筑群依照高差变化分为三部分功能组团：依山势开辟外环道路，串联各功能区，组织车流，内部则连以石级、步廊、曲道、长桥等步行系统，实现人车的明确分流（图 4－92）。

（3）道路结构的形式有内环式、环通式、尽端式及混合式（详见 5.2.3 节）。

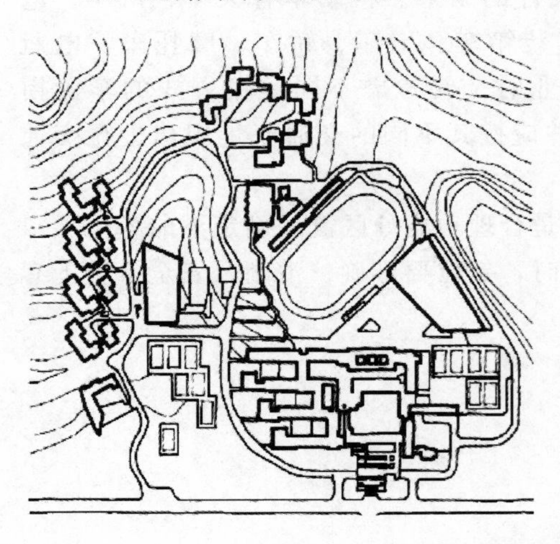

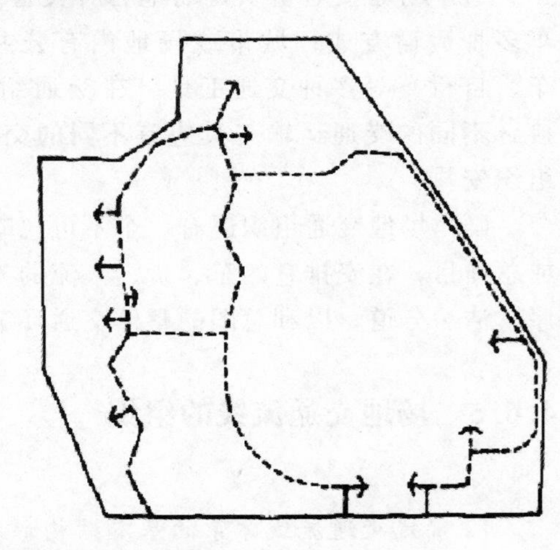

图 4－92　兴义一中新校区总平面及道路布置图

2. 不同类型流线的组织

1）分流式组织形式

各流线相互分离，各有独自的通道系统；组成复杂。适用于流量大，使用要求差异大的大型公共建筑。

2）合流式组织形式

不同类型流线合并起来由一套通道系统共同使用。适用于用地规模小，所邻接的外部交通条件有限的地块。

3）复合组织形式

以上两种组织形式的结合。

3. 场地道路系统的组织

1）道路系统的建立

（1）道路系统的基本形式。

① 人车分流。在场地内的道路系统由机动车道路系统和步行（含自行车）道路系统组成，两套系统相对独立，以保证机动车的通行要求和人行的安全、便捷。这种形式一般适用于人流、车流都较大的场地。

② 人车混行的道路系统。即在场地内仅设置一套人行、车行共享的道路系统。与人车分流形式相比，这种交通组织形式既经济又方便，布置方式灵活，故应用十分广泛，适合于一般机关单位、高等院校等场地。

③ 人车部分分流的道路系统。即以人车混行的道路系统为基础，只在场地内个别地段设置步行专用道，联系部分建筑或休息、活动场地。这种系统综合采用了前两种形式，解决交通问题具有更灵活的适应性。

（2）道路系统的分级原则。

① 大型场地内的道路需依据其功能及特征明确交通性（机动车）或生活性（行人、非机动车）、全局性（交通量大）或局部性（交通量小）、客运交通或货运交通，充分发挥各类道路的不同作用，组成高效、安全的场地道路网。

② 一般中小型民用建筑场地中，道路的功能相对简单，根据需要可设置一级或二级机动车车道，以及非机动车、人行专用道路。

③ 居住建筑场地，道路应分级设置。例如居住小区道路一般分为三级：小区级道路是小区与外围道路连接的主要车行道，用以划分并联系住宅组团、公共建筑和中心绿地等；组团级道路是小区内的支路，用以解决住宅组群的内外联系；宅前小路是从组团级道路通向各单元门前的小路，以满足非机动车和行人要求为主，但应保证特殊情况下机动车（消防）的通行。

2）道路布置的基本要求

（1）流线组织要求。

总体布局中，根据交通组织流线要求进行道路布置，设置相应道路引导不同性质或使用要求的流线。例如对于内环式、环通式的交通结构，道路布局也可采用环通式的形式。道路是组织交通流线的重要通道，是引导和疏散流线的路径。此外，场地中的道路应将场地出入口和建筑物出入口联系起来，实现场地最基本的交通功能。

（2）场地分区要求。

场地道路组织还有一个不可忽略的问题，是合理功能分区流线确定下的各个建筑项目，在安排其车、货、人流的入口和出口时，定位要准确、清晰、安全、上下有序、洁污分道，以利场地的整体交通环节不受阻。道路布置要有利于内部各功能分区的有机联系，将场地各组成部分联结成统一的整体。

（3）环境与景观要求。

在一般的场地要求道路设置清晰简明，便捷、顺畅，避免往返迂回；但对于某些项目的场地，如游览、休闲性场地（或场地中的休息、娱乐空间）中的道路一般较自由，多采用曲线形式，应考虑主要景观的观赏线路和观赏点，利用道路的导向性组织引导主要建筑物或景观空间，设计视觉通廊，以保证景点与观赏点之间的视觉联系；坡地场地中，道路要善于结合地形状况和现状条件，尽量减少土方工程量，节约用地和投资费用。

3）有关道路系统的相关规范、规定

（1）《民用建筑设计通则》（GB 50352—2005）中的规定。

① 场地应与道路红线相邻接，否则应设场地道路与道路红线所划定的城市道路相连接。场地内建筑面积小于或等于3000m^2 时，场地道路的宽度不应小于4m，场地内建筑面积大于3000m^2 且只有一条场地道路与城市道路相连接时，场地道路的宽度不应小于7m，若有两条以上场地道路与城市道路相连接时，场地道路的宽度不应小于4m。

② 场地内应设道路与城市道路相连接，其连接处的车行路面应设限速设施，道路应能通达建筑物的安全出口。

③ 沿街建筑应设连通街道和内院的人行通道（可利用楼梯间），其间距不宜大于80m。

（2）《建筑设计防火规范》（GB 50016—2014）中的规定。

① 街区内的道路应考虑消防车的通行，道路中心线间的距离不宜大于160m，当建筑物沿街道部分的长度大于150m或总长度大于220m时，应设置穿过建筑物的消防车道。确有困难时，应设置环形消防车道。

② 高层民用建筑，超过3000个座位的体育馆，超过2000个座位的会堂，占地面积大于3000m^2 时的商店建筑、展览建筑等单、多层公共建筑应设置环形消防车道。确有困难时，可沿建筑的两个长边设置消防车道；对于住宅建筑和山坡地或河道边临空建造的高层建筑，可沿建筑的一个长边设置消防车道，但该长边所在建筑立面应为消防车登高操作面。

③ 有封闭内院或天井的建筑物，当内院或天井的短边长度大于24m时，宜设置进入内院或天井的消防车道；当该建筑物沿街时，应设置连通街道和内院的人行通道（可利用楼梯间），其间距不宜大于80m。

④ 在穿过建筑物或进入建筑物内院的消防车道两侧，不应设置影响消防车通行或人员安全疏散的设施。

⑤ 供消防车取水的天然水源和消防水池应设置消防车道。消防车道的边缘距离取水点不宜大于2m。

⑥ 消防车道应符合下列要求。

（a）车道的净宽度和净空高度均不应小于4.0m。

(b) 转弯半径应满足消防车转弯的要求。

(c) 消防车道与建筑之间不应设置妨碍消防车操作的树木、架空管线等障碍物。

(d) 消防车道靠建筑外墙一侧的边缘距离建筑外墙不宜小于5m。

(e) 消防车道的坡度不宜大于8%。

⑦ 环形消防车道至少应有两处与其他车道连通。尽端式消防车道应设置回车道或回车场，回车场的面积不应小于12m×12m；对于高层建筑，不宜小于15m×15m；供重型消防车使用时，不宜小于18m×18m。

消防车道的路面、救援操作场地、消防车道和救援操作场地下面的管道和暗沟等，应能承受重型消防车的压力。消防车道可利用城乡、厂区道路等，但该道路应满足消防车通行、转弯和停靠的要求。

⑧ 消防车道不宜与铁路正线平交，确需平交时，应设置备用车道，且两车道的间距不应小于一列火车的长度。

4. 场地停车系统的组织

总体布局中对场地停车的组织包括选择停车方式和确定停车场的布置方式，应满足流线清晰、使用便利的要求，并尽量减少对环境的干扰。相关规范如下。

《城市道路设计规范》(CJJ 37—2012) 规定，在大型公共建筑、重要机关单位门前以及公共汽车首、末站等处均应布置适当容量的停车场。大型建筑物的停车场应与建筑物位于主干路的同侧，人流、车流量大的公共活动广场、集散广场宜按分区就近原则，适当分散安排停车场。对于商业文化街和商业步行街，可适当集中安排停车场。

《民用建筑设计通则》(GB 50352—2005) 中要求，新建或扩建工程应按建筑面积和使用人数，并经城市规划主管部门确认，在建筑物内，或同一基地内，或统筹建设的停车场或停车库内设置停车空间。

进行停车组织时也要考虑人流与车流的衔接，停车场与车流系统的衔接方式。

(1) 机动车停车场。

① 停车场类型的选择。

(a) 地面停车场：地面停车场平面布置容易，交通流线体系的联系最为直接，车流与人流进出方便，造价也较低，但占地较大，有噪声干扰，并且影响景观及环境。

(b) 组合式停车场：组合式停车场常常利用建筑物的底层或地下层的停车库，或者是附加在主体建筑周围，适应了建筑物规模较大而用地紧张、所需停车位数量较多的情况，更是成为高层建筑场地中解决停车问题的最主要方式。

(c) 独立停车库：独立停车库为场地中独立的建筑物。其中，单层车库多见于机关、企事业单位供本单位车辆的停放、检修、维护保养和洗车等，而多层车库最突出的特点是停车数量更大、更为集中，占地较小，节约用地，造价相对高，可采用机械式立体停车方式。

② 停车场的规模。

(a) 对于地面停车场，停车面积可按每个标准当量停车位25～30m^2(包括车道面积)来计算；地下停车场(库)及地面多层停车场(库)，每个停车位面积可取30～40m^2(包括车道面积)。可结合道路、广场及建筑布置。

(b) 分散就近原则，距目的地 50～100m。

③《城市居住区规划设计规范（2016 年版）》（GB 50180—1993）中配建公共停车场（库）的停车位控制指标应符合表 4-7 的规定。

表 4-7　配建公共停车场（库）停车位控制指标

名　称	单　位	自 行 车	机 动 车
公共中心	车位/100m² 建筑面积	大于或等于 7.5	大于或等于 0.45
商业中心	车位/100m² 营业面积	大于或等于 7.5	大于或等于 0.45
集贸市场	车位/100m² 营业场地	大于或等于 7.5	大于或等于 0.30
饮食店	车位/100m² 营业面积	大于或等于 3.6	大于或等于 0.30
医院、门诊所	车位/100m² 建筑面积	大于或等于 1.5	大于或等于 0.30

④ 大城市大中型民用建筑停车位参考标准（表 4-8）。

⑤ 停车泊位估算。

(a) 停车场面积估算：停车位 3m×6m。

(b) 用地面积换算系数：微型汽车 0.7；小轿车 1.0；中型汽车 2.0；大型汽车 2.5；铰接汽车 2.5；摩托车 0.7。

表 4-8　大城市大中型民用建筑停车位标准（参考）

序号	建筑类别		计算单位	机动车停车位	非机动停车位		备　注
					内	外	
1	宾馆	一类	每套客房	0.6	0.75	—	一级
		二类	每套客房	0.4	0.75	—	二级、三级
		三类	每套客房	0.3	0.75	0.25	四级（一般招待所）
2	餐饮	建筑面积<1000m²	每 1000m²	7.5	0.5	—	—
		建筑面积>1000m²		1.2	0.5	0.25	—
3	办　公		每 1000m²	6.5	1.0	0.75	证券、银行、营业场所
4	商业	一类（建筑面积>1 万 m²）	每 1000m²	6.5	7.5	12	—
		二类（建筑面积<1 万 m²）		4.5	7.5	12	—
5	购物中心		每 1000m²	10	7.5	12	—
6	医院	市级	每 1000m²	6.5	—		—
		区级		4.5	—		—
7	展览馆		每 1000m²	7	7.5	1.0	图书馆、博物馆参照执行

（续）

<table>
<tr><th rowspan="2">序号</th><th rowspan="2" colspan="3">建筑类别</th><th rowspan="2">计算单位</th><th rowspan="2">机动车停车位</th><th colspan="2">非机动停车位</th><th rowspan="2">备注</th></tr>
<tr><th>内</th><th>外</th></tr>
<tr><td>8</td><td colspan="3">电影院</td><td>100 座</td><td>3.5</td><td>3.5</td><td>7.5</td><td>—</td></tr>
<tr><td>9</td><td colspan="3">剧院</td><td>100 座</td><td>10</td><td>3.5</td><td>7.5</td><td>—</td></tr>
<tr><td rowspan="2">10</td><td rowspan="2">体育场馆</td><td>大型</td><td>场＞15000 座
馆＞4000 座</td><td>100 座</td><td>4.2</td><td colspan="2">45</td><td>—</td></tr>
<tr><td>小型</td><td>场＜15000 座
馆＜4000 座</td><td>100 座</td><td>2.0</td><td colspan="2">45</td><td>—</td></tr>
<tr><td>11</td><td></td><td colspan="2">娱乐性体育设施</td><td>100 座</td><td>10</td><td colspan="2">—</td><td>—</td></tr>
<tr><td rowspan="3">12</td><td rowspan="3">住宅</td><td colspan="2">中高档商品住宅</td><td>每户</td><td>1.0</td><td colspan="2">—</td><td>—</td></tr>
<tr><td colspan="2">高档别墅</td><td>每户</td><td>1.3</td><td colspan="2">—</td><td>包括公寓</td></tr>
<tr><td colspan="2">普通住宅</td><td>每户</td><td>0.5</td><td colspan="2">—</td><td>包括经济适用房</td></tr>
<tr><td rowspan="3">13</td><td rowspan="3">学校</td><td colspan="2">小学</td><td>100 学生</td><td>0.5</td><td colspan="2" rowspan="3">80～100</td><td>有校车停车位</td></tr>
<tr><td colspan="2">中学</td><td>100 学生</td><td>0.5</td><td>有校车停车位</td></tr>
<tr><td colspan="2">幼儿园</td><td>100 学生</td><td>0.7</td><td>—</td></tr>
</table>

注：摘自《全国民用建筑工程设计技术措施：规划·建筑·景观（2009 年版）》。

（2）自行车停车场。

① 自行车停车场的规模，按《自行车停车位配建指标》进行设计。

自行车停车场应根据场地的使用人数估算其存放率，应根据服务对象、平均停放时间、场地日周转次数等确定，一般可按自行车停车位配建指标参考表 4－7 进行设计。

② 自行车停车场的布置要求。

自行车停车场位置的选择应结合道路、广场及建筑布置，以中、小型分散就近设置为主。车辆停放点至出行目的地的步行距离要适当，以 50～100m 为限。根据自行车的停放方式，其停车场可分为：地面式、半地下式、地下式（独立式或附建式）。

居住区中的自行车停放具有时间长、数量大的特点，应尽量利用地下空间、架空底层或利用住宅间距独立建造。自行车库一般布置在组团的主要出入口或生活服务中心附近，由物业统一管理（图 4－93）。

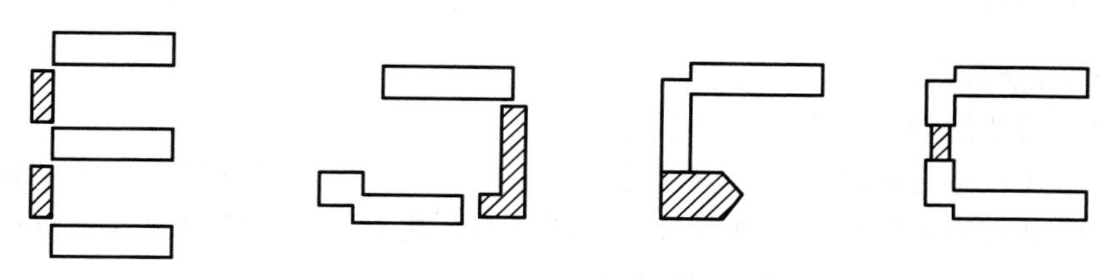

图 4－93　自行车库设置示意图

4.7 场地的绿地配置

场地的绿地配置是构成场地的基本要素之一，它对场地的景观效果及整体风貌的构成具有重要意义，同时也是衡量场地环境质量最直接的客观标志。从场地整体构成来看，如果说建筑物是场地中的核心内容，交通系统是联系的纽带，那么绿地则起着平衡、丰富和完善的作用，成为维系场地整体性的重要手段之一。绿地布置不仅要考虑使用上、视觉上的具体要求，更需考虑结合场地整体的布局结构和组织形态问题。

4.7.1 场地绿地配置的基本要求及基本形式

1. 绿地布置的基本要求

1）保护环境、调节场地小气候

绿色植物能吸收二氧化碳，产生氧气，净化空气、水体和土壤，降低噪声，所以绿色植物是天然的氧气制造厂和空气净化器。树木花草叶面上的蒸腾作用，能调节温度和湿度，对场地的小气候环境起到积极的调节作用。场地的水系、道路等带状绿地可构成场地的绿色通风渠道，特别是当带状绿地与该地区的夏季主导风向一致时，可形成场地绿色通风渠道，大大改善了场地的通风条件，冬季大片树林可以减低风速，具有防风作用，故在冬季的寒风方向种植防风林，可以大大地减低冬季寒风和风沙对场地的不良影响。

2）完善场地功能设施

在场地之内，使用者的室外活动很多是在绿化设施中运行的。比如，在居住建筑的场地中，居民的户外休憩活动主要是在绿地、庭园之中进行的。在医院、旅馆等类型的场地中，也常常设有类似功能的庭园设施供人们休息、停留和游玩。使用者的这些活动是室内活动的必要补充，是场地总体活动中不可缺少的部分。为使这些活动能有效地展开，顺利地进行，有必要在场地中配置适当的绿化设施。

3）营造场地景观环境

场地绿化植物可以美化环境、增加场地建筑艺术效果，是丰富场地景观的主要素材和有效手段，通过场地绿地的合理配置，建筑与绿地相互穿插与渗透，营造景观优美的场地环境，既能使人们享受绿地、阳光、空气自然景观，又能提高人们的素质及陶冶情操。

2. 绿地配置的基本形式

1）绿地的分布方式

场地中，绿地的分布有集中和分散两种方式。

（1）集中式，是将场地中大部分绿化用地集中起来，形成一处较大的完整地块。一般来说，集中的分布形态能更有效地发挥绿地的效益，较大面积的成片绿地不仅能优化场地生态环境，也会对改善城市环境起到较好作用。

（2）分散式，是将全部绿化用地分布于场地各处，每块面积相对较小。分散式的形式如果布局合理，则有利于整个绿地体系在场地中的均衡分布。要避免分散的各块绿地因面积极其有限，甚至只是零星的边角，使其在生态、景观或是内部的活动构成上难以产生规模效应。

2）绿地的基本形态

确定绿地在场地中的布置形式是总体布局阶段绿地配置的中心任务。从形态的基本特征来看，场地中绿地可归纳为以下三种基本类型。

（1）点状绿地。小规模的绿化景园设施在场地中呈现出点状形态，布置时灵活性大，是点缀环境、丰富场地景观的一种有效方式，常用于场地中一些需要强调景观效果的地方。例如最常见的是在建筑物入口前、场地入口附近等视线集中之处，还有用于建筑围合的院落、天井中绿化配置，以及作为窗口、廊道的对景等。这种形式的绿地还便于与其他内容结合在一起布置，比如将花坛、水景、雕塑之类的设施或孤植树木布置在广场中，不仅可用于分隔广场空间及不同流线，还兼具景观功能［图4－94(a)］。

（2）线状绿地。线状绿地普遍存在于几乎所有场地中，如场地边界处、建筑物后退红线而留下的边缘空地、道路两侧的边缘等，屏蔽建筑免受冬季寒风侵袭或夏季西晒而成排布置的树木，沿“景观通廊”连续布置的绿化带，以及行道树等都属于这类形式。线状绿地适应性强，能构成场地的绿化背景，有效扩大绿地的总体规模［图4－94(b)］。

（3）面状绿地。面状绿地是集中绿地布置形成较完整的一块面积，可以充分发挥绿地的多重功能。与前两种形式相比，其突出特点是具有一定规模，一般可以进入，内部可包容活动设施来组织一些室外活动，直接作为场地中活动的载体。面状绿地规模越大，其中可组织的内容越丰富多样，生态和景观效果也越明显。面状集中绿地还可作为与建筑等其他内容相平衡的形态构成要素来进行场地布局，比如在居住类场地中，中心绿地常常成为布局的组织核心或布局结构确立的基点，其位置通常会被优先考虑［图4－94(c)］。

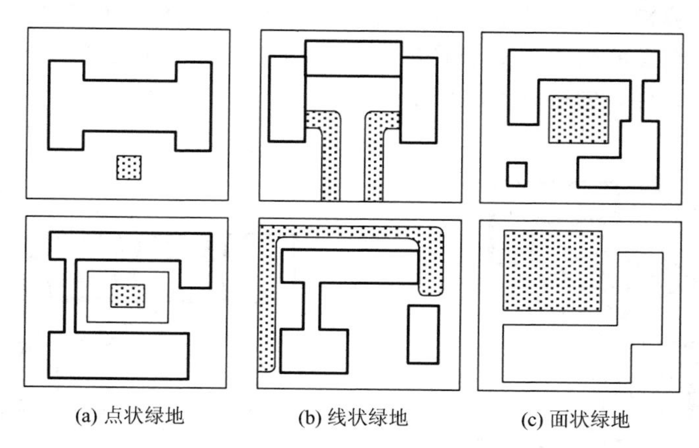

(a) 点状绿地　　(b) 线状绿地　　(c) 面状绿地

图4－94　绿地的基本形态

4.7.2　场地中绿化用地的确定

绿化用地确定包括定量和定位两方面的问题，即绿地在总用地中占多大规模，具体布置在何处，与场地其他内容在用地上有何关系。

1. 绿地的整体规模及手段

在确定绿地在场地中的占地规模时，既要考虑自身的用地要求，又要兼顾其他内容之间用地的相互平衡。同时，场地绿地指标应符合当地城市规划部门的有关规定。保证绿地的整体规模基本手段如下。

(1) 在进行用地划分时，将绿化景观设施与其他各项内容布置要求同步进行考虑，在相互平衡中保证其用地规模，同时也为良好的空间环境设计打下基础。

(2) 在考虑其他内容的基本布局组织形式时，尽量选择占地较小的形式，以节约用地，留出更多的用地面积来布置绿化。

(3) 充分利用用地中的边角地块，或在其他内容的组织中穿插布置绿化，如将绿化与停车空间穿插交织的布置等，可有效提高绿化用地的比例。

2. 绿化用地的位置

从整体上看，绿化用地位于场地内侧、外侧或中央，一定程度上会影响其效用的发挥。一般而言，位置适中，有利于绿地空间的共享。根据功能组织要求，公共性、开放式的绿地可以靠近场地边界或临近主要人流路线，以吸引更多使用者进入其中，使之充分发挥作用；主要供内部使用者利用的集中绿地，布局上一般处于场地内部（图 4－95），强调一定程度的私密和安静，注重围合感和内向性，减少外界的干扰。从场地中绿地与其他内容的关系来看，主要有相对独立的、与建筑结合密切、相互渗透（图 4－96）及与道路相关的几种情况。

(1) 较独立的绿地一般作为集中活动场地、集中景观等。

(2) 与建筑结合密切的绿地应结合建筑布局和室外活动场地布置进行考虑，根据使用功能要求、总体环境构思融入外部空间组织，使建筑与绿化环境相联系。

(3) 结合道路布置的绿化，对于景观要求高的往往将绿化与道路（多是步行道）、广场、环境小品等相结合，创造宜人的休闲空间。

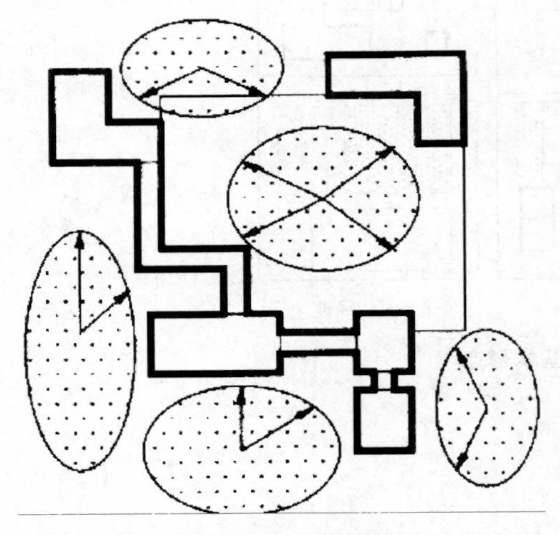

图 4－95　场地中绿地为主体

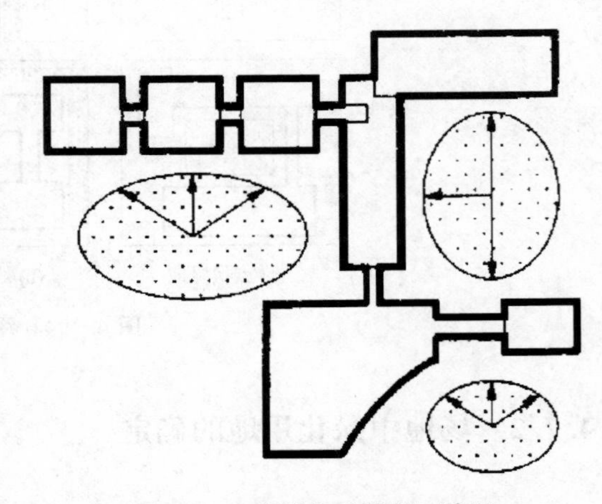

图 4－96　绿地与建筑相互渗透

4.7.3 场地绿地设计

1. 场地绿地布局的基本原则

1）坚持“以人为本”的原则

为使用者的行为要求和身心健康需要提供一个优美、洁净、生态良性循环的工作、生活环境，同时使场地本身具有较高的文化品位。

2）整体、系统的设计构思

绿地与建筑物、交通设施等其他内容相比，在一定程度上其功能要求是间接性和附属性的，相关的技术要求相对要低，布局中弹性很大，配置方式也灵活。但这并不意味着在总体布局中，先将建筑物、道路、停车场等其他内容布置完成之后，再对剩下的用地进行“填充式”的绿化安排，另外，也要避免在总体布局时随意划出一块空地作为绿化用地，而建筑布局则在另一侧独立进行，自成一体，结果设计的不同步造成建筑和环境的割裂，所以在场地绿地设计布置中需考虑：场地整体的、系统的布局结构；功能使用上、视觉艺术上的具体要求及场地绿化整体的组织形态等问题。

3）绿地布置与场地自然条件有机结合

绿地布局应充分利用场地的自然条件和特点，因地制宜，体现场地环境的特色。尽量利用场地中原有植被、水体、原有地形地貌等元素尽量利用，有助于保留场地中原有自然肌理与特色，维护生态链，最大限度地体现了场所的独特性。例如当场地内有保留很好的点状独立要素的树木时，利用场地中保留大树作为设计的构思源泉，用建筑来烘托，使其成为设计的上角。保护与利用风景园林、名胜古迹和革命纪念地的林木、自然保护区的森林及自然保护区外的珍贵林木和有特殊价值的植物资源，这样在加强场地与周围环境有机联系的同时，也形成了场地绿化空间的特色。绿地布置应综合考虑场地总体布局、竖向布置、土方施工和管线综合，做到统一安排，全面规划设计。

4）场地绿地景观形态多层次与多样化

场地有不同分区时，绿化形式要与不同分区的环境相适应，各类绿地有不同的功能与景观效果，景观重点与一般结合，绿地与景观的点、线、面相结合方式（图4－97），设计考虑对景、借景、景观视线等的要求，采用内容丰富、形式多样的绿化形态设计，增加立体景观层次。充分利用植物的生物学及生态学特征、季相特色，营造多品种、多色调、多层次、多形式的园林景观，与周围城市绿地形成完整的体系。

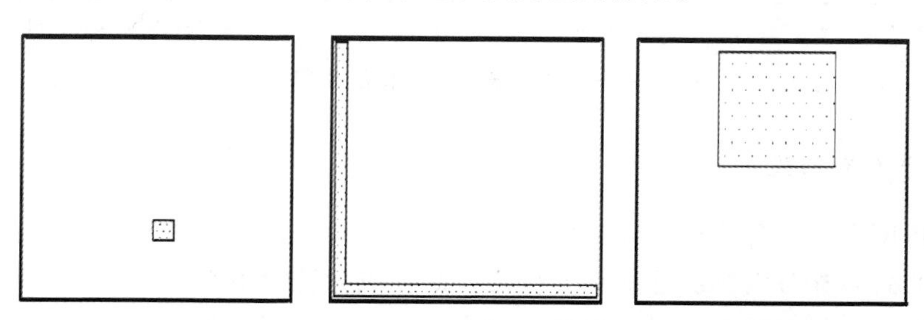

图4－97 点状、线状及面状绿地

2. 绿化布置的要点

(1) 场地主入口绿化布置。重点突出，形成标志性，但应注意不影响人员和车辆的通行。

(2) 建筑物周围绿化布置。防风、防晒、防噪、防尘和美化环境。

(3) 道路交通设施周围绿化布置。道路绿化带宜采用乔木、灌木、地被植物相结合，形成连续的绿带，停车场绿化可采用周边式与树木结合。

(4) 用地边缘绿化布置。利用高大乔木遮阴、围合空间、阻挡风沙，而绿篱和灌木可以界定和划分内外空间。

(5) 场地中集中绿地布置。场地中布置集中草地、庭院等，具有一定的功能分区与景观分区的作用。

3. 场地中绿化的作用（图 4-98）

绿化在场地中的作用是多方面的，主要表现在以下方面。

(1) 保护环境、调节场地小气候，场地中绿化植物吸收二氧化碳产生氧气，能调节温度和湿度，对场地的小气候环境起到积极的调节作用。

(2) 划分空间、限定空间、围合空间的作用，使用者的室外活动很多是在绿化设施中运行的，通过植物的组合布置可以划分空间、限定空间、围合空间，使这些活动能有效地展开，顺利地进行。通过绿化与建筑的有机结合，划分场地空间。

(3) 限制行人，通过场地道路绿化带的分隔交通，限制行人，具有安全功能。

(4) 遮挡视线，通过场地内植物如乔木、灌木等遮挡场地中不希望人们看到的建筑物或设施等，如医院太平间、垃圾站等。

(5) 噪声、风沙及冷空气，利用常绿、落叶乔木与灌木等植物组合，隔离、抵挡噪声风沙及冷空气。

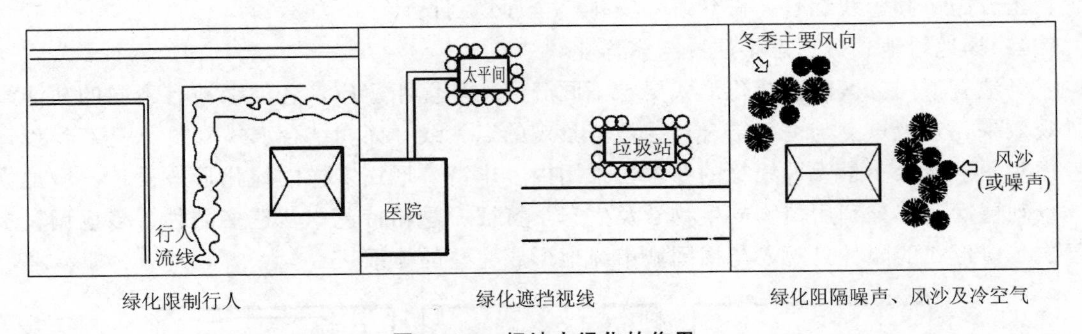

图 4-98　场地中绿化的作用

4. 绿化平面布局设计

(1) 周边围合式：种植形成封闭安静的环境，内敛性较强［图 4-99(a)］。

(2) 中心式：充分发挥绿化的主导作用，绿化成为视觉中心［图 4-99(b)］。

(3) 对景式：形成怡人的对景画面，纪念性广场常采用［图 4-99(c)］。

(4) 边侧式：种植比较灵活、活泼［图4－99(d)］。

(5) 全面式：可以成为独立花园，具有强烈的绿色氛围［图4－99(e)］。

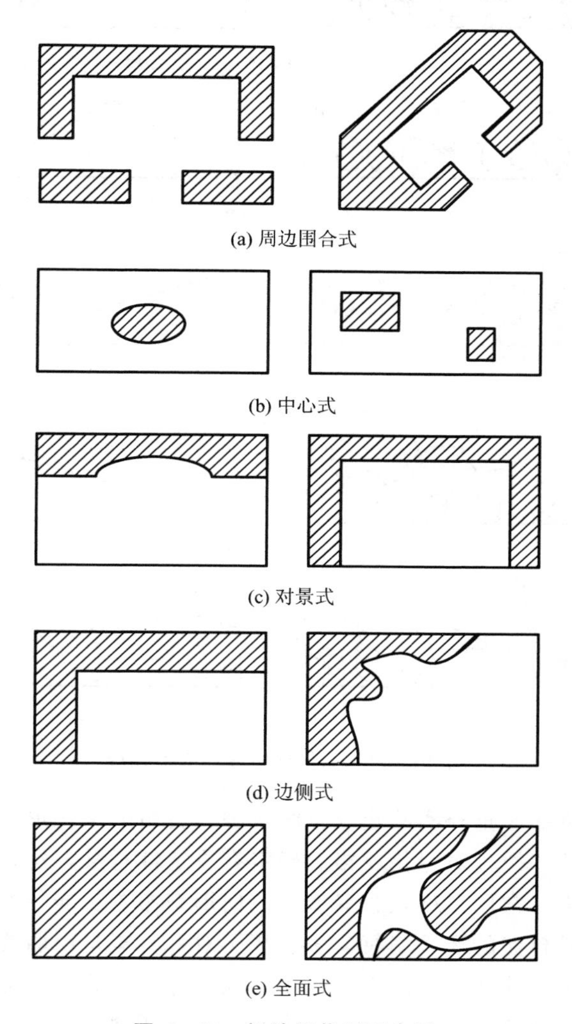

图4－99 场地绿化平面布局

5. 绿化设计立面构成

(1) 连续式种植：具有整齐、强烈节奏的作用；形成整齐的带面状［图4－100(a)］。

(2) 中心突出遮挡式种植：主景突出，有遮挡作用［图4－100(b)］。

(3) 夹景、深远明亮式种植：主要视线通透，有深远感［图4－100(c)］。

(4) 三角侧重式种植：具有静物构图美的感觉［图4－100(d)］。

(5) 组合式种植：有明显的不同节奏，形成丰富的立面［图4－100(e)］。

6. 场地绿地设计风格

总体布局中需对场地的绿化风格和环境特色予以把握，根据功能要求和空间性质，选择绿化布置的形式不同（如规则式、自然式或混合式），表现的空间效果也不一样。例如，

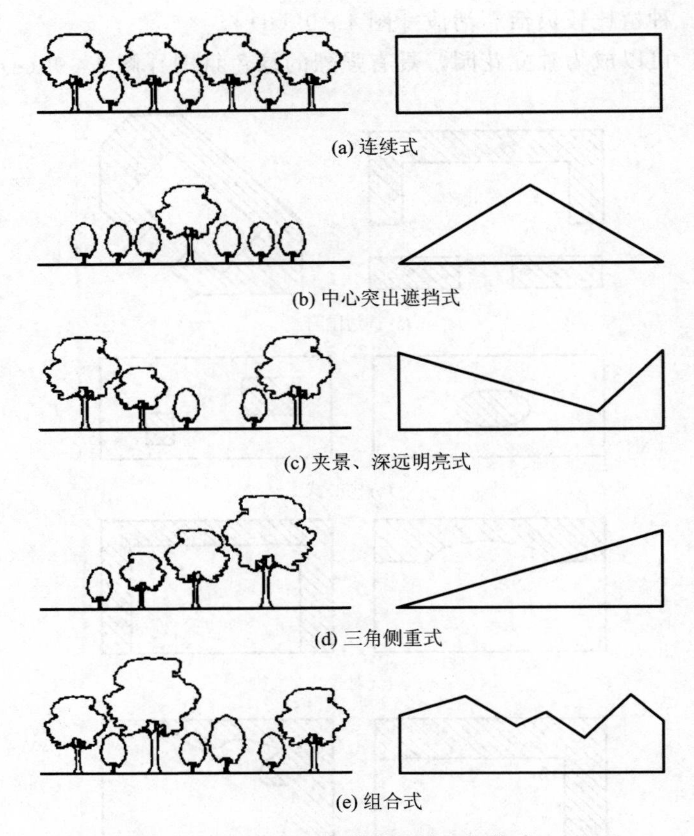

图 4－100　绿化种植设计立面构成

规整的绿化形式可以烘托厚重朴实的建筑空间氛围；自由的绿化形式与灵活布置的建筑空间可以相映成趣。场地的类型对绿化风格的确定有决定性意义，纪念性场地的绿化布置要求取得庄严肃穆的效果，常用对称式布局或呈几何形态布置；居住类、文化娱乐类场地的绿化布置，为体现轻松自然的环境气氛，多选择不对称甚至自由曲线的形式。

在同一场地中，不同的功能分区也可运用不同的绿化形式，从而与各功能区的空间氛围相统一。例如综合性建筑群体场地中，行政办公区绿化常采用规则式衬托严谨的气氛，公共服务区绿化则以自由式为主。

4.8 场地的技术经济要求及指标

1. 场地的技术经济要求

场地设计工作要贯彻国家的建设方针和政策，结合社会经济发展水平，重视节约用地，有效发挥建设资金效益，并考虑到建成投产后长期经营的经济性与合理性，在场地设计过程中，通过技术经济指标分析方案设计的合理性和科学性，场地设计的技术经济分析，主要涉及土地使用、技术经济指标和工程造价等方面的要求。

2. 场地的主要技术经济指标

技术经济指标是进行场地技术经济分析和评价的主要依据，其内容和计算与建设项目的性质有关，主要包括以下指标（详见第2.3节）。

（1）总用地面积。

（2）总建筑面积。

（3）建筑占地面积。

（4）道路、广场面积。

（5）绿地面积。

（6）容积率。

（7）建筑密度。

（8）绿地率。

（9）停车泊位数等。

3. 居住区综合技术经济指标

居住区综合技术经济指标包括：用地面积及构成，建筑面积及构成、建筑密度与面积密度、居住总量及密度、住宅层数状况、绿地率等六个方面，见表4－9。

表4－9 居住区综合技术经济指标

项　目	计量单位	数值	所占比重（%）	人均面积（m^2/人）
居住区规划总用地	hm^2	▲	—	—
1. 居住区用地（R）	hm^2	▲	100	▲
① 住宅用地（R01）	hm^2	▲	▲	▲
② 公建用地（R02）	hm^2	▲	▲	▲
③ 道路用地（R03）	hm^2	▲	▲	▲
④ 公共绿地（R04）	hm^2	▲	▲	▲
2. 其他用地（E）	hm^2	▲	—	—
居住户（套）数	户（套）	▲	—	—
居住人数	人	▲	—	—
户均人口	人/户	▲	—	—
总建筑面积	万 m^2	▲	—	—
1. 居住区用地内建筑总面积	万 m^2	▲	100	▲
① 住宅建筑面积	万 m^2	▲	▲	▲
② 公建面积	万 m^2	▲	▲	▲
2. 其他建筑面积	万 m^2	△	—	—
住宅平均层数	层	▲	—	—

（续）

项　　目	计量单位	数值	所占比重（%）	人均面积（m²/人）
高层住宅比例	%	△	—	—
中高层住宅比例	%	△	—	—
人口毛密度	人/hm²	▲	—	—
人口净密度	人/hm²	△	—	—
住宅建筑套密度（毛）	套/hm²	▲	—	—
住宅建筑套密度（净）	套/hm²	▲	—	—
住宅建筑面积毛密度	万 m²/hm²	▲	—	—
住宅建筑面积净密度	万 m²/hm²	▲	—	—
居住区建筑面积毛密度（容积率）	万 m²/hm²	▲		
停车率	%	▲	—	—
停车位	辆	▲		
地面停车率	%	▲		
地面停车位	辆	▲		
住宅建筑净密度	%	▲	—	—
总建筑密度	%	▲	—	—
绿地率	%	▲	—	—
拆建比	—	△	—	—

注：1. ▲必要指标；△选用指标。

2. 摘自《城市居住区规划设计规范（2016 年版）》（GB 50180—1993）。

4. 公共建筑主要综合技术经济指标

公共建筑场地技术经济指标的项目内容因建设项目性质不同而存在较大差异，一般有：建设规模、用地面积及构成、总建筑面积、单位用地面积、建筑密度、建筑面积密度、容积率、绿地率、停车率、停车位、地面停车率、地面停车位等，见表 4-10。

表 4-10　公共建筑场地主要综合技术经济指标一览表

<table>
<tr><th>序号</th><th colspan="2">项　　目</th><th>计量单位</th><th>数　　值</th><th>备　　注</th></tr>
<tr><td>1</td><td colspan="2">建设规模</td><td>hm²</td><td>▲</td><td></td></tr>
<tr><td rowspan="6">2</td><td rowspan="6">用地面积</td><td>建筑物占地面积</td><td>hm²</td><td>▲</td><td></td></tr>
<tr><td>构筑物占地面积</td><td>hm²</td><td>▲</td><td></td></tr>
<tr><td>广场、道路及停车场面积</td><td>hm²</td><td>▲</td><td></td></tr>
<tr><td>绿地面积</td><td>hm²</td><td>▲</td><td></td></tr>
<tr><td>体育用地面积</td><td>hm²</td><td>△</td><td></td></tr>
<tr><td>其他用地面积</td><td>hm²</td><td>▲</td><td></td></tr>
<tr><td>3</td><td colspan="2">总建筑面积</td><td>m²</td><td>▲</td><td></td></tr>
</table>

（续）

序号	项　　目	计量单位	数　　值	备　　注
4	单位用地面积	m^2/座； m^2/床； m^2/人；等	▲	
5	建筑密度	%	▲	
6	建筑面积密度	m^2/ha	△	
7	容积率		▲	
8	绿地率	%	▲	
9	停车率	%	▲	
10	停车位	辆	▲	
11	地面停车率	%	▲	
12	地面停车位	辆	▲	

注：▲必要指标；△选用指标。

4.9 学校建筑案例分析

4.9.1 学校建筑场地设计

1. 用地划分

学校建筑的性质、规模差别较大，建筑组成各自有所侧重。各功能组团之间关系紧密同时相互独立，既要联系也需避免互相干扰，是一个综合性复杂流线性较强的公用建筑综合体。

建设生态化、环保型校园，校园规划因循山水、植被等自然环境之特点，延续自然山水之脉络，充分利用自然水面、自然树林，以生态手法和高起点的环境艺术及景观设计构建天然景色，形成绿树成荫、风景秀丽，融山、水、城、绿于一体，环境宜人的充满活力的新时代校园。

2. 功能布局及交通组织

校园规划根据各功能区的相互关系进行用地布局和安排，以教学科研区为核心，将新校区分成八大功能区：教学科研区、办公区、体育运动区、学生生活区、休闲娱乐区、教工生活区、产业发展区和教育附属设施区。

（1）教学科研区（教学楼、实验楼、科技楼）。作为公共课程的教学平台，实验、实习的教研基地，将教室、实验室集中布置，以促进学科交叉渗透和资源共享，提高使用效率。

（2）图书馆。位于校园中心位置，是重要的人文建筑，重点搞好立面设计，强调文化内涵，使其成为学校的标志性建筑。体现可持续发展的建设理念，适应未来图书馆功能的发展变化。

（3）学生生活区（学生宿舍、食堂、浴池、超市等服务用房）。以便于生活、便于交流、便于管理、满足不同经济条件学生需要为目标，按后勤社会化模式投资建设和运行。

（4）教师生活区（宿舍楼、服务娱乐中心等）。建设生态化、高品位、康居型的教工生活园区，逐步解决职工的住房问题。

3. 绿化与景观

以建设现代化、高品位的校园为目标，强调景观的现代感与文化品位。绿化、场地、艺术小品相互结合，灵活布局，使校园内随处都可以见到富有情趣的空间和构思新颖的校园文化。通过对建筑外观、环境绿化、人文小品等的设计和建造，体现理工人的审美意识和价值追求，突出独具学校特色的精神内涵，实现人文精神与科学精神的结合、大学理念和校园文化的统一。

4.9.2 设计案例：广东珠海 UIC 国际联合学院设计方案

案例文本由广州吕元祥建筑设计咨询有限公司提供。

1. 项目背景（图 4－101）

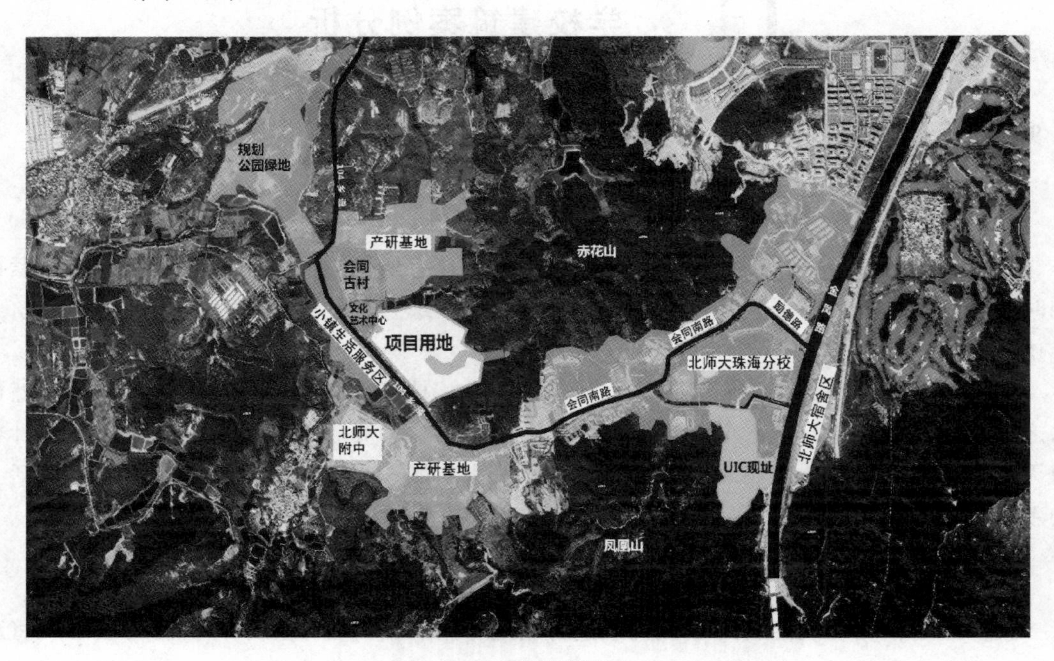

图 4－101　总体平面布局

UIC 国际联合学院坐落在广东省珠海市，由吕元祥建筑设计咨询有限公司规划设计，校园位于山丘之间，空间层次及自然景观资源非常丰富，整体设计旨在推广博雅教育及国际化教学模式，校园规划呼应并联系历史悠久的村落及周边地区。方案因循地形地貌进行规划设计，采用低密度建筑群组合、将建筑完全融入自然环境，彰显对山水生态的尊重。

2. 用地规划及景观绿化（图 4－102）

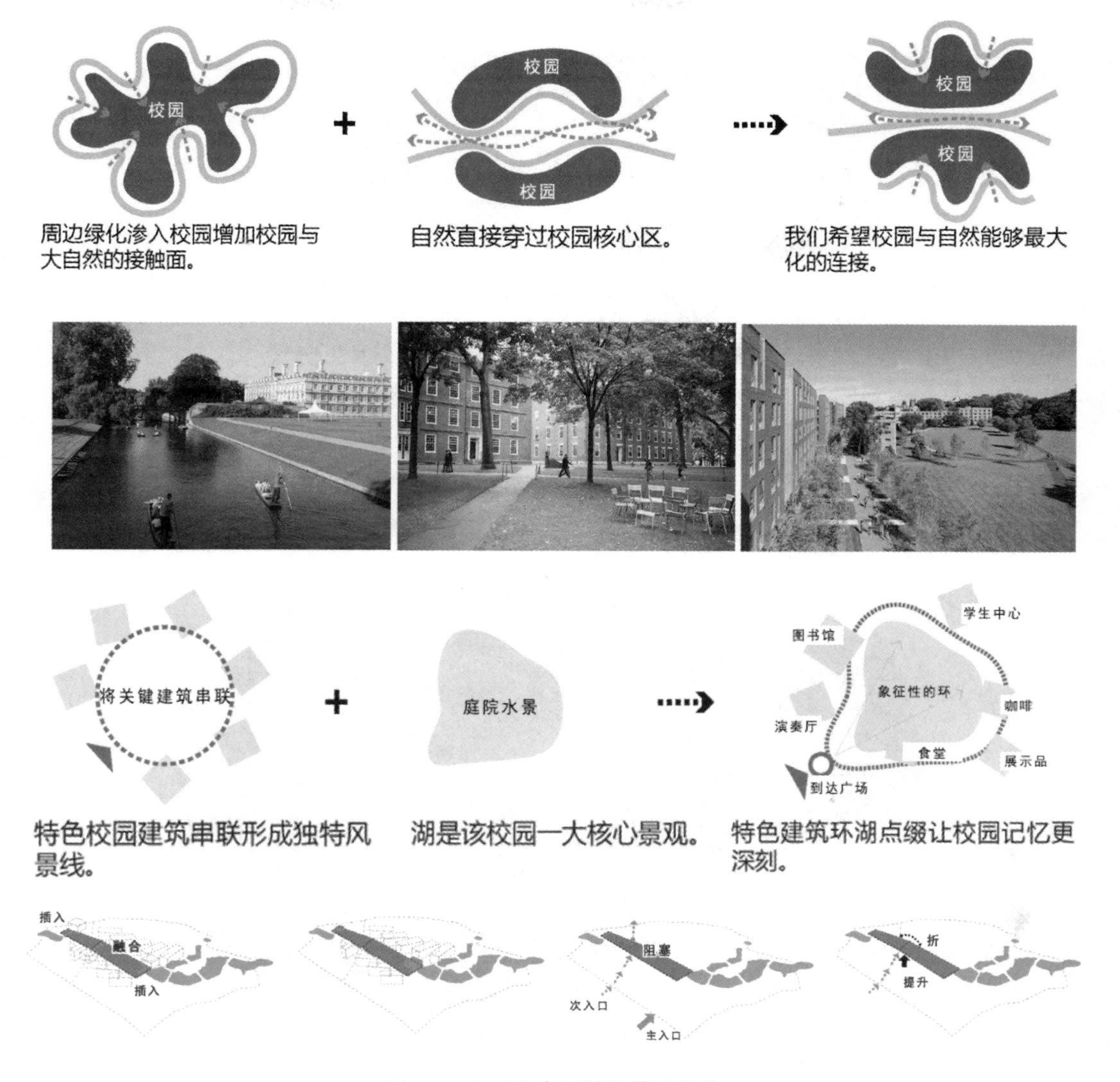

图 4－102　用地规划及景观绿化

坚持“以人为本”的校园建设理念，在现有校园布局和历史传统的基础上，严格控制土地的使用性质，制定符合学校发展、地方特色和满足师生学习生活需求的校园建设总体规划。在校园建设发展规划上，要注重校园的环境建设同时，强化校园的人文环境建设，进一步优化校园人文氛围，促进大学师生生态意识与文明修养的提高，努力营造优良育人氛围，不断提升校园的文化品位，使校园环境更加优美、布局更加合理、教学生活设施更加完善，把本校建成设施先进、环境优美、具有鲜明特色的一流校园。建筑采用多功能布局、因地制宜的节地发展策略，将配套和其他附属设施设于每幢建筑中，进而打破了低密度、高强度的地形环境限制，每幢建筑均大量采用可持续发展元素。

3. 功能布局（图 4－103）

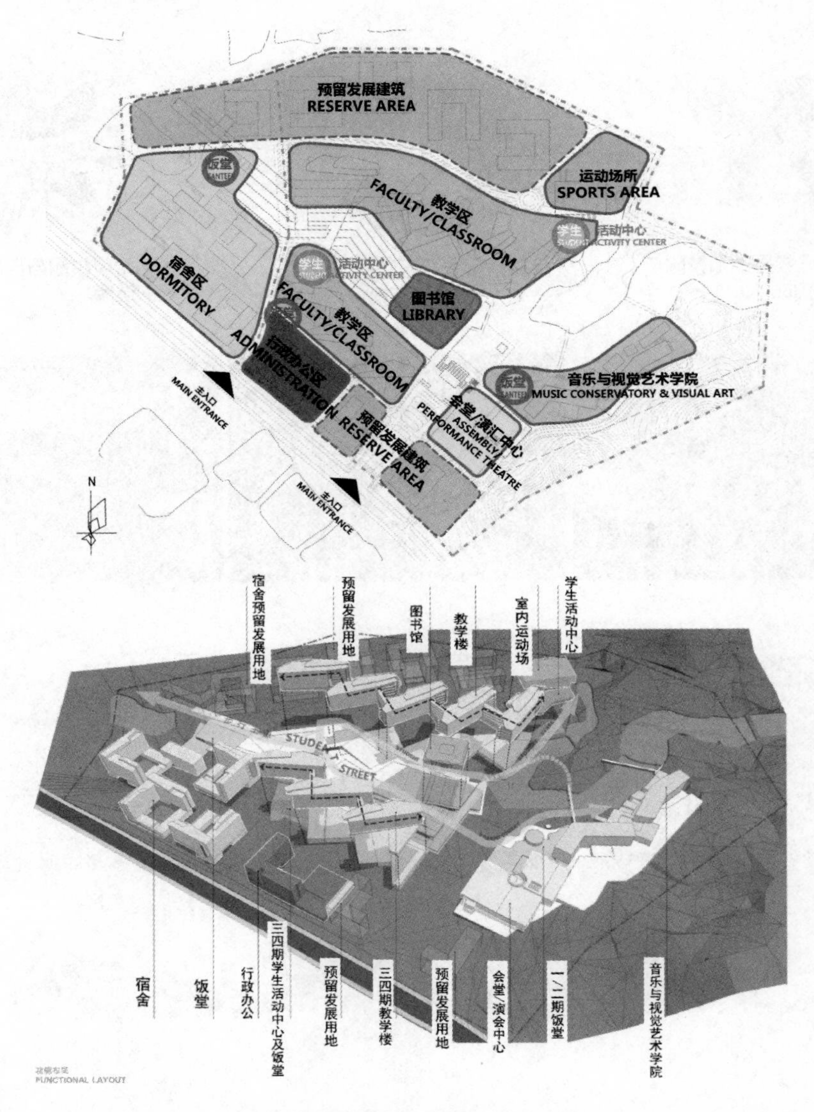

图 4－103　功能布局

方案的空间形态，规划布局围绕中心生态湖而设计。公共开放的空间纽带，将会同古村的人文气息带入 UIC 校园；同时山水相连的生态绿带，将 UIC 校园、会同古村及其小镇紧密相连，谓之“共生双赢”。这个公共交流共享区将是学生进行学术交流与生活交往的主要场所。低密度高强度校园规划的难度及现状地形地貌的条件限制，设计采取“混合功能布局、因地制宜”的节地发展策略，如将后勤支援设施及其他附属，布置在主要活动的“学生街”之下，减小建筑体量；建筑依等高线设置减少土方挖掘，以期使建造费用最低等等。整个校园规划与“大学小镇”区域概念规划的协调，融为一个整体。强化产、学、研、居四个组成部分的联系。

4. 交通分析

1）人行及自行车流线（图 4－104）

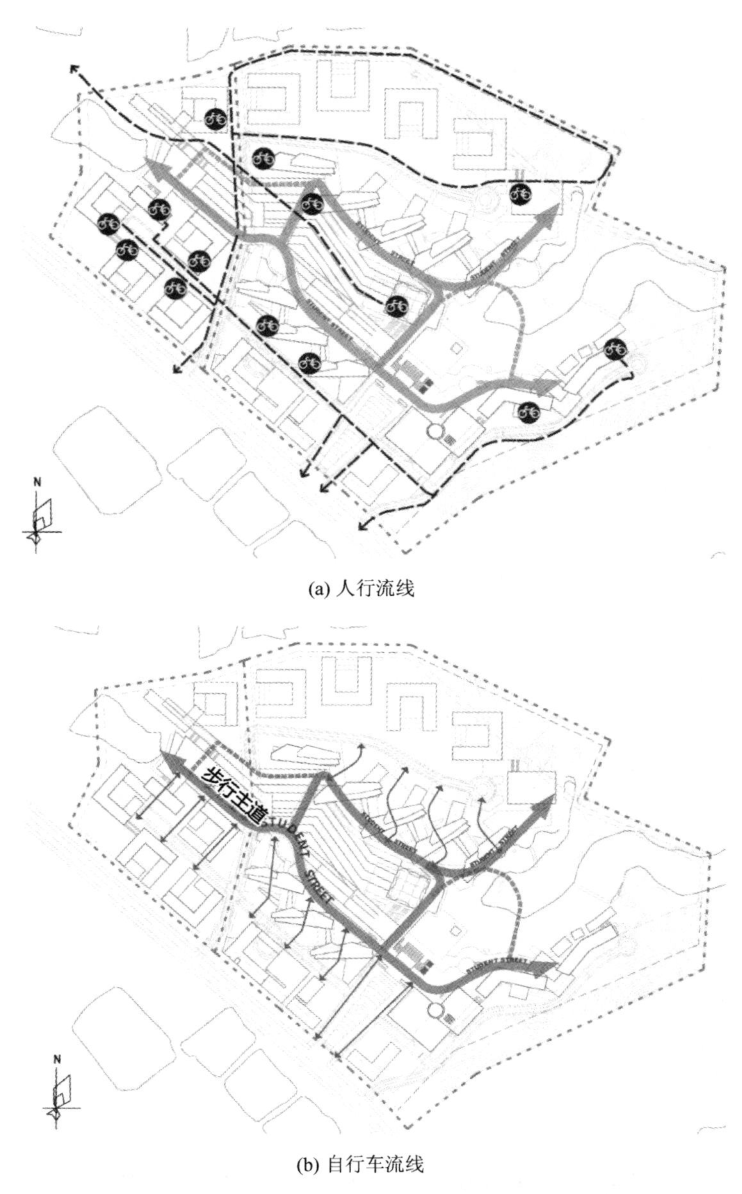

(a) 人行流线

(b) 自行车流线

图 4－104　人行及自行车流线图

绿脉-步行主道作为校园人行系统之主体，联系着校园内各功能区域。人行线路成环路格局便捷通畅，有利于各功能区之间沟通交流。利用坡地创造不同层次空间之人行系统，同时做到人车分流。自行车作为主要的校园内交通工具，规划有效地处理不同坡度及标高的地形关系。有利骑行的同时也为骑行的过程带来舒适的自然感受，自行车可有效便捷地到达各功能区，减少绕弯路线。

2）车行流线出入口及公共设施节点（图 4－105）

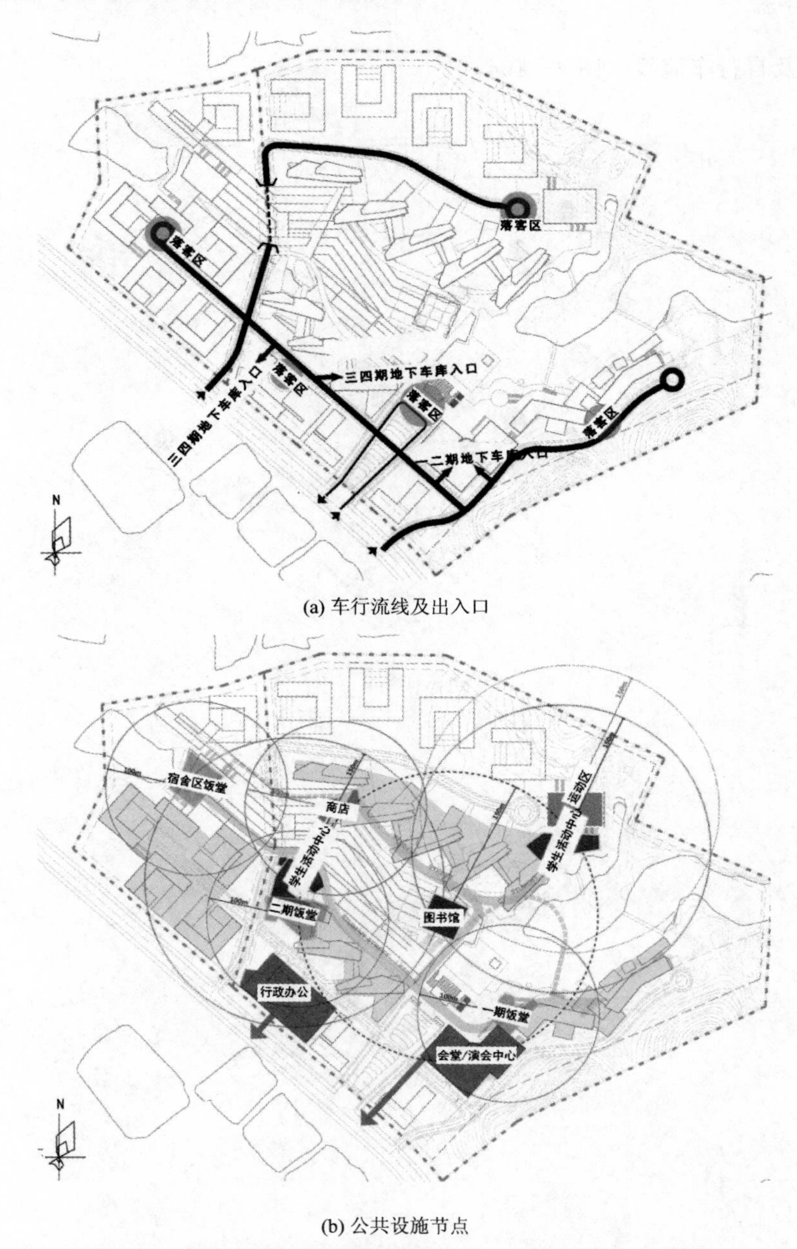

(a) 车行流线及出入口

(b) 公共设施节点

图 4－105　车行流线、出入口及公共设施节点分布图

校园主入口正对湖面，便于直达校园核心景观区，可以最便捷去往各功能区，校园东西次入口及道路之设置有效承担其余交通所需，同时又不影响校园人行系统，这也是主要的消防道路。

各公共功能单体均能最方便学生到达目的地，有效分设于用地各端部，并结合教学区设置。通过不同标高处理各公共功能区与教学区之交叠，增强互动便利的同时也避免了相互干扰。

本章小结

通过本章学习，了解场地布局的主要内容及设计基本要求，掌握场地用地划分、建筑布局、交通组织安排、绿地配置等进行场地设计的原则及手法，对场地进行综合布局安排、合理确定各项组成内容的空间位置关系及各自的基本形态，处理好场地构成要素之间及其与周围环境如功能、空间、交通和景观之间的关系，掌握建（构）筑物布局的典型模式树立场地整体的、全局的观念和综合平衡的意识。

思考题

1. 场地总体布局的主要内容和基本要求？
2. 场地内容分区的依据？
3. 影响建筑布局的主要因素？
4. 建筑群体在场地中的布局方式？
5. 单体建筑在场地中的布局形式有哪些？并说明其优缺点。
6. 公共建筑的群体组合方式有哪些？
7. 在建筑空间组合中包括哪三个方面的序列？试举例分别说明。
8. 秩序构建的手法通常有哪些？
9. 场地交通运输方式选择的基本原则是什么？
10. 总平面定位的表示方法有哪几种？试用案例表达每种表示方法。

第5章 道路及停车场设计

教学目标

主要讲述在场地详细设计阶段如何结合地形条件及设计要求进行场地内的道路设计及停车场设计。通过本章学习，应达到以下目标：

（1）了解道路及停车场设计的依据和步骤；

（2）熟悉场地内的道路布置和交通组织设计；

（3）通过场地的案例分析，掌握场地内道路及停车场设计的程序、内容和方法。

教学要求

知识要点	能力要求	相关知识
场地的道路设计	（1）掌握场地道路布置的依据和步骤 （2）熟悉道路设计的技术要求 （3）培养对场地内交通组织的把握	（1）理解场地内道路与各功能块的相互关系 （2）理解场地内地形、等高线对道路的影响 （3）理解场地内外道路设计对场地的影响
场地的停车要求	（1）掌握场地内停车位置及车位数的依据和步骤 （2）熟悉场地内停车布置的技术要求 （3）培养学生对场地内停车组织的把握	（1）理解场地内停车与道路及各功能块的相互关系 （2）熟悉场地内停车位置及车位数的相关规范：《城市公共交通站、场、厂设计规范》(CJJ/T 15—2011)；《无障碍设计规范》(GB 50763—2012)；《停车场规划设计规则（试行）》等
场地的停车场设计	（1）掌握场地内停车场布置的依据和步骤 （2）熟悉停车场设计的技术要求 （3）培养学生对停车场交通组织的把握	（1）理解场地内停车场与各功能块的相互关系 （2）熟悉场地内停车场设计的相关规范 （3）理解停车场设计对场地内外交通的影响
场地的案例分析	（1）掌握场地道路及停车场设计程序 （2）通过案例分析，掌握设计的内容及方法	（1）熟悉道路及停车场设计的相关规范 （2）掌握场地分析的方法和内容

基本概念

场地交通组织；场地道路设计；场地停车场设计；场地交通分析；场地道路及停车场设计程序。

引言

在对场地进行总体规划及总体布局之后，就进入了场地的详细设计阶段。场地详细设计阶段的主要内容是按照总体规划和布局的要求，将场地设计的内容具体化。本阶段应该在深入了解和分析场地的性质、设计任务及城市规划要求的基础上，通过对场地内各建筑物、构筑物及其他设施之间的总体布局及相互关系等进行交通组织，合理安排场地内道路组织及停车场设计，使该建设项目内容有机地组成功能协调的统一整体，并与自然地形及周围环境相协调。场地详细设计阶段的道路及停车场设计包含场地的出入口位置、交通组织和道路布置、停车场设计以及无障碍设计等方面。

5.1 场地出入口设置

交通组织与场地布置是场地设计中的重要内容，影响到场地设计的合理性及成功与否。道路交通系统是由人、车、路、环境等交通要素构成的复杂系统。交通组织与场地布置本身也有密切的关系。

5.1.1 场地出入口设置的一般原则与基本要求

场地的交通组织在详细设计阶段必须符合以下原则及基本要求。

1. 符合总体布局阶段要求

场地在总体布局阶段已对场地整体的交通组织进行了规划与安排，包括场地的出入口位置、对外交通联系、内部交通组织等内容，场地道路与停车布置在详细设计阶段必须符合总体布局阶段的要求。

2. 满足场地性质的功能要求

场地内外的交通组织还必须根据场地的性质，满足相应的功能要求。如对于商业建筑或公共建筑等不同类型的建筑，需要根据各自的功能要求设置不同的功能空间，并合理组织交通，以满足不同的功能要求。

3. 满足场地使用的消防要求

不同性质的场地，其消防要求各不相同。对于中小学建筑、幼儿园、医院、商业建筑以及客运港、站等场地来讲，其消防要求尤其严格和重要。场地设计必须在满足相应功能要求的同时，严格执行相关的各种消防要求和规范，保障使用者的生命财产安全。

4. 满足国家及地方的其他相关设计规范及设计标准

5.1.2 场地出入口设置技术要求

场地出入口位置是场地交通组织的重要内容，也是场地内外联系的关键。影响场地出入口位置的因素很多，主要有场地性质、场地在城市中的位置、场地周边环境及场地内建筑物主要朝向和出入口等因素。此外，场地的出入口位置还必须满足相关规范要求，处理好与周围环境的关系。通常来讲，场地出入口的设置须满足以下要求。

(1) 每个场地应设1个或以上出入口。车流量较大的场地出入口不宜设在城市主干道上，可设置在城市次干道或支路上，并远离道路交叉口。

(2) 场地出入口要充分考虑人流使用的便捷需求。为了实现高效、安全、舒适的交通体系，在主要人流出入口位置，应实行人车分流。对一些人流密集地段，如主要道路的交叉口附近和商业步行街等特殊地段，不应设置机动车出入口。

(3) 车流量较多的场地，其机动车出入口须满足以下条件。

① 距大中城市主干道交叉口的距离，自道路红线交点量起不应小于70m。

② 距道路交叉口的过街人行道（包括引道、引桥和地铁出入口等）最边缘线不应小于5m。

③ 距公共交通站台最边缘线不应小于15m。

④ 距公园、学校、儿童及残疾人等建筑的出入口不应小于20m。

(4) 场地出入口与外部连接的坡道要求。场地内外通常存在一定高差，需要通过坡道顺畅连接。在机动车出入口位置，还应注意行车及行人安全。场地出入口段坡道应满足以下要求。

① 通常道路的最小纵坡不小于0.3%，最大纵坡一般不应大于8%，个别路段可不大于11%，但长度不应超过80m。为了保证道路有较好的行驶条件，道路变坡点间的距离不宜小于50m，相邻坡段的坡差也不宜过大。

② 当道路纵坡较大时，应避免长距离上、下坡引起的交通不利状况，并保证行车安全，应对坡长加以限制。当道路纵坡较大又超过限制坡长时，应设置不大于3%的缓坡段。道路纵坡与限制长度见表5-1。

表5-1 道路纵坡与限制长度

道路纵坡（%）	5～6	6～7	7～8	8～9	9～10	10～11
限制长度（m）	800	500	300	200	150	100

注：摘自《厂矿道路设计规范》(GBJ22—2007)。

③ 为方便车辆进出，保证安全，场地道路与城市道路连接处最好采用垂直连接方式，且不能硬接，需设置平滑曲线过渡。

(5) 场地出入口处与城市道路连接处的视域要求。为保证行人及行车安全，场地出入口的视线应畅通无阻。在出入口位置向内2m的通道中心两侧60°角的范围内，不应有任何遮挡视线的物体，出入口位置离城市道路边应有不小于7.5m的距离，使驾车人在驶出停车场能看清外面道路上来往的车辆和行人，以保证行车安全。如场地通过道路与城市道路连接时，应满足距离城市道路边 9.5m 的通道中心两侧 60°角的范围内，不应有任何遮挡视线的物体。场地出入口处与城市道路连接处的视域要求如图 5-1 所示。

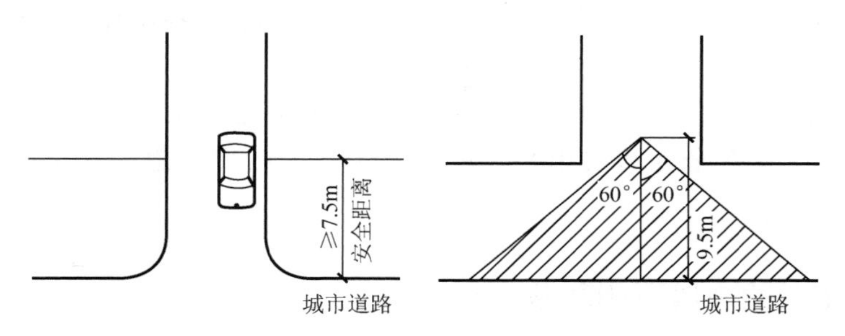

图 5-1 场地出入口处与城市道路连接处的视域要求

5.2 交通组织与道路布置

道路是场地的骨架，是组织各种活动所必需的车辆、行人通行往来的通道，也是联系场地内各个组成部分，并与外部环境相贯通的交通纽带。

5.2.1 场地道路的分类

根据场地性质、规模及道路功能的不同，场地内道路级别也不一样，通常可分为主干道、次干道、支路和引道、专用人行道等。

1. 主干道

场地主干道是连接场地主要出入口与场地内主要功能区域的道路，是场地道路的基本骨架。主干道通常在场地内形成环路，其交通流量较大、道路也较宽，通常由机动车道、非机动车道和人行道组成，必要时还可设置绿化分隔带。此外，主干道也是场地内的主要视觉走廊，对景观要求也较高。

2. 次干道

场地次干道是连接场地主干道与场地次要出入口及各组成部分的道路，是主干道的补充。次干道一般交通流量不大，通常设双车道即可满足要求，路幅宽度 7.0～7.5m，可根据需要设置机动车道、非机动车道和人行道。

3. 支路和引道

支路和引道是连接次干道及各场地内各建筑物的道路。通常其交通流量不多、路幅较窄，满足使用功能及消防要求即可，路幅宽度不应小于 3.5～4.0m。对于较为重要的建筑物，引道的宽度可根据实际需求适当加宽，一般应与建筑物的出入口宽度相适应。

4. 专用人行道

专用人行道是指场地内独立设置的仅供行人和自行车等非机动车通行的步行道。专用人行道多具有休闲功能，可根据场地性质和使用功能，结合场地中休息广场及绿地等区域设置。

现代的多功能社区，特别是大型居住区还可以考虑根据需要设置专用的慢行系统，慢行系统应充分考虑其安全性和实用性，可结合场地内的次干道、支路以及专用人行道设置。

5.2.2 道路布置的一般原则和基本要求

场地内的道路布置须满足的一般原则和基本要求如下。

1. 注意道路系统的合理性

场地内道路系统的规划必须满足使用功能的要求，各级道路应分工明确，流线清晰，使用便捷灵活，满足交通运输的要求。对居住区等不适宜对外开放的功能区域，在满足需要的前提下减少场地通向城市道路的车行道出入口，同时应选择合理的道路布置方式，以减少过境车辆的穿越。

2. 满足人行及车行的安全性

从“以人为本”的角度出发，充分考虑人行及车行的安全性，尽可能实行人、车分流，创造一个安全、舒适的场地环境。

3. 因地制宜，节约投资

道路设计应充分根据地形条件，因地制宜，在满足功能要求的同时节约用地，增加工程的合理性，节约投资。同时，因地制宜的道路设计也丰富了空间效果和景观层次。

4. 其他要求

道路布置还应根据场地功能要求，与建筑布局相适应。同时，在技术设计上还应与绿化、照明、给排水等设施相协调。此外，场地的道路布置还应满足相关的技术规范和技术设计要求。

5.2.3 交通组织

根据使用方式的需求不同，场地内的道路交通通常有内环式、环通式、半环式、尽端式、混合式等组织形式，这些组织形式各有所长，可根据不同需要加以选用。

1. 内环式

内环式指场地内的道路成环状布置，并与各出入口相连接，如图 5-2 所示。场地的环路通常为主干道，可以一条或多条并行，这些主干道与次干道及支路相接，共同形成场地内的交通系统。如广州大学城内有外环路、中环路和内环路三环平行主干道，形成大学城内的主要交通干道。

2. 环通式

环通式指通过道路直接将场地出入口与各主要部分连接的布置方式，如图 5-3 所示。通过环通式道路可以到达场地内各部分。

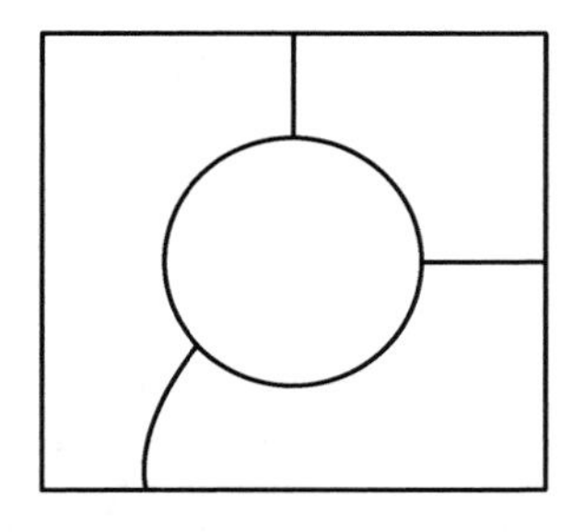

图 5-2 内环式道路示意

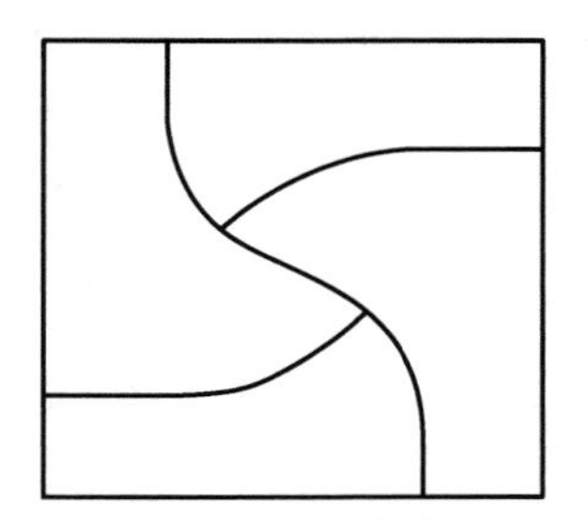

图 5-3 环通式道路示意

3. 半环式

半环式指与出入口连接的道路不能贯通场地内部，而是将机动车交通组织在场地中心以外，避免车流对场地内部的干扰，适用于车流及人流量较大的场地，特别是人车分流的道路系统，如图 5-4 所示。

4. 尽端式

尽端式是指因特殊要求或受地形条件限制，将场地内部道路延伸至特定位置即终止，成为尽端式道路，如图 5-5 所示。尽端式布局通常在受地形限制或在功能上对流线有特殊要求时使用，多见于地形起伏大，建筑分散，无法形成环路的场地中，如景区内的服务区或山地型度假别墅等场地。尽端式的单枝道路不应过长，一般不应大于 120m。

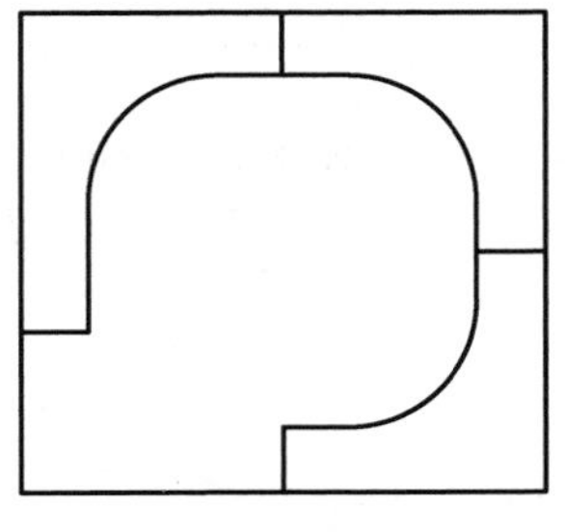

图 5-4 半环式道路示意

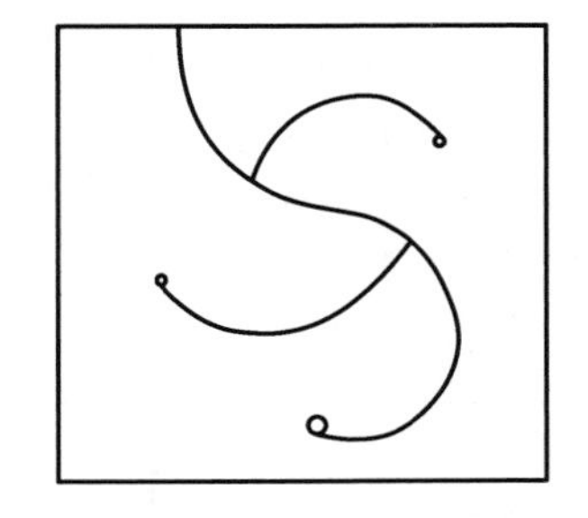

图 5-5 尽端式道路示意

5. 混合式

混合式布置是指将以上两种或两种以上的道路组织形式相组合，并运用于同一场地内的方式，如图 5－6 所示。混合式布置有多种组合方式，具体应用时需要根据场地条件及功能要求、投资状况等情况决定。

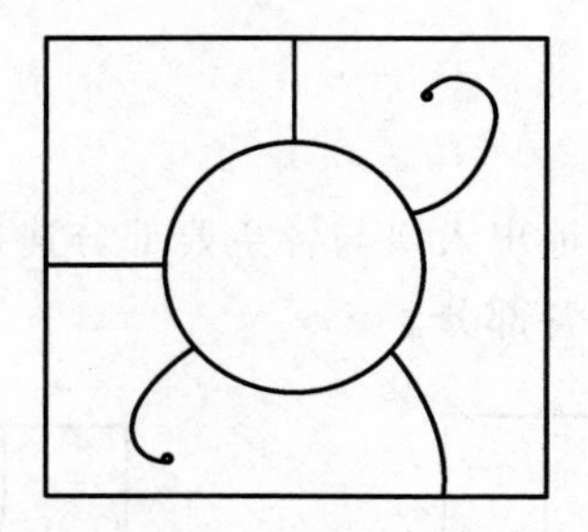

图 5－6　混合式道路示意

场地内多种道路组织形式的比较详见表 5－2。

表 5－2　场地内多种道路组织形式比较

道路组织形式	适用条件	优势	不足	适用场地
内环式	（1）场地规模较大 （2）交通流量较大 （3）地形条件许可	（1）交通畅顺 （2）通达性强 （3）容易满足消防要求	（1）交通线路较长 （2）场地私密性不够	公共性质场地
环通式	（1）场地规模与地形条件不受限制 （2）交通流量不大	（1）交通便捷 （2）线路清晰 （3）布置灵活	场地私密性受一定影响	半公共性质场地，如居住区
半环式	（1）交通流量（包括车流及人流）较大 （2）场地中心单独使用	（1）车流在场地中心外围 （2）中心场地不受干扰	通达性受到一定限制	流量大且人、车分流场地
尽端式	（1）对流线有特殊要求 （2）地形条件限制 （3）建筑分散 （4）交通量较小	（1）道路布置灵活 （2）流线直接，目的清晰	（1）各部分联系不便 （2）需要通过技术处理满足消防要求	（1）特殊流线要求场地 （2）地形起伏大
混合式	满足以上两种或以上场地要求	（1）兼有各种方式的优势与特点 （2）组合方式灵活多样 （3）应用范围广		多种场地

5.2.4 道路形式

场地道路通常由人行道、车行道及绿化带等部分组成，根据场地条件及功能要求的不同，这些部分可以通过不同的组合方式形成不同的道路板块。此处所指场地道路的板块可以通过道路的横断面形式反映出来。场地道路的横断面形式通常分为四种，分为一块板形式、两块板形式、三块板形式和四块板形式。

1. 一块板形式

一块板形式的道路机动车、非机动车混流，适用于路幅宽度不大、双向交通量不均匀的路段，以及车流量不大、出入口较多的道路，是场地内应用最广的道路横断面形式，如图 5－7 所示。

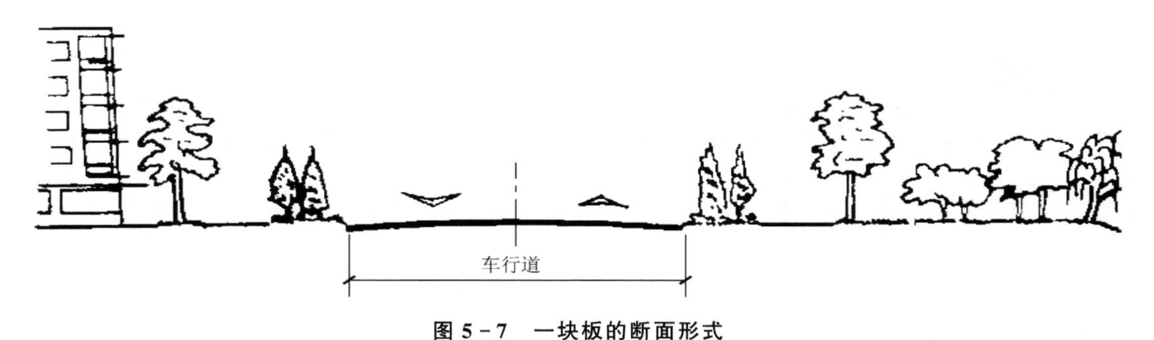

图 5－7 一块板的断面形式

2. 两块板形式

两块板形式的道路用于有较高景观与绿化要求，机动车流量大，车速要求较高，非机动车类型单一且流量较小的场地的主要干道，特别是场地主要出入口附近或道路横向高差较大的路段，如图 5－8 所示。两块板通常由绿化带分隔，对行车安全及道路景观均有较好的作用。

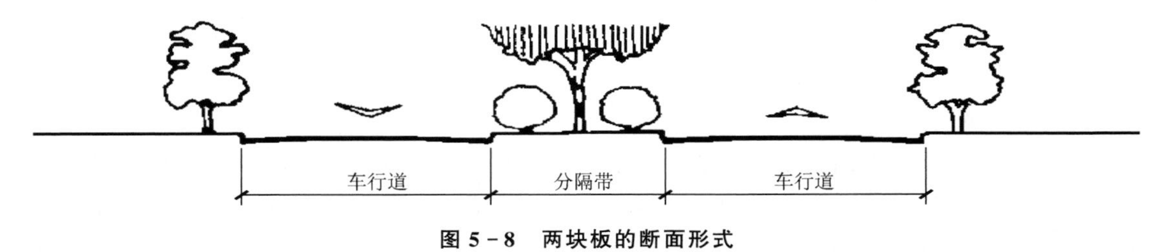

图 5－8 两块板的断面形式

3. 三块板形式

三块板形式的道路适用于机动车交通量大、车速要求高、非机动车多且道路路幅较宽的大型场地交通干道，如居住区主要道路等；除景观要求较高的出入口或主要建筑附近路段外，一般在场地中应用不多。如图 5－9 所示为三块板的断面形式。

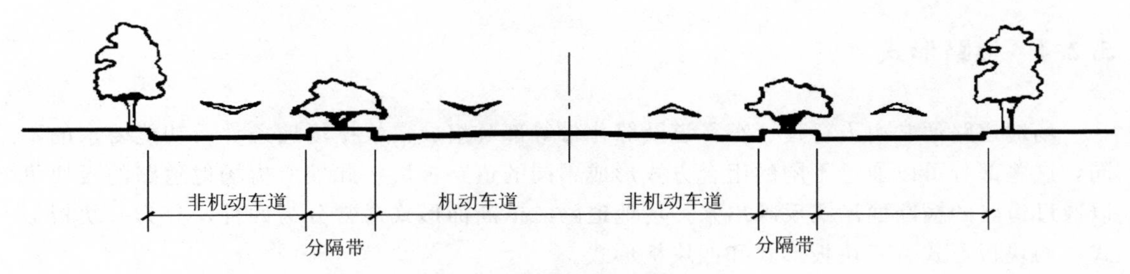

图 5－9　三块板的断面形式

4. 四块板形式

四块板形式的道路以三条分隔带使对向车流分行、机动车与非机动车车种分流。常见于大城市的干道，在场地中应用极少。如图 5－10 所示为四块板的断面形式。

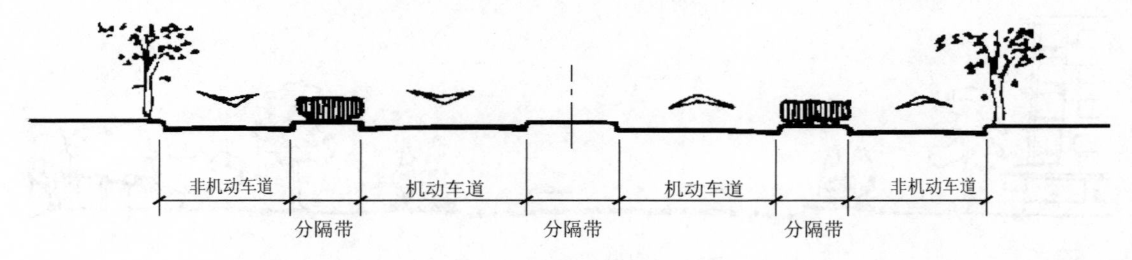

图 5－10　四块板的断面形式

5.2.5　道路技术要求

根据功能及交通需要的不同，场地内的道路通常包含机动车道、非机动车道、人行道、绿化带，以及排水、照明设施、地面线杆、地下管线等附属设施。此外，各类场地还根据需要配备一定面积的停车场、回车场、交通广场或公共交通站场等设施。下面就场地内道路设计的主要技术要求加以说明。

1. 平面设计

1）道路宽度

场地内的道路宽度因其使用功能、车辆类型及数量、行人流量等不同，各种道路所需宽度也不一样。通常情况下，场地的双车道宽 6.0～7.0m，单车道宽 3.5～4.0m。如有自行车等非机动车混行时须适当加宽。另外，特定场地的道路宽度还应满足相关规范的规定。如居住区内的道路，居住区级道路红线宽度不宜小于 20m，小区级道路宽 6～9m，组团路宽 3～5m，宅间小路宽不宜小于 2.5m。

2）转弯半径

转弯半径指道路转弯处内边缘的平曲线半径，转弯半径的大小与通行车辆的种类、型号及限制车速有关。通常情况下，以小型车为主的场地道路最小转弯半径为 6m，通行大巴车和普通消防车的道路最小转弯半径为 9m，通行消防登高车的道路最小转弯半径为12m。特殊场地根据不同要求另定。常见车辆最小缘石转弯半径如图 5-11 所示。

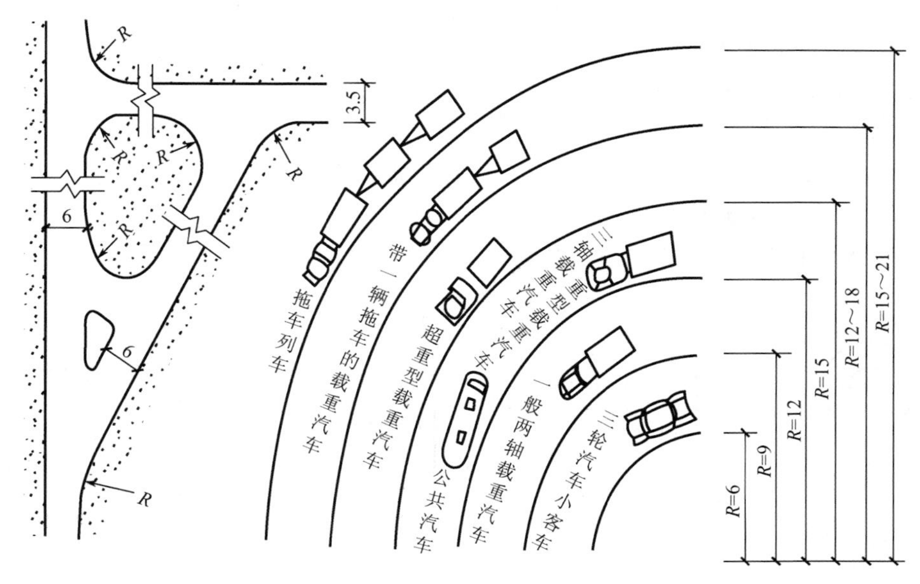

图 5-11 常见车辆最小缘石转弯半径

3）交叉口视距

为保证行车安全，道路交叉口的设置还应满足“视距三角形”的要求。视距是指行驶中驾驶员为能够看到车前一定距离的车辆，以便及时采取制动或避让措施所需要的最短反应距离。停车视距即机动车行驶时，自驾驶员看到前方障碍物起，至到达障碍物前安全停止所需的最短距离。为保证交叉口行车安全，由交叉口内最不利的冲突点，即最靠右侧的直行机动车与横向道路上右侧最靠中心线驶入的机动车在交叉口相遇的冲突点起向后各退一个停车视距，将这两个视点和冲突点相连构成的三角形称为视距三角形，如图 5-12 所

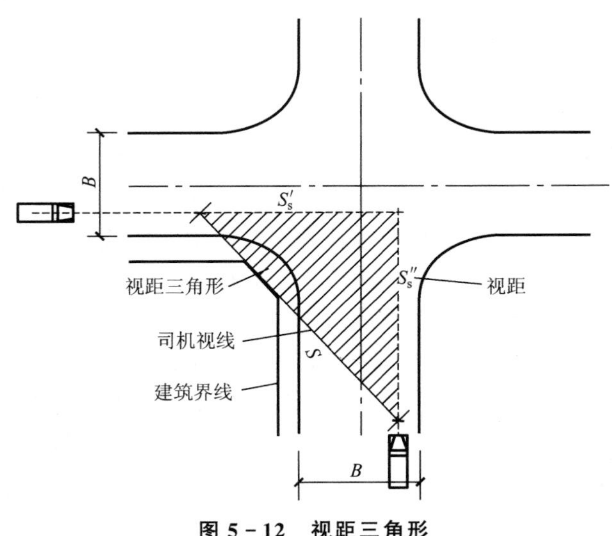

图 5-12 视距三角形

示。视距三角形的边长是根据停车等视距确定的，一般来说，路的等级越高，设计时速越大，那么需要的停车视距就越长，三角形的边长就越长，如果两条路的设计时速相同，则视距三角形为等腰三角形。

图 5-12 中的阴影三角形即为视距三角形。在视距三角形上空高度 0.9～2m 范围内不得有影响驾驶员视线的任何物体，包括交通设施、广告牌、灌木等。

4）回车场

场地内尽端式道路超过 35m 时，应在道路尽端设置回车场，回车场的面积不应小于 12m×12m，可兼作普通消防车的回车场地。条件允许时可设置 15m×15m 的大型消防车回车场。各类回车场的车行方式及尺寸如图 5-13 所示。

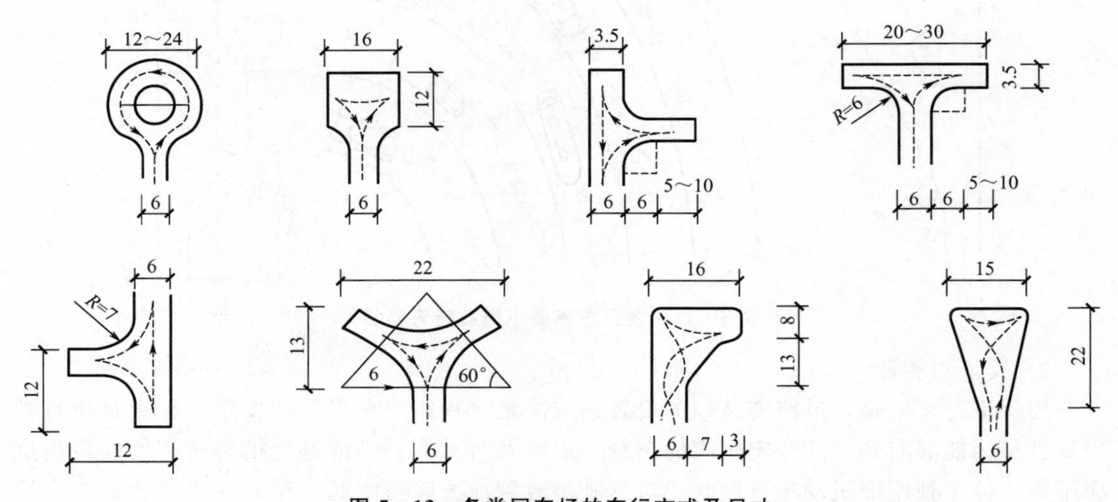

图 5-13　各类回车场的车行方式及尺寸

2. 竖向设计

场地道路的竖向设计能有效解决场地高差，满足功能需求及排水要求，同时也满足场地内人行及车辆行驶的安全和舒适要求。道路的竖向设计包括道路竖曲线、道路纵坡和道路横坡设计等内容。

1）道路竖曲线和道路纵坡

通常场地道路的最小纵坡不小于 0.3%，最大纵坡一般不应大于 8%，个别路段可不大于 11%，但长度不应超过 80m。为了保证道路有较好的行驶条件，道路变坡点间的距离不宜小于 50m，相邻坡段的坡度差也不宜过大。为避免长距离上坡或下坡影响行车安全，对不同道路纵坡应予以限制。道路纵坡与限制坡长关系见表 5-1。

当道路纵坡较大又超过限制坡长时，应设置不大于 3% 的缓坡段，其长度不宜小于 80m。当相邻两段纵坡差大于 1%～2%时，应设置竖曲线。竖曲线是指纵断面上相邻两条纵坡线相交的转折处，为了行车平顺要用一段曲线来缓和，这条连接两纵坡线的曲线就是竖曲线。纵断面上相邻两条纵坡线相交形成转坡点，其相交角用转坡角表示。当竖曲线转坡点在曲线上方时为凸形竖曲线，反之为凹形竖曲线。场地内道路缓坡设计如图 5-14 所示。

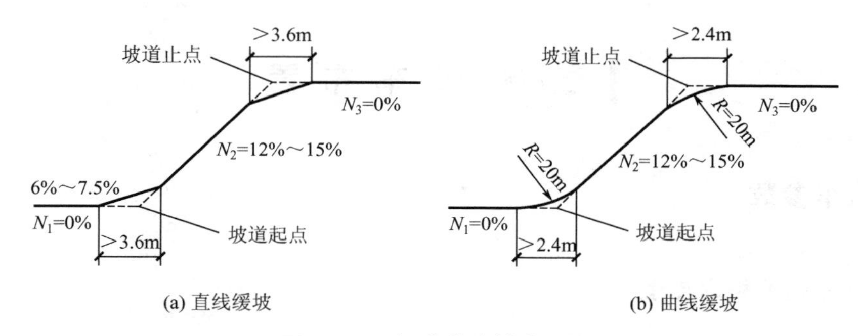

图 5-14　场地道路缓坡设计

场地道路中人行道最大纵坡一般不应大于 8%，纵坡大于 8%时，应设置梯步并注意防滑，如图 5-15 所示。一般地，每段梯步以 3～14 级为宜；踏面高 12～15cm，宽 30cm 左右，横坡可设成 1%～3%，一般为 1%～2%，利于路面排水。人车混行时，人行道的高度通常高出车行道 8～20cm，满足行人交通和保证行人安全，并布置绿化、地上杆柱、地下管线，以及护栏、交通标志、宣传栏、清洁箱等附属设施，人行道距建筑物外墙距离一般为 1.5m 以上。通常一条步行带的宽度为 0.75m，道路一侧的人行道最小宽度为 1.5m（含行道树），并按 0.5m 的倍数递增，火车站、客运码头、大型商店附近及城市等级生活性干道为 0.85～1m。

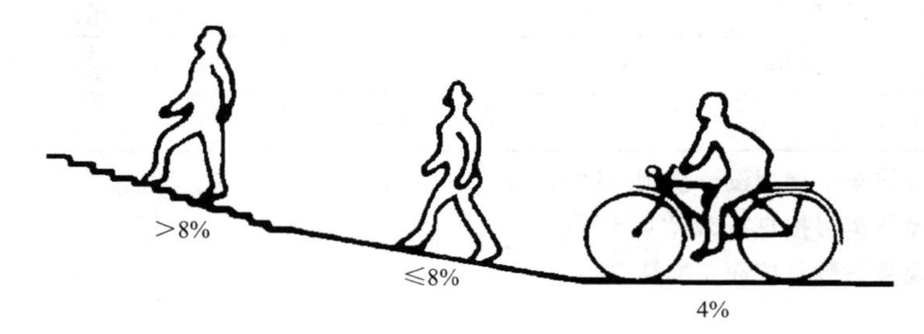

图 5-15　人行道坡度设置要求

2）道路横坡

为便于排水，场地道路除纵向坡度外通常还设置横向坡度。车行道宽度较大，为尽快排除地面水，车行道一般都采用双向坡面，由道路中心线向两侧倾斜，形成路拱。横坡一般为 1%～3%。如遇山路或车速较快的道路转弯处等特殊需要，横向坡度须根据相关规范设计。人行道横坡通常采用直线型向路缘石方向倾斜，为利于排水，同时避免行人因坡大滑倒，考虑地面材料和降雨强度的不同，其横坡可为 1%～3%，一般取值 1%～2%。

3. 道路与建（构）筑物的距离

（1）建筑物面向道路一侧无出入口时，道路与建筑物外墙面的最小距离为 1.5m；建筑物面向道路一侧有出入口但不通行汽车时，道路与建筑物外墙面的最小距离为 3.0m；建筑物面向道路有汽车通行时，道路与建筑物外墙面的最小距离为 6.0～8.0m。

（2）道路与各类管道支架及围墙间的最小距离均为 1.0m。

（3）人行道距建（构）筑物外墙距离一般为 1.5m 以上。

5.3 停车布置

5.3.1 汽车参数

1. 常见车辆外轮廓尺寸

不同类型车辆的外轮廓尺寸差别很大，因此停车所需的通道及车位大小各不相同。停车场中常用车型包括微型车、小型车、中型车和大型客车等，专用停车场还有大型客车及各种类型货车等。停车场常见车型外廓尺寸和换算系数见表5-3。

表5-3 停车场常见车型外廓尺寸和换算系数

车辆类型		各类车型外廓尺寸(m)			车辆换算系数
		总长	总宽	总高	
机动车	微型车	3.20	1.60	1.80	0.70
	小型车	5.00	2.00	2.20	1.00
	中型车	8.70	2.50	4.00	2.00
	大型车	12.00	2.50	4.00	2.50
自行车		1.93	0.60		1.15

注：1. 摘自《停车场规划设计规则（试行）》。
2. 二轮摩托车可按自行车尺寸计算。
3. 车辆换算系数是按面积换算。

2. 停车位尺寸

停车场内根据所停车辆种类的不同，停车位尺寸也不一样。除公交车等专用车辆停车位要求特殊外，常见停车场通常多为小型车停车位，人流集中的旅游、展览等停车场还必须设置一定的大型客车位。

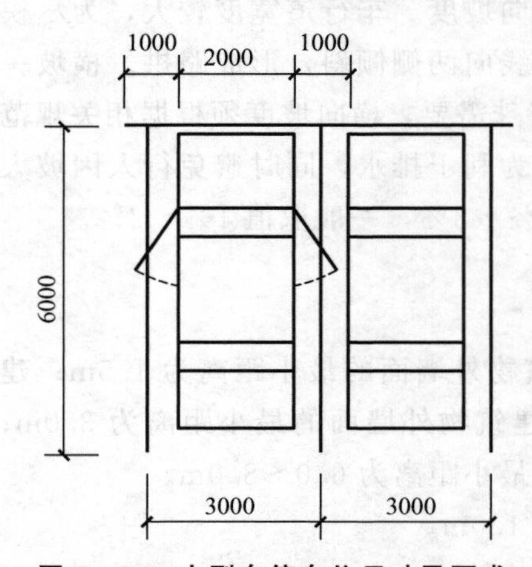

图5-16 小型车停车位尺寸及要求

对于微型车和小型车，停车位通常为3m(宽)×6m(长)，条件不允许时可适当减少，但车位宽度不应小于2.8m。停车场边缘车位如遇墙、柱或栏杆等障碍物时，为方便停车，车位宽度应加宽30cm为宜。小型车停车位尺寸及要求如图5-16所示。

为帮助车辆准确停放，防止车辆倒车进车库时越位，避免车辆的碰撞，避免倒车不当造成的建筑物损伤以及汽车的损伤，也能将建筑物和汽车的损伤减至最小，增强倒车时的安全系数，停车位通常加装金属挡轮杆（又称车轮挡轮器或挡轮杆等）。挡轮杆是目前限定车辆准确停放位置的最佳设施。对小汽车停车位而言，当汽车为前进停车时，挡轮杆用于阻挡前轮，固定在距停车位边线0.6m处；当汽车为后退停车时，挡轮杆用于阻挡后轮，固定在距停车位边线1m处。因停车位通常不限定停车方式，故挡轮杆通常采取后一种方式。

3. 常见车辆最小转弯半径

常见车辆最小转弯半径参见图5-11。

5.3.2 停发车方式

车辆停车及发车的方式通常有以下几种。

1. 前进停车、前进发车

停车及发车方便，节省时间，但车位前后均有通道，单位停车面积大。多用于车流量及停车场地均较大的情况下，常见于城市的客运站场。

2. 前进停车、后退发车

停车方便，但需倒车发车，不利于快速出车，且所需通道宽度相对较大。停车场地面积较大，出入方便时更有优势。

3. 后退停车、前进发车

出车方便快捷，所需通道宽度相对较小，但停车相对麻烦。救护车、消防车等宜用此种方式。

几种停、发车方式如图5-17所示。

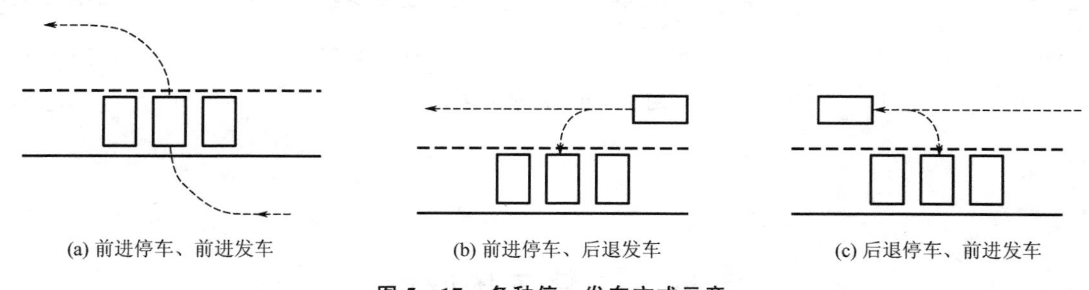

(a) 前进停车、前进发车　　(b) 前进停车、后退发车　　(c) 后退停车、前进发车

图5-17　各种停、发车方式示意

5.3.3 车辆停放方式

常用的车辆停放方式包括垂直式、平行式和斜列式三种。

1. 垂直式停车

垂直式停车即车位与通道垂直的停车方式。垂直式停车时通道两边停车用地最为紧凑节约，单位面积内停放的车辆数最多，但停车带宽度最大。常见垂直式停车布置方式如图 5－18 所示。

2. 平行式停车

平行式停车即车位方向与通道方向一致的停车方式，如图 5－19 所示。平行式停车所需停车带最窄，驶出方便，但占地长度大，单位面积内停放的车辆数最少。城市道路不少单行线均采用平行式停车方式。

(a) 前进停车　　(b) 后退停车

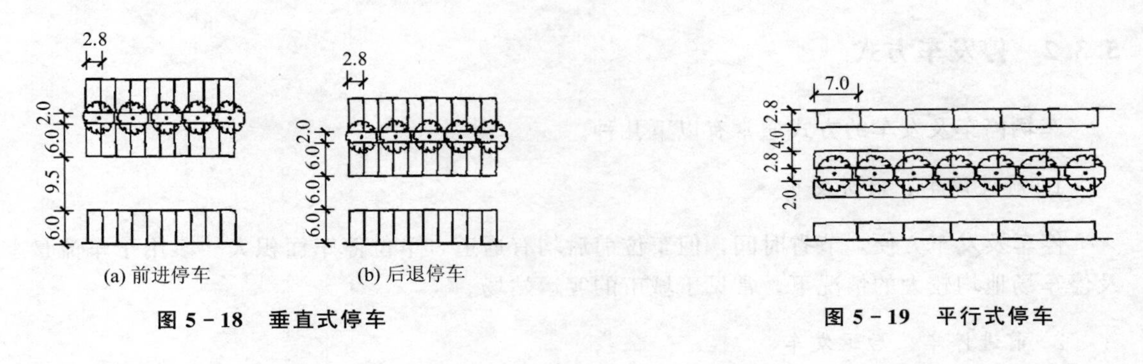

图 5－18　垂直式停车

图 5－19　平行式停车

3. 斜列式停车

斜列式停车即车位与通道有一定角度，通常有 30°、45°和 60°几种，如图 5－20 所示。斜列式停车时车辆出入及停放较为方便，单位停车占地面积比垂直式停车多。

(a) 30° 前进停车　　(b) 45° 前进停车　　(c) 60° 前进停车　　(d) 60° 后退停车

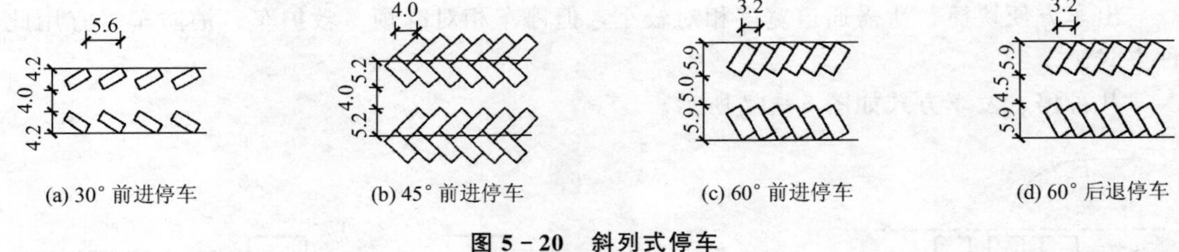

图 5－20　斜列式停车

5.4 停车场设计

5.4.1　停车场类型

按服务对象的不同，停车场可分为公共停车场、配建停车场和专用停车场三大类。根据停放车辆的种类不同，停车场有小型车、公交车、旅游车、货车及自行车等专用停车场，也有以某一类型为主，兼顾其他类型的混合型停车场。使用最多、最广泛的是以小型车为主的各种停车场地。

1. 公共停车场

公共停车场是指为社会车辆提供停放服务的、投资和建设相对独立的停车场所。主要设置在城市出入口、外围环境、大型商业、文化娱乐（影剧院、体育场馆）、医院、机场、车站、码头等公共设施附近，面向社会开放，为各种出行者提供停车服务。

城市公共停车场可为外来机动车、市内机动车和自行车等提供服务，其用地总面积可按规划城市人口每人0.8～1.0m^2计算。其中：机动车停车场的用地宜为80%～90%，自行车停车场的用地宜为10%～20%。从节约用地的角度出发，用地紧张的区域宜建多层停车场。

公共停车场位置示意如图5-21所示。

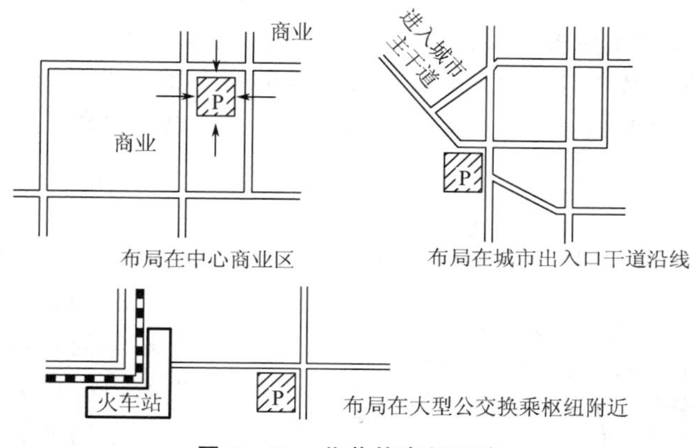

图5-21 公共停车场示意

2. 配建停车场

配建停车场是指在各类公共建筑或设施附属建设，为与之相关的出行者提供停车服务的停车场。大型酒店、商场、体育场（馆）、影剧院、展览馆、医院、车站、航空港等公共建筑和商业街区，必须配建停车场，且配建停车场内的停车位数应符合城市规划及相关规范要求。配建停车场位置示意如图5-22所示。

3. 专用停车场

专用停车场是指建在工厂、行政企事业单位等内部，仅供本单位内部车辆停放的停车场和私人停车场所。专用停车场位置示意如图5-23所示。

图5-22 配建停车场示意

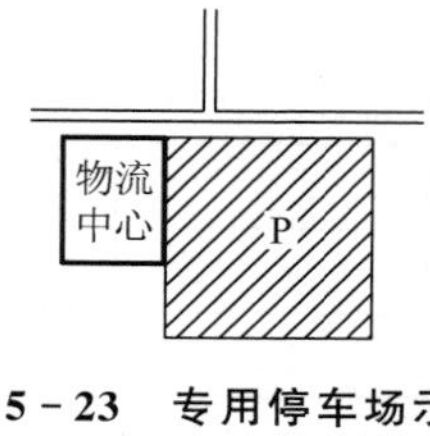

图5-23 专用停车场示意

5.4.2 各类停车场设计要点

停车场的位置、规模、出入口设置、场内交通组织关系及车位布置等因素必须综合考虑，合理布局。

1. 一般停车场设计要点

1）选址要求

停车场的服务半径合理；易于通行，汽车的通行能力及可达性较好；与总体规划的要求相协调。

2）规模

少于50个停车位的停车场，可设一个出入口，其宽度宜采用双车道；50～300个停车位的停车场，应设两个出入口；大于300个停车位的停车场，出口和入口分开设置，两个出入口之间的距离应大于20m，出入口宽度不小于7m。出入口距人行天桥、地道和桥梁应大于50m。

3）出入口设置

为减少人流穿行，停车场车辆出入口应远离人流主要流线。如直接向城市干道开口，其出入口距学校、幼儿园、医院、人行天桥、公共汽车站等的距离应满足相关规范要求。停车场出入口应做到视线畅通无阻，使驾车人在驶出停车场能看清外面道路上来往的车辆和行人，以保证行车安全。在距出入口2m的通道中心两侧60°角的范围内，不应有任何遮挡视线的物体。停车场出入口示意如图5-24所示。

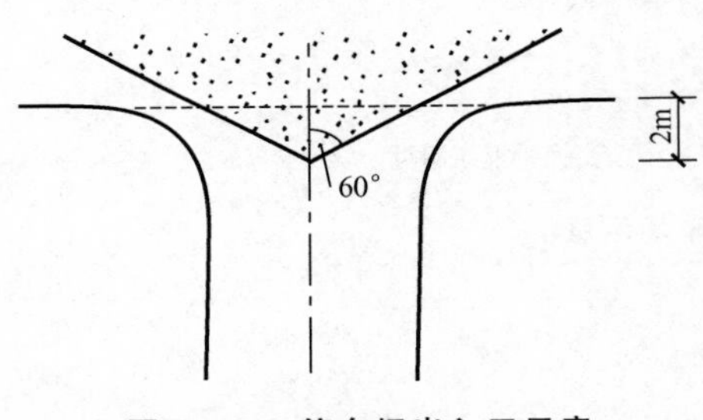

图5-24 停车场出入口示意

4）场内交通组织

停车场内道路宜形成环路，便于车辆快速停放及驶出，减少车辆在场内不必要的行驶时间及车流交叉。场内道路宽度根据停车场性质及停放车辆的不同而不同，一般来讲，小型车停车场地的通道宽度，双面停车时为7m，单面停车时为4m为宜。停车场内地形如有高差，场内通道最大纵坡度应符合表5-4的要求。

表5-4 停车场通道最大纵坡坡度（%）

车辆类型	通道形式	
	直线	曲线
大型汽车	10	8
中型汽车	12	10
小型汽车	15	12
微型汽车	15	12

注：摘自《停车场规划设计规则（试行）》。

2. 公共停车场设计要点

公共停车场能有效减少外地车辆对城市交通的压力。

(1) 城市公共停车场在城市中的位置及规模应符合城市规划及交通部门的相关要求。机动车公共停车场用地面积，宜按当量小汽车停车位数计算，每个停车位宜为25～30m^2(停车库和地下停车库每个停车位宜为35m^2)。摩托车停车场用地面积，每个停车位宜为2.5～2.7m^2。自行车公共停车场用地面积，每个停车位宜为1.5～1.8m^2。

(2) 市内机动车公共停车场须设置在车站、码头、机场、大型旅馆、商店、体育场、展览馆、医院、商业街等公共建筑附近。其服务半径为100～300m。机动车公共停车场出入口的设置应符合行车视距的要求，并应右转出入车道。如出、入口分开设置，则顺行车方向入口在先，出口在后，且相距不小于20m，这样可以有效减少车流交叉。停车场封闭管理时，管理用房宜设在出、入车辆的左侧，出入口合并时则管理用房也可合并设置。出、入口距离交叉口、桥隧坡道起止线50m远。

(3) 自行车公共停车场应符合下列规定。长条形停车场宜分成15～20m长的段，每段应设一个出入口，其宽度不得小于3m；500个车位以上的停车场，出入口数不得少于2个；1500个车位以上的停车场，应分组设置，每组应设500个停车位，并应各设有一对出入口。自行车停车场原则上不设在交叉路口附近。出入口应不少于2个，宽度不小于2.5m。自行车停车场主要设计指标见表5-5。

表5-5 自行车停车场主要设计指标

停车方式		停车带宽(m)		车辆横向间距(m)	过道宽度(m)		单位停车面积(m^2)			
		单排	双排		单排	双排	单排一侧	单排两侧	双排一侧	双排两侧
斜列式	30°	1.00	1.60	0.50	1.20	2.00	2.20	2.00	2.00	1.80
	45°	1.40	2.26	0.50	1.20	2.00	1.84	1.70	1.65	1.51
	60°	1.70	2.77	0.50	1.50	2.60	1.85	1.73	1.67	1.55
垂直式		2.00	3.20	0.60	1.50	2.60	2.10	1.98	1.86	1.74

3. 配建停车场设计要点

(1) 停车场应位于干道一侧，且紧临公共建筑，方便使用，利于人流快速疏散。如大型公共建筑需要分区设置时，停车场也应分区就近布置。不同车辆类型停车场应根据使用需要分别设置在不同位置。

(2) 从行车安全角度，停车场应位于道路行车方向的右侧。如出、入口分开设置，则顺行车方向入口在先，出口在后，且相距不小于20m，这样可以有效减少车流交叉。停车场封闭管理时，管理用房宜设在出、入车辆的左侧，出入口合并时则管理用房也可合并设置。

(3) 各类建筑的配建停车场的车位指标详须满足相关规范要求。对于机动车来说，指场地内应配置的停车车位数，包括室外停车场、室内停车库，通常按配置停车车位总数的下限控制，有些地块还规定室内外停车的比例。对于自行车来说，指场地内应配置的自行车车位数，通常是按配置自行车停车位总数的下限控制。居住区配建公共停车场（库）的停车位控制指标见第 4 章表 4－7，大城市大中型民用建筑停车位参见第 4 章表 4－8。

5.4.3　停车场技术要求

1. 车位布置

汽车停放时，汽车与汽车之间及汽车与墙、柱间的纵横距离须同时满足防火要求和安全使用的要求。汽车与汽车之间及汽车与墙、柱间的间距见表 5－6。

表 5－6　汽车与汽车之间及汽车与墙、柱间的间距（m）

<table>
<tr><th colspan="3" rowspan="2">车型与间距
停放方式</th><th colspan="2">微型车、小型车</th><th colspan="2">轻型车</th><th colspan="2">中型、大型汽车</th></tr>
<tr><th>最小间距</th><th>安全使用间距</th><th>最小间距</th><th>安全使用间距</th><th>最小间距</th><th>安全使用间距</th></tr>
<tr><td rowspan="3">汽车与汽车</td><td colspan="2">横向</td><td>0.5</td><td>0.6</td><td>0.7</td><td>0.8</td><td>0.8</td><td>1.0</td></tr>
<tr><td rowspan="2">纵向</td><td>垂直、斜列式</td><td rowspan="2">0.5</td><td>0.5</td><td rowspan="2">0.7</td><td>0.7</td><td rowspan="2">0.8</td><td>0.8</td></tr>
<tr><td>平行式</td><td>1.2</td><td>1.2</td><td>2.4</td></tr>
<tr><td rowspan="2">汽车与墙、护栏等</td><td colspan="2">横向</td><td>0.5</td><td>0.6</td><td>0.5</td><td>0.8</td><td>0.5</td><td>1.0</td></tr>
<tr><td colspan="2">纵向</td><td>0.5</td><td>0.5</td><td>0.5</td><td>0.5</td><td>0.5</td><td>0.5</td></tr>
<tr><td>汽车与柱</td><td colspan="2">纵、横向</td><td>0.3</td><td>0.3</td><td>0.3</td><td>0.3</td><td>0.4</td><td>0.4</td></tr>
</table>

2. 汽车环行车道最小内半径

汽车环行车道最小内半径是指环行车道在保证汽车能够正常转弯情况下其道路的内边缘半径。停车场通道的最小内半径（平曲线半径）见表 5－7。

表 5－7　停车场通道的最小平曲线半径（m）

车 辆 类 型	最小平曲线半径
微型车及小型车	7.00
中型车	10.50
大型车	13.00

注：摘自《停车场规划设计规则（试行）》。

3. 机动车停车场设计参数（表5－8）

表5－8 机动车停车场设计参数

停车方式＼参数类型		垂直通道方向的停车带宽（m）				平行通道方向的停车带长（m）				通道宽（m）				单位停车面积（m^2）			
		Ⅰ	Ⅱ	Ⅲ	Ⅳ	Ⅰ	Ⅱ	Ⅲ	Ⅳ	Ⅰ	Ⅱ	Ⅲ	Ⅳ	Ⅰ	Ⅱ	Ⅲ	Ⅳ
平行式	前进停车	2.6	2.8	3.5	3.5	5.2	7.0	12.7	16.0	3.0	4.0	4.5	4.5	21.3	33.6	73.0	92.0
斜列式 30°	前进停车	3.2	4.2	6.4	8.0	5.2	5.6	7.0	7.0	3.0	4.0	5.0	5.8	24.4	34.7	62.3	76.1
斜列式 45°	前进停车	3.9	5.2	8.1	10.4	3.7	4.0	4.9	4.9	3.0	4.0	6.0	6.8	20.0	28.8	54.4	67.5
斜列式 60°	前进停车	4.3	5.9	9.3	12.1	3.0	3.2	4.0	4.0	4.0	5.0	8.0	9.5	18.9	26.9	53.2	67.4
斜列式 60°	后退停车	4.3	5.9	9.3	12.1	3.0	3.2	4.0	4.0	3.5	4.5	6.5	7.3	18.2	26.1	50.2	62.9
垂直式	前进停车	4.2	6.0	9.7	13.0	2.6	2.8	3.5	3.5	6.0	9.5	10.0	13.0	18.7	30.1	51.5	68.3
垂直式	后退停车	4.2	6.0	9.7	13.0	2.6	2.8	3.5	3.5	4.2	6.0	9.7	13.0	16.4	25.2	50.8	68.3

注：1. 摘自《停车场规划设计规则（试行）》。
2. 表中Ⅰ类指微型汽车，Ⅱ类指小型汽车，Ⅲ类指中型汽车，Ⅳ类指大型汽车。

5.5 无障碍设计

场地中的人行系统的无障碍设计主要包括人行道、人行横道、人行天桥和公交车站等。为确保有需要的人能够安全、方便地使用各种设施，场地内的无障碍设计应符合《无障碍设计规范》（GB 50763—2012）。此外，相应场地的无障碍设计还应符合国家的其他现行有关规范及标准。

5.5.1 无障碍出入口

场地应设置无障碍出入口，场地的无障碍出入口包括平坡出入口，以及同时设置台阶和轮椅坡道或升降平台的出入口。无障碍出入口应符合下列规定。

（1）出入口的地面应平整、防滑。

（2）为方便轮椅车及盲人行走，出入口处地面滤水箅子的孔洞宽度不应大于15mm。

（3）平坡出入口的坡度不应大于1∶20，当场地条件较好时不宜大于1∶30。

（4）轮椅坡道的坡度不应大于1∶20，净宽度不应小于1.20m。轮椅坡道的高差超过

300mm 且坡度大于 1∶20 时，应在两侧设置扶手，坡道与休息平台的扶手应保持连贯。

5.5.2 场地道路的无障碍设计

1. 缘石坡道

缘石坡道指位于人行道口或人行横道两端，方便行人进入人行道的坡道。缘石坡道应符合下列规定。

(1) 缘石坡道的坡面应平整、防滑。

(2) 缘石坡道的坡口与车行道之间宜无高差；当有高差时，高出车行道的地面不应大于 10mm。

(3) 缘石坡道宜优先选用全宽式单面坡，坡度不应大于 1∶20，宽度应与人行道宽度相同，如图 5-25 所示；三面坡缘石坡道的正面及侧面的坡度不应大于 1∶12，正面宽度不应小于 1.20m，如图 5-26 所示；其他形式缘石坡道的坡度均不应大于 1∶12，坡口宽度均不应小于 1.50m。

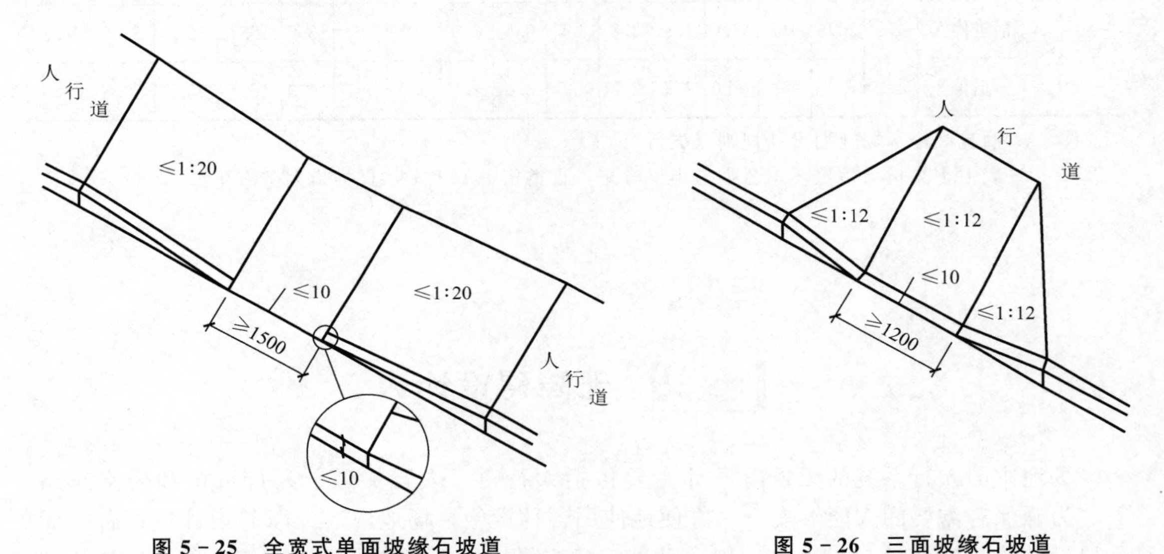

图 5-25 全宽式单面坡缘石坡道　　图 5-26 三面坡缘石坡道

2. 盲道

盲道按其使用功能可分为行进盲道和提示盲道，盲道铺设应连续，且避开树木、电线杆等障碍物。盲道宜采用中黄色，型材表面应防滑，纹路应凸出路面 4mm 高。盲道型材通常选用成品（图 5-27 及图 5-28），铺设时应符合下列规定。

(1) 行进盲道应与人行道的走向一致，宜在距围墙、树池、绿化带等 250～500mm 处设置，宽度宜为 250～500mm。

(2) 行进盲道在起点、终点、转弯处及其他有需要处应设提示盲道，当盲道的宽度不大于 300mm 时，提示盲道的宽度应大于行进盲道的宽度。

(3) 设有台阶或坡道时，距每段台阶与坡道的起点与终点 250～500mm 处应设提示盲道，其长度应与台阶、坡道相对应，宽度应为250～500mm。

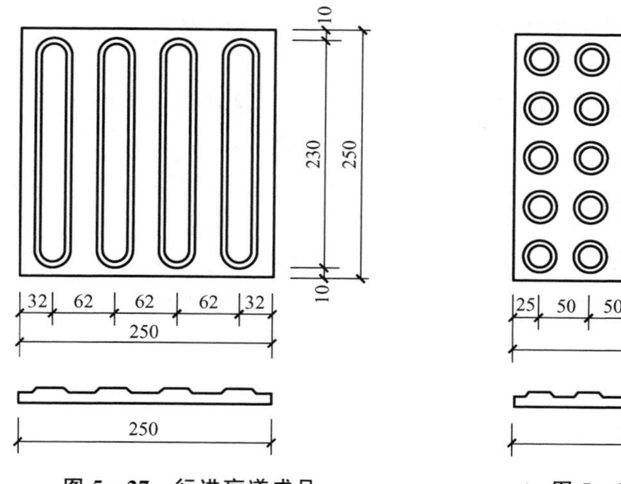

图5-27 行进盲道成品

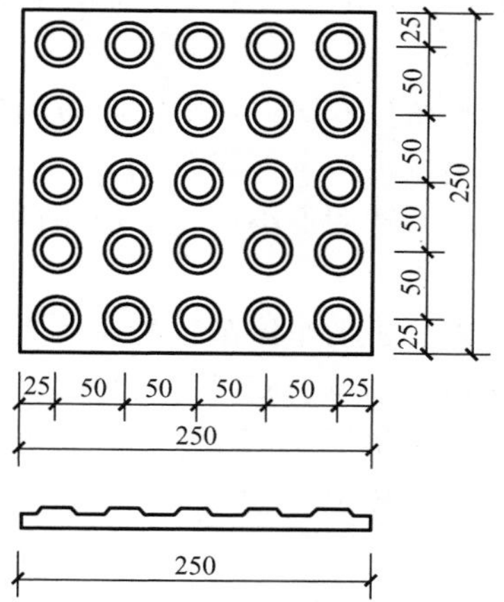

图5-28 提示盲道成品

3. 无障碍道路及轮椅坡道

场地中轮椅坡道的设计应符合下列规定。

（1）无障碍道路纵坡宜小于8%。大于8%时，宜每隔10～20m在路旁设置休息平台。在地形险要的地段应设置安全防护设施和安全警示线。路面应平整、防滑、不松动，窨井盖板应与路面平齐，排水沟的滤水箅子孔的宽度不应大于15mm。

（2）轮椅坡道的坡度不应大于1∶20，净宽度不应小于1.00m。轮椅坡道的高差超过300mm且坡度大于1∶20时，应在两侧设置扶手，坡道与休息平台的扶手应保持连贯。单层扶手的高度应为850～900mm，双层扶手的上层高度应为850～900mm，下层扶手的高度应为650～700mm。

（3）轮椅坡道的坡面应平整、防滑、无反光。坡道起点、终点和中间休息平台的水平长度不应小于1.50m。轮椅坡道临空侧应设置安全阻挡措施。

（4）轮椅坡道的最大高度和水平长度应符合表5-9的规定。

表5-9 轮椅坡道的最大高度和水平长度

坡　度	1∶20	1∶16	1∶12	1∶10	1∶8
最大高度（m）	1.20	0.90	0.75	0.60	0.30
水平长度（m）	24.00	14.40	9.00	6.00	2.40

注：其他坡度可用插入法进行计算。

5.5.3 无障碍机动车停车位

无障碍机动车停车位是指方便行动障碍者使用的机动车停车位。无障碍机动车停车位的设置应符合下列规定。

（1）公共停车场应设置无障碍机动车停车位，其数量应符合：Ⅰ类公共停车场应设置不少于停车数量 2%的无障碍机动车停车位；Ⅱ类及Ⅲ类公共停车场应设置不少于停车数量 2%，且不少于 2 个无障碍机动车停车位；Ⅳ类公共停车场应设置不少于 1 个无障碍机动车停车位。

（2）应将通行方便、行走距离路线最短的停车位设为无障碍机动车停车位。

（3）无障碍机动车停车位的地面应平整、防滑、不积水，地面坡度不应大于 1：50。停车位一侧应设宽度不小于 1.20m 的通道，供乘轮椅者从轮椅通道直接进入人行道或到达无障碍出入口。

（4）无障碍机动车停车位的地面应涂有停车线、轮椅通道线和无障碍标志。

（5）城市广场及公园绿地的公共停车场的停车数在 50 辆以下时应设置不少于 1 个无障碍机动车停车位，100 辆以下时应设置不少于 2 个无障碍机动车停车位，100 辆以上时应设置不少于总停车数 2%的无障碍机动车停车位。

5.5.4 无障碍标识系统

场地内应设置无障碍标识系统。场地各主要出入口、无障碍通道、停车位、建筑出入口等设有无障碍设施的位置均应设置无障碍标志牌，带指示方向的无障碍设施标志牌应与无障碍设施标志牌形成引导系统，满足通行的连续性。无障碍标志牌的布置应与其他交通标志牌相协调。常见无障碍标志如图 5－29～图 5－31 所示。

(a) 黑色衬底无障碍标志

(b) 白色衬底无障碍标志

图 5－29 无障碍标志

用于指示的无障碍设施名称	标志牌的具体形式	用于指示的无障碍设施名称	标志牌的具体形式	用于指示的无障碍设施名称	标志牌的具体形式	用于指示的无障碍设施名称	标志牌的具体形式
低位电话		无障碍通道		听觉障碍者使用的设施		肢体障碍者使用的设施	
无障碍机动车停车位		无障碍电梯		供导盲犬使用的设施		无障碍厕所	
轮椅坡道		无障碍客房		视觉障碍者使用的设施		—	—

图 5－30 无障碍设施标志牌

用于指示方向的无障碍设施标志牌的名称	用于指示方向的无障碍设施标志牌的具体形式
无障碍坡道指示标志	
人行横道指示标志	
人行地道指示标志	
人行天桥指示标志	

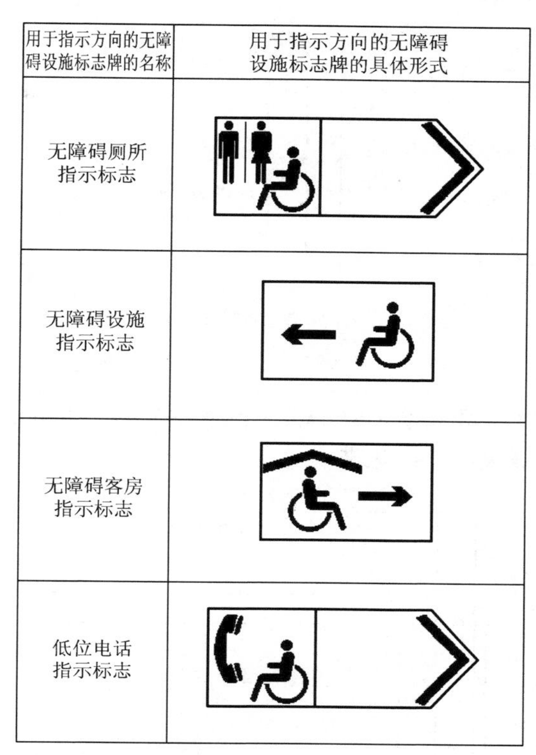

用于指示方向的无障碍设施标志牌的名称	用于指示方向的无障碍设施标志牌的具体形式
无障碍厕所指示标志	
无障碍设施指示标志	
无障碍客房指示标志	
低位电话指示标志	

图 5－31　用于指示方向的无障碍设施标志牌

5.6 案例分析

5.6.1 【例 5－1】停车场设计

1. 任务书

某超市拟对已有停车场进行扩建，用地形状及尺寸如图 5－33 所示，其北侧和南侧为城市道路，西侧为绿化带，东侧为超市。布置要求：

(1) 尽可能多的布置小汽车停车位，采用垂直式停车方式，停车位尺寸为 3.0m×6.0m，其中：无障碍停车位不少于 4 个，停车位尺寸同前，但一侧应设 1.5m 宽轮椅通道(也可两个车位共用一条轮椅通道)，如图 5－32 所示；3 个大客车车位，采用垂直式停车方式时，停车位尺寸为 5.0m×12.0m，采用平行式停车方式时，停车位尺寸为 5.0m×15.0m，其内转弯半径为 8.0m，人行通道 2.0m 即可。

(2) 停车场内通道及出入口宽度均为 7.0m，并应贯通。出入口可穿越西侧绿化带。

(3) 沿用地红线后退出 2.0m 宽的绿化带（不含进出口的道路部分)，当两停车带背靠背布置时，停车带之间也留出不少于 2.0m 的绿化带，大客车和无障碍停车位可不设绿化带。

(4) 设计一条由南面通向超市的宽为 5m 的人行通道。

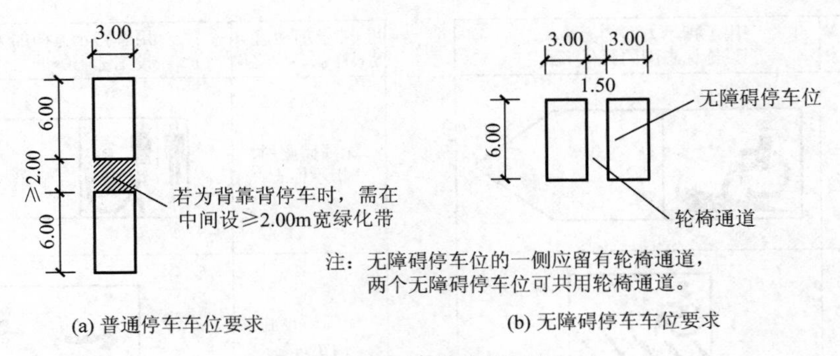

(a) 普通停车车位要求　　(b) 无障碍停车车位要求

图 5－32　停车车位要求

要求绘出停车场内各个停车位，注明车位数、通道、绿化带，并注明相关尺寸；用斜线表示出绿化带。

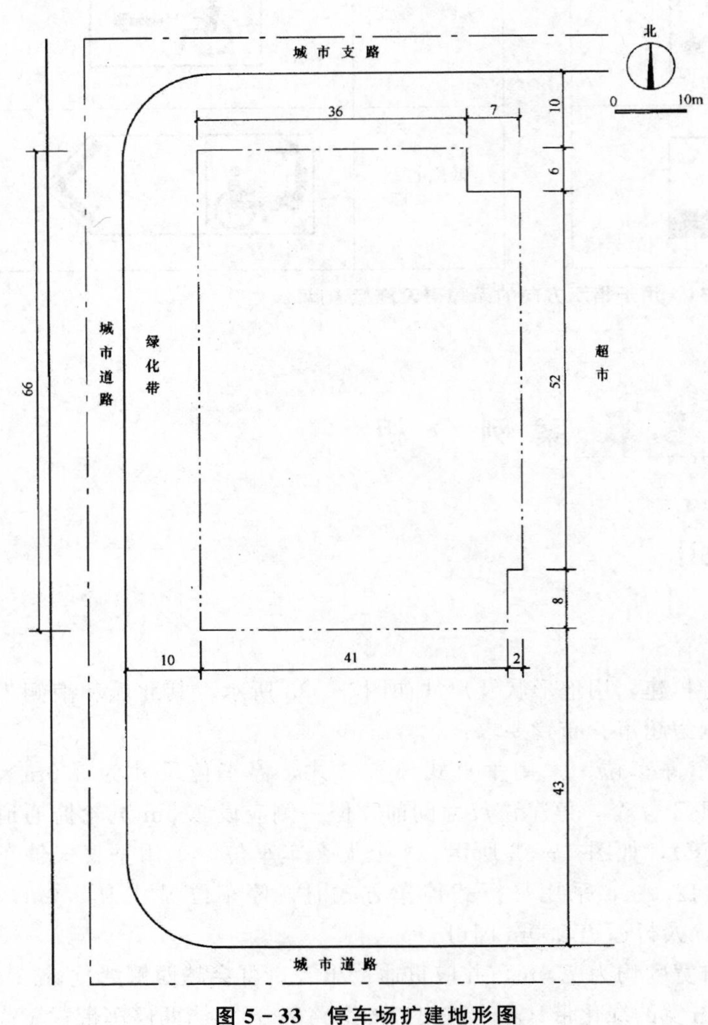

图 5－33　停车场扩建地形图

2. 解题分析

1）确定出入口数量

《城市道路工程设计规范》（CJJ 37—2012）第11.2.5条规定：停车场出入口位置及数量应根据停车容量及交通组织确定，且不应少于两个，其净距宜大于30.0m；另外，《汽车库、修车库、停车场设计防火规范》第6.0.10条和第6.0.11条规定：停车数量为50辆以上时，应设两个出入口，且两者最小间距为10.0m。因此，确定停车场的出入口数量为两个，分别布置在用地北侧和西侧，另外，在南侧设一个通向超市的宽为5.0m的人行入口。

2）停车坪布置

停车位应布置在用地红线内扣除2.0m的范围内。根据用地的形状，沿东西方向布置停车位，当背靠背布置停车带时，留出2.0m的绿化带；再沿南北方向布置两条通道，使停车场内通道形成环路。小汽车均采用垂直式停车方式，在靠近东南角处布置了4个无障碍停车位，以便出入超市，采用平行式停车方式在东侧布置了3个大客车停车位，便于员工使用，人行通道2.0m，考虑大客车的内转弯半径后，停车数量为55辆。

3）绿化布置

沿用地红线2.0m范围内及分隔带均可以布置绿化，用斜线表示。

停车场的设计如图5-34所示。

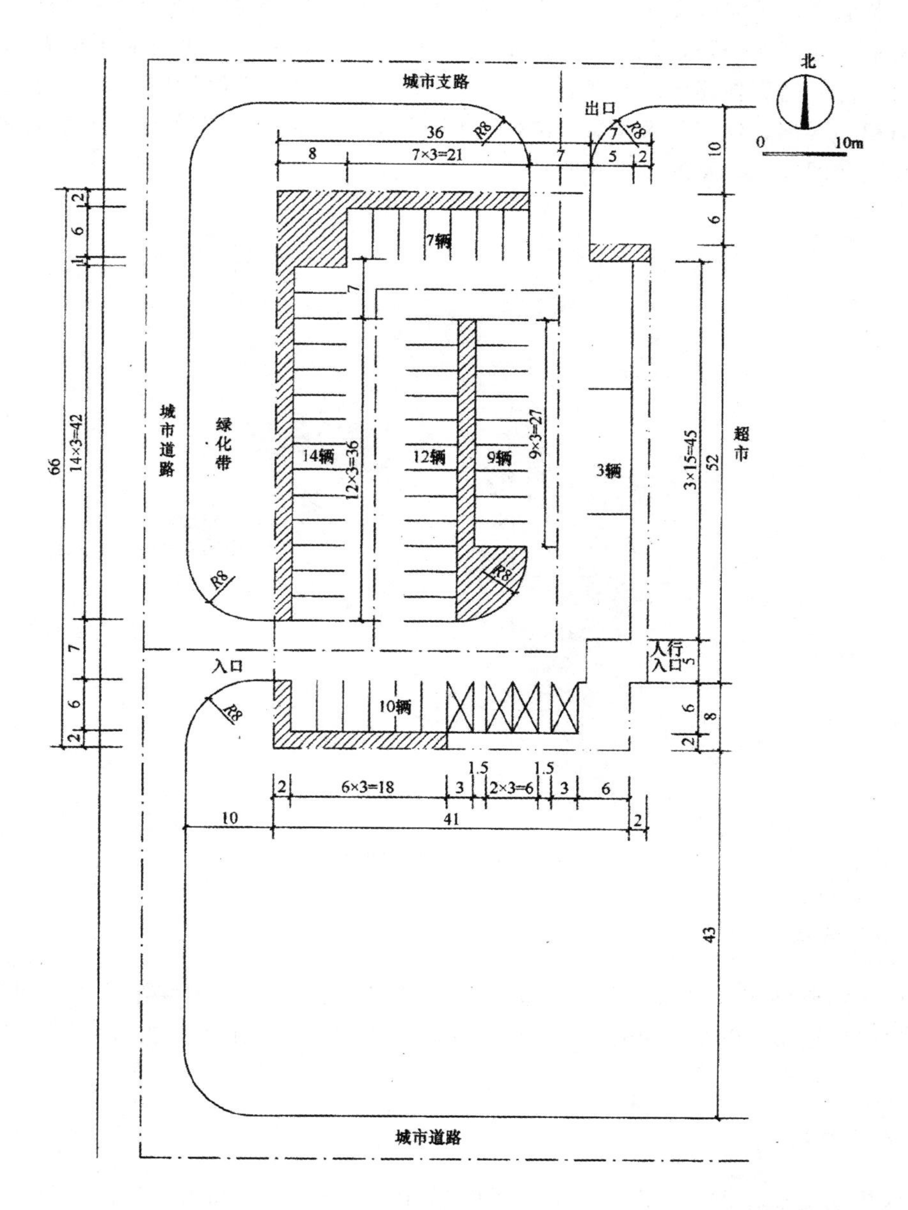

图5-34 停车场扩建设计图

5.6.2 【例5-2】广州天河软件园高唐新建区东部组团

1. 项目概况

广州天河软件园是国家软件产业基地，软件园高唐新建区位于广州市都会圈的东北部白云区、黄埔区、天河区交接地段，东起大观路，与广州科学城相毗邻，西邻火炉山森林公园，南临广深高速公路，北至广汕公路，规划面积 6.64km^2，净用地面积为 4.15km^2。广州天河软件园高唐新建区东部组团在用地性质上主要为科研设计用地，占地 22.1hm^2，总建筑面积 26hm^2，停车位数量共 1468 个（其中地下 120 个）。东部组团在软件园中位置及总平面图如图 5-35 及图 5-36 所示。

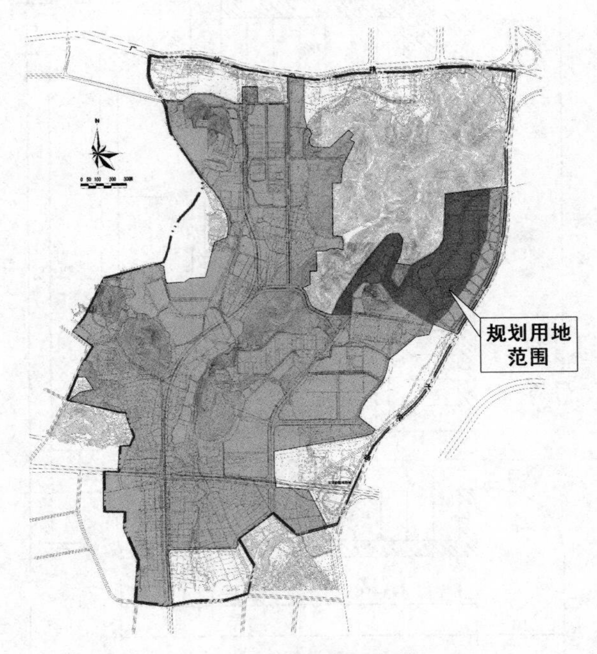

图 5-35　东部组团位置

2. 功能结构

广州天河软件园高唐新建区东部组团在功能结构上分为企业孵化组团、网游动漫组团、软件出口组团，以及组团公共服务区、活动场地等。东区组团功能结构分析如图 5-37 所示。

3. 交通组织

园区内的交通根据功能需求及地形条件等因素，分为车行和人行两大系统，设有园内干道、景观步行道、日常车行道、紧急消防通道等设施，尽量做到人车分流。东部组团交通组织分析如图 5-38 所示。

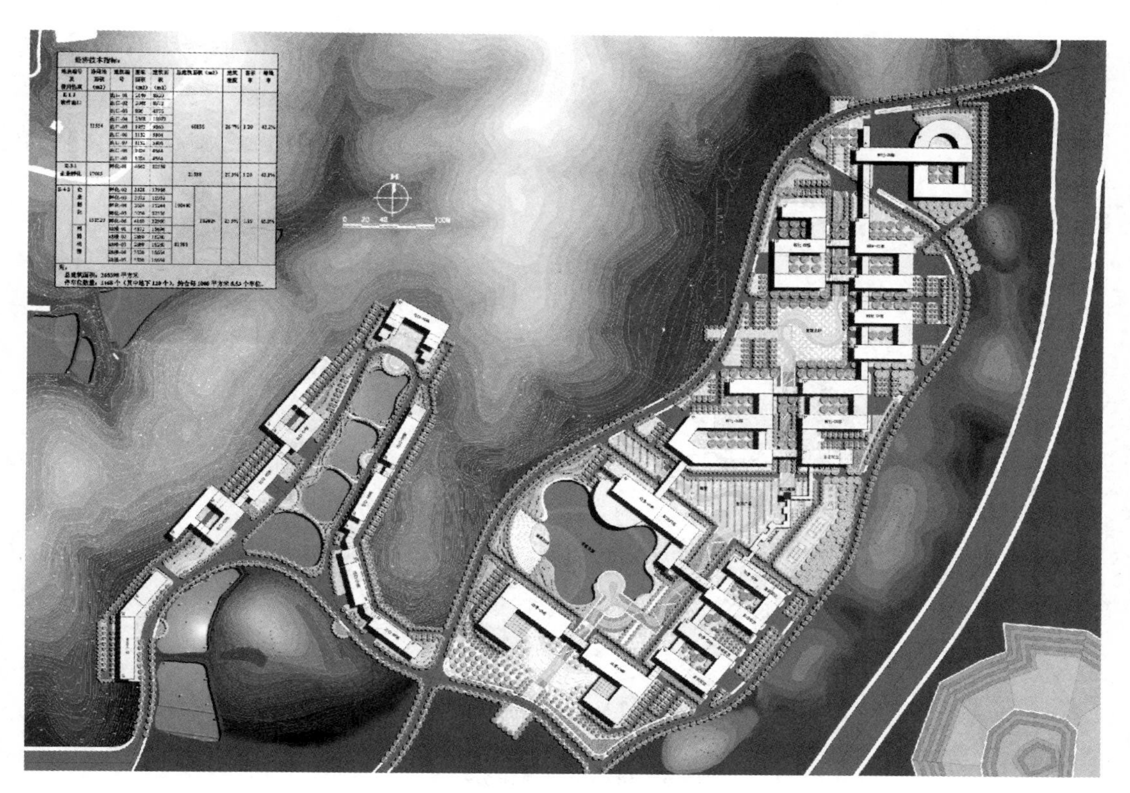

图 5-36 总平面图

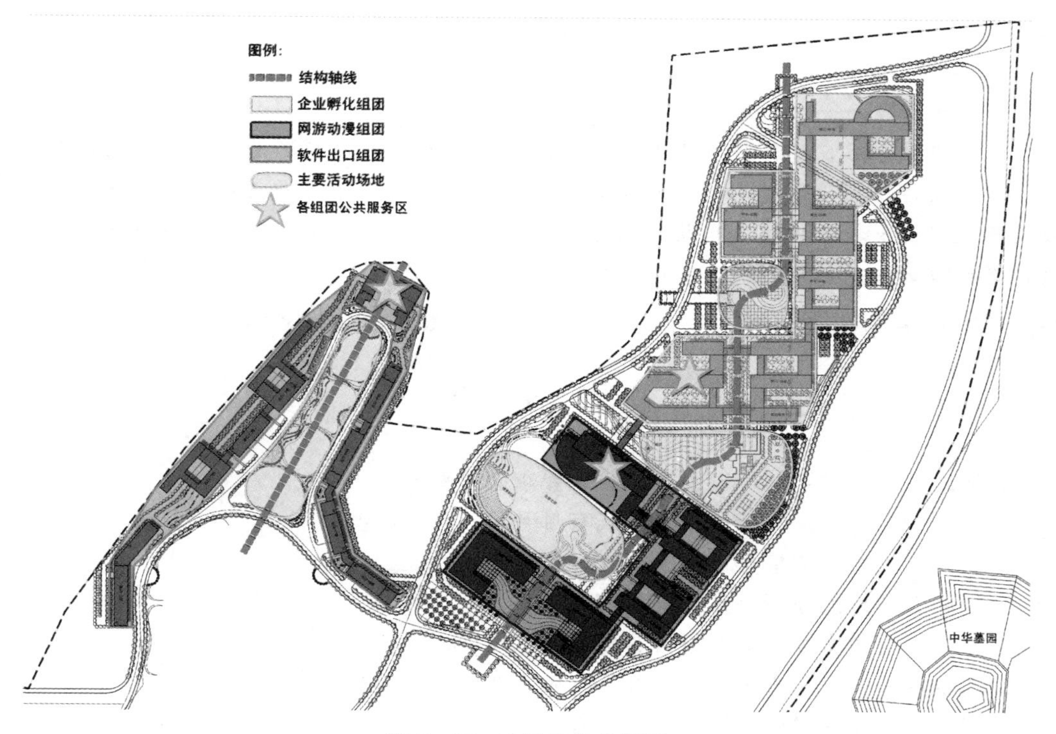

图 5-37 功能结构分析图

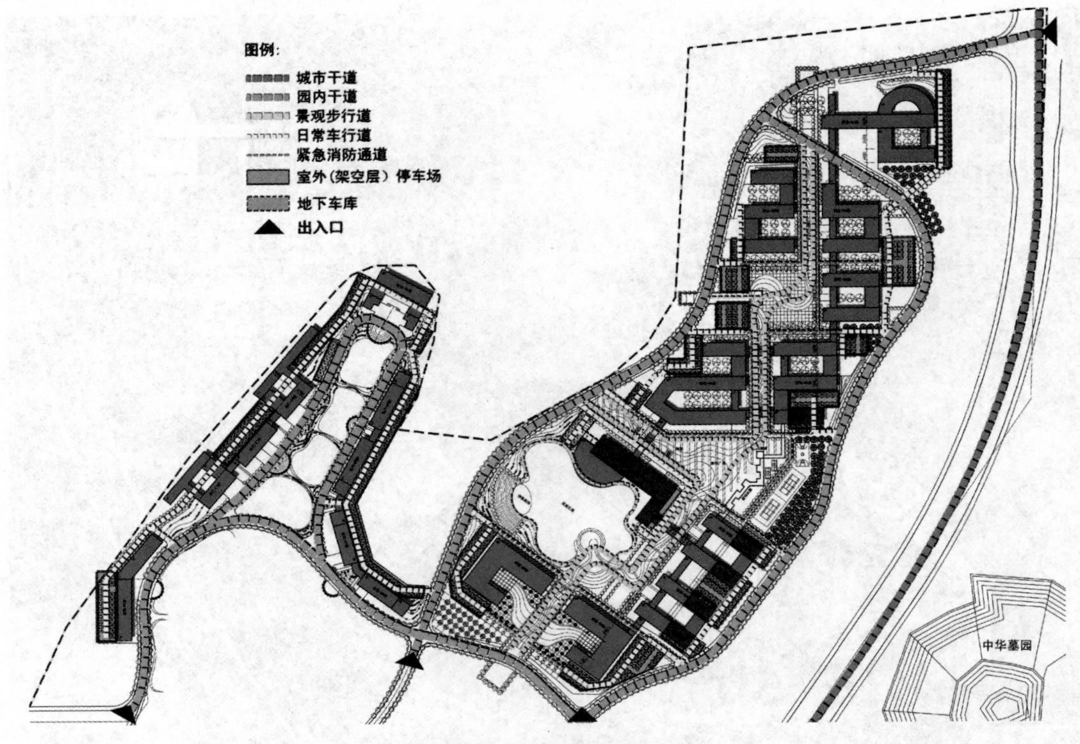

图 5-38　交通组织分析图

本章小结

通过本章学习，建立对场地内外交通组织要求的理解，在场地详细设计阶段进行道路设计及停车场设计时能充分认识和分析场地中各种因素的相互关系及影响，理解场地周边环境及场地内建筑布局及交通要求等，熟悉掌握场地详细设计阶段道路设计及停车场设计相关的最新规范和设计标准。

思考题

1. 场地出入口设置的一般原则及技术要求有哪些？
2. 常见场地内的道路交通组织形式有哪几种？各有哪些特点？
3. 常见车辆类型的最小缘石转弯半径是多少？
4. 视距三角形的原理是什么？有何要求？
5. 常见人行道宽度及坡度设置有何要求？
6. 车辆的停、发车方式有哪几种？与停车车位布置有何关系？
7. 场地中有哪些方面要注意无障碍设计？

第6章

竖向设计及管线设计

教学目标

主要讲述在场地详细设计阶段时如何结合地形条件及设计要求进行场地内的竖向设计及管线设计。通过本章学习，应达到以下目标：

(1) 了解竖向及管线设计的依据和步骤；

(2) 熟悉场地内土石方平衡和管线综合的调整分析方法；

(3) 通过场地的案例分析，掌握场地内竖向及管线设计的程序、内容和方法。

教学要求

知识要点	能力要求	相关知识
竖向设计	(1) 掌握场地的竖向布置形式 (2) 熟悉场地平整标高及与建筑物室内地坪标高的关系 (3) 了解土石方测算与土石方平衡的方法	(1) 理解场地布局与地形的相互关系 (2) 理解场地内地形、等高线与土石方的关系 (3) 理解土石方平衡对场地设计的影响
管线综合设计	(1) 了解场地管线综合布置的内容和管线敷设的种类 (2) 熟悉场地管线综合布置的原则和技术要求 (3) 培养学生对管线综合的总体把握	(1) 理解场地内各种管线的相互关系 (2) 熟悉场地内管线综合布置的相关规范
场地的案例分析	(1) 掌握场地竖向及管线设计程序 (2) 通过案例分析，掌握设计方法	(1) 熟悉竖向及管线设计的相关规范 (2) 掌握场地竖向设计及管线综合的方法和内容

基本概念

场地竖向设计；土石方测算；土石方平衡；场地管线综合。

引言

场地设计必须依据现场条件因地制宜地进行总体规划及总体布局。在场地的详细设计阶段需要考虑场地中的地形及竖向条件，结合场地高差进行合理的道路竖向设计与管线综合设计，这也是场地详细设计阶段设计的重要内容。通过对场地道路及场地内各建筑物、构筑物及其他设施之间的高差及相互关系的了解和把握，合理安排场地内道路、广场及建筑物的竖向设计，尽量保证土方平衡；同时根据场地条件合理进行管线综合设计，并与场地功能、自然地形及周围环境相协调。

6.1 场地竖向设计

竖向设计是场地设计的重要组成部分。合理的竖向设计能提高场地项目建设与使用的科学性和经济性，节省工程成本，加快建设速度。

6.1.1 竖向设计的任务

场地竖向设计的基本任务有以下几方面。

(1) 根据场地的周边环境及使用性质，确定场地的总体设计标高及设计坡度。

(2) 确定场地各出入口、场地道路、广场、绿地等的设计标高及合理坡度。

(3) 根据场地内建筑物的使用性质及所处位置确定建筑物的室内外高差。

(4) 根据需要设置排水沟、挡土墙及护坡等。

(5) 通过对土石方的测算，满足设计要求，并力求达到土石方平衡，节省造价。

6.1.2 一般原则及影响因素

场地竖向设计通常遵循以下原则。

(1) 因地制宜，结合原有地形进行设计，体现尊重自然的理念。

(2) 设计中尽量做到土石方平衡，体现合理性和经济性原则。

(3) 结合地形设计，使设计更具独特性与唯一性，并尽量满足美观性原则。

场地的竖向设计受到多种因素的影响，其影响因素大致有以下几方面。

(1) 场地所在区域地质地貌、水文、气候等情况。

(2) 场地周边环境，如平地、丘陵、河流、道路及其他建筑物等情况。

(3) 场地自身条件，如地形地貌、地下水位、河流、森林状况。

(4) 城市规划的相关要求，如所处位置的防洪标高、空中限高等。

(5) 场地建设项目的性质、工艺流程等要求。

(6) 建筑物功能及使用、景观设计、工程管线等要求。

6.1.3 场地设计标高、坡度及等高线的确定

在场地的详细设计阶段，竖向设计首先是要根据以上设计原则及场地在城市中的位置，综合考虑场地的各种内外因素，确定场地的总体标高、场内道路标高及坡度，以及场地中建筑物的室内外高差等。

1. 确定场地各竖向控制点标高及地形坡度

（1）场地的防洪标高。场地的防洪标高须根据城市规划的要求及场地在城市中的位置，城市不同、场地的位置不同，场地的防洪标高也相应不同。在进行滨水场地设计时，应保证场地不被洪水淹没，且积水能顺利排除。因此设计地面的标高应高出设计频率洪水位最少 0.5m 以上，如图 6－1 所示。如场地处于地势低洼地带，不能满足防洪标高的要求，则必须采取整体回填或周边筑坝等工程和技术手段，使场地设计达到城市防洪要求。

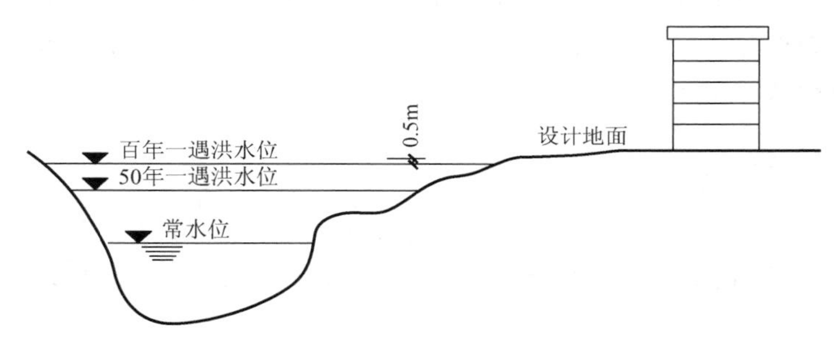

图 6－1　滨水场地设计地面标高的要求

（2）场地各出入口的标高及坡度。场地各出入口必须跟周边道路相连接，各出入口广场及道路的标高及坡度应与城市道路标高相适应，实现与城市道路的顺畅连接。

（3）根据场地的整体地形及各出入口标高，确定场地其他竖向控制点的标高及地形坡度，这些标高及地形坡度决定并反映了场地的整体形象和特征。图 6－2 所示为原有自然地面与设计地面的关系。

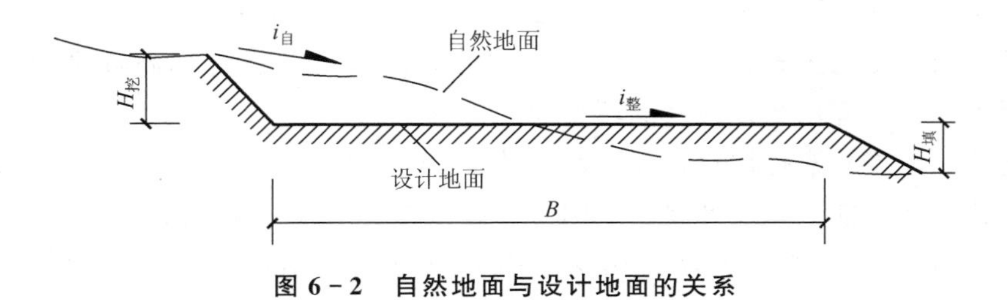

图 6－2　自然地面与设计地面的关系

2. 确定道路的标高及坡度

（1）场地道路控制点的标高。场地各竖向控制点标高及地形坡度确定后，就可以根据场地的总体布局和道路布局确定场地内各道路控制点的标高，包括道路交叉口中心点及道路变坡点中线的标高。

(2) 场地道路控制点间的坡度。场地道路各变坡点的标高确定后，就可以根据各点标高及道路长度计算出每段道路的坡度，如坡度大于相关规范要求，则需要做适当调整，直至符合要求。

3. 确定建筑物的室内外高差

场地中的建筑物根据所处位置及使用性质，确定其室内外标高。室外标高的确定必须考虑建筑物周边环境以及与之相连接的道路、广场标高，以保证连接顺畅。建筑物的室内外高差通常以 300～450mm 为宜。

6.1.4 土石方测算与土石方平衡

土石方平衡关系到场地设计的合理性、科学性与经济性，是场地详细设计阶段的重要内容。土石方测算的目的就是通过测算检验设计的合理性，如达不到预计的目标，则可以有针对性地进行调整竖向设计标高及地形等高线，直到达到目的为止。土石方计算方法最常见的有以下两种。

1. 方格网计算法

方格网计算法即通过将场地划分为若干方格网，计算各方格内填、挖方量，最后汇总的办法计算地形设计的土石方总量，尽量达到土石方平衡，以加快施工进度，节省造价。

(1) 确定方格网的大小。用于计算土方的方格网大小，根据场地大小、地形变化的复杂程度和设计要求的精度确定。如场地地形较为均匀时通常选 20m×20m，场地平坦时可加大方格网尺寸，场地较小或地形复杂时可加密方格网。

(2) 确定各控制点现有地形的标高。根据场地现有地形标高，通过插入法计算方格网各角点的标高并加以标注。

(3) 确定填、挖方的零界线。根据场地各部分的设计标高，在方格网中确定填方或挖方范围，并通过插入法找出填方和挖方的临界线位置，在图中标注出来。

(4) 计算填、挖的土石方量。根据方格网各角点标高及设计标高计算出填方或挖方量，并进行汇总，计算出场地最终的填方及挖方量。

(5) 将填、挖方量进行比对，并不断调整直至达到设计要求。将计算出的填方及挖方总量进行对比，如不能达到设计要求，则需要做出相应调整，重新计算至满意为止。如填方及挖方总量相等，则场地设计的填挖土石方量达到平衡，更利于设计的合理性及经济性。

方格网法计算土方平衡的示意图如图 6－3 所示。

2. 横断面计算法

横断面计算法即将场地垂直划分为若干段，计算各段内的填、挖方量，最后汇总的办法计算地形设计的土石方总量。横断面计算法适用于呈狭长形的地块。

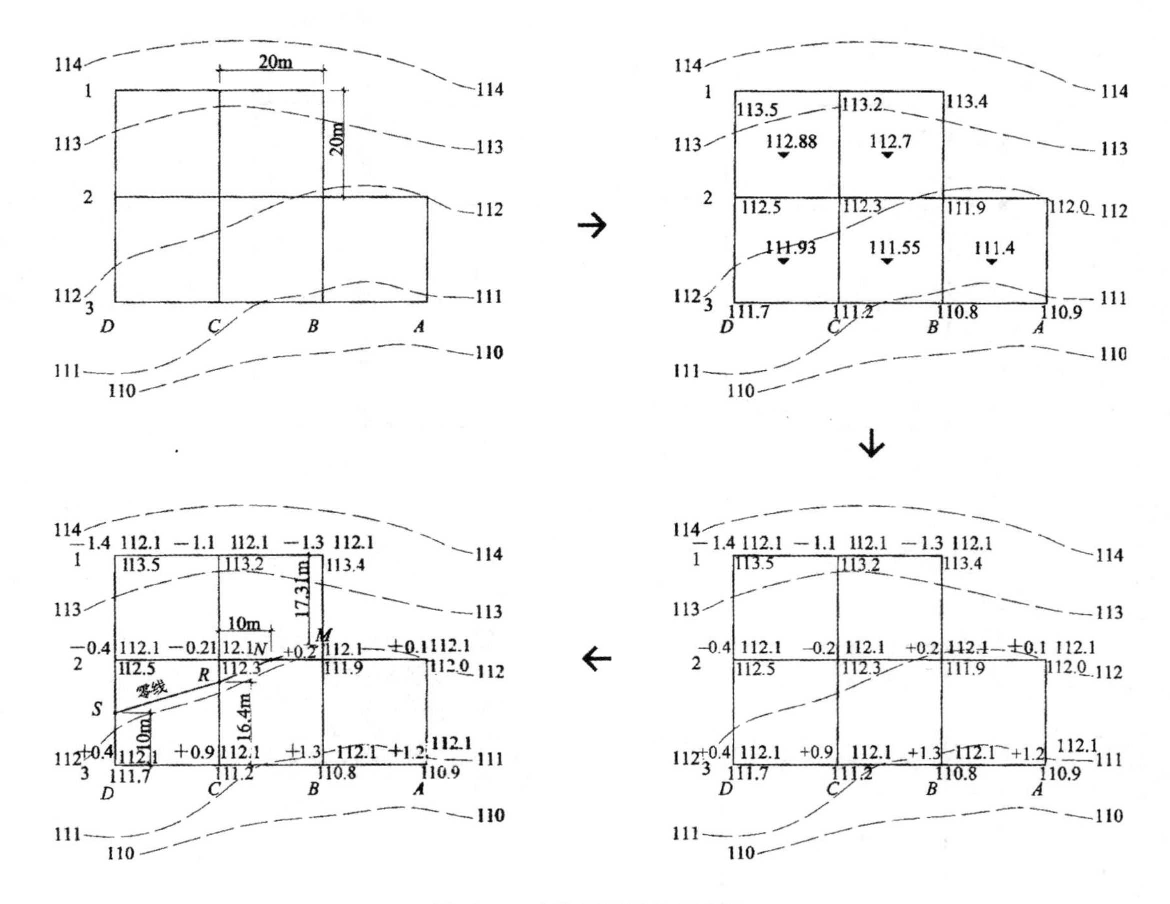

图 6-3　方格网计算法示意图

（1）确定分段长度。分段长度根据场地大小、地形变化的复杂程度和设计要求的精度确定。场地地形较为均匀时通常按 20m 分段，地形变化不大的场地可加大分段尺寸，场地较小或地形复杂时可加密分段。

（2）确定各段现有地形的标高。根据场地剖面形状的不同，可近似将场地看作梯形、三角形或其他容易计算的形状，根据场地现有地形标高，通过插入法计算各角点标高并加以标注。

（3）确定填、挖方的零界线。根据场地各部分的设计标高，在各段中确定填方或挖方范围，并通过插入法找出填方和挖方的临界线位置，在图中标注出来。

（4）计算填、挖的土石方量。根据各段角点标高及设计标高计算出填方或挖方量，并进行汇总，计算出场地最终的填方及挖方量。

（5）将填、挖方量进行比对，并不断调整至达到设计要求。将计算出的填方及挖方总量进行对比，如不能达到设计要求，则需要相应做出调整，重新计算至满意为止。如填方及挖方总量相等，则场地设计的填挖土石方量达到平衡。

横断面法计算土方平衡的示意图如图 6-4 所示。

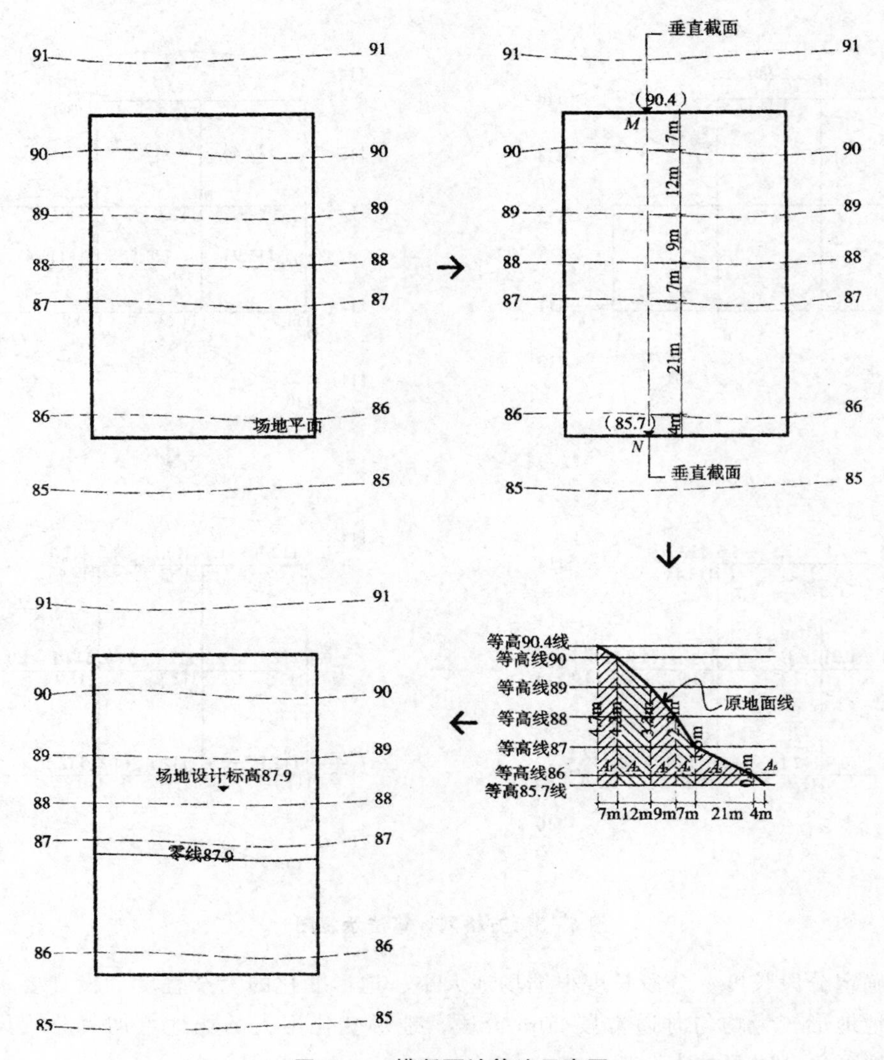

图 6－4　横断面计算法示意图

6.2 场地管线综合设计

6.2.1 管线综合的概念及内容

管线综合就是在工程项目的总体设计阶段，依照有关规范和规定，根据各种管线的介质、特点和不同的要求，综合布置各专业工程技术管线，解决各管线间的相互矛盾，合理安排各种管线敷设位置，使各种管线设计合理、经济。

1. 工程管线综合设计的主要内容

（1）确定工程管线在地下敷设时的排列顺序和管线间的最小水平、垂直净距和最小覆土深度。

（2）确定工程管线在架空敷设时管线及杆线的平面位置及周围建（构）筑物、道路、相邻工程管线间的最小水平净距和最小垂直净距。

2. 工程管线的种类

工程项目中常用的管线有多种，包括给水管、排水管（污水管及雨水管）、热力管、电力管线（强电和弱电）、电信管线、燃气管，以及其他管线等。

3. 相关技术用语

场地工程管线综合设计中经常用到的技术用语如图6-5所示。

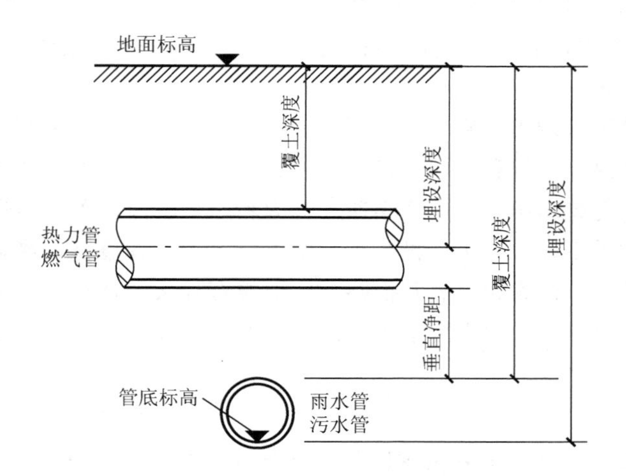

图6-5 管线综合设计术语示意图

（1）管线水平净距：水平方向敷设的相邻管线外表面之间的水平距离。

（2）管线垂直净距：不在同一水平线上的相邻管线，上面管道外壁最低点与下面管道外壁最高点之间的垂直距离。

（3）管线埋设深度：对雨水管和污水管来讲，管线埋设深度是从地面到管底内壁的距离；对热力管和燃气管来讲，管线埋设深度是从地面到管道中心的距离。

（4）管线覆土深度：从地面到管顶（外壁）的距离。

（5）冰冻线：土壤冰冻层的深度。各地冰冻深度因地理纬度及气候的不同而各不相同。

（6）管线高度：从地面到地面管线和架空管线管底（外壁）的距离。

（7）压力管线：管道内的介质由外部施加压力使其流动的工程管线，如给水管、燃气管等。压力管的管道可以弯曲。

（8）重力自流管线：利用介质向低处流动的重力作用特性而预先设置流动方向的工程

管线，如雨水管和污水管。管道内介质可塑性强，管道形状可随意变化，但管道弯曲有限，否则会影响管内介质流动。

6.2.2 管线敷设方式

场地内管线的敷设方式通常有地下敷设和架空敷设两种。具体选用方式要根据项目性质、场地条件、管线种类、施工方法以及工程造价等因素确定。

1. 地下敷设

适用于地质情况好、地下水位低，以及景观要求较高的场地。一般情况下多种管线均可适用，特别是有防冻和保温要求的管线。管线的地下敷设方式又可分为直接埋地敷设和综合管沟敷设两种。

1）直接埋地敷设

简称直埋，其敷设施工简单，节省投资，适用性很广。但直埋方式的敷设线路不明显，检修、增改线管都需要开挖地面，对地面及周边环境造成一定的影响。

2）综合管沟敷设

综合管沟即将各种管线集中敷设于地下的钢筋混凝土管沟中的方式。管沟敷设可保护管线不受外力影响，且便于检修和维护，使用年限长。但管沟敷设基建投资大，排水、防水等有一定要求。综合管沟有不通行管沟、半通行管沟和通行管沟三种。不通行管沟通常在管线类型少且数量不多时采用，占地小、投资省，但检修时需开挖路面。半通行管沟可供人员弓身通行，敷设管道较多，检修时不需开挖路面，但投资较大。通行管沟内部空间可供人员通行及进行安装、检修等操作，敷设管道数量最多，但一次性投资大，建设周期长。

2. 地上敷设

地上敷设通常用于人流、车流量少的临时或简易工程中。地上敷设投资省，检修方便，施工周期短，在不同地段可采用不同的敷设方式，有管堤方式、管堑方式、培土敷设和沿坡架设等，如图 6-6 所示。

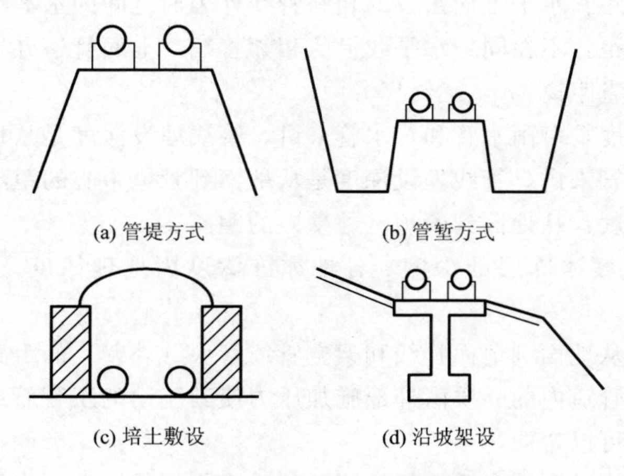

图 6-6 管线地上敷设方式示意

3. 架空敷设

适用于地下水位较高或具有腐蚀性、冻土层较厚、地形复杂等不利于进行地下管线敷设的场地。架空敷设与地下敷设相比，投资少、工程量小、施工及检修较方便，但对环境影响大，对环境景观要求较高的场地不宜使用。架空敷设根据支架高度分为低支架（支架高度为2.0～2.5m）、中支架（支架高度为2.5～3.0m）、高支架（支架高度为4.5～6.0m）三种。沿城市道路架空敷设的工程管线，其位置应根据规划道路的横断面确定，并应保障交通畅通、居民的安全以及工程管线的正常运行。

6.2.3 管线综合一般原则

（1）场地内的工程管线应与城市规划要求相协调，与城市管线妥善衔接，宜采用地下敷设的方式，并与场地外围相应市政管线合理连接。

（2）管线布置应注意节省土地，线路短捷，宜沿道路走向或与主体建筑平行布置，避免横贯或斜穿场地中的成片绿地，力求线形顺直、短捷，且应适当集中布置，尽量减少转弯及交叉。

（3）管线敷设应充分利用地形，避开危险及不良地质地带，且方便使用及检修。

（4）各种管线安排得当，间距合理，尽可能将性质类似、埋深接近的排列在一起。如避免将饮用水管与生活、生产污水排水管或含碱腐蚀、有毒物料管线共沟敷设，电力管线与电信管线宜远离，并列敷设应保证一定的安全间距。

（5）城市工程管线综合规划及设计应与城市道路交通、城市居住区、城市环境、给水工程、排水工程、热力工程、电力工程、燃气工程、电信工程、防洪工程、人防工程等专业规划相协调。

（6）工程管线在综合布置发生矛盾时，应遵循以下原则。

① 压力管线让重力自流管线。

② 可弯曲管线让不易弯曲管线。

③ 分支管线让主干管线。

④ 小管径管线让大管径管线。

⑤ 临时性管线让永久性管线。

⑥ 新设计管线让原有管线。

⑦ 施工量小的管线让施工量大的管线。

⑧ 检修次数少、检修方便的管线让检修次数多、检修不便的管线。

（7）城市工程管线综合规划除执行本规范外，尚应符合国家现行有关标准、规范的规定，如强制性国家标准《城市工程管线综合规划规范》（GB 50289—2016）、行业标准《城市道路绿化规划与设计规范》（CJJ 75—1997）等。

6.2.4 地下敷设

1. 一般规定

(1) 场地内的工程管线宜地下敷设。

(2) 工程管线综合设计要符合下列规定。

① 应结合城市道路网规划，在不妨碍工程管线正常运行、检修和合理占用土地的情况下，使线路短捷。

② 应充分利用现状工程管线。当现状工程管线不能满足需要时，经综合经济、技术比较后，可废弃或抽换。

③ 平原城市应避开土质松软地区、地震断裂带、沉陷区以及地下水位较高的不利地带；起伏较大的山区城市，应避开滑坡危险地带和洪峰口。

④ 工程管线的布置应与城市现状及规划的地下铁道、地下通道、人防工程等地下隐蔽性工程协调配合。

(3) 编制工程管线综合规划设计时，应减少管线在道路叉口处交叉。当工程管线竖向位置发生矛盾时，宜按下列规定处理。

① 压力管线让重力自流管线。

② 可弯曲管线让不易弯曲管线。

③ 分支管线让主干管线。

④ 小管径管线让大管径管线。

2. 直埋敷设

(1) 严寒或寒冷地区给水、排水、燃气等工程管线应根据土壤冰冻深度确定管线覆土深度；热力、电信、电力电缆等工程管线以及严寒或寒冷地区以外的地区的工程管线应根据土壤性质和地面承受荷载的大小确定管线的覆土深度。工程管线的最小覆土深度应符合表 6-1 的规定。

表 6-1 工程管线的最小覆土深度（m）

管线名称		给水管线	排水管线	再生水管线	电力管线		通信管线		直埋热力管线	燃气管线	管沟
					直埋	保护管	直埋及塑料、混凝土保护管	钢保护管			
最小覆土深度	非机动车道（含人行道）	0.60	0.60	0.60	0.70	0.50	0.60	0.50	0.70	0.60	—
	机动车道	0.70	0.70	0.70	1.00	0.50	0.90	0.60	1.00	0.90	0.50

注：1. 摘自《城市工程管线综合规划规范》(GB 50289—2016)。
2. 聚乙烯给水管线机动车道下的覆土深度不宜小于 1.00m。

(2) 工程管线在道路下面的规划位置，应布置在人行道或非机动车道下面。电信电缆、给水输水、燃气输气、污雨水排水等工程管线可布置在非机动车道或机动车道下面。

（3）工程管线在道路下面的规划位置宜相对固定。从道路红线向道路中心线方向平行布置的次序，应根据工程管线的性质、埋设深度等确定。分支线少、埋设深、检修周期短和可燃、易燃和损坏时对建筑物基础安全有影响的工程管线应远离建筑物。布置次序宜为：电力电缆、电信电缆、燃气配气、给水配水、热力干线、燃气输气、给水输水、雨水排水、污水排水。如图 6－7 所示为工程管线在道路下面的规划位置示意。

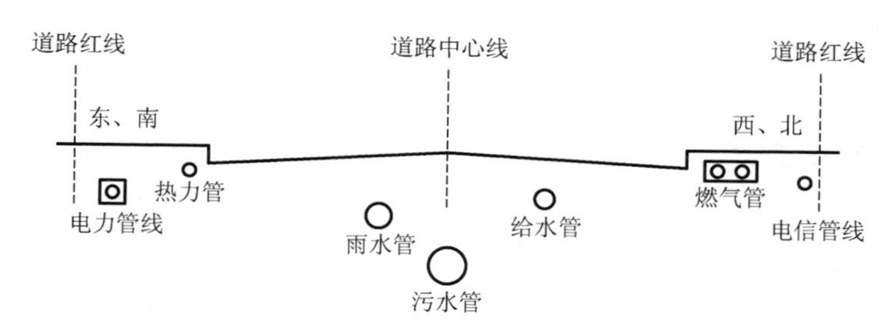

图 6－7　工程管线在道路下面的规划位置示意

（4）工程管线在庭院内从建筑线向外方向平行布置的次序，应根据工程管线的性质和埋设深度确定，其布置次序宜为：电力、电信、污水排水、燃气、给水、热力。当燃气管线可在建筑物两侧中任一侧引入均满足要求时，燃气管线应布置在管线较少的一侧。如图 6－8 所示为工程管线在庭院内建筑线向外规划位置示意。

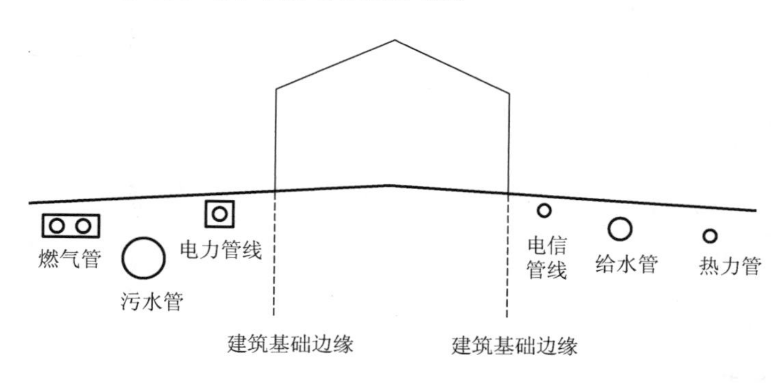

图 6－8　工程管线在庭院内从建筑线向外规划位置示意

（5）沿城市道路规划的工程管线应与道路中心线平行，其主干线应靠近分支管线多的一侧，工程管线不宜从道路一侧转到另一侧。道路红线宽度超过 30m 的城市干道宜两侧布置给水配水管线和燃气配气管线；道路红线宽度超过 50m 的城市干道应在道路两侧布置排水管线。

（6）各种工程管线不应在垂直方向上重叠直埋敷设。

（7）沿铁路、公路敷设的工程管线应与铁路、公路线路平行。当工程管线与铁路、公路交叉时宜采用垂直交叉方式布置；受条件限制的，可倾斜交叉布置，其最小交叉角宜大于 30°。

（8）工程管线之间及其与建（构）筑物之间的最小水平净距应符合表 6－2 的规定。当受道路宽度、断面以及现状工程管线位置等因素限制难以满足要求时，可根据实际情况采取安全措施后减少其最小水平净距。

表 6-2　工程管线之间及其与建（构）筑物之间的最小水平净距（m）

序号	管线及建（构）筑物名称	1	2		3	4	5					6	7		8		9	10	11	12			13	14	15
		建（构）筑物	给水管线		污水、雨水管线	再生水管线	燃气管线					直埋热力管线	电力管线		通信管线		管沟	乔木	灌木	地上杆柱			道路侧石边缘	有轨电车钢轨	铁路钢轨（或坡脚）
			$d\leqslant$ 200mm	$d\leqslant$ 200mm			低压	中压		次高压			直埋	保护管	直埋	管道、通道				通信照明及<10kV	高压铁塔基础边				
								B	A	B	A										≤35kV	>35kV			
1	建（构）筑物	—	1.0	3.0	2.5	1.0	0.7	1.0	1.5	5.0	13.5	3.0	0.6		1.0	1.5	0.5	—		—			—	—	—
2	给水管线 $d\leqslant$200mm	1.0	—		1.0	0.5	0.5			1.0	1.5	1.5	0.5		1.0		1.5	1.5	1.0	0.5	3.0		1.5	2.0	5.0
	给水管线 $d>$200mm	3.0			1.5																				
3	污水、雨水管线	2.5	1.0	1.5	—	0.5	1.0	1.2		1.5	2.0	1.5	0.5		1.0		1.5	1.5	1.0	0.5	1.5		1.5	2.0	5.0
4	再生水管线	1.0	0.5		0.5	—	0.5			1.0	1.5	1.0	0.5		1.0		1.5	1.0		0.5	3.0		1.5	2.00	5.0
5	燃气管线 低压 $P<$0.01MPa	0.7	0.5		1.0	0.5	$DN\leqslant$300mm 0.4 $DN>$300mm 0.5					1.0	0.5	1.0	0.5	1.0	1.0	0.75		1.0	1.0	2.0	1.5	2.0	5.0
	燃气管线 中压 B 0.01MPa≤$P\leqslant$0.2MPa	1.0			1.2												1.5								
	燃气管线 中压 A 0.2MPa≤$P\leqslant$0.4MPa	1.5																							
	燃气管线 次高压 B 0.4MPa≤$P\leqslant$0.8MPa	5.0	1.0		1.5	1.0						1.5	1.0		1.0		2.0	1.2				5.0	2.5		
	燃气管线 次高压 A 0.8MPa≤$P\leqslant$1.6MPa	13.5	1.5		2.0	1.5						2.0	1.5		1.5		4.0								

（续）

序号	管线及建（构）筑物名称		1	2		3	4	5					6	7		8		9	10	11	12			13	14	15
			建（构）筑物	给水管线		污水、雨水管线	再生水管线	燃气管线					直埋热力管线	电力管线		通信管线		管沟	乔木	灌木	地上杆柱			道路侧石边缘	有轨电车钢轨	铁路钢轨（或坡脚）
				$d\leqslant$ 200mm	$d\leqslant$ 200mm			低压	中压		次高压			直埋	保护管	直埋	管道、通道				通信照明及<10kV	高压铁塔基础边				
									B	A	B	A										$\leqslant$ 35kV	> 35kV			
12	地上杆柱	通信照明及<10kV	—	0.5		0.5	0.5	1.0					1.0	1.0		0.5		1.0	—		—			0.5	—	—
	高压塔基础边	$\leqslant$ 35kV		3.0		1.5	3.0	1.0					3.0（>330kV 5.0）	2.0		0.5		3.0	—							
		> 35kV						2.0			5.0					2.5										
13	道路侧石边缘		—	1.5		1.5	1.5	1.5			2.5		1.5	1.5		1.5		1.5	0.5		0.5			—	—	—
14	有轨电车钢轨		—	2.0		2.0	2.0	2.0					2.0	2.0		2.0		2.0	—		—			—	—	—
15	铁路钢轨（或坡脚）		—	5.0		5.0	5.0	5.0					5.0	10.0（非电气化 3.0）		2.0		3.0	—		—			—	—	—

注：1. 摘自《城市工程管线综合规划规范》（GB 50289—2016）。

2. 地上杆柱与建（构）筑物最小水平净距应符合本规范表 5.0.8 的规定。

3. 管线距建筑物距离，除次高压燃气管道为其至外墙面外均为其至建筑物基础，当次高压燃气管道采取有效的安全防护措施或增加管壁厚度时，管道距建筑物外墙面不应小于 3.0m。

4. 地下燃气管线与铁塔基础边的水平净距，还应符合现行国家标准《城镇燃气设计规范》（GB 50028）地下燃气管线和交流电力线接地体净距的规定。

5. 燃气管线采用聚乙烯管材时，燃气管线与热力管线的最小水平净距应按现行行业标准《聚乙烯燃气管道工程技术规程》（CJJ 63）执行。

6. 直埋蒸汽管道与乔木最小水平间距为 2.0m。

(9) 当工程管线交叉敷设时，自地表面向下的排列顺序宜为：电力管线、热力管线、燃气管线、给水管线、雨水排水管线、污水排水管线。

(10) 工程管线在交叉点的高程应根据排水管线的高程确定。工程管线交叉时的最小垂直净距，应符合表 6-3 的规定。

表 6-3　工程管线交叉时的最小垂直净距（m）

管线名称		给水管线	污水、雨水管线	热力管线	燃气管线	通信管线		电力管线		再生水管线
						直埋	保护管及通道	直埋	保护管	
给水管线		0.15								
污水、雨水管线		0.40	0.15							
热力管		0.15	0.15	0.15						
燃气管线		0.15	0.15	0.15	0.15					
通信管线	直埋	0.50	0.50	0.25	0.50	0.25	0.25			
	保护管及通道	0.15	0.15	0.25	0.15	0.25	0.25			
电力管线	直埋	0.50*	0.50*	0.50*	0.50*	0.50*	0.50*	0.50*	0.25	
	保护管	0.25	0.25	0.25	0.15	0.25	0.25	0.25	0.25	
再生水管线		0.50	0.40	0.15	0.15	0.15	0.15	0.50*	0.25	0.15
管沟		0.15	0.15	0.15	0.15	0.25	0.25	0.50*	0.25	0.15
涵洞（基底）		0.15	0.15	0.15	0.15	0.25	0.25	0.50*	0.25	0.15
电车（轨底）		1.00	1.00	1.00	1.00	1.00	1.00	1.00	1.00	1.00
铁路（轨底）		1.00	1.20	1.20	1.20	1.50	1.50	1.00	1.00	1.00

注：1. 摘自《城市工程管线综合规划规范》(GB 50289—2016)。

2. * 用隔板分隔时不得小于 0.25m。

3. 燃气管线采用聚乙烯管材时，燃气管线与热力管线的最小垂直净距应按现行行业标准《聚乙烯燃气管道工程技术规程》(CJJ 63—2016) 执行；

4. 铁路为时速大于等于 200km/h 客运专线时，铁路（轨底）与其他管线最小垂直净距为 1.50m。

(11) 新建道路或经改建后达到规划红线宽度的道路，管线不得敷设于行道树绿带下方，且地下管线外缘与其绿化树木的最小水平距离宜符合表 6-4 的规定。

表6-4 地下管线外缘与树木间最小水平距离（m）

管线名称	距乔木（根茎）中心距离	距灌木（根茎）中心距离
电力电缆	1.0	1.0
电信电缆（直埋）	1.0	1.0
电信电缆（管道）	1.5	1.0
给水管道	1.5	—
雨水管道	1.5	—
污水管道	1.5	—
燃气管道	1.2	1.2
热力管道	1.5	1.5
排水盲沟	1.0	—

注：摘自《城市道路绿化规划与设计规范》(CJJ 75—1997)。

3. 综合管沟敷设

（1）当遇下列情况之一时，工程管线宜采用综合管沟集中敷设。

① 交通运输繁忙或工程管线设施较多的机动车道、城市主干道以及配合兴建地下铁道、立体交叉等工程地段。

② 不宜开挖路面的路段。

③ 广场或主要道路的交叉处。

④ 需同时敷设两种以上工程管线及多回路电缆的道路。

⑤ 道路与铁路或河流的交叉处。

⑥ 道路宽度难以满足直埋敷设多种管线的路段。

（2）综合管沟内宜敷设电信电缆管线、低压配电电缆管线、给水管线、热力管线、污水雨水排水管线。

（3）综合管沟内相互无干扰的工程管线可设置在管沟的同一个小室；相互有干扰的工程管线应分别设在管沟的不同小室。电信电缆管线与高压输电电缆管线必须分开设置；给水管线与排水管线可在综合管沟一侧布置，排水管线应布置在综合管沟的底部。

（4）工程管线干线综合管沟的敷设，应设置在机动车道下面，其覆土深度应根据道路施工、行车荷载和综合管沟的结构强度以及当地的冰冻深度等因素综合确定；敷设工程管线支线的综合管沟，应设置在人行道或非机动车道下，其埋设深度应根据综合管沟的结构强度以及当地的冰冻深度等因素综合确定。

6.2.5 架空敷设

（1）城市规划区内沿围墙、河堤、建（构）筑物墙壁等不影响城市景观地段架空敷设的工程管线应与工程管线通过地段的城市详细规划相结合。

（2）沿城市道路架空敷设的工程管线，其位置应根据规划道路的横断面确定，并应保障交通畅通、居民的安全以及工程管线的正常运行。

(3) 电力架空杆线与电信架空杆线宜分别架设在道路两侧，且与同类地下电缆位于同侧。

(4) 同一性质的工程管线宜合杆架设。

(5) 架空热力管线不应与架空输电线、电气化铁路的馈电线交叉敷设。当必须交叉时，应采取保护措施。

① 可燃、易燃工程管线不宜利用交通桥梁跨越河流。

② 工程管线利用桥梁跨越河流时，其规划设计应与桥梁设计相结合。

(6) 架空管线不宜设置在分车绿带和行道树绿带上方。必须设置时，架空线线杆宜设置在人行道上距路缘石不大于1m的位置；有分车带的道路，架空线线杆宜布置在分车带内。架空线下应保证有不小于9m的树木生长空间。架空线下配置的乔木应选择开放型树冠或耐修剪的树种。架空电力线路导线与树木的最小垂直距离应符合表6-5的规定。

表6-5 树木与架空电力线路导线的最小垂直距离

电压（kV）	1～10	35～110	154～220	330
最小垂直距离（m）	1.5	3.0	3.5	4.5

注：摘自《城市道路绿化规划与设计规范》(CJJ 75—1997)。

(7) 架空管线与建（构）筑物等的最小水平净距应符合表6-6的规定。

表6-6 架空管线之间及其与建（构）筑物之间的最小水平净距（m）

名称		建筑物（凸出部分）	道路（路缘石）	铁路（轨道中心）	热力管线
电力	10kV边导线	2.0	0.5	杆高加3.0	2.0
	35kV边导线	3.0	0.5	杆高加3.0	4.0
	110kV边导线	4.0	0.5	杆高加3.0	4.0
电信杆线		2.0	0.5	4/3杆高	1.5
热力管线		1.0	1.5	3.0	—

(8) 架空管线交叉时的最小垂直净距应符合表6-7的规定。

表6-7 架空管线之间及其与建（构）筑物之间交叉时的最小垂直净距（m）

名称		建筑物（顶端）	道路（地面）	铁路（轨顶）	电信线		热力管线
					电力线有防雷装置	电力线无防雷装置	
电力管线	10kV及以下	3.0	7.0	7.5	2.0	4.0	2.0
	35～110kV	4.0	7.0	7.5	3.0	5.0	3.0
电信杆线		1.5	4.5	7.0	0.6	0.6	1.0
热力管线		0.6	4.5	6.0	1.0	1.0	0.25

注：横跨道路或与无轨电车馈电线平行的架空电力线距地面应大于9m。

6.3 案例分析

6.3.1 【例6-1】场地平整等高线设计

1. 任务书

拟在坡地内平整出一块10.0m×10.0m的用地，其南侧设计标高为96.20m，要求南低北高且坡度为4%，如图6-9所示。在北侧之外设置一条排水渠，雨水经东、西两侧顺坡自然排下，其深度为0.30m，宽度为2.0m，其北侧一段的沟底坡度忽略不计。边坡坡比为1∶3，设计等高距为0.5m。

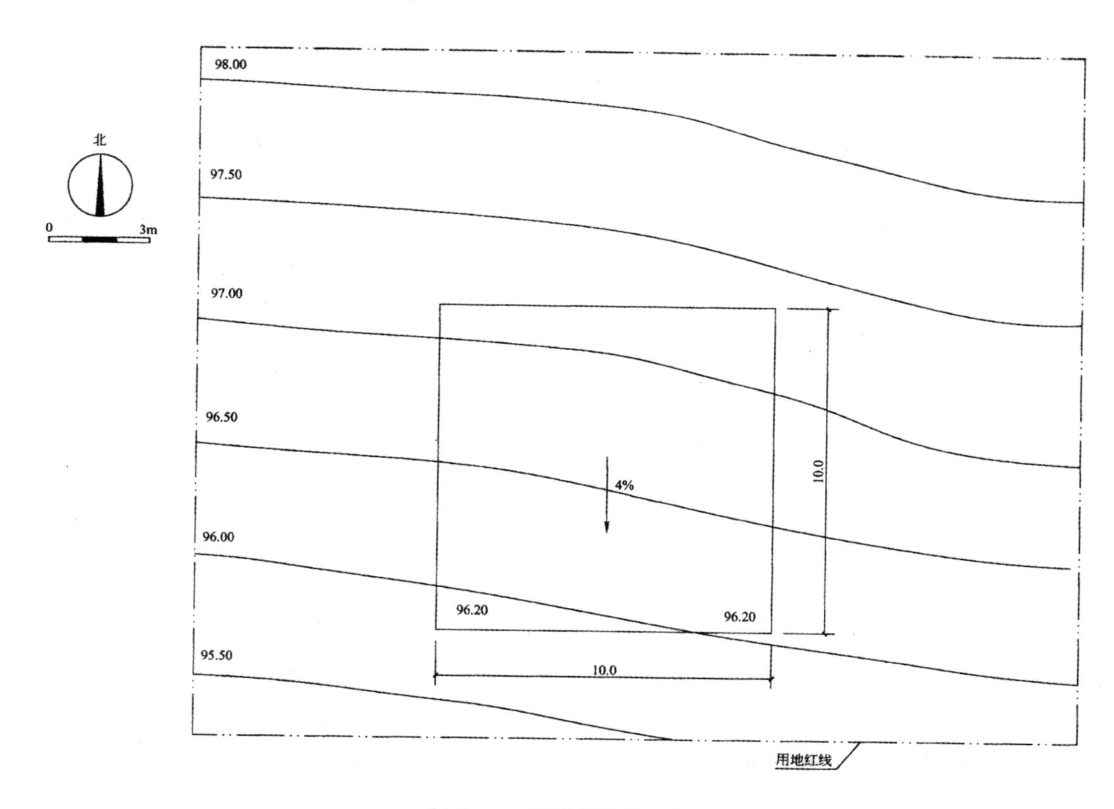

图6-9 场地平整地形图

要求绘出修整后的地面、边坡和排水渠的设计等高线。

2. 解题分析

1）计算用地北侧地面的设计标高为 h

$$h=96.20+10.0\times 4\%=96.60(\text{m})$$

2）确定排水渠位置和沟底设计标高

排水渠的中心线与用地北侧的距离确定为1.0m，靠用地一侧的边缘与用地边线重合，靠山坡一侧的边缘线如图6-10中虚线所示，其底部设计标高为：

96.60m－0.30m＝96.30m

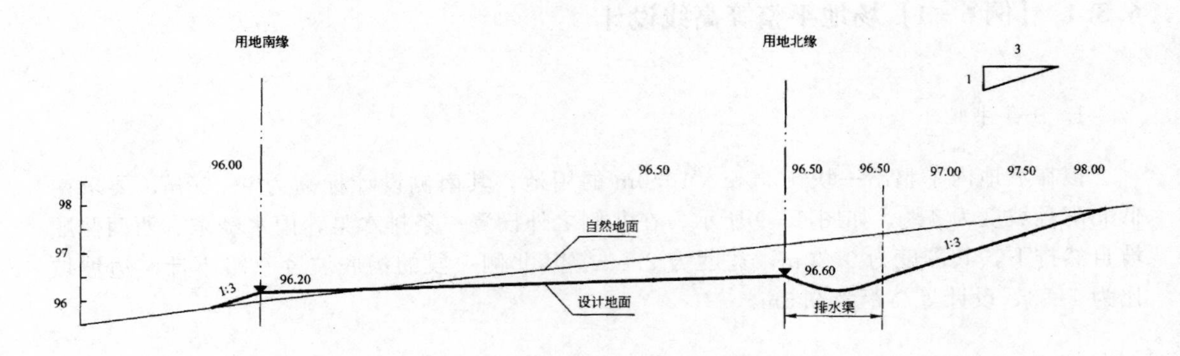

图6-10　场地正中南北向剖面图

3）绘制设计等高线

（1）设计地面。

根据用地四角的设计标高，用内插法即可求出96.50m的等高线与北侧和南侧的距离l_1和l_2：

$$l_1=(96.60-96.50)/4\%=2.50(\mathrm{m})$$

$$l_2=(96.50-96.20)/4\%=7.50(\mathrm{m})$$

（2）排水渠。

因北侧的排水渠底部的坡度可忽略不计，则用地东北和西北角沟底中心处的设计标高均为96.30m，其内有两根96.50m的等高线，与顶面的距离均为l_3：

$$l_3=[(96.60-96.50)/(96.60-96.30)]\times 1.00=0.33(\mathrm{m})$$

其中的一根应与设计地面的同名等高线闭合，而另一根分别与东面和西面的排水渠顶面96.50m等高线对应的点相连，并顺势延长至自然地形同名等高线。

沿用地西侧和东侧排水渠的纵坡与设计地面坡度一致，即为4%，其内还各有一根96.00m的等高线，距用地南侧距离为l_4，其外侧均与两端的自然地形同名等高线连接。

$$l_4=(96.60-95.90)/4\%=2.50(\mathrm{m})$$

（3）边坡。

北侧的边坡坡脚（即排水渠边缘）的标高为96.60m，以此推算出97.00m等高线的位置。分别作平行于用地北侧、东侧和西侧的平行线，因边坡的坡比为1∶3，所以应距排水渠边缘的距离为：（97.00－96.60）×3＝1.20（m）；其他的等高线，因为高差均为

0.50m，所以，相隔的距离均为：0.50m×3＝1.50m；在东北角和西北角的等高线，应以用地角点为圆心、对应的间距为半径，通过圆曲线连接。

南侧只有一根96.00m的等高线，与用地南侧的距离为：(96.20－96.00)×3＝0.6(m)，将其分别与排水渠内的同名等高线相连。同样，西南角和东南角也要用圆曲线连接。

4）设计等高线与地形等高线的衔接

在每一条设计等高线与自然地形等高线的衔接所形成的尖角处，用适当的弧线加以修饰。

场地正中南北向剖面图如图6－10所示，拟建用地的地面、边坡和排水渠的设计等高线见图6－11。

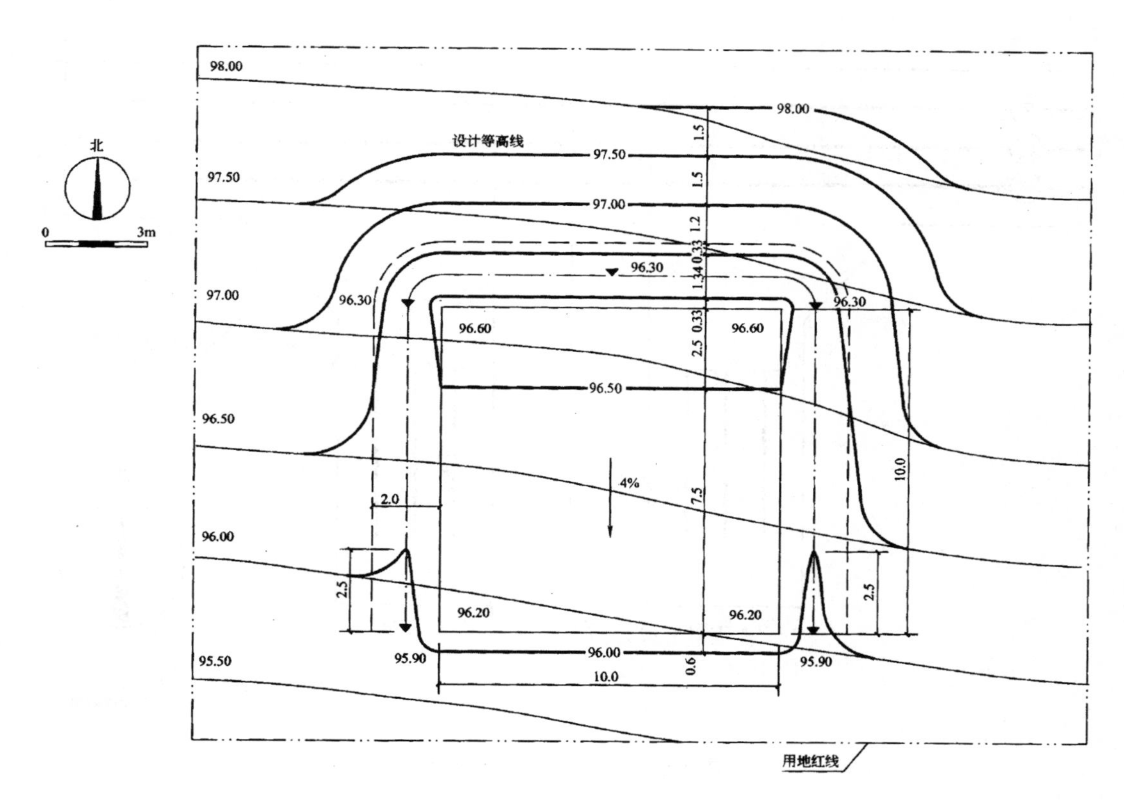

图6－11 场地平整设计图

6.3.2 【例6－2】管线综合设计

1. 任务书

场地内东西向及南北向道路已建成，其交叉口处的建筑控制线及人行道宽度，以及东西向及南北向道路下已建地下管道的种类与间距详见图6－12。

要求在平面图中南北向道路两侧的人行道上，补绘电力电缆、电信电缆、热力管道和污水管，标注管道名称并将南北向和东西向的管线连接起来。

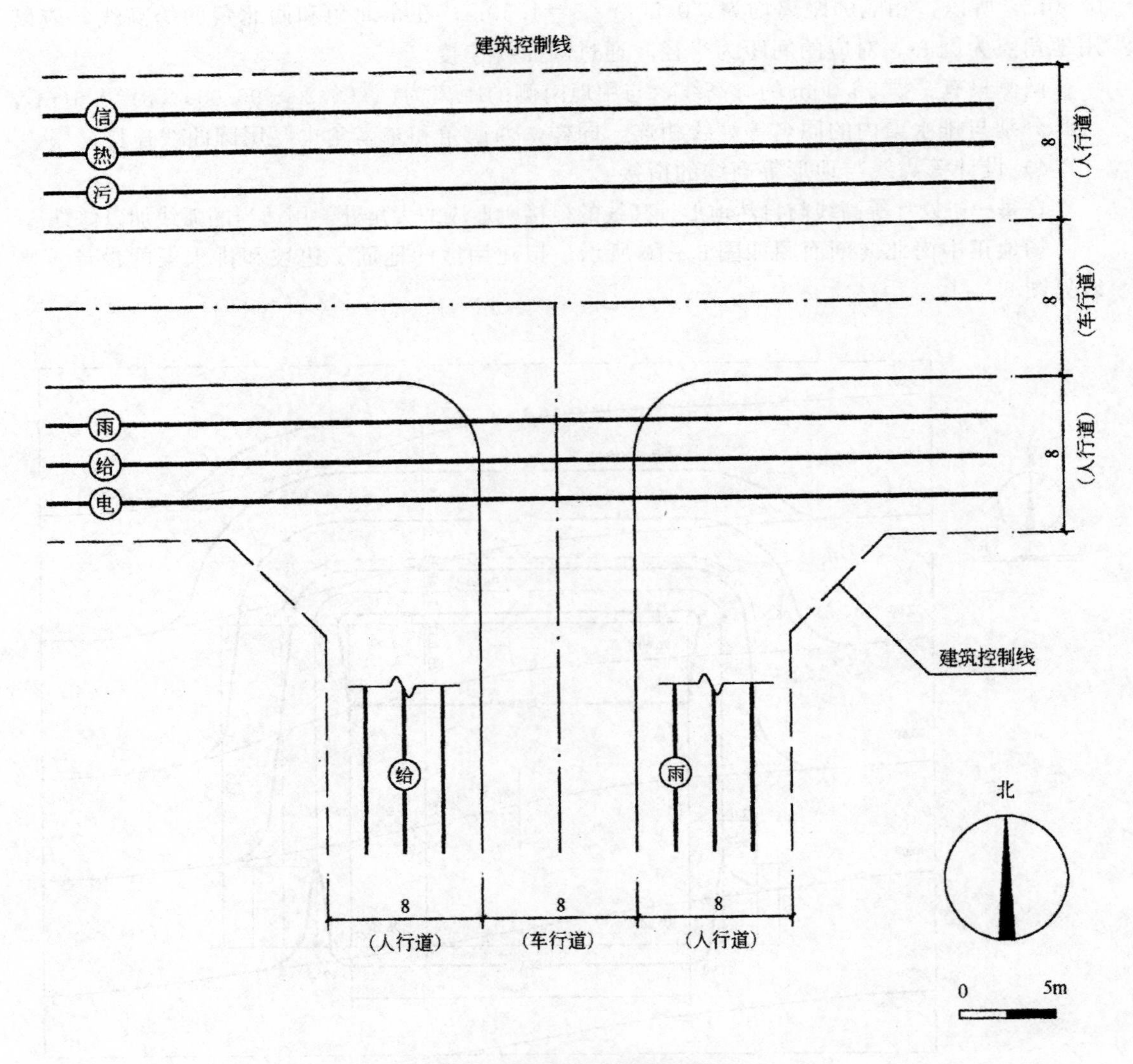

图 6-12　场地管线综合地形图

2. 解题分析

1）地下管线由建筑物向道路方向的水平敷设顺序

《城市居住区规划设计规范（2016 年版）》（GB 50180—93）第 10.0.2.5 条规定：离建筑物的水平顺序，由近及远宜为：电力管线或电信管线、燃气管、热力管、给水管、雨水管、污水管。

2）电力及电信电缆的平面布置原则

《城市居住区规划设计规范（2016 年版）》（GB 50180—93）第 10.0.2.6 条规定：电力电缆与电信管缆宜远离，并按照电力电缆在道路东侧或南侧、电信电缆在道路西侧或北侧的原则布置。据此可确定：

（1）电力电缆应敷设在道路东侧临建筑控制线处。

（2）电信电缆应敷设在道路西侧临建筑控制线处。

（3）热力管道设在道路东侧居人行道中央，污水管应敷设在道路西侧临车行道北，如二者位置对调，则均不符合规定的敷设顺序。

（4）将南北向管线延伸到与东西向相同名称管线处，在交叉处用小圆圈标注，见图6－13。

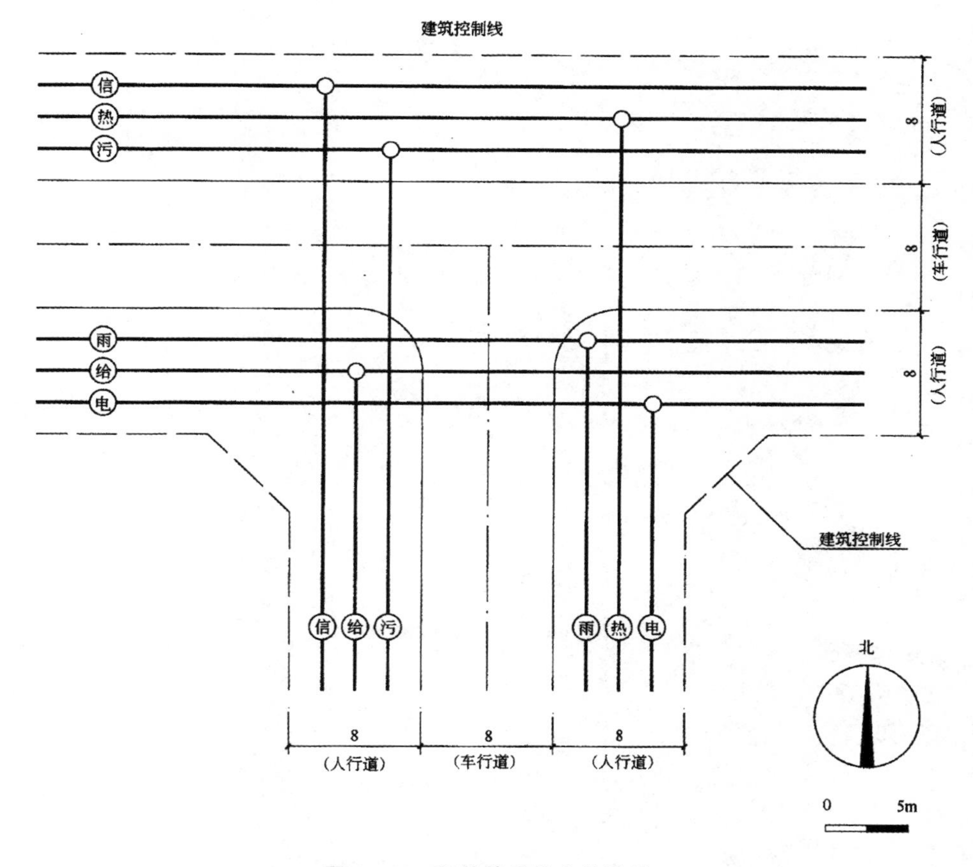

图6－13　场地管线综合设计图

6.3.3 【例6－3】广州大学城“大学小筑”居住小区环境设计项目

1．项目概况

“大学小筑”居住小区位于广州市番禺区小谷围岛大学城南区，南侧紧邻外环路，正对岭南印象园，西临广东工业大学校区，项目总用地面积27060m²，容积率2.67，建筑密度24.6%，园林景观用地面积8335m²，绿地率30.8%。楼盘共包括10栋高层住宅、3栋低层住宅、1栋幼儿园和1栋管理用房。配套建设686个机动车泊位和667个非机动车泊位。

小区室外园林分为南面展示区、入口景观区、中心水景区、休闲活动区和宅旁绿化区共五大区。小区总平面图如图6－14所示。

图6–14　“大学小筑”小区总平面图

2. 竖向设计

“大学小筑”整个地块沿对角线呈北高南低的趋势，根据场地周边道路情况，确定场地各出入口标高，并根据各建筑物的使用性质及首层标高确定与之相连接的室外道路标高。同时，在满足小区居住环境使用的功能要求和景观要求的基础上，因地制宜，确定场地道路、活动平台、绿地等的设计标高及合理坡度，合理设置排水沟、挡土墙及护坡等，基本做到土方平衡，节省造价。

1）小区主入口景区

根据场地的整体地形及各出入口标高，确定场地其他竖向控制点的标高及地形坡度，这些标高及地形坡度决定并反映了场地的整体形象和特征。以小区主入口景区为例，竖向设计内容就涉及以下内容。

① 入口广场与市政路连接处标高、与地下车库入口连接处标高、小区入口闸门处的标高，以及广场地面及园路的排水坡度。

② 小区门卫室内外地面标高及建筑物外立面标高。

③ 标志景墙等景观小品标高。

④ 地下车库棚架控制标高。

⑤ 入口处景观水池各级水面、水底、池壁及溢水口、排水口标高。

⑥ 入口处中心及四周花池底及池壁标高。

⑦ 入口景区所涉及的其他标高。

小区入口景区竖向设计如图 6－15 所示。

2）泳池景区

在居住小区的环境设计中，绿化设计及游泳池的设计通常是非常重要的设计内容，也最能显现出小区环境设计的特色。为节约土地，小区环境设施通常建在地下车库顶板之上，故本项目的泳池景区设计在竖向设计上具有一定的代表性。小区泳池景区剖面图如图 6－16 和图 6－17 所示。

3. 管线设计

本居住小区内主要有居住建筑、幼儿园及会所等，所涉及管线有多种，包括给水管、排水管（污水管及雨水管）、电力管线（强电和弱电）、电信管线、燃气管等。管线综合就是依据有关规范和规定，根据各种管线的介质、特点和不同的要求，综合布置各专业工程技术管线，解决各管线间的相互矛盾，合理安排各种管线敷设位置，使各种管线设计合理、经济。

场地内的工程管线应与城市规划要求相协调，与城市管线妥善衔接，宜采用地下敷设的方式，并与场地外围相应市政管线合理连接。工程管线综合设计的主要内容是确定工程管线在地下敷设时的排列顺序和管线间的最小水平、垂直净距和最小覆土深度；管线布置应注意节省土地、线路短捷，宜沿道路走向或与主体建筑平行布置，避免横贯或

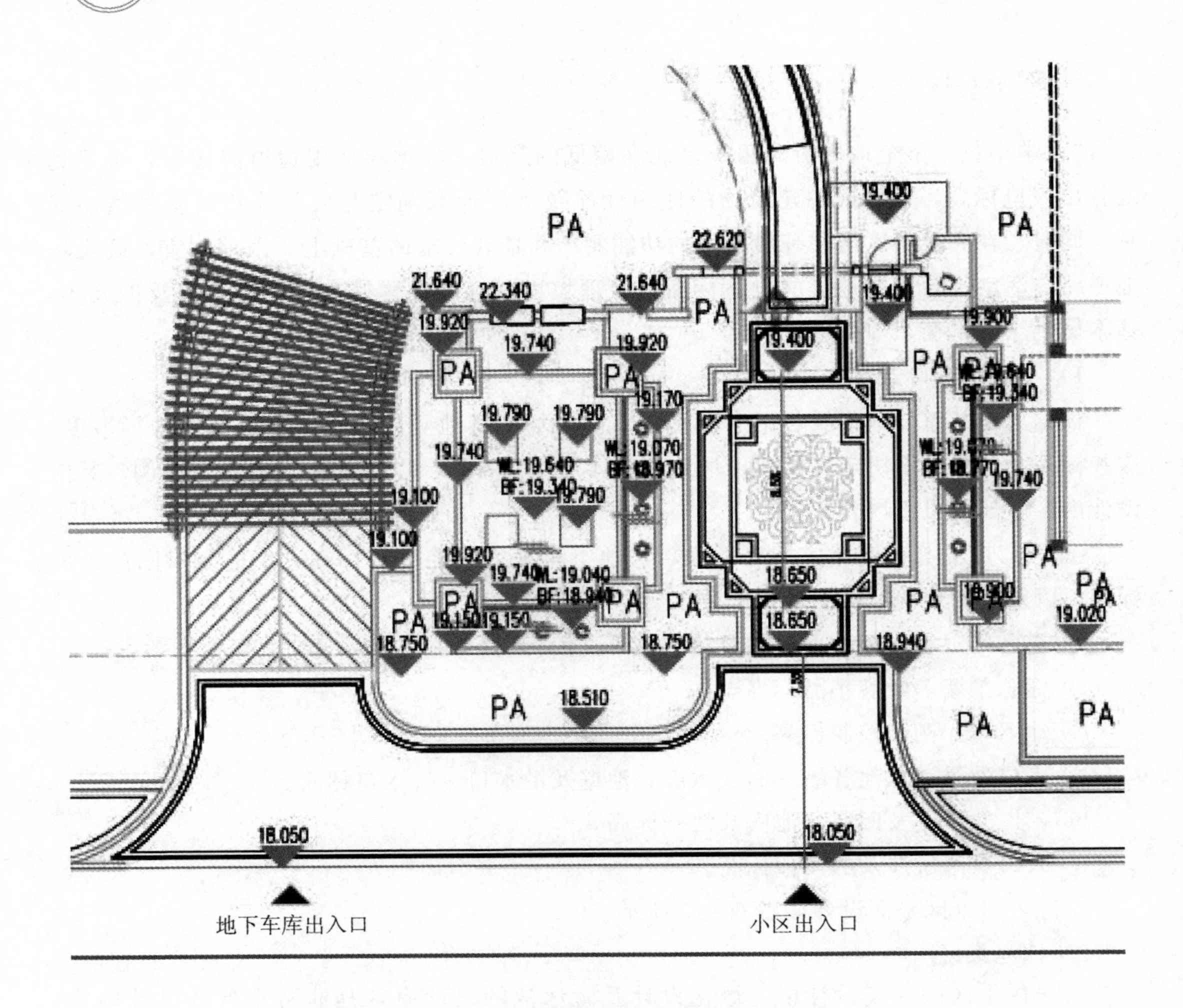

图 6-15　小区入口景区竖向设计图

斜穿场地中的成片绿地，力求线形顺直、短捷，且应适当集中布置，尽量减少转弯及交叉。

1）给排水设计

此处仅以部分管线图为例加以说明。如图 6-18 及图 6-19 所示为小区二期范围给排水平面图及泳池景区给排水平面图。

2）电气设计

电气有强电、弱电之分。强电一般是指市电系统、照明系统等供配电系统，包括空调线、照明线、插座线、动力线、高压线之类。建筑及建筑群用电一般指交流 220V 50Hz 及以上的强电；弱电包括消防、网络、广播、楼宇对讲、监控安防、楼宇自动控制等，电压一般在 36V 以内。

以泳池景区为例，如图 6-20 及图 6-21 所示分别为泳池景区的电气平面图和广播系统平面图。

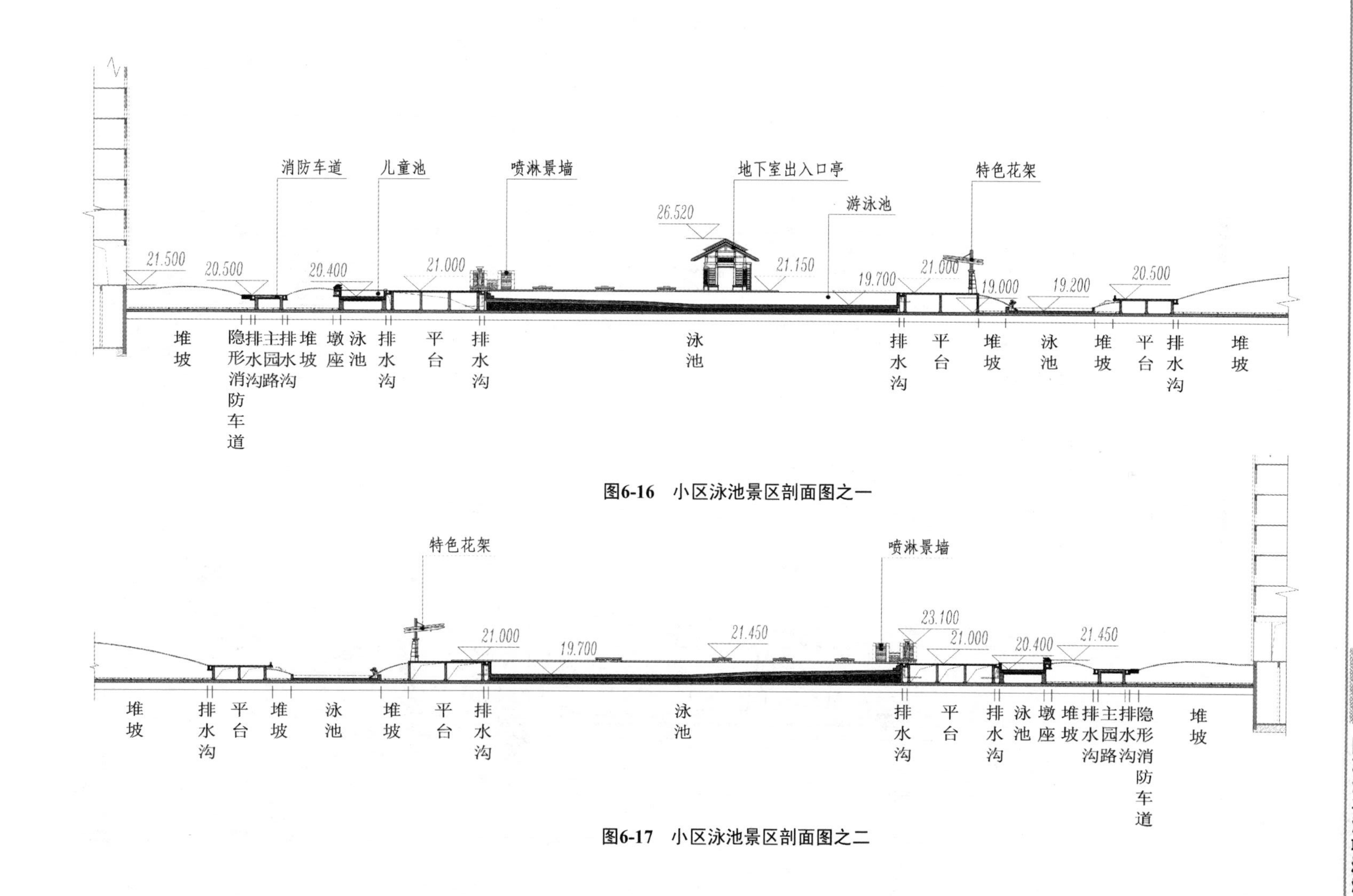

图6-16 小区泳池景区剖面图之一

图6-17 小区泳池景区剖面图之二

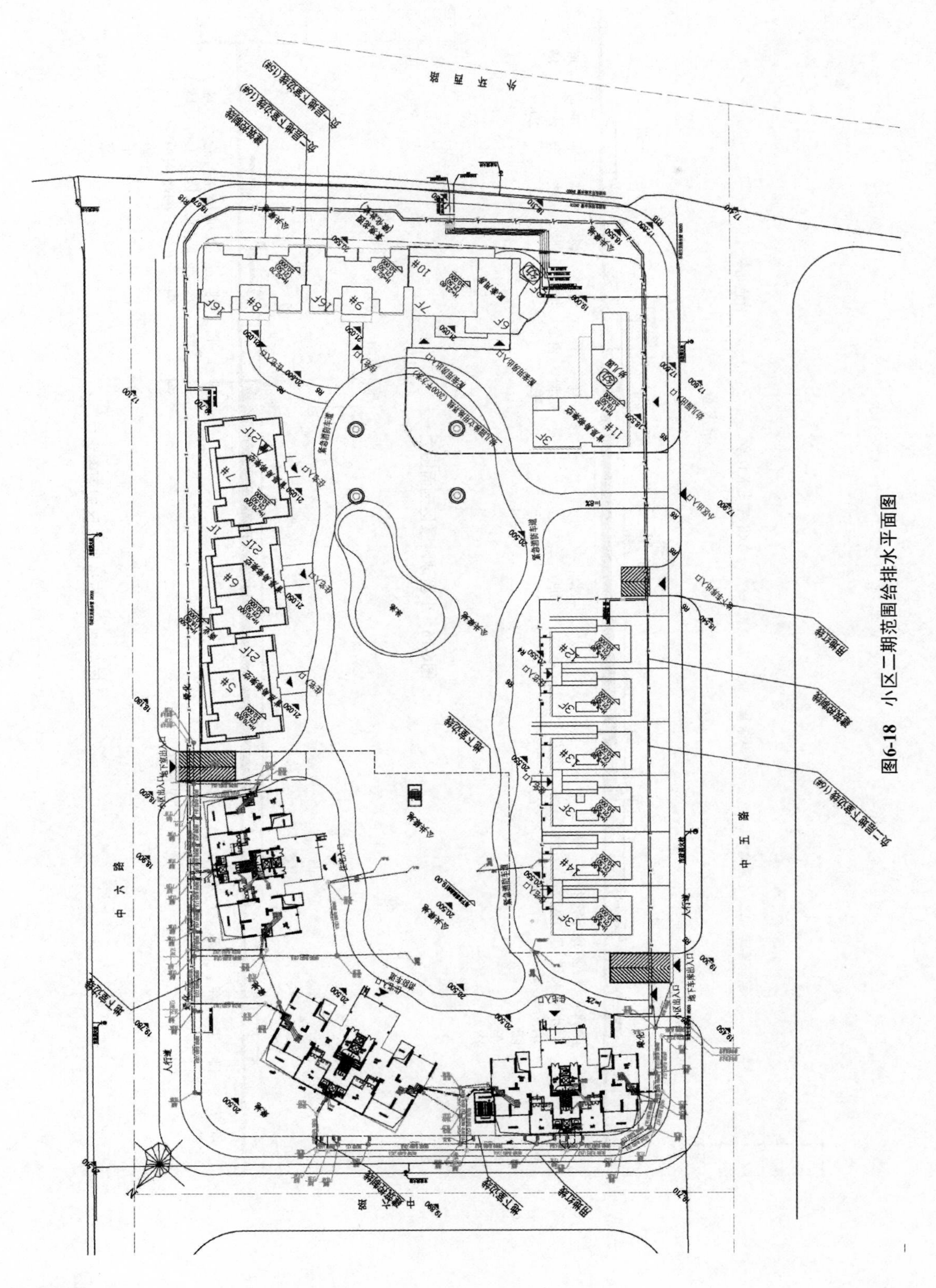

图6-18 小区二期范围给排水平面图

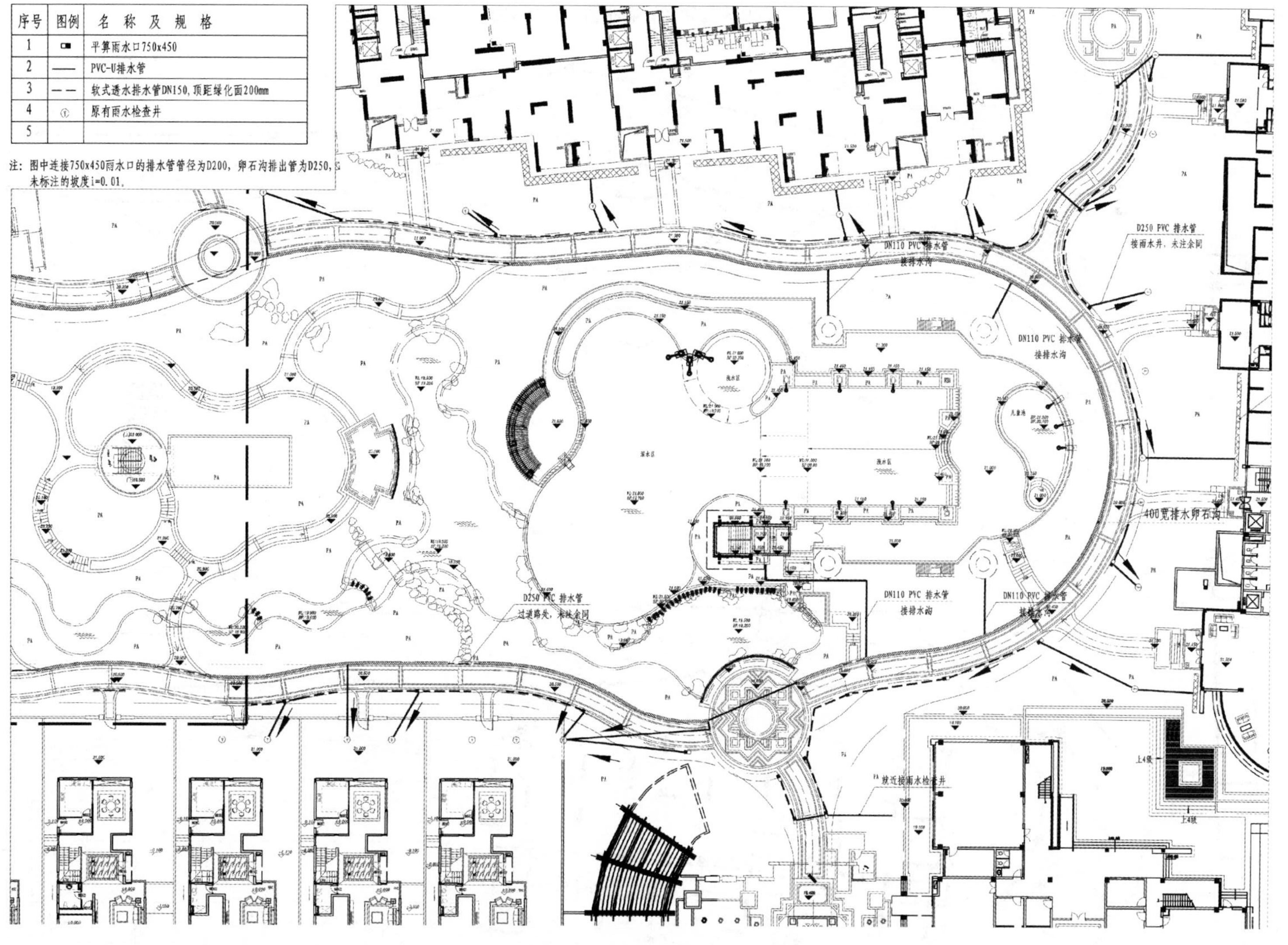

图6-19 小区泳池景区排水平面图

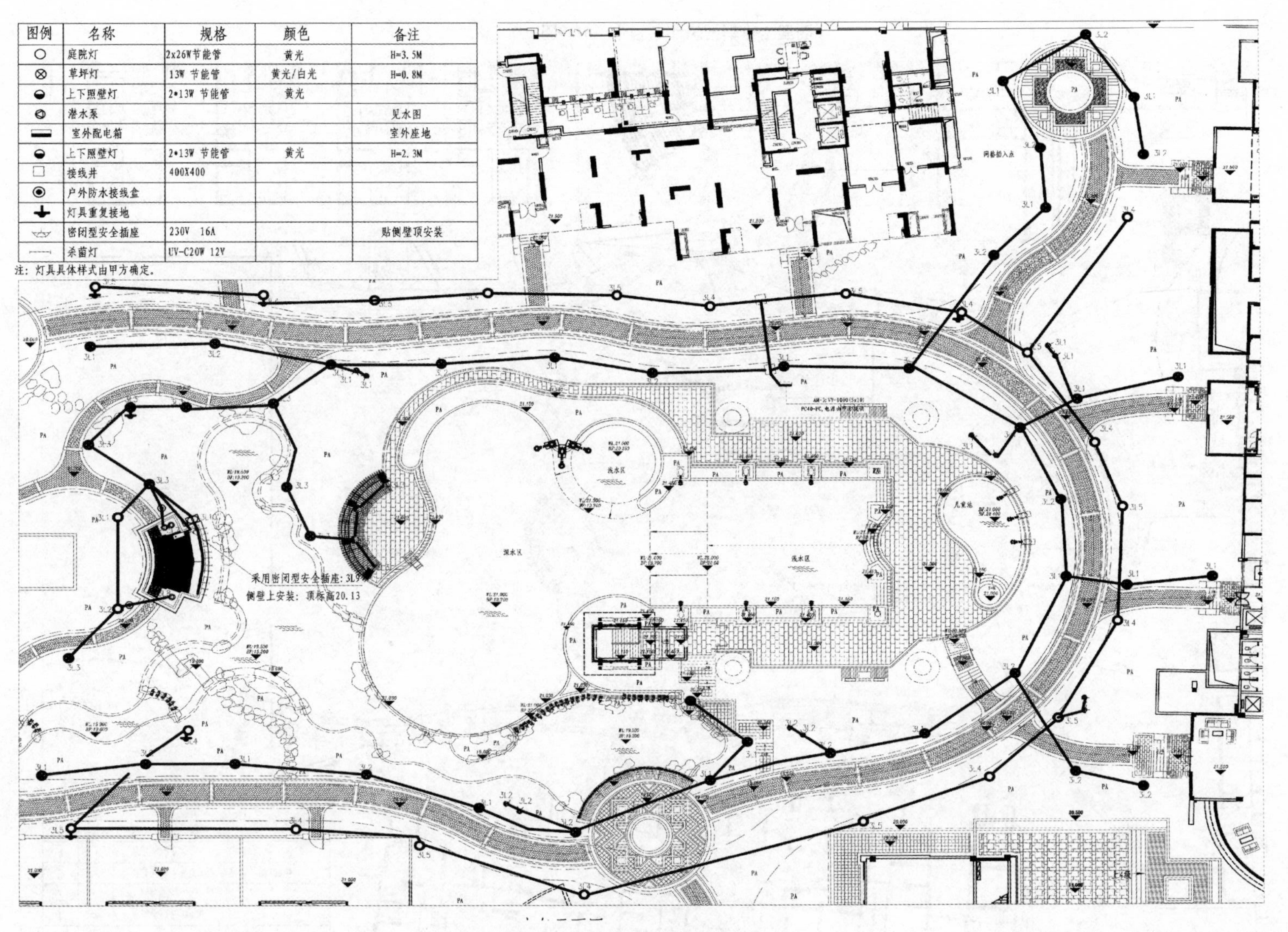

图例	名称	规格	颜色	备注
○	庭院灯	2x26W节能管	黄光	H=3.5M
⊗	草坪灯	13W 节能管	黄光/白光	H=0.8M
◒	上下照壁灯	2*13W 节能管	黄光	
⊘	潜水泵			见水图
▬	室外配电箱			室外座地
◒	上下照壁灯	2*13W 节能管	黄光	H=2.3M
□	接线井	400X400		
◉	户外防水接线盒			
┿	灯具重复接地			
⩡	密闭型安全插座	230V 16A		贴侧壁顶安装
┄	杀菌灯	UV-C20W 12V		

注：灯具具体样式由甲方确定。

图6-20 小区泳池景区电气平面图

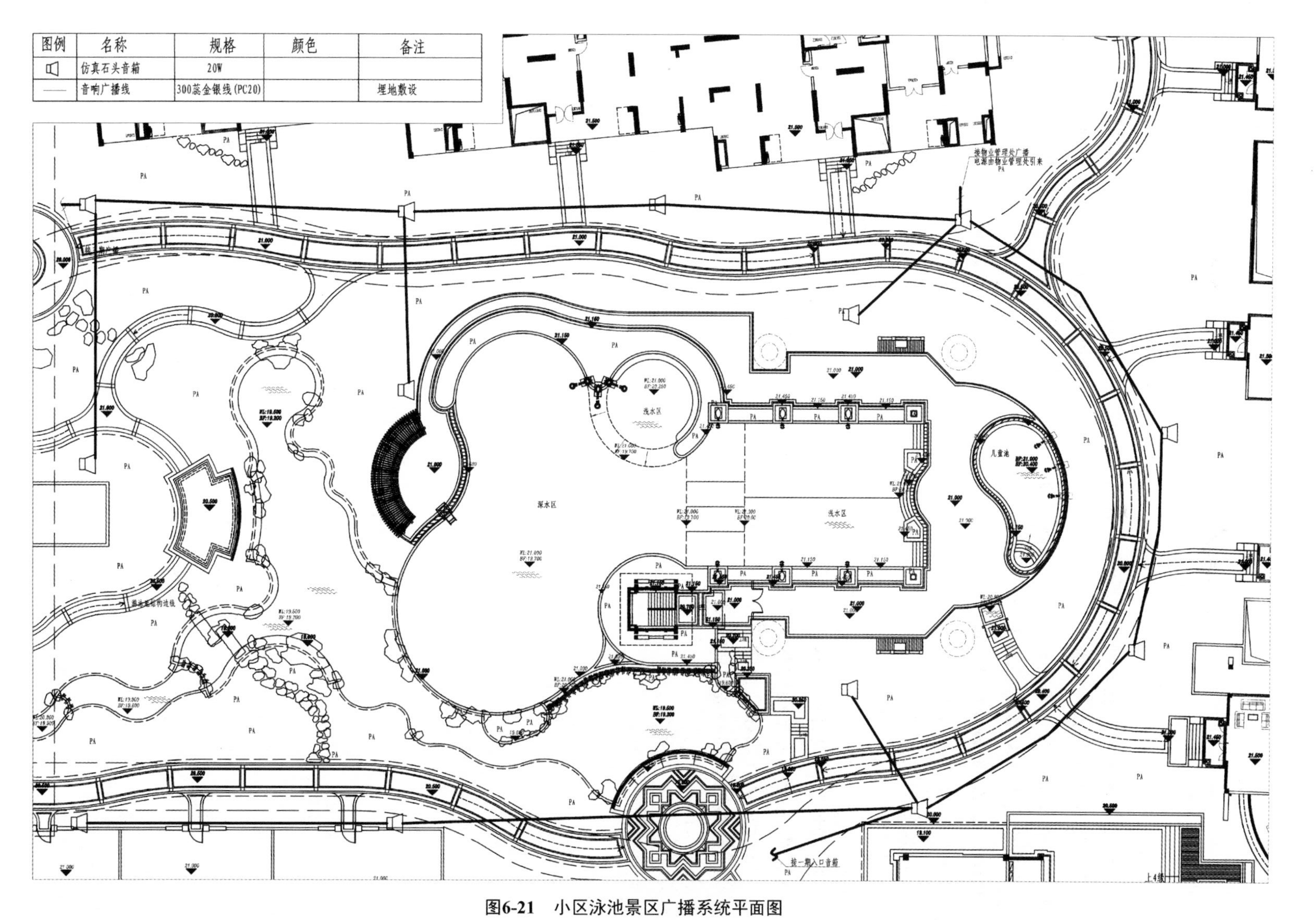

图例	名称	规格	颜色	备注
口	仿真石头音箱	20W		
——	音响广播线	300蕊金银线(PC20)		埋地敷设

图6-21 小区泳池景区广播系统平面图

本章小结

通过本章学习，建立对场地竖向设计及管线设计的理解，在场地详细设计阶段进行竖向设计及管线设计时能充分认识和分析场地中各种因素的相互关系及影响，理解场地周边环境及场地内建筑布局及交通要求等，熟悉掌握场地详细设计阶段竖向设计及管线设计相关的最新规范和设计标准。

思考题

1. 场地竖向设计的基本任务及影响因素有哪些？
2. 常见土石方平衡的测算方法有哪几种？各有什么优缺点？
3. 什么是管线综合？管线综合有哪些内容？
4. 管线综合的一般原则有哪些？

第7章

场地景观设计

教学目标

主要讲述在场地中进行景观设计要遵循的原则以及景观设计的内容。通过本章学习，应达到以下目标：

(1) 了解景观设计的原则；

(2) 熟悉场地内景观设计的具体内容；

(3) 通过场地的案例分析，掌握场地内景观设计的程序、内容和方法。

教学要求

知识要点	能力要求	相关知识
景观设计原则	(1) 掌握场地景观设计的依据 (2) 熟悉场地景观设计的总体原则和要求	(1) 理解场地各功能块与景观设计的相互关系 (2) 理解场地内地形地貌对景观设计的影响
景观设计内容	(1) 掌握场地景观总体布局的方式 (2) 熟悉场地景观设计中地形、水体、园林建筑、小品及植物配置等的设计要求 (3) 培养学生对场地景观设计的把握	(1) 理解场地内不同布局方式的适用情况 (2) 熟悉场地性质及各功能使用对景观的要求
案例分析	(1) 掌握场地景观设计程序 (2) 通过案例分析，掌握设计方法	(1) 熟悉景观设计的相关规范 (2) 掌握场地景观分析的方法和内容

基本概念

场地景观设计；场地植物配置。

引言

在场地设计的详细阶段中，除了道路、停车场设计、竖向设计和管线设计外，场地的景观设计也是场地设计中的重要内容。景观设计能体现出场地的特质，改善场地的生态环境，还能为场地使用者提供满足功能要求的舒适空间。场地详细设计阶段的景观设计内容主要包括绿化设计、水体设计及小品设计等。绿化设计主要结合场地的道路规划及使用功能布置，宜多选用乡土植物，并注重生态性与景观性相结合。此外，景观设计还必须结合场地的地形条件，因地制宜，合理布局，在满足功能要求的同时，做到与自然地形及周围环境相融合。

7.1 场地景观设计的原则

景观设计是建筑场地设计的重要内容，必须符合场地的规划性质和总体要求，并与场地的地形地貌及景观要求相结合。建筑场地内的景观设计通常遵循以下原则。

1. 符合总体规划要求原则

场地的景观设计应符合城市总体规划及分区规划的要求，与场地性质相适应，在满足场地内各功能建筑的使用要求及环境要求的同时，也达到场地绿化面积和绿化率的要求。

2. 因地制宜原则

场地景观设计应遵循因地制宜的原则，注重场地与周边环境及场地内各部分的关系，充分利用场地内的地形地貌，创造适宜性的景观。

3. 经济性原则

场地的景观设计除满足适用性要求外，还要受到投资限制，需遵循经济性的原则，在材料选择、施工工艺及土石方平衡等方面做到经济合理。

4. 生态优先原则

景观设计的重要内容之一是植物配置，在场地的植物配置中要注意生态优先的原则，更多选择生态效益好、管养成本低的植物品种，尽量多地选用乡土树种，做到适地适树，生态优先。

5. 地域性原则

场地景观设计必须依据场地地形地貌、地质水文等基础条件及所在区域气候条件，同时也要在设计中加入该地区独特的历史文化元素，力求反映地域性特色和文化内涵，使景观设计更具独特性。

7.2 场地景观设计的布局及内容

7.2.1 规划布局

根据场地性质、特点及各功能建筑对环境的总体要求，场地景观规划的布局通常有三种方式。

1．规则式

总体布局以几何图形为主，较为规整，以对称型居多，平地或坡地均可，适用于规模较大、气势庄严肃穆或建筑稳重大方的场地设计中。规则式布局整体性强，特点鲜明，道路、广场方整，多以花坛、树阵、雕塑、喷泉等加以点缀，植物设计上也多采用修剪绿篱或整形花木等方式加以强化。西方传统园林及现代简约风格园林以规则式居多，如图7－1所示为荷兰罗宫的规则式园林。

图7－1 荷兰罗宫

2．自然式

总体布局仿照自然山水格局，景观依场地地形高低起伏、各部分空间变化丰富，适用于传统风格浓厚的场地中。道路布置蜿蜒曲折、空间组合开合有致、植物种植疏密相间、亭台溪石若隐若现，体现出中国传统园林“虽由人作，宛自天开”的境界。如图7－2所示为苏州拙政园的自然式园林。

图7－2 苏州拙政园

3．综合式

综合式布局介于规则式与自然式之间，二者有机结合，各取所需，各得其所，既有规则式园林的简约，又有自然式园林的景致，较为符合现代人的审美标准。通常情况下更适用于现代多功能的场地使用性质及需求。如图7－3所示为广州起义烈士陵园总平面图。

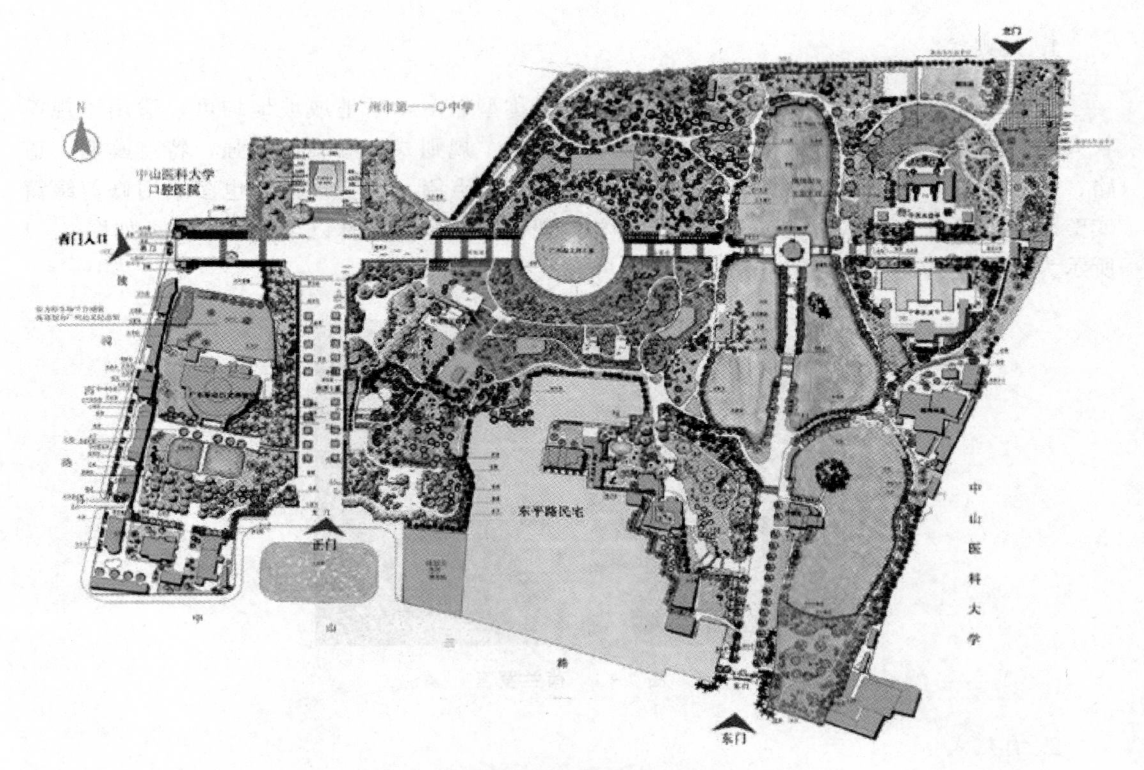

图 7－3　广州起义烈士陵园总平面图

7.2.2　设计内容

1. 地形设计

场地中的地形除具有分隔空间、控制视线等作用外，还具有一定的美学功能。地形以不同方式创造和限制外部空间，制约一个空间的边缘及走向，影响固定点的可视景物和可见范围，形成连续观赏或景观序列。此外，地形还可作为布局和视觉要素用于封闭视线或遮挡不良景观。

1）地形处理考虑的因素

在进行场地的地形处理时，须考虑的因素有多种，包括充分利用原有地形、根据各功能分区及相互关系处理地形等，此外，还要考虑场地的地面排水、坡面的稳定性，以及植物栽植的适应性等。

2）地形处理的方法

在进行场地的地形处理时，应注意巧借地形，形成隔景或制造障景，创造出丰富的空间效果。在原有地形不能满足设计预期时，就需要巧改地形，尽量利用半挖半填或挖池堆山等方法改造地形，同时满足土方平衡的要求。

3）地形的形式及设计

场地的地形有平地、坡地和山地几大类，坡地又分为平坡、中坡和陡坡。平地坡度一般为1%～7%；坡地中缓坡坡度为8%～12%，中坡坡度为12%～20%，陡坡坡度为20%～40%，坡度在40%以上的称为山地。

中国传统园林中还常用假山、置石等手法来处理地形，创造丰富多变的环境空间。假山以造景游览为主要目的，可充分结合其他多方面的功能作用；置石是指以山石为材料，独立性或附属性地造景布置，不具备完整的山形。假山、置石用材包括湖石、黄石、青石、石笋等石品，置石又有特置、对置、散置、群置或作为山石器设等多种方式。假山、置石可作为自然山水园的主景和地形骨架，也可作为园林划分空间和组织空间的手段。山石小品还用于点缀园林空间和陪衬建筑或植物，或用作驳岸、挡土墙、护坡和花台等。此外，山石小品还可作为室内外自然的家具器设，既实用又可用于装饰，如图7-4所示为无锡惠山山麓唐代之“听松石床”（又称“偃人石”）。

图7-4 无锡惠山“听松石床”

2. 水体设计

场地中的水源分为地表水、地下水或人工水源等种类，用于场地景观设计的水景形式可以有多种，如湖、池、井、潭、泉、溪、涧、瀑布、跌水等。根据场地中空间大小及景观要求的不同，场地中的水体规模可大可小，水面形态可聚可散，可以利用岛、堤、桥等多种手段来分隔及连系水面。“一池三山”的造园手法在我国造园史上历史悠久，在现在的景观设计中合理运用也能收到良好的景观空间及视觉效果。

3. 园林建筑及小品设计

1）园林建筑

园林建筑是指园林中供人游览、观赏、休憩并构成景观的建筑物或构筑物的统称，具有使用及观赏功能，即园林建筑可居、可游、可观。建筑场地环境中最常用到的园林建筑有亭、廊和水榭。

（1）亭。

亭者，停也。亭是园林中最常见的园林建筑，可作为园景，又可观景。园林中有“无园不亭”或“无亭不园”之说，亭常常成为组景的主体和园林艺术构成的中心，有着不可替代的作用。如苏州沧浪亭中的“沧浪亭”、网师园的“月到风来亭”、拙政园的“梧竹幽居亭”（图 7－5）及“荷风四面亭”等都是有名的实例。

图 7－5　拙政园“梧竹幽居亭”

从屋顶形式看，亭可分为攒尖亭、卷棚亭、歇山亭、歇山卷棚亭等类型；可以为单檐亭、重檐亭或多重檐亭。亭也可为单亭或组合亭。组合亭也有多种，可以将两个相同形体的亭直接加以组合，也可以将亭与其他形体，如桥、廊、墙组合，构成多层次、多变化的建筑群体。

（2）廊。

廊也是园林中常见的建筑，可供休息及观赏。廊可以将各分散的建筑空间连成一个整体，同时又可分割空间，将环境空间划分成相互独立又相互联系的各部分，互相衬托，各具特色。从结构上，廊可分为单面空廊、双面空廊、复廊、双层廊等；从形式上，廊又分为直廊、曲廊、爬山廊等，使用灵活，风格多变。场地中设计合理的廊应该是因地制宜、依山就势的。著名的廊有如图 7－6 所示的拙政园水廊。

图 7－6　拙政园水廊

（3）水榭。

《园冶》云：“榭者，借也。藉景而成者，或水边，或花畔，制亦随态。”其中水榭作为水边的重要休息场所最为常见。水榭一般设临水平台，一半伸入水中，平台四周围有低平的栏杆。平台上建单体建筑物，平面多为长方形，临水一侧特别开敞，有时为两层。水榭的屋顶常用平屋顶或卷棚歇山式屋顶。水榭也可与茶室、接待室、游船码头等功能空间合并，还可扩大平台，进行各类文娱活动。水榭的建筑体量及外形、风格等须与水面、池岸及环境协调，尽可能突出池岸，三面临水，或以宽敞的平台作为过渡，宜贴近水面，以水平线条为主，控制高度。如图7-7所示为颐和园“饮绿水榭”。

图7-7 颐和园“饮绿水榭”

2）园林小品

园林小品指园林中供休息、装饰、景观照明、展示和为园林管理及方便游人之用的小型设施。建筑场地环境中常用到的园林小品包括花架、景墙（景门、景窗）、园路、铺装、水池、园桥，以及雕塑、园桌凳、花坛等。图7-8所示为拙政园枇杷园的景门。园林小品从塑造空间的角度出发，巧妙地用于组景；同时作为被观赏的对象，也具有一定的实用和装饰功能。除以上园林小品外，还有指示牌、标示牌、庭园灯、垃圾筒等多种。园林小品的外形及风格应考虑所处场地的使用性质，尽量做到特色鲜明，并与环境协调。

图7-8 拙政园枇杷园

4. 植物配置

园林中的植物除具有生态功能外，还具有封闭视线、分隔空间、衬托建筑、突出季相、丰富色彩，以及怡情养性等多种实用及艺术功能。场地园林环境中的植物配置必须符合场地性质和功能要求，考虑园林艺术的需要，选择适合的植物种类，满足植物生态要求。此外，还要考虑植物搭配和种植密度合理，植物的季相变化明显，植物的色、香、形与环境协调等。在进行场地的植物设计时，应注意以下几方面问题。

1）景观特色

在进行植物造景时，要尽可能突出植物的四季景观。我国地域辽阔，地理环境及气候差异大，因此在进行场地的植物配置时要充分考虑各地的地域特色，多用乡土树种，充分发挥地域优势。在北方地区，尽可能做到“三季有花，四季常青”；在南方热带、亚热带地域则应该做到四季常绿，花开不断。例如在南方地区，可以营造出类似春有桃花、夏有荷花、秋有桂花、冬有梅花的四季景观。各地还可根据地域特色，多用乡土树种，营造出地域性强、个性鲜明的标志性植物景观。如图 7-9 所示为华南植物园苏铁园景观。

图 7-9 华南植物园苏铁园

2）种植类型

植物品种多样，从类型来看就有常绿乔木、落叶乔木、常绿灌木、落叶灌木、花卉、草皮、地被植物及水生植物、攀缘植物等。陆地植物造景是园林种植设计的核心和主要内容。

3）种植方式

从整体角度出发，场地的植物配置可以块状、线状、点状方式进行布局。

(1) 块状布局可以呈密林、花地及草坪等方式。这种布局疏密有度，“宽可走马，密不容针”，产生虚实、疏密、明暗的变化，对比度强，一般有起伏的地形。草坪还可以与孤植树、花丛、树丛、花坛、山石、建筑和雕塑等组景，丰富景观。

(2) 线状布局指边界树、园路树、湖岸树等线性种植的方式，主要指乔木或乔、灌结合种植，包括规则的直线、折线、曲线和自然、断续错落的线状景观。规则式园林多数乔木成排成行栽植；自然式布置则考虑与道路、湖岸的有机结合，间距不等、疏密有致，往往结合地形起伏，平面曲折变化的效果，与造景和组织透视线相结合。

(3) 点状布局指孤立树的种植，也称孤植，通常在草坪、水池等空旷空间。作为主景树，孤植树种常采用树态优美、色彩鲜明、体形高大、树冠巨大、寿命长，有一定观赏价值的品种，有的还具有浓烈的芳香气味。

① 观赏树形、姿态的树种有：塔松、雪松、南洋杉、榕树、鸡蛋花等。

② 观赏巨大树冠，有庇荫效果的树种有：榕树、香樟、悬铃木、枫香、七叶树、银杏、木棉、凤凰木等。

③ 观赏花、叶色彩的树种有：凤凰木、木棉、玉兰、大花紫薇、樱花、合欢、海棠、银杏、鹅掌楸、枫树、水杉、金钱松、落叶松等。

4）构图原则

植物配置常遵循“三角形”构图法（图 7-10）。从美学意义上讲，三株树的配置被认为是自然式栽植的基本单元。一般三株树的栽植点可以组成一个不等边三角形，称之为“三角形”构图法。四株及以上的栽植点也遵从同样做法。树林种植讲究大小“配合”，不宜“成排成行”，形式要有变化，虚实穿插，讲究植物的类型、树种配合，平面上疏密相间，疏中有密，密中求疏；总体上前后错落，大小穿插，在景观上形成丰富的天际线及空间效果。

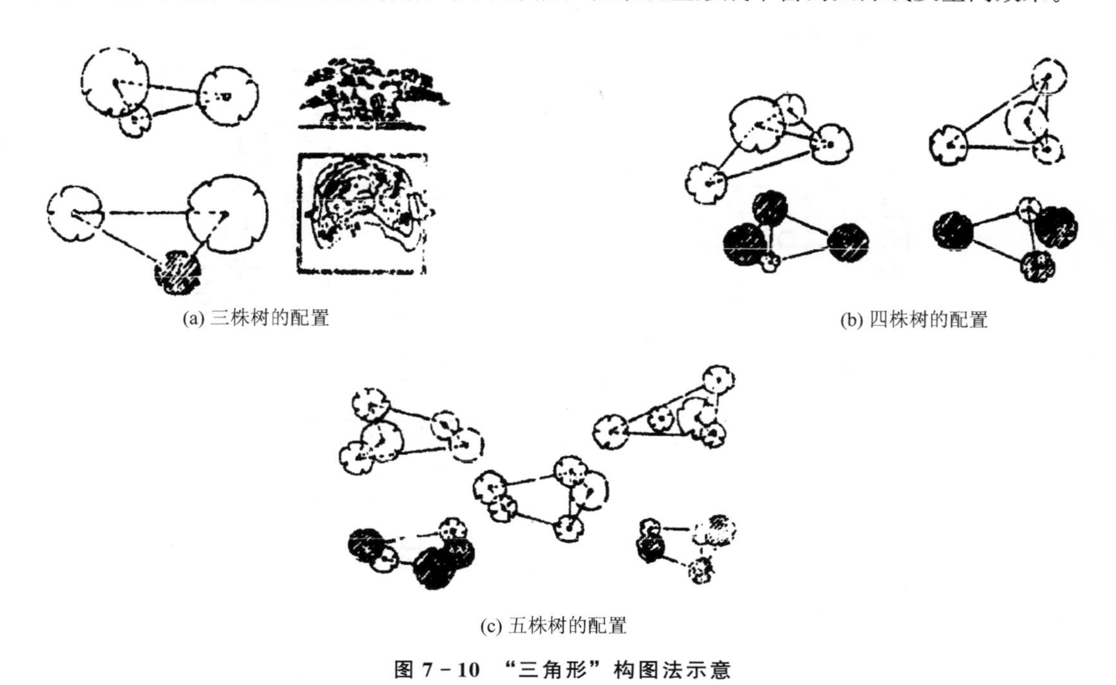

(a) 三株树的配置

(b) 四株树的配置

(c) 五株树的配置

图7－10 “三角形”构图法示意

7.3 案例分析

7.3.1 【例7－1】场地绿化设计

1. 任务书

某基地南邻城市道路，内有一幢办公楼，一处垃圾点和一个停车场，相关条件如图7－11所示。

要求使用给定的植物种类，进行绿化布置，满足下列功能和景观上的要求。

(1) 创造街道景观，并限定人行道空间。

(2) 减少冬季风对建筑的影响。

(3) 丰富建筑南立面的景观效果。

(4) 使人流从给定的步行道进入建筑。

(5) 将场地围合起来。

(6) 将垃圾点掩藏起来。

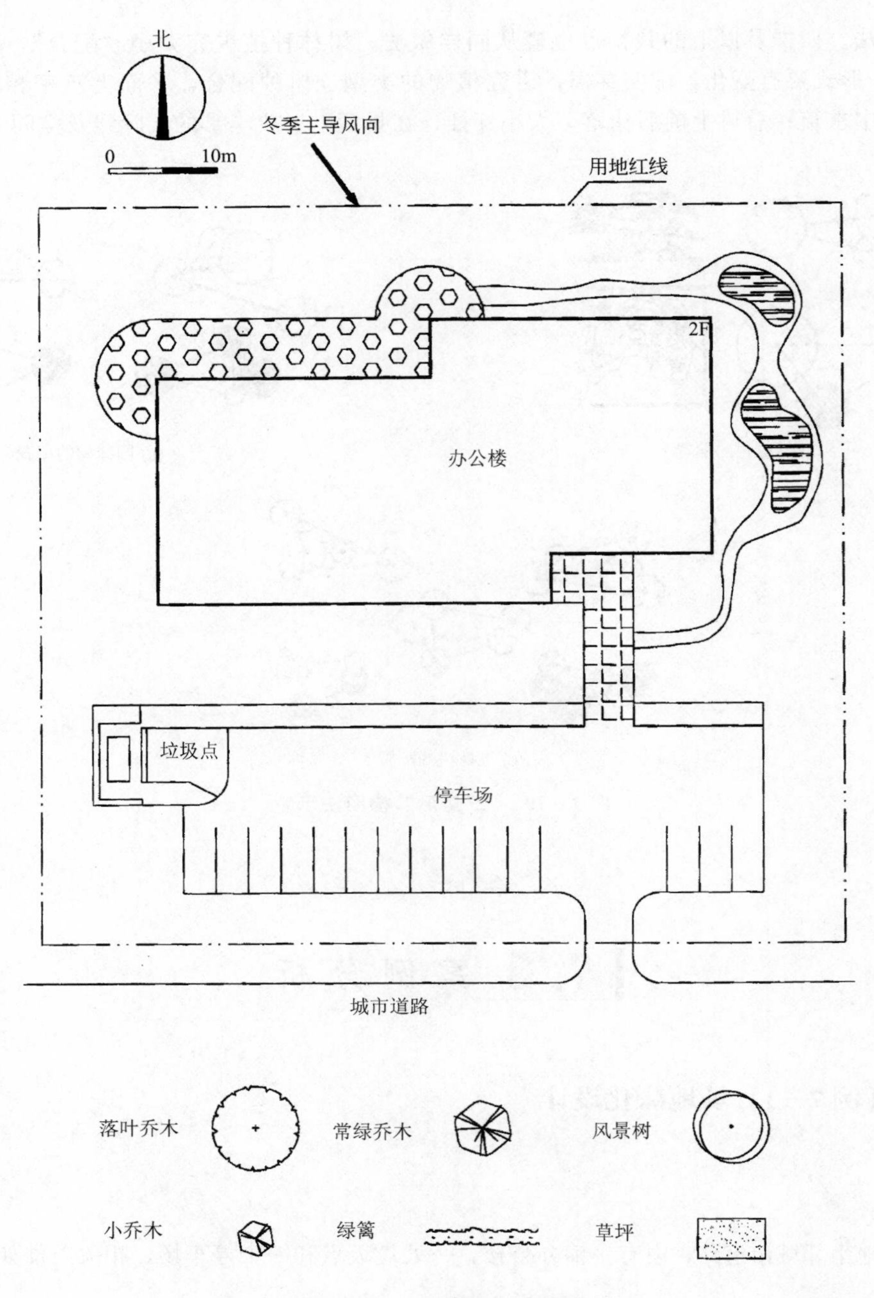

图 7-11　场地绿化地形图

2. 解题分析

1）用地红线附近

沿用地红线的南侧和东南侧种植落叶乔木，既丰富街道景观、分隔空间，又可为停车场遮阴，其株距取为 5.0m，距停车场路边 1.0m；沿用地红线的西北侧种植常绿乔木林，起屏障作用，减少冬季主导风向对建筑物的影响。

2）办公楼南侧和东侧

《工业企业总平面设计规范》（GB 50187—2012）第 9.2.15 条规定：建筑物外墙有窗时，至乔木中心的最小间距为 3.0～5.0m。本设计中办公楼四周树木与建筑物的间距取为 5.0m。办公楼前和东北角绿地内种植风景树，美化环境，丰富建筑立面效果。

3）遮挡视线

在垃圾点西侧种植小乔木分割空间，遮挡视线。

4）限定活动范围

沿办公楼入口两侧种植绿篱，限定人们流动范围并使建筑内部不受干扰。

本设计的绿化布置如图 7－12 所示。

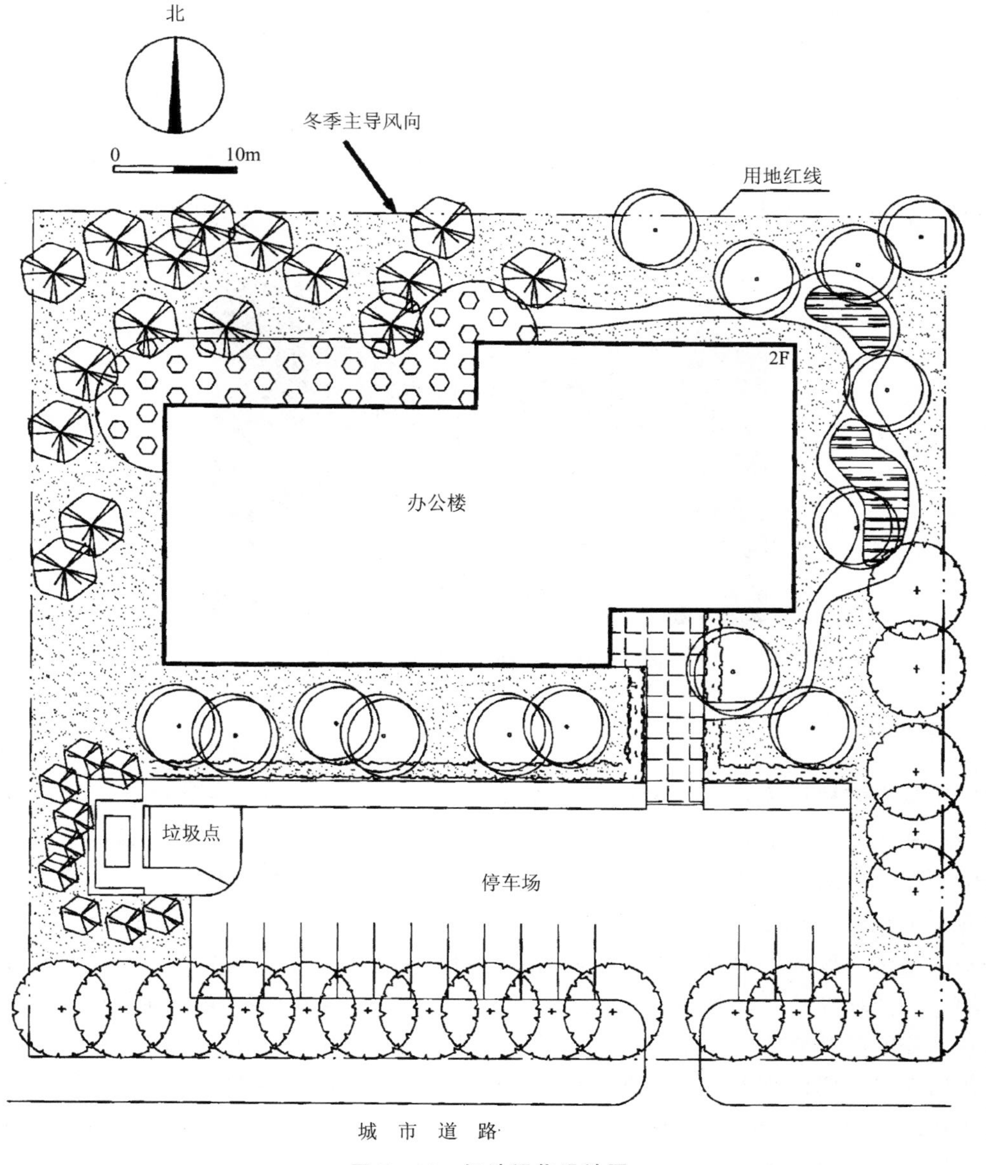

图 7－12 场地绿化设计图

7.3.2 【例7-2】西班牙毕尔巴鄂Indautxu广场改造项目

1. 项目概况

西班牙毕尔巴鄂Indautxu广场联系着19世纪老城El Ensanche与新毕尔巴鄂城、狄乌斯托大学、古根海姆博物馆以及Nervión河。广场可以看成一个容纳各种元素的要点，并被美术馆、历史悠久的住宅楼、大学建筑，还有各名家设计的商场、酒店、摩天楼等建筑所包围。Indautxu广场占地10000m^2，它的改造由JAAM sociedad de arquitectura建筑事务所负责，他们的设计是从广场设计竞赛中脱颖而出的最佳方案。设计师试图对这片已经与现有城市空间脱轨的场地进行整合，使之重新融入城市环境之中，并且希望通过富有特色的设计语言，创造出属于这片场地的个性十足的标志性景观。绿树成荫，开放流通的边界支持人们沿边闲坐。中心的三个口袋公园特色迥异，适合各种休闲。广场一部分的下方是地下停车场。因为造价减少，设计取消了原有的喷泉，更繁多的植被和某些材料。Indautxu广场改造项目于2011年5月完成。如图7-13所示为Indautxu广场总体效果。

图7-13 Indautxu广场总体效果

2. 功能空间

广场具有多种用途，因此设计了两处风格迥异的功能空间。一处是为大型事件、集会、舞蹈和展览等设定的主空间，适合进行社交活动，为人们创造彼此邂逅的机会。另一处是围绕在主空间周围的安静空间，适合市民进行散步、读书以及休憩、冥想等活动。

为了创造一个适于大型活动的空间，设计师在广场中心区做了一个的直径40m的圆环，并用半透明玻璃廊架包围。在圆环内的空间可举行工艺品博览会、书展、美食展等大型活动。在圆环外的广场空间，模拟中心广场设计了许多大小各异的圆形花坛。严格来说，它们并不是开放空间，而是一处被植物占据的步行空间。这些花坛分散在广场四周，每个花坛都以一棵树为中心，形成了一处安静的地带。人们可以在里面坐落休息，欣赏花树。在花坛之间，设计师创造了许多景色优美的小路，人们可以漫步其中，或者通过小路从任何的方位穿越广场。

3．交通组织

在本项目中，原有的横穿广场的两条道路也被改建成了专门的人行通道，还有一条道路只允许公共交通通行。同时，广场范围向四周拓展，使得广场周边的人行道也成了它的一部分。广场中心流畅的路径汇聚了来自四面八方的动能。

如何使得游客可以从各个方向穿越广场，这也是一个影响项目设计的关键因素。广场内外有超过 3m 的高差，设计师不想用台阶或坡道来打断人行路，最后决定将广场建成一个大缓坡，来克服高差并保证其易用性和可达性。在广场上，根据实际环境设计了不同的设施，包括商场和地下停车场的通风设备、新的入口、电梯、扶梯、无障碍通道、车辆进入的坡道、公共卫生间等。

4．景观设计

为了使广场具有统一性，项目的各部分采用了相同的材料，包括玻璃、木材、石材等；以及相同的倾斜角造型——这与当地最独特、最具参考性的圣母卡门建筑形式相呼应，是现今城市建筑氛围下独特而具有现代气息的代表。

在植物景观配置上，设计师沿着广场的中央圆环栽种了枫树、枫香、桦树等落叶树种，外围则种植了一些常绿树种。落叶乔木随着季节的变化变换着色彩，使广场季相分明。图 7－14 所示为广场落叶树与常绿树的搭配。

广场上的灯具造型突出，形状有些像叶子，成为广场上不可忽略的主要元素。围绕中心大圈玻璃廊的是 10m 高的灯具，它们为中心的大型事件和活动提供照明。第二圈布置了 8m 高的灯具，最外圈布置了 6m 高的灯具，这两圈灯具主要负责广场外围的照明。第一圈层的灯光是整个广场的主导光源，剩下的灯光都散布在四周。如图 7－15 所示为广场灯光效果。

图 7－14　落叶树与常绿树搭配

图 7－15　广场灯光效果

7.3.3 【例7－3】加拿大加蒂诺城市草原改造项目

1. 项目概况

加蒂诺城市草原位于加拿大魁北克省加蒂诺市，占地 $2600m^2$，由 Claude Cormier、Sophie Beaudoin、Marc Hallé、Luu Thuy Nguyen 团队设计。本项目建设于 2010 年 6 月，耗资 210 万美元。

图 7－16　加蒂诺城市草原项目环境示意

长久以来，这一城市区域非常荒凉，无法吸引游客的到来。为了对这样的环境进行改善，设计师开始着手对这里进行重新设计，将城市草原这一理念引入环境当中，不仅创造出一个微型生态系统，增加了物种的多样性、减少了热岛效应，同时也提高了城市空气质量。加蒂诺城市草原改造项目为这一城市空间带来了生气和活力。图 7－16 所示为加蒂诺城市草原项目环境示意。

2. 景观设计

图 7－17 所示为加蒂诺城市草原平面图。这一城市草原地形通过点缀在广场上的小山丘勾勒出来，蜿蜒的小径更是将草原地形勾勒得惟妙惟肖，与广场附近博物馆弯曲的结构形成呼应，同时也与平缓波浪起伏的草原景观相协调。铺设道路使用的花岗岩石块簇拥在一起，突出了缓缓升起的高地。简而言之，通过一系列改造吸引公众，同时又不影响该区域美丽的自然景观。图 7－18～图 7－20 为加蒂诺城市草原植物景观。

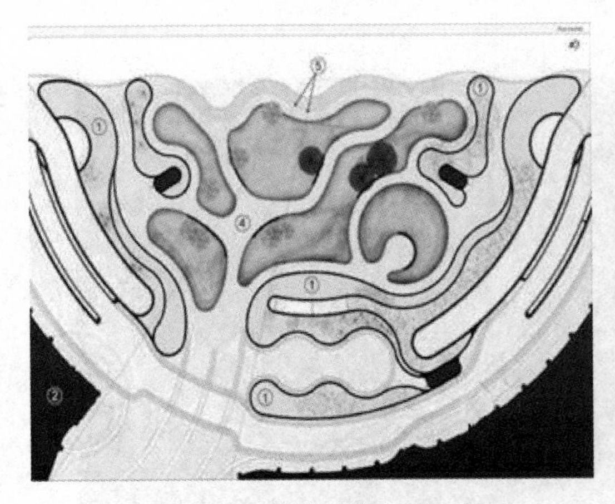

图 7－17　加蒂诺城市草原平面图

图 7－18　加蒂诺城市草原植物景观之一

图7-19 加蒂诺城市草原植物景观之二

图7-20 加蒂诺城市草原植物景观之三

本章小结

通过本章学习，建立对场地内景观设计的认识，熟悉并掌握与场地景观设计相关的最新规范和设计标准，在进行场地景观设计时能充分利用场地中的各种因素，进行地形、水体、园林建筑及小品，以及植物等相关设计。

思考题

1. 场地景观设计通常要遵循哪几个原则？
2. 场地景观的规划布局有哪几种方式？
3. 场地景观设计包含哪些内容？景观中的水体有哪些形态？
4. 景观设计中植物配置的构图法则是什么？

第8章

典型公共建筑场地设计及案例分析

教学目标

本章主要讲述几类典型公共建筑的场地设计，熟悉场地设计分析的程序与方法，学习公共建筑场地设计的基本原则及设计手法。通过本章学习，应达到以下目标：

(1) 了解典型场地设计的原则；

(2) 熟悉典型场地设计的具体内容；

(3) 通过场地的案例分析，掌握场地设计的程序、内容和方法。

教学要求

知识要点	能力要求	相关知识
设计目的及要求	(1) 学习比较典型场地设计的总体布局的原则和要求 (2) 掌握场地设计案例的综合分析的方法	前述各章节相关知识
典型场地设计内容	(1) 幼儿园案例 (2) 旅馆案例 (3) 博物馆案例 (4) 高层写字楼案例 (5) 文化馆建筑案例	(1) 理解场地内不同功能布局方式的适用情况 (2) 掌握比较典型建筑场地用地划分、功能布局、交通组织及景观等方面设计的要求
案例分析	(1) 了解比较典型的场地设计，分析它们不同的特点 (2) 通过案例分析，掌握设计程序及方法	(1) 熟悉场地设计的方案构思及相关规范 (2) 学习场地分析的方法和表达

基本概念

场地设计、建筑布局、交通组织、景观布置、案例分析。

引言

在前述各章节对于场地的调研及前期分析、总体策划、建筑布局、场地详细阶段设计等方面进行了学习，在本章梳理与总结了几种典型公共建筑类型在用地划分、功能布局、交通组织及绿化与景观等方面的分析要点，力求通过归纳整理及案例分析，加深对场地设计构思及方案研究，掌握场地设计手法以及相关知识点的理解与综合运用。

8.1 幼儿园建筑场地设计及案例分析

8.1.1 幼儿园场地设计

1. 用地划分

在幼儿园总体环境设计时首先要进行用地划分，即将用地根据各部分使用功能的不同加以分区，根据的使用要求，幼儿园用地主要分以下四部分功能。

(1) 建筑用地：包括幼儿生活用房、服务用房、供应用房三个部分。

(2) 游戏场地：包括幼儿游戏场、戏水池、砂池、小动物房舍等。

(3) 杂物用地：包括晒衣场、杂物院、燃料堆场、垃圾箱等。

(4) 绿化用地：包括庭院、植物角等。

2. 功能布局

幼儿园总平面布局形式一般分为集中式及分散式两种。

(1) 集中式。即将幼儿园建筑的三大组成部分：生活用房、服务用房及供应用房组合在一起，根据各自的功能要求确定其相对位置，班组游戏场地及公共活动场地也相应集中设置。

(2) 分散式。即将幼儿园的生活用房、服务用房及供应用房分散布置，由于规模及用地条件不同，分散布局的程度也不同，一般将幼儿使用部分与成人使用部分分开设置在两栋楼内（将幼儿生活用房与服务用房及供应用房分开设置），场地也有不同程度的分散。

3. 交通组织

1) 出入口设置

(1) 主要出入口，满足幼儿接送时间集中和晨检等要求，主要出入口应留有一定面积形成一个入口部分，创造良好的等候、休息及疏导人流的集散空间。主要出入口应与建筑物入口有较直接的联系，并注意人流与车流在大门入口处的分流，避免交叉、迂回。

(2) 次出入口应与主要出入口分开设置，和厨房、杂务院邻接，并与街道有方便的联系。

2) 道路类型

幼儿园院内道路从功能上分有交通联系用道路和幼儿游戏、活动用道路两类。

(1) 交通联系用道路：是联系幼儿园各组成部分的主要通道，也是幼儿园内的车行路，沿建筑物四周的道路可兼作消防通道用。

(2) 幼儿游戏、活动用道路：主要供幼儿游戏、活动及联系各活动场地的通道，如幼儿骑自行车、散步、嬉戏游玩等活动的通道或庭园小径等。

3) 道路的组织

(1) 交通通道应便捷并避免迂回，路宽不应小于3.5m。

(2) 幼儿游戏、活动用路宜曲折、幽静，与用地地形相适应，路宽一般为1.5～2m。

4. 绿化与景观

绿化、景观是户外环境中的主体，是塑造幼儿园充满自然、艺术情趣的重要因素。

1）幼儿园景观设计的一般原则

功能简明，尺度体量小巧；形象应生动、富有活力及想象力；色彩应鲜明。

幼儿园景观设计除植物绿化外，还主要包括幼儿园标志物、围墙、水池、花坛、花架、坐凳椅、亭、廊、雕塑、微地形等景观小品及道路、广场的铺装设计等。

2）幼儿园景观设计的设置

幼儿园景观设计除植物绿化外，还主要包括幼儿园标志物、围墙、水池、花坛、花架、坐凳椅、亭、廊、雕塑、微地形等景观小品及道路、广场的铺装设计等。

8.1.2 案例分析

1. 项目背景（图 8-1）

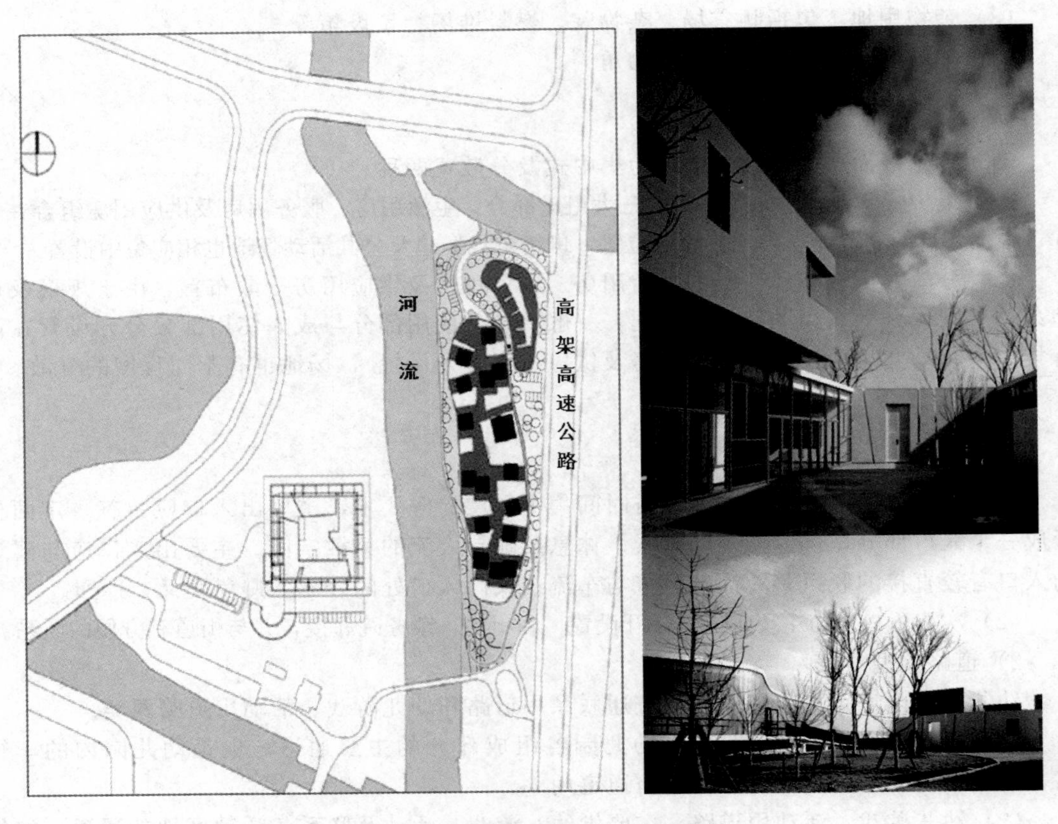

图 8-1 幼儿园总平面布置及场景图

夏雨幼儿园位于上海青浦新城区，建于 2004 年，建筑层数 2 层，建筑面积 6328m^2。在幼儿园项目建设之前，这里几乎是一块荒地，甲方希望能通过幼儿园建筑上的表现力来提升新城区环境的吸引力，幼儿园场地离一条高架的高速公路仅 70m，有潜在的交通废气和噪声源，西侧及北侧为河流，有良好的景观资源，幼儿园设计通过建筑边界确立建筑的“内”“外”，采用了封闭的内向布局方式，强调“内”“外”有别的建筑空间环境。

2. 功能布局（图 8-2）

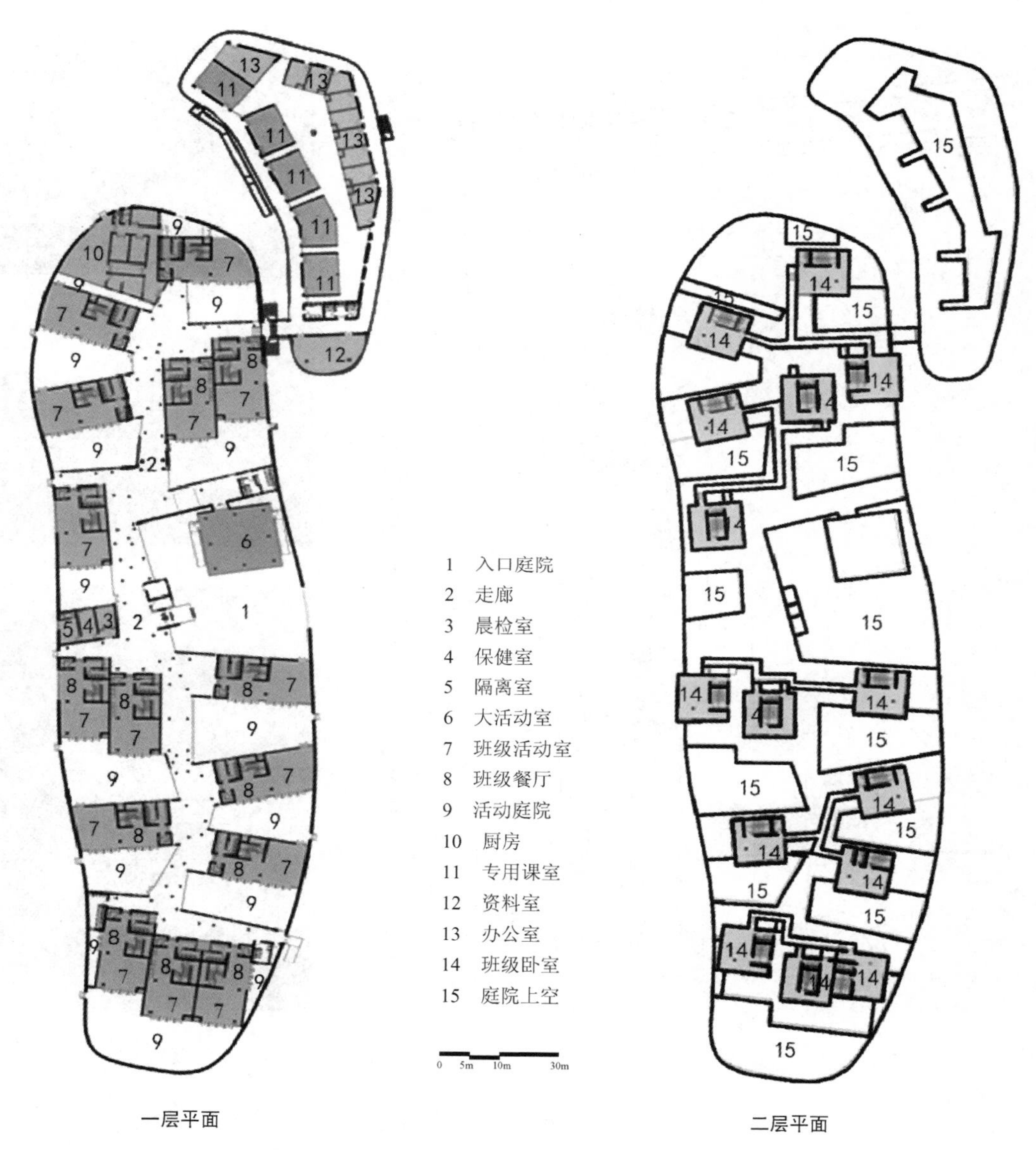

图 8-2 幼儿园功能布局图

方案设计利用幼儿园15个班级的活动单元群及教师办公群、专业教室单元群分别形成二个曲线围合的组团，每个班是一个活动单元，设计要求有活动室、餐厅、卧室和室外活动场地，在班级单元的设计上，活动室需要与户外活动场地相连而设置在首层，卧室则置于二层，每三个班级以架空的木栈道相连，营造出友好而亲切的幼儿园的环境氛围。幼儿园内部建筑空间借用了江南园林的空间布局特点，形成多个围合院落如：公共院落、班级院落、服务院落等。

3. 交通分析（图 8－3）

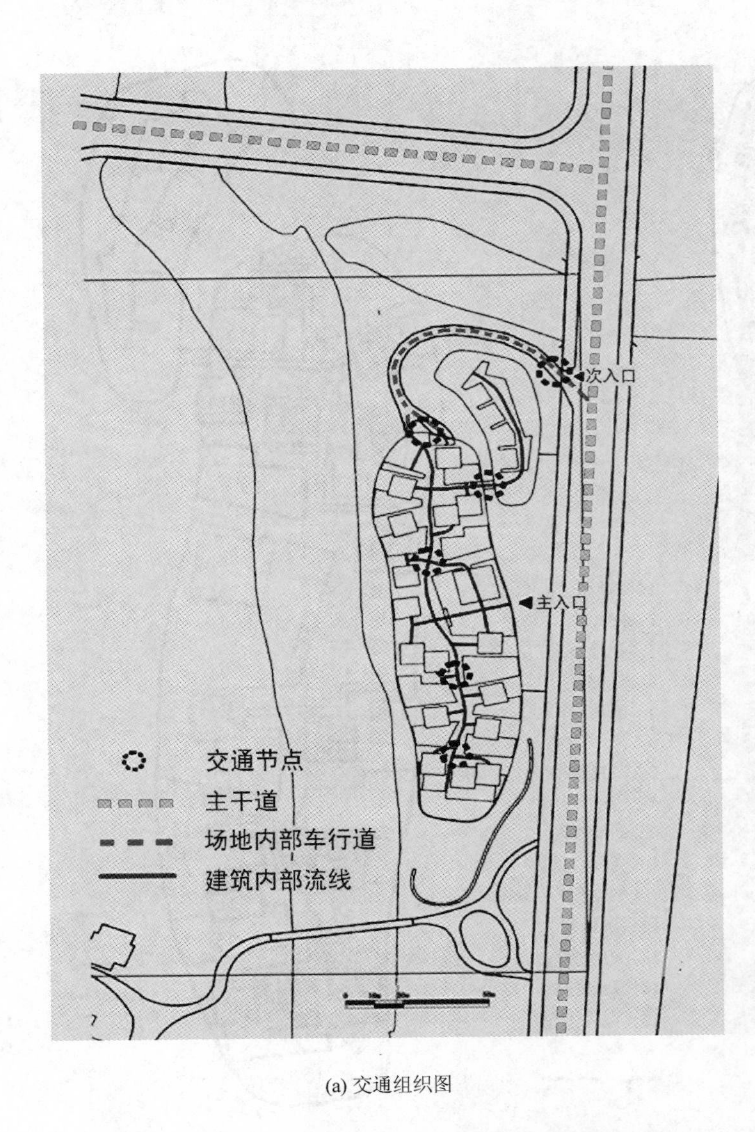

(a) 交通组织图

(b) 道路图1

(c) 道路图2

(d) 道路图3

图 8－3　幼儿园交通组织图

在夏雨幼儿园场地东侧是外部交通主干道，一条高架的高速公路，离场地仅 70 米，场地布局中的交通是通过前广场和一条尽端式道路与外部空间衔接。而在建筑内部，采用了游园式的路径组织，以一条弯曲蜿蜒的景园道路作为主要的交通骨架，各个班级依附在这个骨架上，从空间组成来看形成了具有城市特征的院落群体，在附楼里则形成“环形游廊”。

主入口设在中部形体凹部入口庭院内，便于人群聚集，次入口设在北侧端部，满足后勤等使用。

4. 绿化与景园布置（图 8-4）

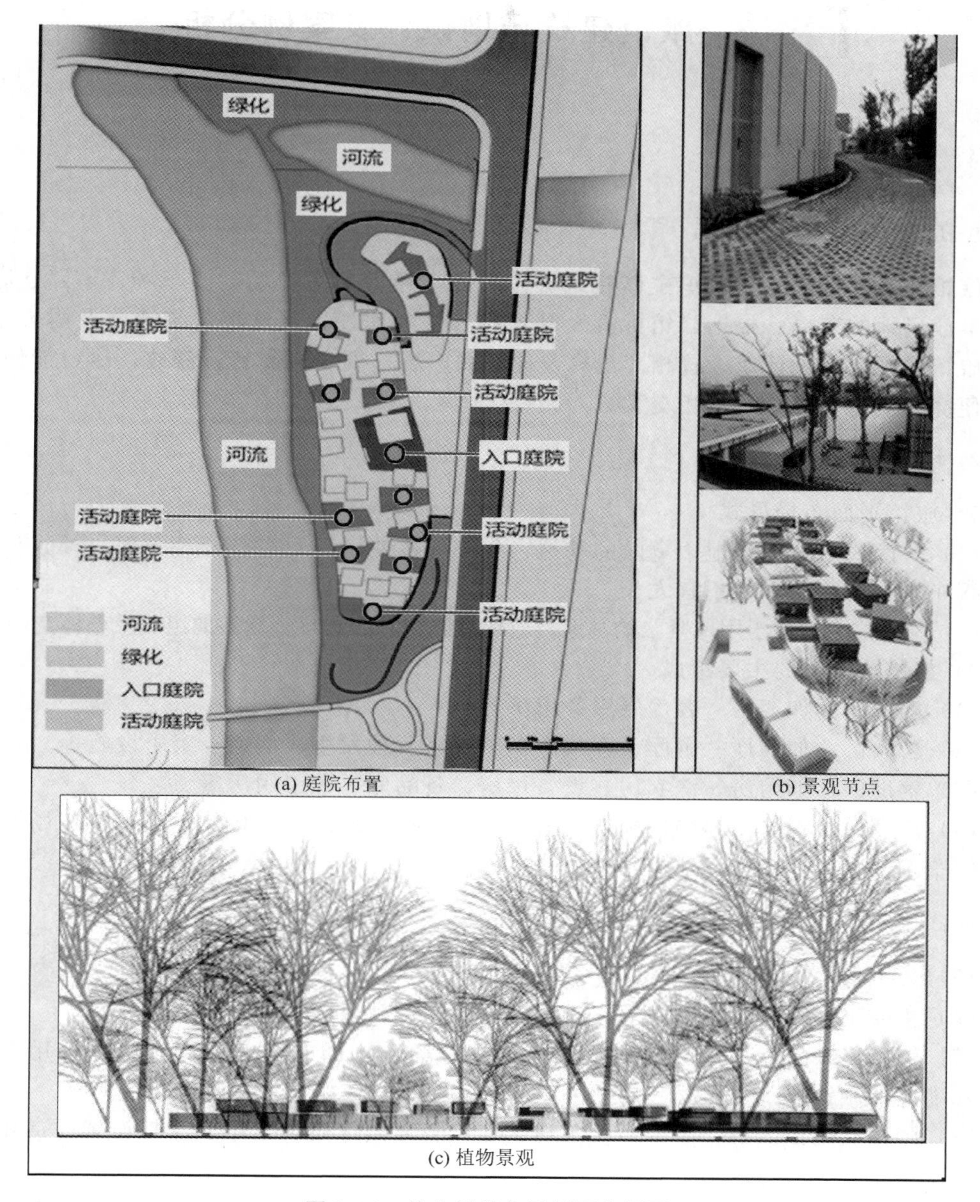

(a) 庭院布置

(b) 景观节点

(c) 植物景观

图 8-4　幼儿园绿化及景园布置图

夏雨幼儿园基地中移植了100棵8～10m高的榉木，散落在建筑的周围及各个庭院中，使得“乖巧”的幼儿园蜷缩在绿色的丛林中。建筑体量因点缀庭院的绿树而分散设置，建筑与绿树相得益彰，使建筑形象充满了生机和活力，同时，由于基地离高速公路很近，树林可以很好的隔离交通噪音及汽车尾气。

基地西侧及北侧是一条河流，湖面平静，环境优美，是可以利用的良好的景观面，幼儿园有多个庭院结合绿化布局，取得较好的景观效果。

8.2 旅馆建筑场地设计及案例分析

8.2.1 旅馆场地设计

1. 用地划分

旅馆建筑设计除合理组织主体建筑群位置外，还应考虑广场、停车场、道路、庭院、杂物堆放场地的布局。根据旅馆标准及基地条件，考虑设置网球场、游泳池及露天茶座。根据旅馆的规模，设计应设置相应规模及面积的广场，供车辆回转、停放，尽可能使车辆出入便捷，避免交通流线互相交叉。

2. 功能布局

1）旅馆平面布局形式

（1）分散式。适用用地于宽敞的基地，各部分按使用性质进行合理分区，建筑依据场地进行布局，道路及管线不宜太长。

（2）集中式。适用于用地紧张的基地，应注意停车场的布置、绿地的组织及整体空间效果。

2）旅馆功能区的主要组成

（1）客房区：如客房、客房层服务用房等。

（2）公共区：如门厅、餐厅、会议室、美容室、理发室、商店、康乐设施等。

（3）辅助区：如厨房、洗衣房、设备用房、备品库、职工用房等。

（4）广场区：根据旅馆的规模进行相应面积的广场设置，如旅馆大堂前广场及回车道、停车场、庭院、后勤场地等。

3. 交通组织

1）出入口设置

（1）主要出入口：位置应显著，可供旅客直达门厅。

（2）辅助出入口：用于出席宴会、会议及商场购物的非住宿旅客出入。适用于规模大、标准高的旅馆。

（3）团体旅馆出入口：为减少主入口人流，方便团体旅客集中到达而设置，适用于规模大的旅馆。

（4）职工出入口：宜设在职工工作及生活区域，用于旅馆职工上下班进出，位置宜隐蔽。

（5）货物出入口：用于旅馆货物出入，位置靠近物品仓库或堆放场所。应考虑食品与货物分开卸货。

（6）垃圾污物出口：位置要隐蔽，处于下风向。

2）道路类型及组织

（1）各类车辆的流线清晰，避免交叉，尽可能使车辆出入便捷、顺畅，应考虑回转、停放车辆的场地。

（2）旅馆出入口步行道设计：步行道系城市至旅馆门前的人行道，应与城市人行道相连，保证步行至旅馆的旅客安全。在旅馆出入口前适当放宽步行道，步行道不应穿过停车场、不应与车行道交叉。

（3）按照建筑防火规范要求，设置消防通道。

4. 绿化与景观

在旅馆总体布置中，统筹安排绿化用地，组织适当的庭院空间，对于净化和美化环境、降低城市噪声，为旅客提供良好的室外休息场所有明显作用。

1）景观及景观视线的利用

注意与周围环境景观的渗透、借景及利用景观轴线组织景观序列。

2）庭院布置

（1）周边庭院：设计中宜设置分布在旅馆建筑外围开敞布置的绿地，对减少城市噪声和视线干扰、美化街景、增加空间层次有良好作用。

（2）内庭院：结合建筑布局围合成半封闭或全封闭的内向庭院，具有闹中取静，为旅客就近提供富有自然情趣的室外休息空间并能改善其周围厅室的采光通风与景观条件。

（3）屋顶花园及露台：基地用地较紧张的多高层旅馆，可利用低层群房的平顶或退台布置成屋顶花园，组织绿化景观。

（4）室内绿化：是重要的装饰手段，能极大地丰富和活跃内部环境气氛，设置带玻璃顶的并具有人工气候环境的内部庭院（共享空间或中庭），已成为现代旅馆设计常用的手法。

8.2.2 案例分析（由广州汉森国际伯盛设计有限公司设计）

1. 项目背景（图8-5）

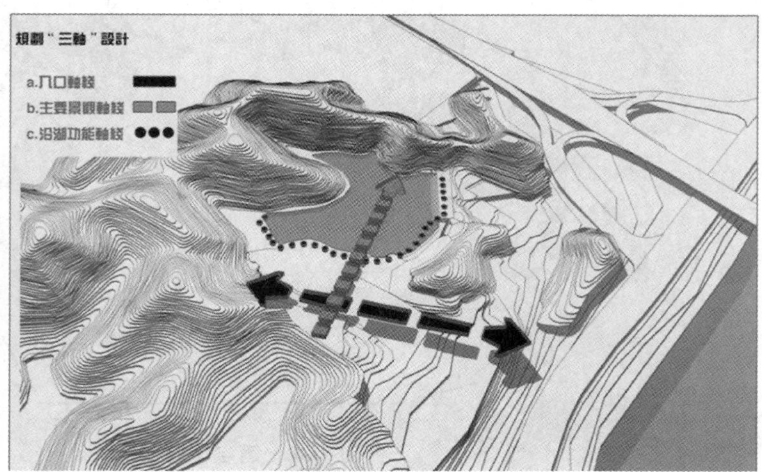

图8-5 酒店项目用地及规划设计图

佛山三水江南新区酒店项目拟建于佛山市三水区西南镇江南新区开发区，项目场地的北部是新区开发的重要区域，距市中心一江之隔，三水大桥引桥及沿江路开通后，交通将极为便捷、顺畅，场地周围环境优美，群山环抱，气候宜人，山水及绿色植被景观俱佳。

2. 功能布局（图 8-6）

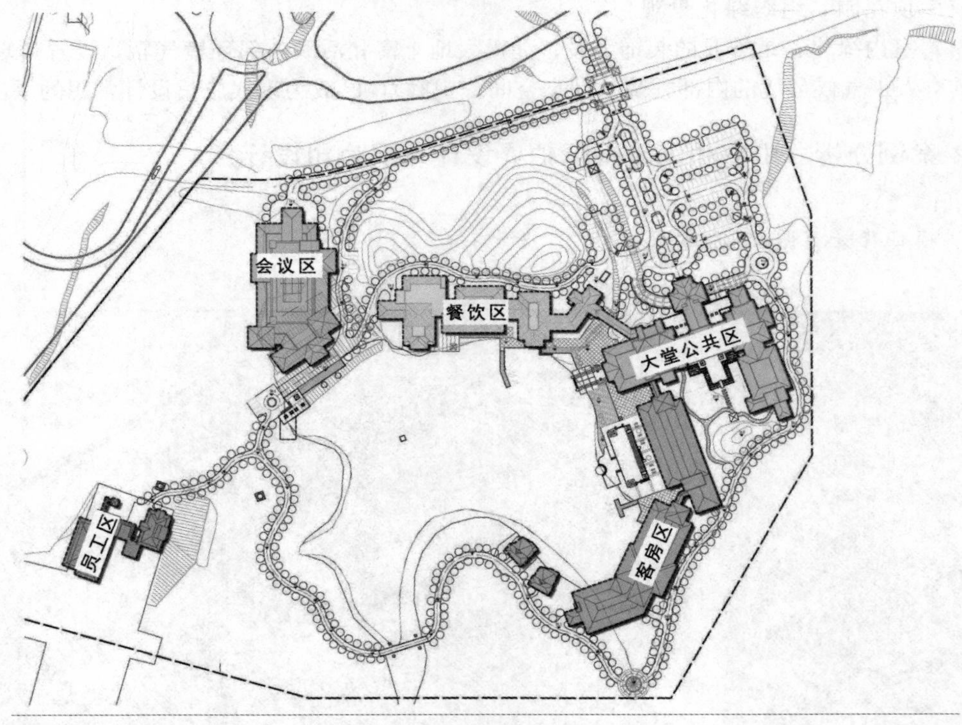

图 8-6　酒店功能布局图

酒店建筑功能分区明确，分别设置了大堂公共区、客房区、会议区、餐饮区及员工区等。大堂公共区以大堂为主，辅以休闲中心，从道路进入酒店场地以景观作为引导来组织空间序列。客房、餐饮、会议等建筑围绕湖景而设置，从建筑内有可远眺山景、湖景及人工景观节点。

3．交通分析（图 8－7）

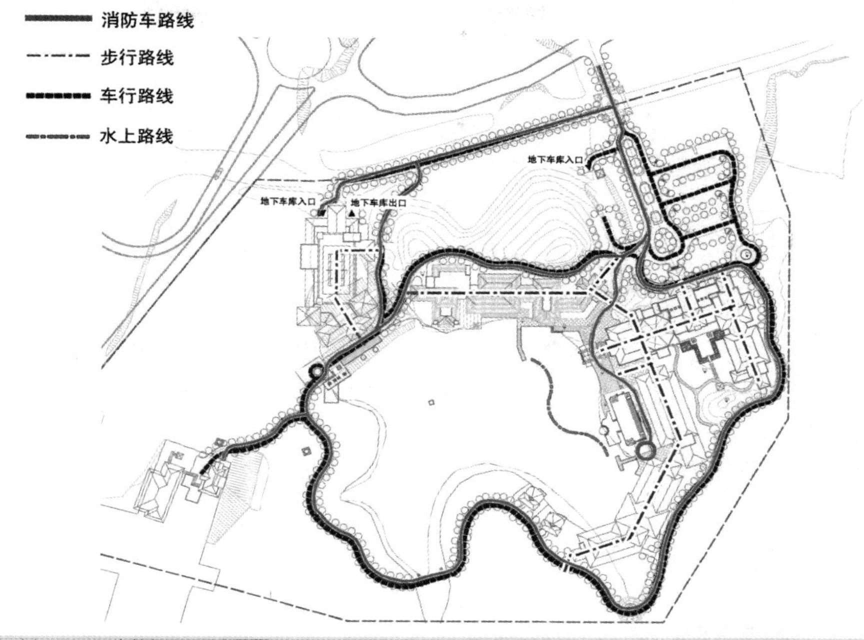

图 8－7　酒店交通流线及出入口分析图

沿酒店场地周边设置消防车通道，并兼主要的车行道，能到达主要使用功能建筑的各个出入口，场地交通组织便于酒店日常使用，步行道设置在建筑的内侧，并与景观连接，湖边设置了栈桥，驳岸供游客游玩。主入口设在场地东南侧的大堂处，便于旅客出入，会议、餐饮区分别设置了出入口，地下车库的出入口设在了主入口前区临近会议区一侧，便于停放。

4. 景观分析（图 8－8）

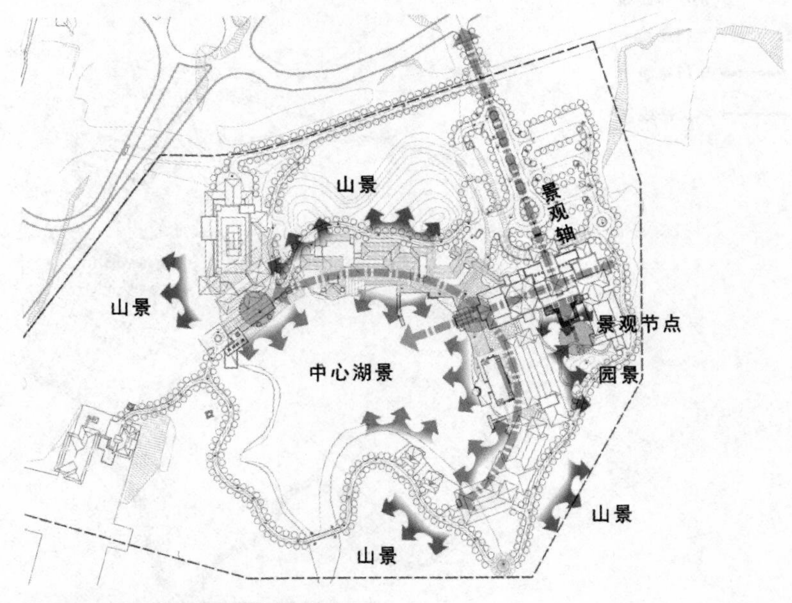

图 8－8 酒店绿化与景园分析图

通过调查与分析场地周边的景观资源，对场地的环境特色进行研究，保留起伏的山体及绿色植被，作为酒店的山景及绿化景观，设计了三条景观轴线，而以中心湖景做为酒店的中心主要景观，引导旅客从场地入口进入酒店，从酒店大堂望向湖面景观，围绕中心湖设置环湖景观轴线及景观步道，在景观轴线的交汇点设有景观节点，使酒店的景观更加丰富和具有层次，建筑形态设计呼应场地山势的起伏变化。

8.3 博物馆建筑场地设计及案例分析

8.3.1 博物馆场地设计

1. 用地划分

由于各类展览馆的性质、规模差别较大，建筑组成各自有所侧重。博物馆一般应包括下列基本组成部分。

（1）陈列区：包括基本陈列室、专题陈列室、临时展室、室外展场、陈列装具储藏室、进厅、报告厅、接待室、管理办公室、观众休息处及厕所等。

（2）藏品库区：包括藏品库房、藏品暂存库房、缓冲间；保管设备储藏室及制作室、管理办公室等。

（3）技术及办公用房：包括编目室、摄影室、薰蒸消毒室、实验室、修复工场、文物复制室、标本制作室、研究阅览室、管理办公室及行政库房等。

（4）观众服务设施：包括纪念品销售部、小卖部、小件寄存所、售票房、游乐室、停车场及卫生间等。

2. 总体布局与功能分区

（1）大、中型博物馆应全面规划，一次或分期建设，同时应独立建造。小型馆若与其他单位合建时，须满足馆的环境和使用功能要求，应自成一区，单独设置出入口。

（2）除得到当地规划部门的允许外，新建馆的基地覆盖率不宜大于40%，并有充分的空地和停车场地。

（3）博物馆内一般应有陈列区、藏品库区、技术及办公用房以及观众服务设施四个功能分区。

（4）功能分区应明确合理，使观众参观路线与藏品运送路线互不交叉，场地和道路布置应便于观众参观集散和藏品装卸运送。

（5）陈列区不宜超过四层。二层及二层以上的藏品库或陈列室要考虑垂直运输设备。

（6）藏品库应接近陈列室布置，藏品不宜通过露天运送或在运送过程中经历较大的温湿度变化。

（7）陈列室、藏品库、修复车间等部分用房宜南北向布置，避免西晒。

（8）如当陈列室、藏品库在地下室或半地下室时，必须有可靠的防潮和防水措施，配备机械通风装置。

（9）博物馆的建设在总体布局上应留有扩建的可能性。

3. 交通组织及主要组成部分的布置要点

博物馆内一般应有陈列区、藏品库区、技术及办公用房以及观众服务设施四个功能分区。

(1) 博物馆选址宜地点适中，交通便利。

(2) 陈列区应位于馆内显要部位，以便于展品运输及大量人流集散。

(3) 必须留有大片室外场地，以供展出、观众活动、临时存放易燃展品、停车及绿化的需要。

(4) 藏品库房区应贴邻展区以利运输，又要与之隔离，避免观众穿越。

(5) 大型观众服务设施应自成一体，与陈列区保持良好联系，设有单独出入口。

4. 绿化与景观

博物馆的外部环境与博物馆的功能实施有着重大关系，博物馆的服务及设施还要扩大到博物馆的庭院、停车场、室外展示场地等博物馆主体建筑周围的环境中。

8.3.2 案例分析

1. 项目背景（图 8-9）

图 8-9 博物馆项目说明及周围环境

2. 场地设计构思与布局（图 8-10）

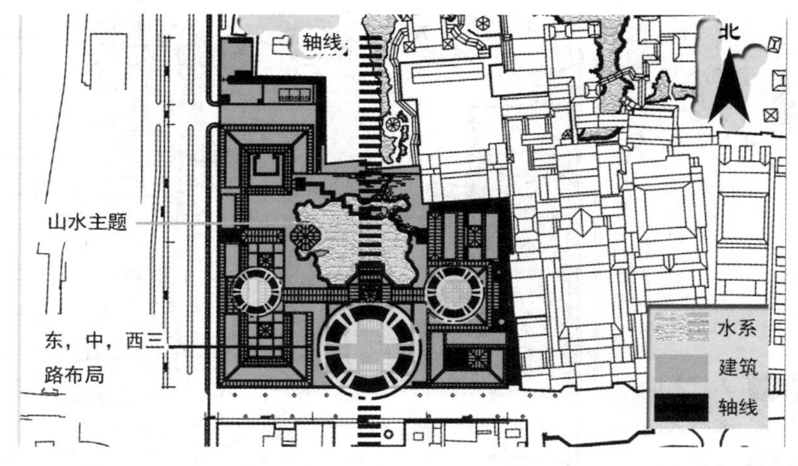

图 8-10 博物馆构思与布局图

博物馆设计结合苏州地域文化特色，尊重场地周边环境，按照“苏而新”的设计理念进行总体布局。主庭院以壁为纸，以石为绘，形成别具一格的山水景观，博物馆建筑置于院落之间，总平面轴线突出，建筑探索用现代设计手法来延续北面拙政园建筑风格。博物馆庭院设计基于对传统庭院的挖掘与提炼，为每个庭院花园寻求新的导向和主题，构成传统和现代完美结合的“山水画”。

3. 功能布局（图 8-11）

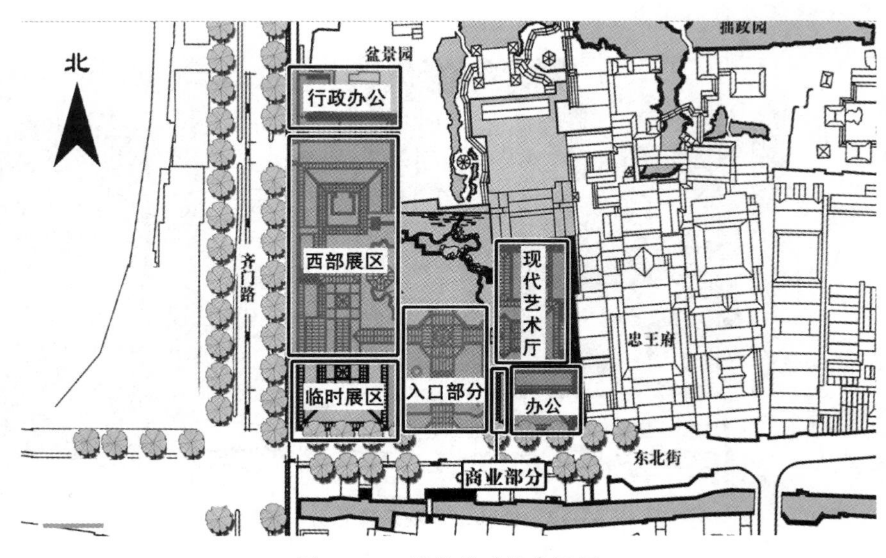

图 8-11 博物馆功能分区图

博物馆功能分区为三个部分，中心区为主要入口、大厅及主庭院，西部为主要的展馆区，东部为现代艺术厅、教育、茶水及行政办公等，东部还将成为与原有建筑忠王府连接的实际通道，忠王府修复后将被用作展示其丰富建筑遗产的展厅。

4. 交通分析（图 8-12）

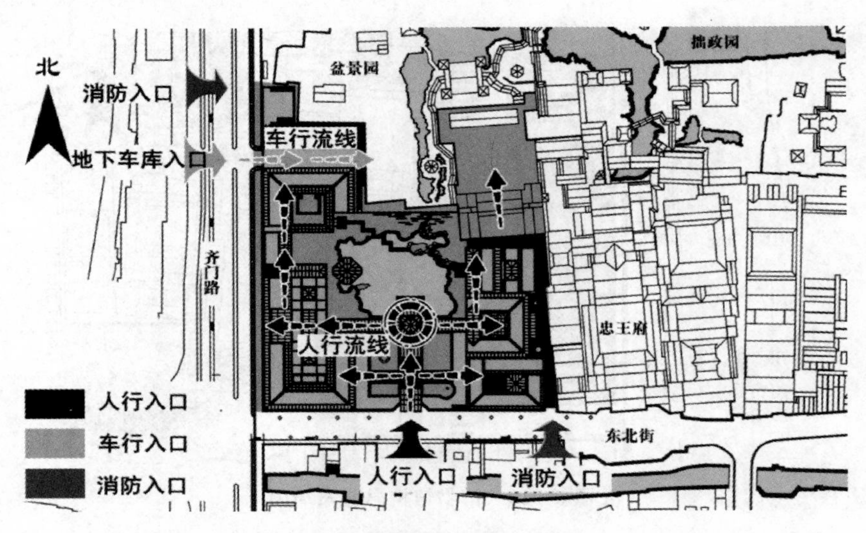

图 8-12 博物馆交通组织分析图

博物馆巧妙地运用了多种交通流线设计，总体布局以中央大厅为中心进行放射设计，而西部区域和东部区域各自进行围合布置。车行流线及消防车流线设置在场地外围，博物馆内部以人行为主，西部主展区的展览流线采用了串联＋通道式的交通流线的组合形式，做到人车分流，避免游客和工作人员流线交叉。主入口设置在南侧，便于人流出入，地下车库入口设在场地西侧，而消防车入口在南侧与西侧各设一个。

5. 景观及绿化分析（图 8-13）

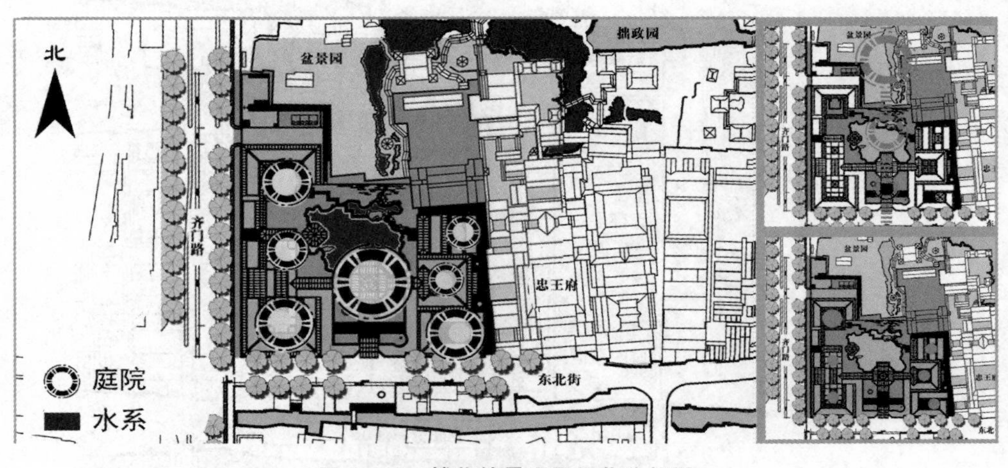

图 8-13 博物馆景观及绿化分析图

博物馆在绿化和景园布置上参考中国古典园林的设计手法，步移景异，新馆与原有拙政园的建筑及园林环境既浑然一体，相互借景、相互辉映，既符合历史建筑环境要求，又有其本身的独立性，以中轴线及庭园空间将两者结合起来，无论空间布局和城市机理都做到了恰到好处。

8.4 高层写字楼建筑场地设计及案例分析

8.4.1 高层写字楼场地设计

1. 用地划分

根据高层办公建筑标准及基地条件，除了建筑主体用地外，还应考虑广场、停车场、道路、庭院、设备等场地的用地布局。

2. 功能布局

1）办公楼的功能组成

办公楼功能主要包括办公、会议、商业、展览、办公服务、设备系统等，应根据使用功能不同，安排好主体建筑与附属建筑的关系，做到分区明确、布局合理、互不干扰办公建筑。主要功能区由办公区、公共区、服务区与附属裙房区等组成。

（1）办公区：专用办公室和出租办公室，专用办公室如设计、研究工作室等。

（2）公共区：一般包括会议室、接待室、陈列室、厕所、开水间等。

（3）服务区：包括一般性服务用房和技术性服务用房。

（4）附属裙房区：根据使用功能不同如：商业、会议、商业、展览等。

2）高层办公楼的主要建筑形式

（1）塔式：建筑平面长宽尺寸接近的高层建筑，其体形呈塔状，塔式建筑的各朝向均为长边，占地面积小且较集中紧凑，塔式建筑阴影面窄，遮挡面较集中等。

（2）板式：板式建筑的长度明显大于宽度，占地在一个方向较长，而另一个方向相对窄，板式建筑阴影较宽，遮挡面较宽等。

（3）混合式：上述二种集合。

3）高层建筑总平面布局的基本原则

（1）注意其所在地区的气候特征，尤其冬夏季的主导风向、日照要求。

（2）高层建筑的建筑间距、朝向、平面形状及对于节能的影响。

（3）高层建筑的布局涉及规划控制要求、建筑位置、场地条件、建筑类型等有较大关系，要严格控制交通安全距离、建筑退让和防火间距。

（4）高层建筑场地与外部交通的关系不仅仅是平面设计，还需要推敲建筑与场地的竖向关系。

（5）处理好建筑主体与附属设备等的关系。

3. 交通组织

1）高层写字楼外部空间交通组织

（1）高层写字楼与城市交通系统的衔接，通常有平面接口与立体接口两种形式。平面接口指利用地面层与高层写字楼进行交通连接，应注意场地外部交通的流向、道路形式、道路性质等因素。立体接口是指高层建筑与城市地面、地上、地下的交通连接，应注意与城市交通车行、步行系统连接，共同构成城市立体化的交通体系。

(2) 高层建筑出入口设置，应避免设置在城市主干道，尽可能布置在次干道上。必须在主干道设出入口时，应使出入口与城市主干道交叉口保持相当的距离，一般出口位置距交叉口不得小于 70m。

(3) 合理组织办公人员流线、商业及商务人员流线、管理人员流线、餐饮及后勤人员的流线等，减少场地中人流的交叉干扰，选择人流主要来向的街道面设置公共活动场地的出入口，后勤、服务场地应设在场地中相对隐蔽的一面。

(4) 停车场设置：合理确定停车场在高层区中的位置，密切与车流、人流的连接，以方便使用和管理。依据相应建筑的有关停车空间设置规范，保障足够的车辆停放容量。

2) 高层建筑基地内的交通流线组织

(1) 人流流线：办公人员流线、商业及商务人员流线、管理人员流线、来访者流线、餐饮及后勤人员的流线等。

(2) 上班人车流、外来者车流、货车及垃圾车流线。

(3) 消防车流线：消防环路流线和紧急情况下消防车需通达场地各处流线。

合理组织用地内交通运输的线路网络，做到人流、车流分开设置，互不交叉干扰。

4. 绿化与景观

办公建筑的绿化及景观应与方案规划设计同时进行，结合场地的建筑退让、竖向设计、道路（尺度、标高、截面）设计、出入口广场及节点空间形式设计，场地绿化与景观结合周围城市绿地、河流、人文等资源创造优化设计。

规划及设计应使办公楼的主要办公区域布置在景观朝向良好的方位，建筑入口广场、中庭及室内中庭或边庭注重景观的组织与引入，办公楼建筑总体设计应结合地形、地貌及建筑功能分区的需要布置室外休息场地、绿化、建筑小品等。

8.4.2 案例分析

1. 项目背景（图 8-14）

深圳百丽大夏位于深圳市南山区中心位置，西面为蔚蓝海岸高档住宅区，南面为南山附属中学，北面是规划建设中的南山区 CBD。百丽大夏建筑面积 35000m^2，用地 2763m^2，建筑高度 120 米，建设时间为 2010 年，主要功能为办公、商业购物、会议等高层综合办公楼。场地地势平整，周围交通便利。

2. 交通组织（图 8-15、图 8-16）

根据城市规划相关规定，将车行道出入口及人行出入口设置在场地的南北二侧，通过两个广场进行连接。方案设计力求做到人车分流，消防车道设置在场地四周，并形成环形回路，在首层平面设计中，建筑南面设置办公楼主要出入口及地下车库出入口，北面设置商业人流出入口，避免了人流交叉。

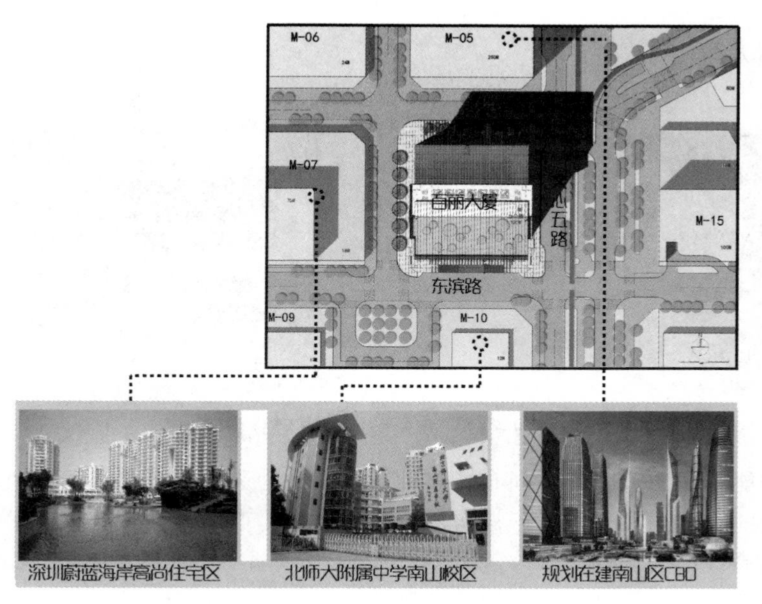

图 8-14 办公楼总平面及周围环境分析图

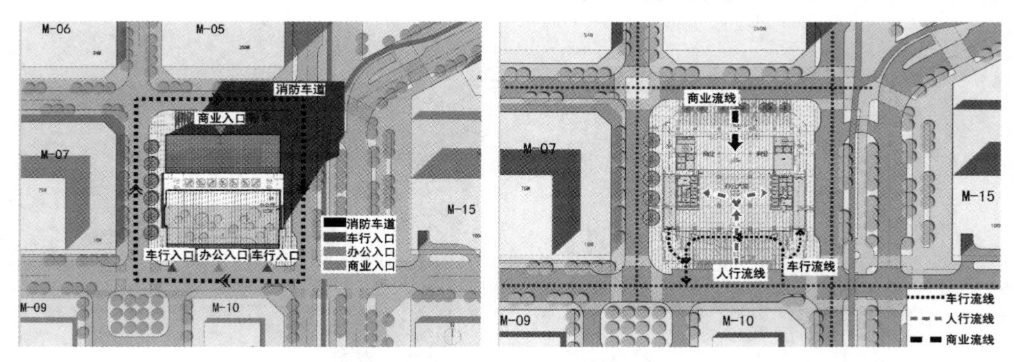

图 8-15 办公楼交通组织图

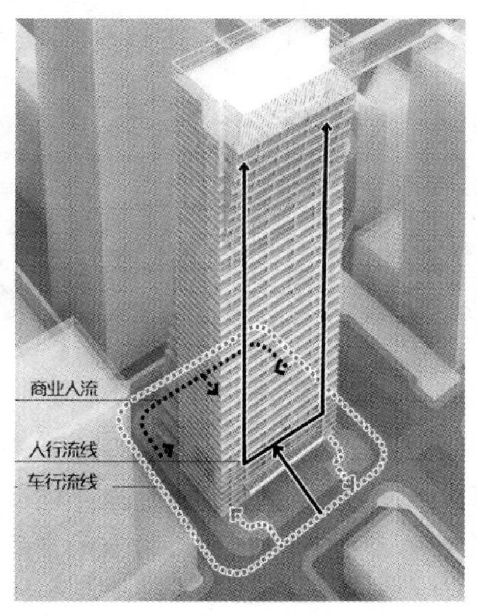

图 8-16 办公楼交通流线分析图

3. 功能布局（图 8－17）

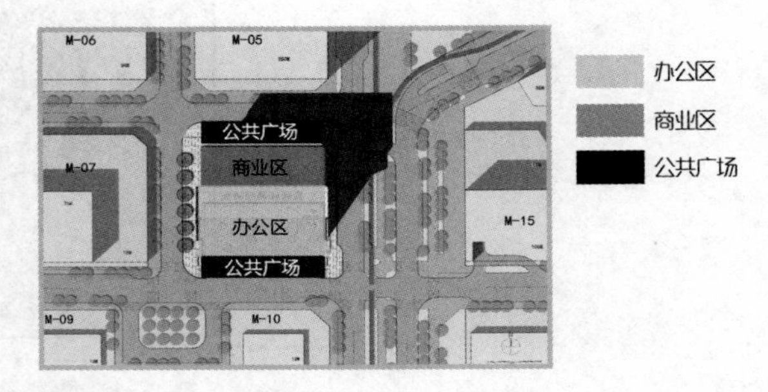

图 8－17　办公楼功能组织分析图

办公楼功能分区通过竖向空间布置多种业态，也为灵活划分提供可能性，注意使用分区，如可将商业、娱乐及餐饮置于裙房部分，标准层为商务办公或集团办公，也可以对外出租，顶部为高级办公区等。

4. 景观及绿化设计（图 8－18）

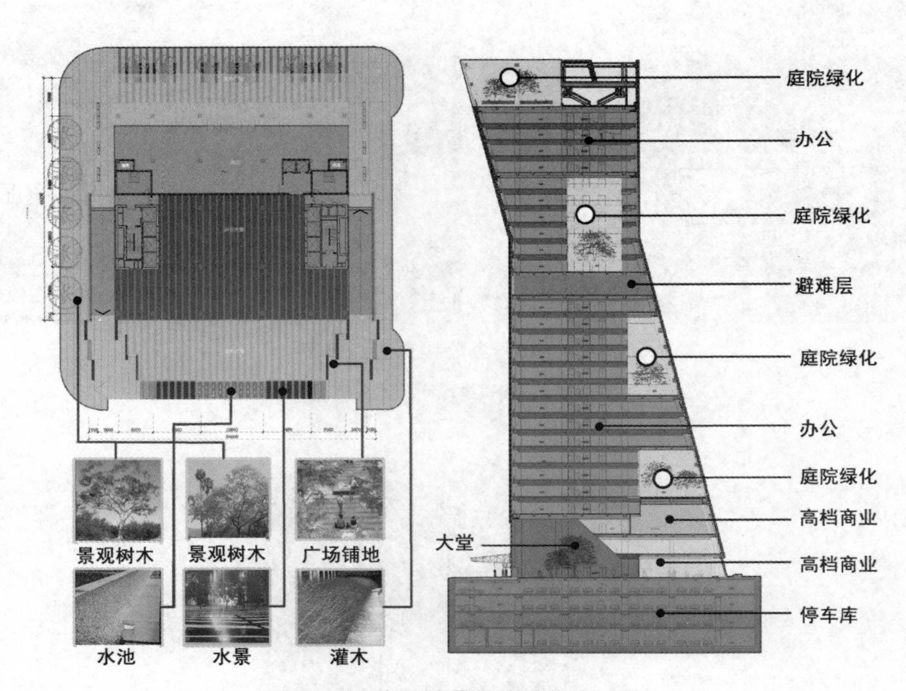

图 8－18　办公楼景园及绿化分析图

总平面规划设计通过绿植中的乔木、灌木、水池及水景来组织室外空间，首层及二层商业相对独立，设置商业广场，且尽量减少对办公建筑影响，通过水池及绿植对称布局有序地组织高层综合办公楼各个出入口。办公楼内部沿空间高度设置立体的绿化庭院，建筑顶部的屋顶设置花园以满足现代办公生态化要求。

8.5 文化馆建筑场地设计及案例分析

8.5.1 文化馆建筑场地设计

1. 用地划分

由于各类文化建筑的性质、规模差别较大，建筑组成各自有所侧重。文化馆建筑必然要同文化活动的内容相适应，设有宣传教育、文化娱乐、学习辅导等多种活动设施，其内容复杂，具有较强的综合性。

2. 功能布局及交通组织

1）文化馆的主要功能分区

（1）群众活动区：由观演用房、游艺用房、交谊用房、展览用房和阅览用房等组成。观演厅规模超过300座时，应符合剧场建筑和电影院建筑的有关规定。

（2）学习辅导区：由综合排练室、普通教室、大教室及美术书法教室等组成，除综合排练室外，均应布置在馆内安静区。

（3）专业工作区：由文艺、美术书法、音乐、舞蹈、戏曲、摄影、录音等工作室组成。

（4）行政管理区：由馆长室、办公室、文印打字室、会计室、接待室及值班室等组成，其位置应设于对外联系和对内管理方便的部位。

（5）附属用房：包括仓库、配电间、维修间等设备用房。

2）文化馆总平面布局的基本原则

（1）功能分区合理，对喧闹与安静的用房应有明确的分区和适当的分隔，除群众活动区和专业工作区联系比较弱，几个功能区之间联系较密切，注意闹静区分，大流量的流线避免干扰其他人流。

（2）在建筑组合及总平面布置时，建筑布局如果采用紧凑、集中的形式，则可以创造宽敞、丰富的室外空间；建筑布局如果采用分散式布置也是文化馆较好的组合形式，各用房之间有各自的区域、既有分区又有联系，以利于综合利用；当各厅室独立使用时，互不干扰，对人流量大且集散较为集中的用房，应有独立的对外出入口。

（3）文化馆内噪声大的观演厅、舞厅等建筑用房的布置应该离其他建筑有一定的距离，并应采取必要的防干扰措施。

（4）文化馆设置儿童、老年人专用的活动房间时，应布置在当地最佳朝向和出入安全、方便的地方，并分别设有适于儿童和老年人使用的卫生间。

（5）文化馆基地距医院、住宅及托幼等建筑较近时，馆内噪声较大的观演厅、排练室、游艺室等，应布置在与上述建筑有一定距离的适当位置，并采取必要的防干扰措施。

3. 交通组织

（1）根据使用要求，基地至少应设两个出口，当主要出入口紧临主要交通干道时，应按规划部门要求留出缓冲距离，妥善组织人流和车辆交通流线。

(2) 在基地内应设置机动车和自行车停放场地，并考虑设置画廊、橱窗等宣传设施。

4. 绿化与景观

文化馆庭院的设计，应结合地形、地貌及建筑功能分区的需要，布置室外休息场地、绿化、建筑小品等，以形成优美的室外空间。

8.5.2 案例分析

1. 项目背景（图 8-19）

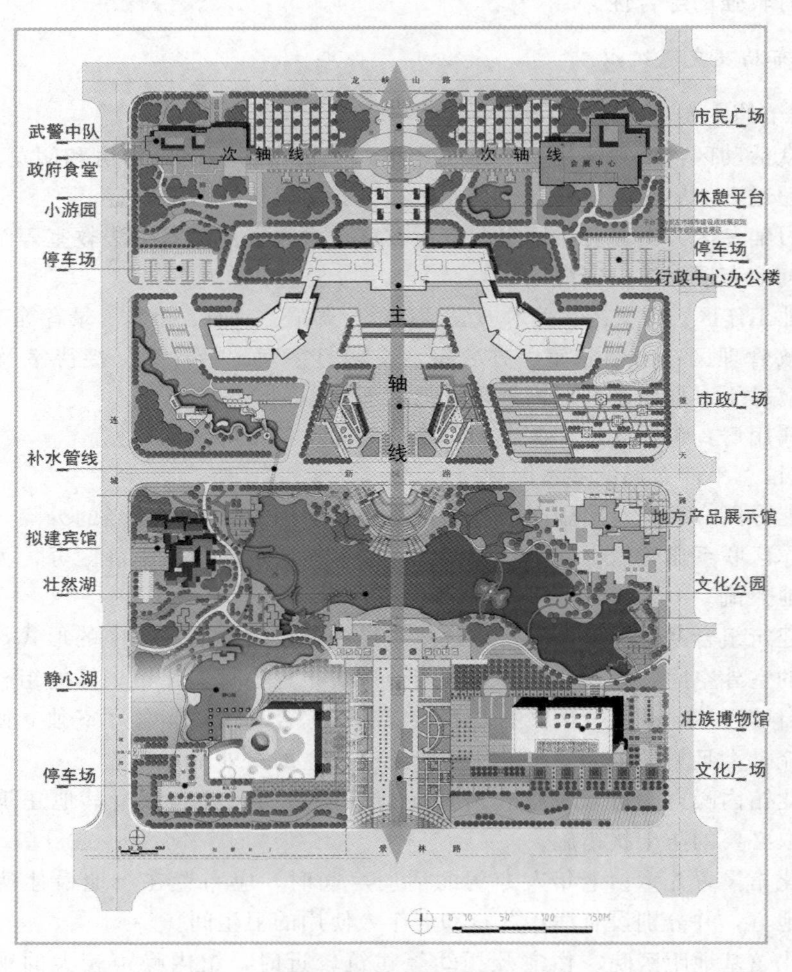

图 8-19 崇左市文化广场总体布置图

崇左市位于广西的西南部，山川秀丽，人杰地灵。文化艺术中心位于崇左市文化广场西南角，与在建的壮族博物馆共同位于文化广场的东西次轴上，场地西北侧与静心湖相邻。主要功能由群众艺术馆及图书馆组成，项目用地面积 2.5ha，总建筑面积约 $11000m^2$。

2. 方案设计构思（图 8－20）

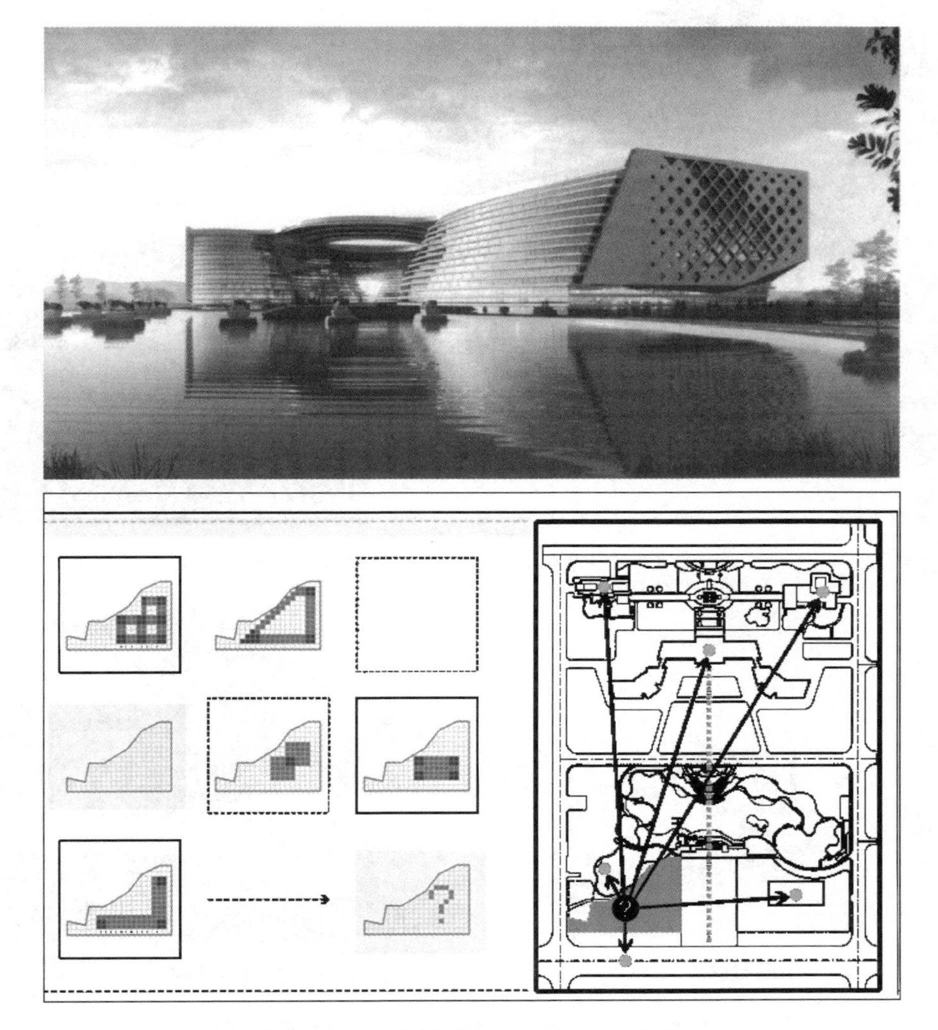

图 8－20 文化艺术中心设计构思分析图

方案设计理念从当地人文景观元素“锦绣、梯田”中进行的提炼，以城市与建筑的关系“城市中的景观，景观中的建筑”的角度切入，形态与空间巧妙结合，建筑以方形体量为基础，采用减法对方形体量进行切割处理，寻求与湖面形态自然衔接，方案凸显了建筑地域文化特质，同时，也将建筑的时代个性融入其中。文化艺术中心注重环境与建筑的结合，从与周边大环境的整体协调性出发，建立起“湖面——建筑——文化广场”三位一体的整体格局。

3. 用地划分、功能分区及景园绿化（图 8－21、图 8－22）

文化艺术中心分为艺术馆 A 区、艺术馆 B 区及图书馆三部分用地组成，三者之间以“梯田”形态相互咬接，并通过中间的文化广场等空间整合成一体。

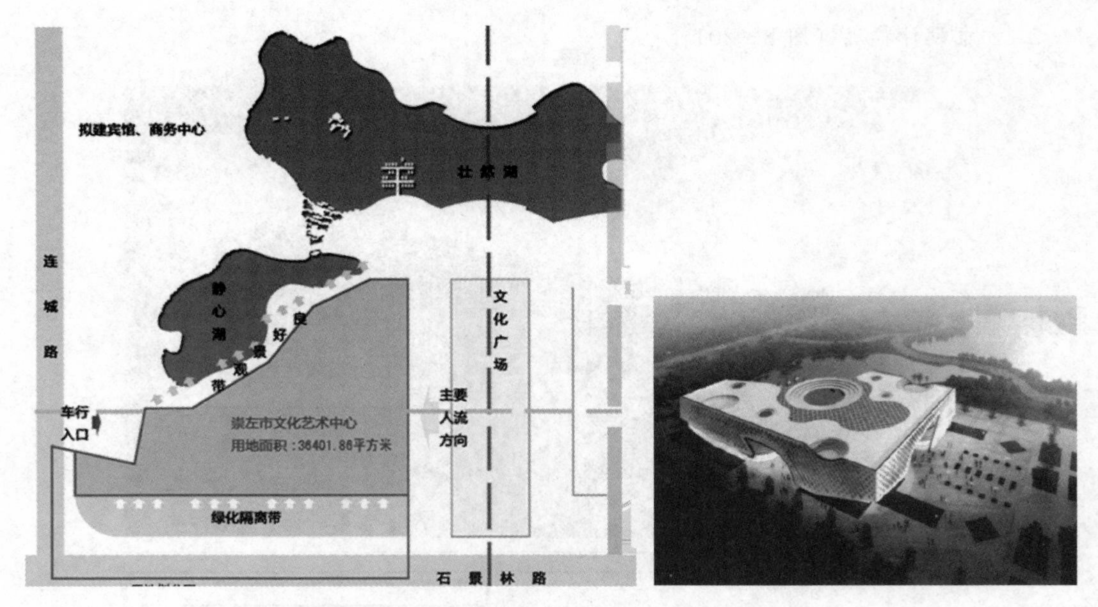

图 8－21　文化艺术中心用地划分及鸟瞰图

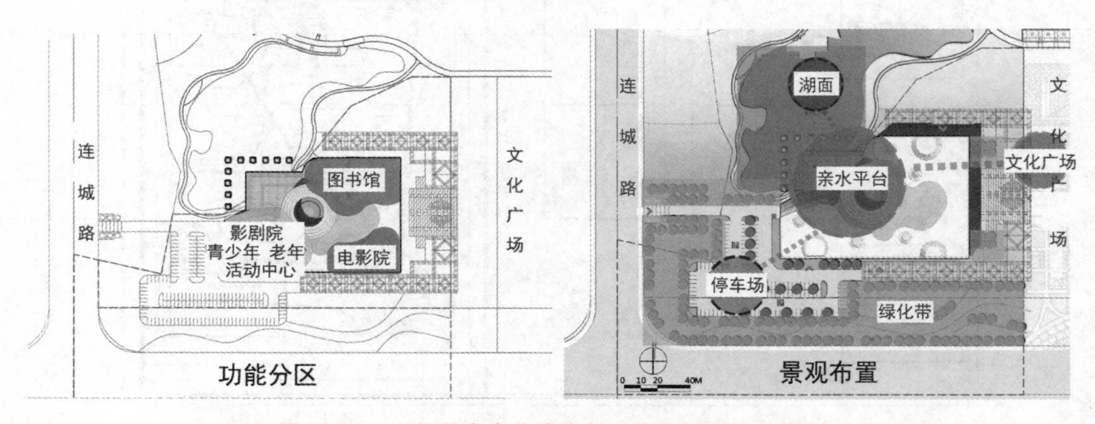

图 8－22　文化艺术中心功能分区及景园绿化分析图

艺术馆位于建筑的南侧，分为两部分：A 区由 600 人剧院组成，B 区由青少年活动中心、

老年活动中心、培训及歌舞排练厅等组成，图书馆位于建筑的北侧，动静有序。梯田式的建筑形态正面面对湖面，北侧开放的沿湖空间与沿湖景观体系连为一体，中心南侧布置绿化带，文化广场与建筑、壮然湖及东侧博物馆形成轴线关系，建筑内部的空间既成为文化广场与湖面的视觉通廊，与湖面形态自然衔接；同时也展现出壮乡梯田的美景。

4. 交通组织（图 8－23）

文化艺术中心人行主入口设在建筑东侧，正对文化广场，与东侧博物馆相对应，在文化艺术中心建筑南侧设置贵宾入口及次入口，方便场地南侧的人流使用。建筑北侧设计临湖广场，使文化艺术中心很好地与沿湖景观步道相接，形成建筑与湖、建筑与文化广场的

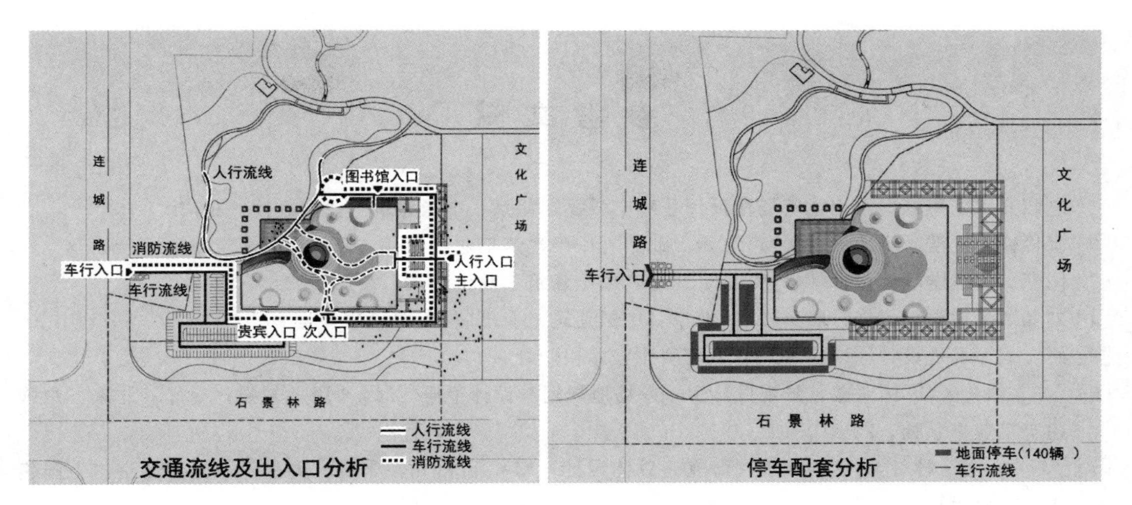

图 8－23 文化艺术中心交通分析图

整体化步行系统。文化艺术中心西北角设置后勤辅助入口，满足剧场货运及其他后勤的交通出入要求。整个项目采用人车分流的交通系统，车流通过场地西侧的车行入口进入西南侧的地面停车场，与人行流线互不干扰，最大程度减少对场地东侧及南侧人行区干扰，建筑外围设环通的消防通道。

本章小结

通过本章学习，正确的观察与分析典型公共建筑场地设计案例中的设计理念及方法，掌握各类典型公共建筑的场地设计手法，分析它们不同的特点。学习在场地设计时如何利用场地现状中的各种条件，合理的进行用地划分、规划布局、功能组合、交通组织、景观及绿化等设计，掌握民用建筑场地设计的基本原理与相关规范，为以后的建筑项目设计实践打下坚实的基础。

参考文献

[1] 赵晓光，党春红．民用建筑场地设计［M］．2版．北京：中国建筑工业出版社，2012.

[2] 张伶伶，孟浩．场地设计［M］.2版．北京：中国建筑工业出版社，2010.

[3] 闫寒．建筑学场地设计［M］.3版．北京：中国建筑工业出版社，2012.

[4] 刘磊．场地设计（修订版）［M］．北京：中国建筑工业出版社，2007.

[5] 姚宏韬．场地设计［M］．沈阳：辽宁科学技术出版社，2000.

[6]［美］约翰·O. 西蒙兹．景观设计学——场地规划与设计手册［M］.5版．朱强，等译．北京：中国建筑工业出版社，2014.

[7]［美］凯文·林奇，［美］加里·海克．总体设计［M］．黄富厢，朱琪，吴小亚，译．北京：中国建筑工业出版社，1999.

[8]［美］哈维·M. 鲁本斯坦．建筑场地规划与景观建设指南［M］．李家坤，译．大连：大连理工大学出版社，2001.

[9] 黄世孟．场地规划［M］．沈阳：辽宁科学技术出版社，2002.

[10]［美］詹姆斯·安布罗斯，［美］彼得·布兰多．简明场地设计［M］．李宇宏，译．北京：中国电力出版社，2006.

[11]［美］托马斯·H. 罗斯．场地规划与设计手册［M］．顾卫华，译．北京：机械工业出版社，2005.

[12]［美］史蒂文·斯特罗姆，［美］库尔特·内森．风景建筑学场地工程［M］．任慧韬，等译．大连：大连理工大学出版社，2002.

[13] 吴志强，李德华．城市规划原理［M］.4版．北京：中国建筑工业出版社，2010.

[14]［丹麦］扬·盖尔．交往与空间［M］．何人可，译．北京：中国建筑工业出版社，2002.

[15]［美］霍珀，［美］德罗格．安全与场地设计［M］．胡斌，等译．北京：中国建筑工业出版社，2006.

[16]［美］麦圭尔，［美］安布罗斯．建设场地简化分析（第2版）［M］．陈国兴，王艳霞，译．北京：中国水利水电出版社，2008.

[17] 韦爽真．景观场地规划设计［M］．重庆：西南师范大学出版社，2008.

[18] 徐哲民．建筑场地设计［M］．北京：机械工业出版社，2016.

[19]［美］戴维斯．场地与景观设计图解（第5版）［M］．蔡红，译．北京：中国建筑工业出版社，2010.

[20]［美］程大锦．建筑：形式、空间和秩序（第3版）［M］．刘丛红，译．天津：天津大学出版社，2005.

[21] 卢济威，王海松．山地建筑设计［M］．北京：中国建筑工业出版社，2001.

[22] 张建涛，刘韶军．建筑设计与外部环境［M］．天津：天津大学出版社，2002.

[23]［日］芦原义信．外部空间设计［M］．尹培桐，译．北京：中国建筑工业出版社，1985.

[24] 李道增．环境行为学概论［M］．北京：清华大学出版社，1999.

[25] 赵晓光．场地规划设计成本优化——房地产开发商必读［M］．北京：中国建筑工业出版社，2011.

[26]［美］西澳多·D. 沃克．场地设计与细部构造（第3版）［M］．杨芸，等译．北京：中国建筑工业出版社，2012.

[27]［美］爱德华·T. 怀特．建筑语汇［M］．林敏哲，林明毅，译．大连：大连理工大学出版社，2001.

[28] 建筑设计资料集编委会．建筑设计资料集［M］．2版．北京：中国建筑工业出版社，2004.

[29] [意] 安东内·拉胡贝尔．地域，场地，建筑 [M]．焦怡雪，译．北京：中国建筑工业出版社，2004.
[30] 注册建筑师考试辅导教材编委会．一级注册建筑师考试辅导教材 [M]．北京：中国建筑工业出版社，2006.
[31] 赵晓光．一级注册建筑师考试场地设计（作图）应试指南 [M]．8 版．北京：中国建筑工业出版社，2012.
[32] 全国注册城市规划师执业考试应试指南编写组．全国注册规划师执业考试应试指南 [M]．上海：同济大学出版社，2001.
[33] 耿长孚．场地设计作图——注册建筑师综合设计与实践检验答疑 [M]．北京：中国建筑工业出版社，2006.
[34] 教锦章，陈初聚．一级注册建筑师资格考试场地作图题解析 [M]．北京：中国水利水电出版社，知识产权出版社，2005.
[35] 张清．2015 全国一级注册建筑师执业资格考试历年真题解析与模拟试卷：场地设计（作图题）[M]．北京：中国电力出版社，2015.
[36] 张清．2017 全国一级注册建筑师执业资格考试历年真题解析与模拟试卷：场地设计（作图题）[M]．北京：中国电力出版社，2016.
[37] [美] 卡伦·C. 汉娜，[美] R. 布莱恩·卡尔佩珀．GIS 在场地设计中的应用 [M]．吴晓恩，熊伟，译．北京：机械工业出版社，2004.
[38] 黄睿，杨晓川，汤朝晖．锦绣·梯田——崇左市文化艺术中心设计 [J]．南方建筑，2012，3.
[39] 张建涛．基地环境要素分析与设计表达 [J]．新建筑，2004，5.
[40] [美] Edward. T. White. 基地分析——用于建筑设计的图像资料 [M]．颜丽蓉，译．台湾：台湾六合出版社，1984.
[41] 住房和城乡建设部工程质量安全监管司，中国建筑标准设计研究院．全国民用建筑工程设计技术措施：规划·建筑·景观（2009 年版）[M]．北京：中国计划出版社，2009.

北京大学出版社土木建筑系列教材(已出版)

序号	书名	主编	定价	序号	书名	主编	定价
1	*房屋建筑学(第 3 版)	聂洪达	56.00	53	特殊土地基处理	刘起霞	50.00
2	房屋建筑学	宿晓萍　隋艳娥	43.00	54	地基处理	刘起霞	45.00
3	房屋建筑学(上:民用建筑)(第2版)	钱　坤	40.00	55	*工程地质(第 3 版)	倪宏革　周建波	40.00
4	房屋建筑学(下:工业建筑)(第2版)	钱　坤	36.00	56	工程地质(第 2 版)	何培玲　张　婷	26.00
5	土木工程制图(第 2 版)	张会平	45.00	57	土木工程地质	陈文昭	32.00
6	土木工程制图习题集(第 2 版)	张会平	28.00	58	*土力学(第 2 版)	高向阳	45.00
7	土建工程制图(第 2 版)	张黎骅	38.00	59	土力学(第 2 版)	肖仁成　俞　晓	25.00
8	土建工程制图习题集(第 2 版)	张黎骅	34.00	60	土力学	曹卫平	34.00
9	*建筑材料	胡新萍	49.00	61	土力学	杨雪强	40.00
10	土木工程材料	赵志曼	38.00	62	土力学教程(第 2 版)	孟祥波	34.00
11	土木工程材料(第 2 版)	王春阳	50.00	63	土力学	贾彩虹	38.00
12	土木工程材料(第 2 版)	柯国军	45.00	64	土力学(中英双语)	郎煜华	38.00
13	*建筑设备(第 3 版)	刘源全　张国军	52.00	65	土质学与土力学	刘红军	36.00
14	土木工程测量(第 2 版)	陈久强　刘文生	40.00	66	土力学试验	孟云梅	32.00
15	土木工程专业英语	霍俊芳　姜丽云	35.00	67	土工试验原理与操作	高向阳	25.00
16	土木工程专业英语	宿晓萍　赵庆明	40.00	68	砌体结构(第 2 版)	何培玲　尹维新	26.00
17	土木工程基础英语教程	陈　平　王凤池	32.00	69	混凝土结构设计原理(第 2 版)	邵永健	52.00
18	工程管理专业英语	王竹芳	24.00	70	混凝土结构设计原理习题集	邵永健	32.00
19	建筑工程管理专业英语	杨云会	36.00	71	结构抗震设计(第 2 版)	祝英杰	37.00
20	*建设工程监理概论(第 4 版)	巩天真　张泽平	48.00	72	建筑抗震与高层结构设计	周锡武　朴福顺	36.00
21	工程项目管理(第 2 版)	仲景冰　王红兵	45.00	73	荷载与结构设计方法(第 2 版)	许成祥　何培玲	30.00
22	工程项目管理	董良峰　张瑞敏	43.00	74	建筑结构优化及应用	朱杰江	30.00
23	工程项目管理	王　华	42.00	75	钢结构设计原理	胡习兵	30.00
24	工程项目管理	邓铁军　杨亚频	48.00	76	钢结构设计	胡习兵　张再华	42.00
25	土木工程项目管理	郑文新	41.00	77	特种结构	孙　克	30.00
26	工程项目投资控制	曲　娜　陈顺良	32.00	78	建筑结构	苏明会　赵　亮	50.00
27	建设项目评估	黄明知　尚华艳	38.00	79	*工程结构	金恩平	49.00
28	建设项目评估(第 2 版)	王　华	46.00	80	土木工程结构试验	叶成杰	39.00
29	工程经济学(第 2 版)	冯为民　付晓灵	42.00	81	土木工程试验	王吉民	34.00
30	工程经济学	都沁军	42.00	82	*土木工程系列实验综合教程	周瑞荣	56.00
31	工程经济与项目管理	都沁军	45.00	83	土木工程 CAD	王玉岚	42.00
32	工程合同管理	方　俊　胡向真	23.00	84	土木建筑 CAD 实用教程	王文达	30.00
33	建设工程合同管理	余群舟	36.00	85	建筑结构 CAD 教程	崔钦淑	36.00
34	*建设法规(第 3 版)	潘安平　肖　铭	40.00	86	工程设计软件应用	孙香红	39.00
35	建设法规	刘红霞　柳立生	36.00	87	土木工程计算机绘图	袁　果　张渝生	28.00
36	工程招标投标管理(第 2 版)	刘昌明	30.00	88	有限单元法(第 2 版)	丁　科　殷水平	30.00
37	建设工程招投标与合同管理实务(第 2 版)	崔东红	49.00	89	*BIM 应用：Revit 建筑案例教程	林标锋	58.00
38	工程招投标与合同管理(第 2 版)	吴　芳　冯　宁	43.00	90	*BIM 建模与应用教程	曾浩	39.00
39	土木工程施工	石海均　马　哲	40.00	91	工程事故分析与工程安全(第 2 版)	谢征勋　罗　章	38.00
40	土木工程施工	邓寿昌　李晓目	42.00	92	建设工程质量检验与评定	杨建明	40.00
41	土木工程施工	陈泽世　凌平平	58.00	93	建筑工程安全管理与技术	高向阳	40.00
42	建筑工程施工	叶　良	55.00	94	大跨桥梁	王解军　周先雁	30.00
43	*土木工程施工与管理	李华锋　徐　芸	65.00	95	桥梁工程(第 2 版)	周先雁　王解军	37.00
44	高层建筑施工	张厚先　陈德方	32.00	96	交通工程基础	王富	24.00
45	高层与大跨建筑结构施工	王绍君	45.00	97	道路勘测与设计	凌平平　余婵娟	42.00
46	地下工程施工	江学良　杨　慧	54.00	98	道路勘测设计	刘文生	43.00
47	建筑工程施工组织与管理(第 2 版)	余群舟　宋会莲	31.00	99	建筑节能概论	余晓平	34.00
48	工程施工组织	周国恩	28.00	100	建筑电气	李　云	45.00
49	高层建筑结构设计	张仲先　王海波	23.00	101	空调工程	战乃岩　王建辉	45.00
50	基础工程	王协群　章宝华	32.00	102	*建筑公共安全技术与设计	陈继斌	45.00
51	基础工程	曹　云	43.00	103	水分析化学	宋吉娜	42.00
52	土木工程概论	邓友生	34.00	104	水泵与水泵站	张　伟　周书葵	35.00

序号	书名	主编	定价	序号	书名	主编	定价
105	工程管理概论	郑文新　李献涛	26.00	130	*安装工程计量与计价	冯　钢	58.00
106	理论力学(第 2 版)	张俊彦　赵荣国	40.00	131	室内装饰工程预算	陈祖建	30.00
107	理论力学	欧阳辉	48.00	132	*工程造价控制与管理(第 2 版)	胡新萍　王　芳	42.00
108	材料力学	章宝华	36.00	133	建筑学导论	裘　鞠　常　悦	32.00
109	结构力学	何春保	45.00	134	建筑美学	邓友生	36.00
110	结构力学	边亚东	42.00	135	建筑美术教程	陈希平	45.00
111	结构力学实用教程	常伏德	47.00	136	色彩景观基础教程	阮正仪	42.00
112	工程力学(第 2 版)	罗迎社　喻小明	39.00	137	建筑表现技法	冯　柯	42.00
113	工程力学	杨云芳	42.00	138	建筑概论	钱　坤	28.00
114	工程力学	王明斌　庞永平	37.00	139	建筑构造	宿晓萍　隋艳娥	36.00
115	房地产开发	石海均　王　宏	34.00	140	建筑构造原理与设计(上册)	陈玲玲	34.00
116	房地产开发与管理	刘　薇	38.00	141	建筑构造原理与设计(下册)	梁晓慧　陈玲玲	38.00
117	房地产策划	王直民	42.00	142	城市与区域规划实用模型	郭志恭	45.00
118	房地产估价	沈良峰	45.00	143	城市详细规划原理与设计方法	姜　云	36.00
119	房地产法规	潘安平	36.00	144	中外城市规划与建设史	李合群	58.00
120	房地产测量	魏德宏	28.00	145	中外建筑史	吴　薇	36.00
121	工程财务管理	张学英	38.00	146	外国建筑简史	吴　薇	38.00
122	工程造价管理	周国恩	42.00	147	城市与区域认知实习教程	邹　君	30.00
123	建筑工程施工组织与概预算	钟吉湘	52.00	148	城市生态与城市环境保护	梁彦兰　阎　利	36.00
124	建筑工程造价	郑文新	39.00	149	幼儿园建筑设计	龚兆先	37.00
125	工程造价管理	车春鹂　杜春艳	24.00	150	园林与环境景观设计	董　智　曾　伟	46.00
126	土木工程计量与计价	王翠琴　李春燕	35.00	151	室内设计原理	冯　柯	28.00
127	建筑工程计量与计价	张叶田	50.00	152	景观设计	陈玲玲	49.00
128	市政工程计量与计价	赵志曼　张建平	38.00	153	中国传统建筑构造	李合群	35.00
129	园林工程计量与计价	温日琨　舒美英	45.00	154	中国文物建筑保护及修复工程学	郭志恭	45.00

标*号为高等院校土建类专业“互联网+”创新规划教材。

如您需要更多教学资源如电子课件、电子样章、习题答案等，请登录北京大学出版社第六事业部官网 www.pup6.cn 搜索下载。

如您需要浏览更多专业教材，请扫下面的二维码，关注北京大学出版社第六事业部官方微信（微信号：pup6book），随时查询专业教材、浏览教材目录、内容简介等信息，并可在线申请纸质样书用于教学。

感谢您使用我们的教材，欢迎您随时与我们联系，我们将及时做好全方位的服务。联系方式：010-62750667，donglu2004@163.com，pup_6@163.com，lihu80@163.com，欢迎来电来信。客户服务 QQ 号：1292552107，欢迎随时咨询。